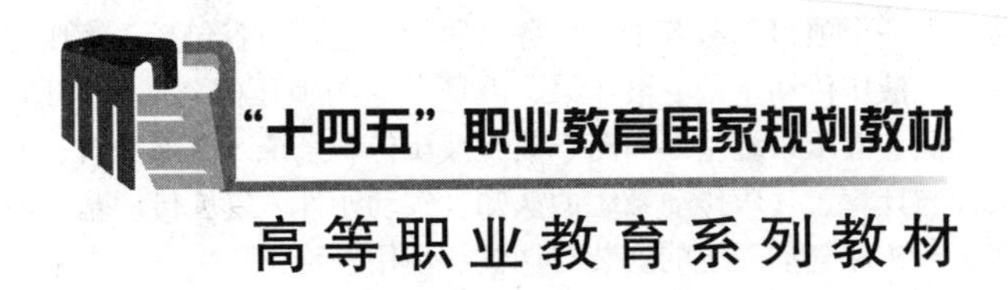

高等职业教育系列教材

液压与气动技术

主　编　李新德
副主编　李景辉　吴卫刚　李　芳　代战胜　黄　蓓
参　编　辛　燕　张　欣　王　丽　韩祥凤　丁　洁

机械工业出版社

本书是项目化教材，可用于线上线下混合教学，教学内容共涉及13个项目，每一个项目都有若干个任务来驱动。主要内容包括：液压传动技术的认知、液压传动基础、液压泵、液压马达与液压缸、液压辅助元件、液压控制阀、液压系统基本回路、典型液压传动系统及故障分析、液压系统的设计与计算、气压传动系统的认知、气动元件、气压传动基本回路及应用实例分析和气动系统的安装与调试、使用及维护。

本书可作为高等职业院校机械类和近机械类专业的通用教材，也可供职工大学、业余大学、函授大学、中等职业学校的师生及有关工程技术人员、企业管理人员选用或参考。

本书配有二维码，可以通过手机扫描、直接观看相关的动画视频，同时配有授课电子课件和相关素材，还配有思政小课堂资源，需要的教师可登录机械工业出版社教育服务网 www.cmpedu.com 免费注册后下载，或联系编辑索取（微信：15910938545，电话：010-88379739）。

图书在版编目（CIP）数据

液压与气动技术/李新德主编. —北京：机械工业出版社，2018.1（2024.7 重印）

高等职业教育系列教材

ISBN 978-7-111-58741-5

Ⅰ.①液… Ⅱ.①李… Ⅲ.①液压传动—高等职业教育—教材②气压传动—高等职业教育—教材 Ⅳ.①TH137②TH138

中国版本图书馆 CIP 数据核字（2017）第 312127 号

机械工业出版社（北京市百万庄大街 22 号 邮政编码 100037）
策划编辑：曹帅鹏 责任编辑：曹帅鹏
责任校对：樊钟英 责任印制：任维东
北京中兴印刷有限公司印刷
2024 年 7 月第 1 版第 19 次印刷
184mm×260mm · 19.25 印张 · 463 千字
标准书号：ISBN 978-7-111-58741-5
定价：55.00 元

电话服务
客服电话：010-88361066
010-88379833
010-68326294

网络服务
机 工 官 网：www.cmpbook.com
机 工 官 博：weibo.com/cmp1952
金 书 网：www.golden-book.com
机工教育服务网：www.cmpedu.com

关于“十四五”职业教育
国家规划教材的出版说明

为贯彻落实《中共中央关于认真学习宣传贯彻党的二十大精神的决定》《习近平新时代中国特色社会主义思想进课程教材指南》《职业院校教材管理办法》等文件精神，机械工业出版社与教材编写团队一道，认真执行思政内容进教材、进课堂、进头脑要求，尊重教育规律，遵循学科特点，对教材内容进行了更新，着力落实以下要求：

1. 提升教材铸魂育人功能，培育、践行社会主义核心价值观，教育引导学生树立共产主义远大理想和中国特色社会主义共同理想，坚定“四个自信”，厚植爱国主义情怀，把爱国情、强国志、报国行自觉融入建设社会主义现代化强国、实现中华民族伟大复兴的奋斗之中。同时，弘扬中华优秀传统文化，深入开展宪法法治教育。

2. 注重科学思维方法训练和科学伦理教育，培养学生探索未知、追求真理、勇攀科学高峰的责任感和使命感；强化学生工程伦理教育，培养学生精益求精的大国工匠精神，激发学生科技报国的家国情怀和使命担当。加快构建中国特色哲学社会科学学科体系、学术体系、话语体系。帮助学生了解相关专业和行业领域的国家战略、法律法规和相关政策，引导学生深入社会实践、关注现实问题，培育学生经世济民、诚信服务、德法兼修的职业素养。

3. 教育引导学生深刻理解并自觉实践各行业的职业精神、职业规范，增强职业责任感，培养遵纪守法、爱岗敬业、无私奉献、诚实守信、公道办事、开拓创新的职业品格和行为习惯。

在此基础上，及时更新教材知识内容，体现产业发展的新技术、新工艺、新规范、新标准。加强教材数字化建设，丰富配套资源，形成可听、可视、可练、可互动的融媒体教材。

教材建设需要各方的共同努力，也欢迎相关教材使用院校的师生及时反馈意见和建议，我们将认真组织力量进行研究，在后续重印及再版时吸纳改进，不断推动高质量教材出版。

机械工业出版社

前言

随着高职高专教学改革的深入发展，改革课程教学内容，提高学生的动手能力，培养实用型人才已成为专业课教学中必须认真考虑的一项重要工作。本书是根据国家教育部对职业教育的基本要求，结合高等职业教育机械类专业的人才培养目标和岗位技能要求，并结合近年来高职高专院校实际情况编写的线上线下混合教学配套教材。教材内容贯彻落实党的二十大精神，旨在培养高素质技术技能人才。本书注重实践能力和综合素质的培养，在任务实施中将工匠精神的培养融入课程中，培养学生良好的职业行为习惯，实现认知、情感、理性和行为认同；在思政小课堂中融入思政元素，使学生深入了解中国制造的传统印记和中华工匠的事迹，培养学生的国家使命感和民族自豪感，实现立德树人根本任务。

本书主要根据高职高专“液压与气动技术”课程教学大纲，与企业合作共同编写的，本课程需要高等数学、大学物理、机械制图作为先导课程。本书共13个教学项目，根据能力培养目标制订有明确的技能目标、知识目标和素质目标，并设置针对性的实训课题。编写内容突出了以下特色：

1）理论知识以“必须”“够用”为度，注重实践能力和综合素质的培养。

2）内容主要突出液压与气动元件的典型结构特点、工作原理及选用方法；液压与气动基本回路和典型液压系统的安装调试、维护与故障分析能力等。

3）液压技术与气动技术两部分内容既有联系，又相互独立，各校可根据学生的专业情况选用。

4）为指导学生学习，每个项目的开篇列出了本项目的项目要点、知识目标和素质目标。

5）为了方便学生复习巩固学习内容，各项目后均附有项目驱动。

6）教材中的插图规范、清晰、美观。

7）液压与气动图形符号严格执行国家标准（GB/T 786.1—2009)。

8）增加了二维码，融入了互联网+，可以通过手机扫描、直接观看相关的动画视频，方便线上教学。

9）本书有配套的《液压与气动技术学习指南》（ISBN：978-7-111-59851-0)，可以加强学生对所学知识的巩固，学习指南主要对常见问题、使用与维护、实际问题运用与解决及知识的拓展，采用一问一答的形式，学习查阅非常方便。

本书获评“‘十三五’职业教育国家规划教材”，也是机械工业出版社组织出版的“高等职业教育系列教材”之一，由李新德担任主编，并进行统稿。

在编写过程中参考了大量的文献，没能全部列出，在此一并深表感谢！尽管我们在编写过程中做出了很多的努力，但由于编者的水平有限，书中难免有疏忽和不当之处，恳请各位读者多提一些宝贵的意见和建议。

编　者

目录

项目1 液压传动技术的认知

【项目要点】

◆ 能够掌握液压系统的组成。

◆ 能正确描述液压系统各部分的作用。

◆ 初步认识表示液压系统元件的图形符号。

【知识目标】

◆ 掌握液压传动系统的基本原理和组成。

◆ 熟悉液压传动的优点和缺点。

◆ 了解液压传动的应用与发展。

【素质目标】

◆ 培养学生认真负责的工作态度和安全意识。

◆ 培养学生的国家使命感和民族自豪感。

思政小课堂①

液压与气压传动技术的发展

任务 1.1 液压传动的工作原理及组成

任务目标：

通过液压千斤顶的工作过程，掌握液压传动的基本工作原理；通过组合机床工作台液压传动系统，掌握液压传动系统的组成；初步认识表示液压系统元件的图形符号。

任务描述：

通过操作液压千斤顶和组合机床工作台液压传动系统，思考并掌握液压传动的基本工作原理和液压传动系统的组成；通过观察与分析组合机床工作台液压传动系统图，了解液压系统的图形符号表示方法。

知识与技能：

1.1.1 液压传动的基本原理

液压千斤顶是机械行业常用的工具，常用液压千斤顶顶起较重的物体。下面以液压千斤顶为例简述液压传动的工作原理。图 1-1 所示

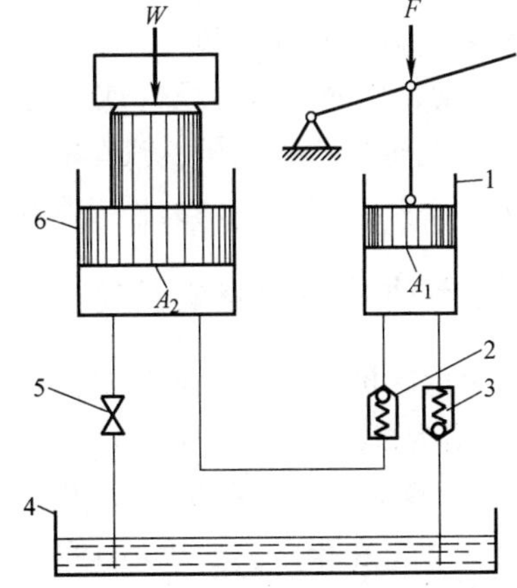

图 1-1 液压千斤顶的工作原理

（扫描二维码观看动画）

1—小液压缸 2—排油单向阀

3—吸油单向阀 4—油箱

5—截止阀 6—大液压缸

注①：思政小课堂内容见本书配套资源。

为液压千斤顶的工作原理。此液压千斤顶有两个液压缸 1 和 6，内部分别装有活塞。且活塞和缸体之间保持良好的配合关系，不仅活塞能在缸内滑动，而且配合面之间又能实现可靠的密封。当向上抬起杠杆时，小液压缸 1 的活塞向上运动，小液压缸 1 的下腔容积增大形成局部真空，排油单向阀 2 关闭，油箱 4 的油液在大气压的作用下经吸油管顶开吸油单向阀 3 进入小液压缸 1 的下腔，完成一次吸油动作。当向下压杠杆时，小液压缸 1 的活塞下移，液压缸 1 的下腔容积减小，油液受到挤压，压力升高，关闭吸油单向阀 3，小液压缸 1 下腔的液压油顶开排油单向阀 2，油液经排油管进入大液压缸 6 的下腔，推动大活塞向上移动顶起重物。如此不断上下扳动杠杆就可以使重物不断升起，达到起重的目的。如果杠杆停止动作，大液压缸 6 下腔的油液压力将使排油单向阀 2 关闭，大液压缸 6 的活塞连同重物一起被自锁不动，停止在举升位置。如果打开截止阀 5，大液压缸 6 下腔通油箱，大液压缸 6 的活塞将在自重作用下向下移动，迅速恢复到原始位置。设液压缸 1 和 6 的面积分别为 A_1 和 A_2，则小液压缸 1 单位面积上受到的压力 $p_1=F/A_1$，大液压缸 6 单位面积上受到的压力 $p_2=W/A_2$。根据流体力学的帕斯卡定律“平衡液体内某一点的压力值能等值地传递到密闭液体内各点”，则有

$$p_1=p_2=\frac{F}{A_1}=\frac{W}{A_2} \tag{1-1}$$

由液压千斤顶的工作原理可知，小液压缸 1 与单向阀 2、3 一起完成吸油与排油，将杠杆的机械能转换为油液的压力能输出。大液压缸 6 将油液的压力能转换为机械能输出，抬起重物。有了负载作用力，才产生液体压力。因此就负载和液体压力两者来说，负载是第一性的，压力是第二性的。液压传动装置本质是一种能量转换装置。液压千斤顶中的大液压缸 6 和小液压缸 1 组成了最简单的液压传动系统，实现了力和运动的传递。

根据液压千斤顶的工作过程，可以归纳出液压传动工作原理如下：

1）液压传动是以液体（液压油）作为传递运动和动力的工作介质。

2）液压传动经过两次能量转换，先把机械能转换为便于输送的液体压力能，然后把液体压力能转换为机械能对外做功。

3）液压传动是依靠密封容积（或密封系统）内容积的变化来传递能量的。

工程机械的起重机、推土机，汽车起重机，注射机，机床行业的组合机床的滑台、数控车床工件的夹紧、加工中心主轴的松刀和拉刀等都应用了液压传动的工作原理。

1.1.2 液压传动系统的组成及符号

以图 1-2 所示的机床工作台液压传动系统为例说明其组成。

图 1-2a 所示为机床工作台液压系统结构原理。它由油箱 1、过滤器 2、液压泵 3、溢流阀 4、节流阀 5、换向阀 6、手柄 7、液压缸 8、工作台 9 以及连接这些元件的油管、接头等组成。液压缸 8 固定在床身上，活塞连同活塞杆带动工作台 9 做往复运动。液压泵由电动机（图中没有标示出来）驱动，通过过滤器 2 从油箱 1 中吸油并送入密闭的系统内。

如果将换向阀手柄 7 向右推，使阀芯处于图 1-2b 所示的位置，则来自泵输出的液压油经过节流阀 5、换向阀 6 进入液压缸 8 的左腔，推动活塞连同工作台 9 向右移动。这时液压缸 8 右腔的油液经过换向阀 6 进入油箱 1。

如果将换向阀手柄 7 向左推，使阀芯处于图 1-2c 所示的位置，则来自泵输出的液压油经过节流阀 5、换向阀 6 进入液压缸 8 的右腔，推动活塞连同工作台 9 向左移动。这时液压

缸 8 左腔的油液经过换向阀 6 进入油箱 1。

当换向阀 6 的阀芯处于图 1-2a 所示的中间位置时，泵输出的液压油经节流阀 5、换向阀 6 而被封闭，此时泵输出的液压油经溢流阀 4 进入油箱。由于液压缸两腔被换向阀 6 封闭，活塞停止不动，这时工作台 9 停止运动。

工作台移动的速度可通过节流阀 5 的开口大小来调节。当开大节流阀 5 的阀口时，进入液压缸的油液量增大，工作台的移动速度升高；反之，当关小节流阀 5 的阀口时，进入液压缸的油液量减小，工作台的移动速度减小。

转动溢流阀 4 的调节螺钉，可调节弹簧的预紧力。弹簧的预紧力越大，密封系统中的油压就越高，工作台移动时，能克服的最大负载就越大；弹簧的预紧力越小，能得到的最大工作压力就越小，能克服的最大负载也越小。另外，在一般情况下，液压泵输出的油量多于液压缸所需要的油量，多余的油必须通过溢流阀 4 及时地排回油箱。所以，溢流阀 4 在该液压系统中起调压、溢流的作用。

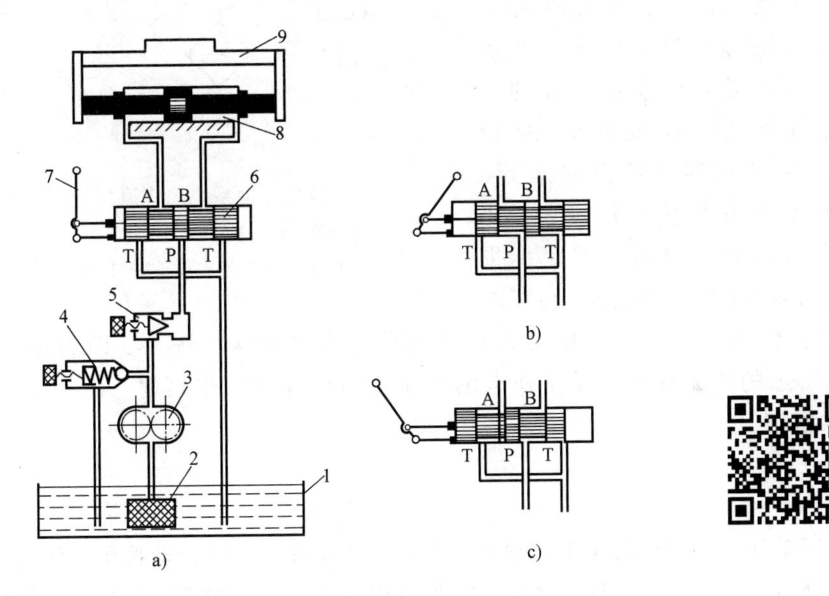

图 1-2 机床工作台液压系统结构原理（扫描二维码观看动画）

1—油箱 2—过滤器 3—液压泵 4—溢流阀

5—节流阀 6—换向阀 7—手柄 8—液压缸 9—工作台

从图 1-2 可以看出，液压系统主要由以下五部分组成。

（1）动力元件 它是把原动机输入的机械能转换为油液压力能的能量转换装置。动力元件的作用是为液压系统提供液压油。动力元件为各种液压泵。

（2）执行元件 它是将油液的压力能转换为机械能的能量输出的装置。其作用是在液压油的推动下输出力和速度（直线运动），或力矩和转速（回转运动）。这类元件包括各类液压缸和液压马达。

（3）控制调节元件 它是用来控制或调节液压系统中油液的压力、流量和方向的，以保证执行元件完成预期工作的元件。这类元件主要包括各种溢流阀、节流阀以及换向阀等。这些元件的不同组合便形成了不同功能的液压传动系统。

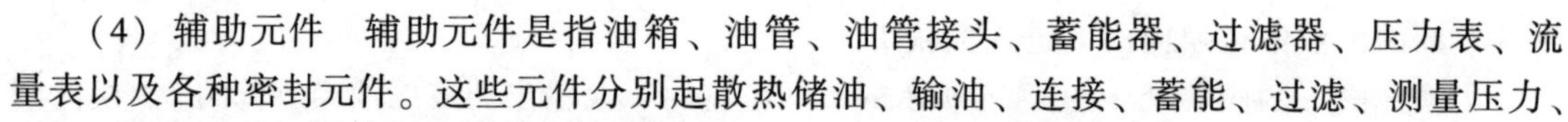

（4）辅助元件　辅助元件是指油箱、油管、油管接头、蓄能器、过滤器、压力表、流量表以及各种密封元件。这些元件分别起散热储油、输油、连接、蓄能、过滤、测量压力、测量流量和密封等作用，以保证系统正常工作，是液压系统不可缺少的组成部分。

（5）工作介质　它在液压传动及控制中起传递运动、动力及信号的作用。工作介质为液压油或其他合成液体。

图 1-1、图 1-2 所示的液压传动系统图是一种半结构式的工作原理图，直观性强，容易理解，但绘制难度大。为了方便阅读、分析、设计和绘制液压系统图，工程实际中，国内外都采用液压元件的图形符号来表示。按照规定，这些图形符号只表示元件的功能，不表示元件的结构和参数，并以元件的静止状态或零位状态来表示。若液压元件无法用图形符号表述，仍允许采用半结构原理表示。国家标准（GB/T 786.1—2009）中规定了液压与气动元（辅）件图形符号，其中最常用的部分可参见附录。图 1-3 即为用图形符号表达的图 1-2 所示的机床往复运动工作台的液压传动系统的工作原理。每一类元件的图形符号都要求熟记。

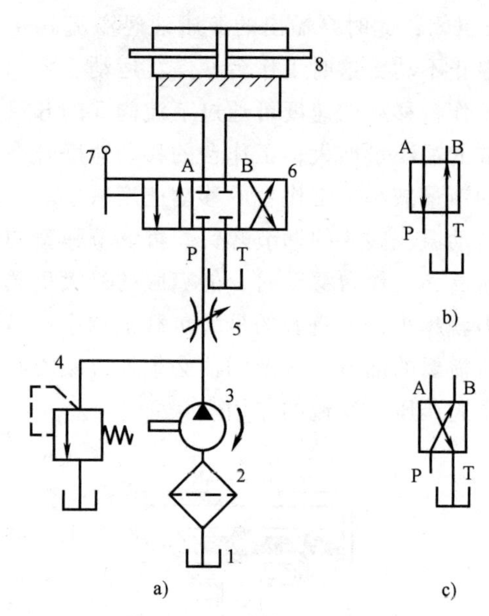

图 1-3　液压传动系统工作原理（用图形符号）

1—油箱　2—过滤器　3—液压泵　4—溢流阀
5—节流阀　6—换向阀　7—手柄　8—液压缸

任务实施：

操作液压千斤顶，观察液压千斤顶的工作过程和组成；操作组合机床工作台液压传动系统，观察组合机床工作台液压传动系统的工作过程和组成；比较液压千斤顶和组合机床工作台液压传动系统的工作过程和组成，并做出总结；对液压传动系的图形符号标准有一个初步认识。

任务 1.2　液压系统元件总体布局

任务目标：

了解液压系统元件的总体布局情况；初步了解液压系统元件连接的两种形式，即集中式（液压站）和分散式。

任务描述：

通过观察与思考，了解液压系统元件的总体布局情况和液压系统元件连接的两种形式。

知识与技能：

液压系统元件的总体布局分为四部分：执行元件、液压油箱、液压泵装置及液压控制装置。液压油箱装有空气滤清器、过滤器、过滤指示器和清洗孔等。液压泵装置包括不同类型的液压泵、驱动电动机及它们之间的联轴器等。液压控制装置是指组成液压系统的各阀类元件及其连接体。除执行元件外，液压系统元件的连接形式有集中式（液压站）和分散式。

1. 集中式（液压站）

这种形式将液压系统的供油装置、控制调节装置独立于主设备之外，单独设置一个液压站，如图1-4所示。这种结构的优点是安装与维修方便，液压装置的振动、发热都与主设备隔开，缺点是液压站增加了占地面积。组合机床、冷轧机、锻压机、电弧炉等设备，一般都采用集中式连接形式。

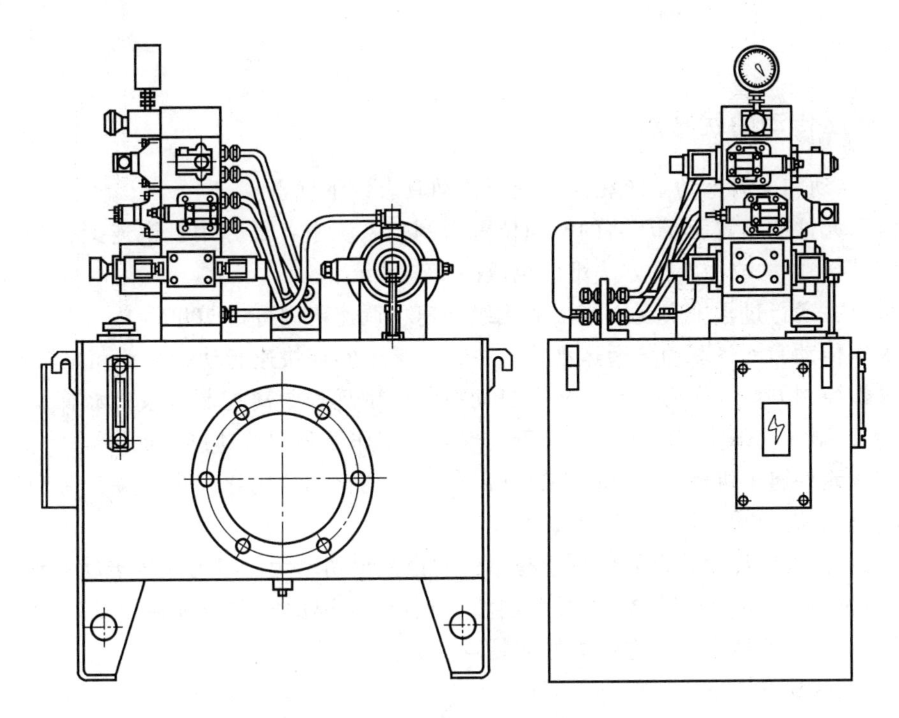

图1-4 集中式（液压站）

2. 分散式

这种形式将液压系统的供油装置、控制调节装置分散在主设备的各处。例如，机床液压系统床身或底座作为液压油箱存放液压油，把控制调节装置放在便于操作的地方。这种结构的优点是结构紧凑、泄漏油易回收、节省占地面积，但安装与维修不方便。同时供油装置的振动、液压油的发热都将对机床的工作精度产生不良影响。部分数控机床、起重机、推土机等可移动式设备一般都采用分散式连接形式。

任务实施：

观看集中式（液压站）和分散式两种液压系统元件的连接形式，了解两种连接形式的

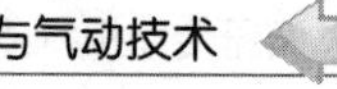

特点，并进一步认识和了解液压系统的组成。

任务 1.3 液压传动的优缺点及应用发展

任务目标：

了解液压系统的优缺点；了解液压系统的应用和发展。

任务描述：

结合机械传动和电力拖动系统来进一步了解液压传动系统；结合实际情况来了解液压传动系统的应用和发展情况。

知识与技能：

1.3.1 液压传动的优缺点

与机械传动和电力拖动系统相比，液压传动具有以下优点：

1）液压元件的布置不受严格的空间位置限制，系统中各部分用管道连接，布局安装有很大的灵活性，能构成用其他方法难以组成的复杂系统。

2）可以在运行过程中实现大范围的无级调速，调速范围可达 2000：1。

3）液压传动和液气联动传递运动均匀平稳，易于实现快速起动、制动和频繁的换向。

4）操作控制方便、省力，易于实现自动控制、中远程距离控制以及过载保护。液压传动可与电气控制、电子控制相结合，易于实现自动工作循环和自动过载保护。

5）液压元件属于机械工业基础件，标准化、系列化和通用化程度较高，有利于缩短机器的设计、制造周期和降低制造成本。

除此之外，液压传动突出的优点还有单位质量输出功率大。因为液压传动的动力元件可采用很高的压力（一般可达 32MPa，个别场合更高），因此，在同等输出功率下具有体积小、质量小、运动惯性小、动态性能好的特点。

液压传动的缺点如下：

1）在传动过程中，能量需经两次转换，传动效率偏低。

2）由于传动介质的可压缩性和泄漏等因素的影响，不能严格保证定比传动。

3）液压传动性能对温度比较敏感，不能在高温下工作，采用石油基液压油作为传动介质时还需注意防火问题。

4）液压元件制造精度高，系统工作过程中发生故障不易诊断。

总之，液压传动的优点是主要的，其缺点随着科学技术的发展将不断得到克服。例如，将液压传动与气压传动、电力传动、机械传动合理地联合使用，构成气液、电液（气）、机液（气）等联合传动，以进一步发挥各自的优点，相互补充，弥补某些不足之处。

1.3.2 我国液压传动技术的应用与发展

液压与气压传动相对于机械传动来说是一门新兴技术。从 1795 年世界上第一台水压机诞生起，已有几百年的历史，但液压与气压传动在工业上被广泛采用和有较快的发展是在20世纪中期以后。液压技术已渗透到很多领域，不断在民用工业、机床、工程机械、冶金机械、塑料机械、农林机械、汽车、船舶等行业得到广泛的应用和发展，而且发展成为包括传动、控制和检测在内的一门完整的自动化技术。目前，采用液压传动的程度已成为衡量一个国家工业水平的重要标志之一。发达国家生产的95%的工程机械、90%的数控加工中心、95%以上的自动线都采用了液压传动技术。

近年来，我国液压气动密封行业坚持技术进步，加快新产品开发，取得了良好的成效，涌现出一批各具特色的高新技术产品。北京机床研究所的直动式电液伺服阀、杭州精工液压机电制造有限公司的低噪声比例溢流阀（拥有专利）、宁波华液机器制造有限公司的电液比例压力流量阀（已申请专利），均为机电一体化的高新技术产品，并已投入批量生产，取得了较好的经济效益。北京华德液压工业集团有限责任公司的恒功率变量柱塞泵，填补了国内大排量柱塞泵的空白，适用于冶金、锻压、矿山等大型成套设备的配套。天津特精液压股份有限公司的三种齿轮泵，具有结构新颖、体积小、耐高压、噪声低、性能指标先进等特点。榆次液压有限公司的高性能组合齿轮泵，可广泛用于工程、冶金、矿山机械等领域。另外，还有广东广液集团有限公司的高压高性能叶片泵、宁波永华液压器材有限公司的超高压软管总成、无锡气动技术研究所有限公司为各种自控设备配套的WPI新型气缸系列都是很有特色的新产品。

为应对我国加入世界贸易组织（WTO）后的新形势，我国液压行业各企业加速科技创新，不断提升产品市场竞争力，一批优质产品成功地为国家重点工程和重点主机配套，取得了较好的经济效益和社会效益。

天津市精研工程机械传动有限公司的天然气输送管道生产线液压设备是国家西气东输工程的配套设备；慈溪博格曼密封材料公司的高温高压W型缠绕垫片，现已成功地用于加氢裂化装置上；大连液压有限公司和山西长治液压有限公司的转向叶片泵，是中、重型汽车转向系统中的关键部件，目前两个厂的年产量已达10万台以上；青岛基珀密封工业有限公司的新型组合双向密封和大型防泥水油封分别为一汽解放牌9t车和一拖拖拉机配套的密封件；此外，天津特精液压股份有限公司的静液压传动装置和多路阀、湖州生力液压有限公司的多功能滑阀、威海气动元件有限公司的组合调压阀的空气减压阀、贵州枫阳液压有限责任公司的液压泵站和液压换挡阀等，都深受用户的好评。

液压传动产品等在国民经济和国防建设中的地位和作用十分重要。它的发展决定了机电产品性能的提高。它不仅能最大限度满足机电产品实现功能多样化的必要条件，也是完成重大工程项目、重大技术装备的基本保证，更是机电产品和重大工程项目和装备可靠性的保证。所以，液压传动产品的发展是实现生产过程自动化、工业自动化不可缺少的重要手段。

世界各国目前都很重视发展基础产品。近年来，国外液压技术由于广泛应用了高新技术成果，使基础产品在水平、品种及扩展应用领域方面都有很大的提高和发展。

我国拥有具有一定生产能力和技术水平的生产科研体系。尤其是近十年来基础产品工业得到了国家的支持，装备水平有所提高，目前已能生产品种规格齐全的产品，已能为汽车、工程机械、农业机械、机床、注射机、冶金矿山、发电设备、石油化工、铁路、船舶、港口、轻工、电子、医药以及国防工业提供品种齐全的产品。通过科研攻关和产学研相结合，在液压伺服比例系统和元件等方面的成果已用于生产；在产品CAD和CAT等方面已取得可喜的进展，并得到了广泛的应用。在国内建立了不少独资、合资企业，在提高我国行业技术水平的同时，为主机提供了急需的高性能和高水平产品，填补了国内空白。

虽然液压系统取得了一定的成果，但和目前国内的需求和国外先进水平相比还有较大差距，包括产品趋同化、构成不合理、性能低、可靠性差、创新和自我开发能力弱、自行设计水平低。

我国与国外先进水平的差距具体表现在产品水平、产品体系与市场需求存在较大的结构性矛盾。我国用户对产品的要求各异，各种高品质、高性能的液压元件市场需求量很大。而大部分国内企业所能提供的产品，无论在档次上还是种类上，都还远远不能满足这些需求。因此，部分产品还不得不依靠进口。这表明，在市场丰富多样的需求面前，国内液压行业现有产品体系的结构性过剩与结构性短缺两个矛盾同时并存，也表明我们在产品的多样性、层次分布性和市场适应性等方面亟待调整和改善。企业在产品更新、装备改造等方面的投入能力不足。

任务实施：

查阅相关资料，了解液压传动的优缺点及应用发展。

任务 1.4 机床工作台模拟液压系统认知

任务目标：

通过机床工作台模拟液压系统的观摩和操作，对液压系统认识进一步加深。

任务描述：

先进行机床工作台模拟液压系统的观摩，然后让学生分组操作训练。

任务实施：

1.4.1 安全注意事项

1）液压实训要用电和高压油，要保证实训设备和元器件完好。

2）正确安装和固定好元件。

3）管路要连接牢固，软管脱出可能会引起事故。

4）限位元件不应放在动作杆的对面，而应使其侧面与杆接触。

5）不得使用超过限制的工作压力。

6）要按要求接好回路，检查无误后才能起动电动机。

7）当实训要求（动作、结果等）不能实现时，要仔细检查错误点，并认真分析产生的原因。

8）进行液压实训时，在有压力的情况下不准拆卸管子。

9）要严格遵守各种安全操作规程。

1.4.2　观摩教学

1. 试验台元件讲解

介绍试验台上元件和模拟机床工作台液压系统试验所需元件。

2. 试验台原理讲解

（1）压力的建立与调压　泵的工作压力是初学液压气动课程的同学难以建立起来的一个概念。通过认识溢流阀和泵，建立调压回路，先将压力调为零，然后慢慢地调高压力，通过压力表显示压力的变化值。

（2）液压缸的运动方向的控制与换向　首先要使学生了解缸是如何运动起来的。在进油路和回油路都是通畅的情况下，液压油进入到液压缸的一腔，液压缸的工作压力能克服外负载，液压缸才能运动起来。换向是通过换向阀来实现的。

3. 机床工作台模拟液压系统动作

1）按照液压系统工作原理图，将所需元件布置在试验台面板上，用油管连接。

2）检查无误后，调松溢流阀，打开电源开关。

3）起动液压泵，调节溢流阀，操作换向阀，改变液压缸的方向；改变节流阀，控制液压缸的运动速度。

1.4.3　学生操作训练

将学生分成小组，按要求进行训练，教师现场指导。

1.4.4　总结

学生讨论实训中发现的问题，并分析解决，完成实训报告。

思考与练习

1-1　举例说明哪些设备采用了液压技术。

1-2　什么是液压传动？液压传动的基本工作原理是什么？

1-3　液压传动系统由哪些部分组成？各部分的作用是什么？

1-4　液压传动与其他传动方式相比，有哪些主要优点和缺点？

1-5　液压元件在系统图中是怎样表示的？

项目2

液压传动基础

【项目要点】

- ◆ 能正确选择液压油的牌号。
- ◆ 能正确使用液压油。
- ◆ 能计算液压系统的压力损失的大小。

【知识目标】

- ◆ 掌握液压油的物理性质。
- ◆ 掌握液体静力学基础知识。
- ◆ 掌握液体动力学基础知识。
- ◆ 了解液压冲击与气穴现象。

【素质目标】

- ◆ 培养学生认真负责的工作态度和安全意识。
- ◆ 培养学生的国家使命感和民族自豪感。
- ◆ 培养学生关心国家航空航天事业发展。

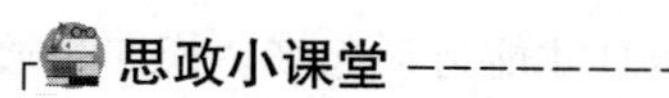

15号航空液压油背后的故事

任务2.1　液压油的认知

任务目标：

了解液压油的作用；掌握液压油黏度的物理意义；掌握液压油的黏温特性及可压缩性；掌握液压油的选用原则；了解液压油的分类；了解液压油污染与防治的有关问题。

任务描述：

掌握测量液压油黏度的方法；熟悉液压油的选用及其主要物理性能；了解液压系统的清洗。

知识与技能：

液压油是液压传动与控制系统中用来传递能量的工作介质，同时具有润滑、密封、冷却、防锈等功能，因此液压油性能（物理、化学性能）的优劣，尤其是力学性能对液压系统工作的影响很大。因此，在研究液压系统之前，必须对所用液压油的性能进行深入了解，以便进一步理解液压传动的基本原理。

2.1.1　液压油的主要物理性质

1. 液体的密度

单位体积液体的质量称为该液体的密度，其计算公式如下：

$$\rho=\frac{m}{V} \tag{2-1}$$

式中　V——体积，单位为 m^3；

m——体积为 V 的液体的质量，单位为 kg；

ρ——液体的密度，单位为 kg/m^3。

密度是液体一个重要的物理量参数。随着温度或压力的变化，液体的密度也随之发生变化，但变化量一般很小，可以忽略不计。一般液压油的密度为 $900kg/m^3$。

2. 液体的黏度

液体在外力作用下流动时，液体分子间的内聚力会阻碍分子间的相对运动而产生一种内摩擦力，这一特性称作液体的黏性。黏性的大小用黏度表示，黏性是液体重要的物理特性，也是选择液压油的主要依据。

黏性使流动液体内部各液层间的速度不等。如图 2-1 所示，两平行平板间充满液体，下平板不动，而上平板以速度 u_0 向右平动。由于黏性，紧贴于下平板的液体层速度为零，紧贴于上平板的液体层速度为 u_0，而中间各液体层的速度按线性分布。因此，不同速度液体层相互制约而产生内摩擦力。

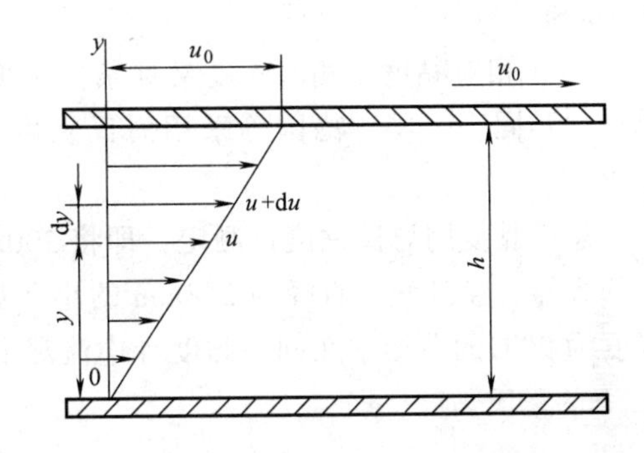

图 2-1　液体的黏性示意图

实验测定结果指出，液体流动时相邻液层间的内摩擦力 F 与液层间的接触面积 A 和液层间的相对运动速度 du 成正比，而与液层间的距离 dy 成反比，即

$$F=\mu A\frac{du}{dy} \tag{2-2}$$

式中　μ——比例常数，称为黏性系数或黏度；

$\frac{du}{dy}$——速度梯度。

如果以 τ 表示切应力，即单位面积上的内摩擦力，则

$$\tau=\frac{F}{A}=\mu\frac{du}{dy} \tag{2-3}$$

这就是牛顿液体内摩擦定律。在流体力学中，把黏度系数 μ 不随速度梯度变化而变化的液体称为牛顿液体，反之称为非牛顿液体。除高黏度或含有特殊添加剂的油液外，一般液压油均可视为牛顿液体。

黏度是衡量流体黏性的指标。常用的黏度有动力黏度、运动黏度和相对黏度。

(1) 动力黏度 μ　动力黏度可由式 (2-3) 导出，即

$$\mu=\tau\frac{dy}{du} \tag{2-4}$$

动力黏度的物理意义是：液体在单位速度梯度下流动时，液层间单位面积产生的内摩擦力。动力黏度 μ 又称绝对黏度。

在 SI 中，动力黏度的单位为 Pa · s。

在 CGS 中，μ 的单位为 $dynes/cm^2$，又称 P（泊）。$1Pa\cdot s=10P=10^3cP$（厘泊）。

(2) 运动黏度　动力黏度μ与液体密度ρ之比称为运动黏度γ，即

$$\gamma=\frac{\mu}{\rho} \tag{2-5}$$

动力黏度μ没有明确的物理意义。在理论分析和计算中常遇到μ和ρ的比值，为方便起见，用γ表示。其单位中有长度和时间的量纲，故称为运动黏度。

在 SI 中，运动黏度的单位为m^2/s。

在 CGS 中，γ的单位为cm^2/s，又称 St（斯）。$1m^2/s=10^4St=10^6cSt$（厘斯）。

在工程中常用运动黏度γ作为液体黏度的标志。机械油的牌号就是用机械油在 40℃时的运动黏度γ的平均值来表示的。如 10 号机械油就是指其在 40℃时的运动黏度γ的平均值为 10cSt。

(3) 相对黏度　相对黏度又称条件黏度。根据测量条件不同，各国采用的相对黏度的单位也不同。中国、德国等采用恩氏黏度$°E_t$，美国采用赛氏黏度SSU，英国采用雷氏黏度R。

恩氏黏度用恩氏黏度计测定，即将 200mL 温度为t（以℃为单位）的被测液体装入黏度计的容器，经其底部直径为 2.8mm 的小孔流出，测出液体流尽所需时间t_1，再测出 200mL 温度为 20℃的蒸馏水在同一黏度计中流尽所需时间t_2，这两个时间的比值即为被测液体在t℃下的恩氏黏度，即

$$°E_t=\frac{t_1}{t_2} \tag{2-6}$$

工业上常用 20℃、50℃、100℃作为测定恩氏黏度的标准温度，其相应恩氏黏度分别用$°E_{20}$、$°E_{50}$、$°E_{100}$表示。

工程中常采用先测出液体的相对黏度，再根据关系式换算出动力黏度或运动黏度的方法。

恩氏黏度和运动黏度的换算关系式为

$$\gamma=\left(7.31°E_t-\frac{6.31}{°E_t}\right)\times10^{-6} \tag{2-7}$$

3. 液体可压缩性

液体受压力作用而体积缩小的性质称为液体的可压缩性。可压缩性用体积压缩系数k表示，并定义为单位压力变化下的液体体积的相对变化量。设体积为V_0的液体，压力变化量为Δp，液体体积减少ΔV，则

$$k=-\frac{1}{\Delta p}\frac{\Delta V}{V_0} \tag{2-8}$$

体积压缩系数k的单位为m^2/N。由于压力增大时液体的体积减小，因此式（2-8）右边须加负号，以使k值为正值。常用液压油的压缩系数$k=(5\sim7)\times10^{-10}m^2/N$。

液体的压缩系数k的倒数称为液体的体积弹性模数，用K表示，即

$$K=\frac{1}{k}=-\frac{\Delta pV_0}{\Delta V} \tag{2-9}$$

液压油的体积弹性模数为$(1.4\sim1.9)\times10^9N/m^2$。

一般中、低压液压系统，其液体的可压缩性很小。因而可以认为液体是不可压缩的。而

在压力变化很大的高压系统中，就需要考虑液体可压缩性的影响。当液体中混入空气时，可压缩性将显著增加，并将严重影响液压系统的工作性能，因而在液压系统中应使油液中的空气含量减少到最低限度。

4. 其他性质

（1）黏度与压力的关系　液体分子间的距离随压力增加而减小，内聚力增大，其黏度也随之增大。当压力不高且变化不大时，压力对黏度的影响较小，一般可忽略不计。当压力较高（大于10^7Pa）或压力变化较大时，需要考虑这种影响。

（2）黏温特性　温度对液体的黏度影响较大，液体的温度升高，其黏度下降。液体黏度随温度变化的性质称为黏温特性。几种国产液压油的黏温特性曲线如图 2-2 所示。

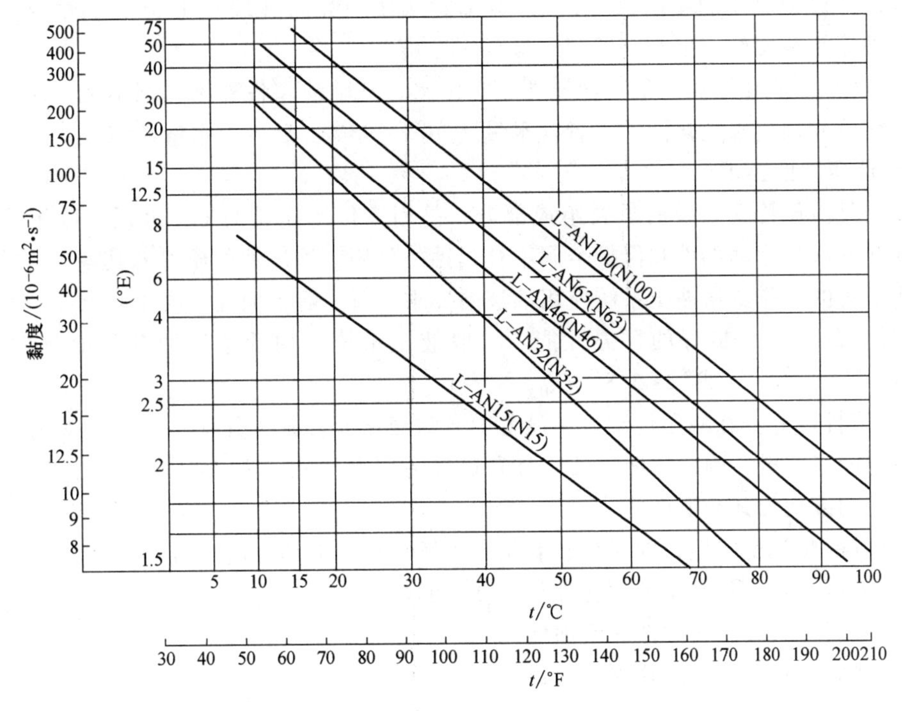

图 2-2　几种国产液压油的黏温特性曲线

2.1.2　液压油的种类与使用方法

1. 液压油的种类

液压油的分类方法很多，常用的有以下两种：

（1）石油基液压油　具体分类如下：

石油基液压油
- 普通液压油
- 专用液压油
- 抗磨液压油
- 高黏度指数液压油

石油基液压油是以石油的精炼物为基础，加入抗氧化或抗磨剂等混合而成的液压油，加入不同的添加剂，就会形成不同性能、不同品种、不同精度的液压油。

（2）难燃液压油　具体分类如下：

- 难燃液压油
  - 合成液压油——磷酸酯液压油
  - 含水液压油
    - 水-乙二醇液压油
    - 乳化液
      - 油包水乳化液
      - 水包油乳化油

1）合成液压油。磷酸酯液压油是难燃液压油之一，它的使用温度范围宽，可达-54~135℃，抗燃性、氧化安定性和润滑性都很好；缺点是与多种密封材料的相容性很差，有一定的毒性。

2）乙二醇液压油。这种液体由水、乙二醇和添加剂组成，而蒸馏水占35%~55%，因而抗燃性好。这种液体的凝固点低，达-50℃，黏度指数高（130~170），为牛顿流体；缺点是能使油漆涂料变软，但对一般密封材料无影响。

3）乳化液。乳化液属于抗燃液压油，它由水、基础油和各种添加剂组成。乳化液分为水包油乳化液和油包水乳化液，前者含水量达90%~95%，后者含水量达40%。

2. 对液压油的要求

液压油是液压传动系统的重要组成部分，是用来传递能量的工作介质。除了传递能量外，它还起着润滑运动部件和保护金属不被锈蚀的作用。液压油的质量及其各种性能将直接影响液压系统的工作。从液压系统使用油液的要求来看，有下面几点要求：

1）适宜的黏度和良好的黏温性能。一般液压系统所用的液压油其黏度范围为：$\gamma=(11.5\sim41.3)\times10^{6}\text{m}^2/\text{s}$ 或 $(2\sim5.8)°E_{50}$。

2）润滑性能好。在液压传动机械设备中，除液压元件外，其他一些有相对滑动的零件也要用液压油来润滑，因此，液压油应具有良好的润滑性能。为了改善液压油的润滑性能，可加入添加剂以增加其润滑性能。

3）良好的化学稳定性，即对热、氧化、水解、相溶都具有良好的稳定性。

4）对液压装置及相对运动的元件具有良好的润滑性。

5）对金属材料具有防锈性和耐蚀性。

6）比热容、热导率大，热膨胀系数小。

7）抗泡沫性好，抗乳化性好。

8）油液纯净，含杂质量少。

9）流动点和凝固点低，闪点（明火能使油面上油蒸气内燃，但油本身不燃烧的温度）和燃点高。

此外，对油液的是否有毒性、价格等，也应根据不同的情况有所要求。

3. 选用

正确而合理地选用液压油是保证液压设备高效率正常运转的前提。

选用液压传动介质的种类，要考虑设备的性能、使用环境等综合因素。例如一般机械可采用普通液压油；设备在高温环境下，就应选用抗燃性能好的介质；在高压、高速的工程机械上，可选用抗磨液压油；当要求低温时流动性好时，则可用加了降凝剂的低凝液压油。液压油黏度的选用应充分考虑环境温度、工作压力、运动速度等要求，当温度高时选用高黏度油，温度低时选用低黏度油；压力越高，选用的黏度越高；执行元件的速度越高，选用油液的黏度越低。常见液压油系列品种见表2-1。

表 2-1 常见液压油系列品种

种类	牌号		原名	用途
	油名	代号		
普通液压油	N_{32}号液压油 N_{68}G 号液压油	YA-N_{32} YA-N_{68}	20 号精密机床液压油 40 号液压-导轨油	用于在温度为 0～45℃ 的环境下工作的各类液压泵的中、低压液压系统
抗磨液压油	N_{32}号抗磨液压油 N_{150}号抗磨液压油 N_{168}K 号抗磨液压油	YA-N_{32} YA-N_{150} YA-N_{168} K	20 抗磨液压油 80 抗磨液压油 40 抗磨液压油	用于在温度为-10～40℃ 的环境下工作的高压柱塞泵或其他泵的中、高压系统
低温液压油	N_{15}号低温液压油 N_{46}D 号低温液压油	YA-N_{15} YA-N_{46} D	低凝液压油 工程液压油	用于在温度为-20～40℃ 环境下工作的各类高压油泵系统
高黏度指数液压油	N_{32}H 号高黏度指数液压油	YD-N_{32} D		用于温度变化不大且对黏温性能要求更高的液压系统

液压油的牌号（即数字）表示在 40℃ 下油液运动黏度的平均值（单位为 cSt）。原名是指过去的牌号，其中的数字表示在 50℃ 时油液运动黏度的平均值。但是总的来说，应尽量选用质量较高较好的液压油，虽然初始成本要高些，但由于优质油使用寿命长，对元件损害小，所以从整个使用周期看，其经济性要比选用劣质油好些。

2.1.3 液压油的污染与防治措施

液压油是否清洁，不仅影响液压系统的工作性能和液压元件的使用寿命，而且直接关系到液压系统是否能正常工作。根据统计，在液压系统发生的故障中，有 75% 是由于油液污染造成的，因此，液压油的防污对保证系统正常工作是非常重要的。

1. 液压油中污染物的来源

液压油中污染物的来源有：

（1）残留的固体颗粒 在液压元件装配、维修等过程中，因洗涤不干净而残留下的固体颗粒，如砂粒、铁屑、磨料、焊渣、棉纱及灰尘等。

（2）空气中的尘埃 液压设备工作的周围环境恶劣，空气中含有尘埃、水滴。它们从可侵入渠道（如从液压缸外伸的活塞杆、油箱的通气孔和注油孔等处）进入系统，造成油液污染。

（3）生成物污染 在工作过程中产生的自生污染物主要有金属微粒、锈斑、液压油变质后的胶状生成物及涂料和密封件的剥离片等。

2. 液压油污染的危害

液压油被污染是指油中含有水分、空气、微小固体颗粒及胶状生成物等杂质。液压油污染对液压系统造成的危害如下：

1）堵塞过滤器，使液压泵吸油困难，产生振动和噪声；堵塞小孔或缝隙，造成阀类元件动作失灵。

2）固体颗粒会加速零件磨损，擦伤密封件，增大泄漏量。

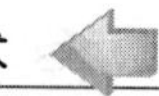

3）水分和空气会使油液润滑性能下降，产生锈蚀；空气也会使系统出现振动或爬行现象。

3. 防止液压油污染的措施

为了延长液压元件的使用寿命，保证液压系统可靠工作，防止液压油污染，将液压油污染控制在某一允许限度内，工程上常采取如下预防措施：

（1）力求减少外来污染　在安装液压系统和维修液压元件时要认真严格清洗，且在无尘区进行；油箱与大气相通的孔上要安装过滤器并注意定期清洗；向油箱添加液压油时应通过过滤器。

（2）滤除油液中的杂质　在液压系统相关位置应设置过滤器，滤除液压油中的杂质，注意定期检查、清洗和更换滤芯。

（3）合理控制液压油的温度　避免液压油工作温度过高，防止油液氧化变质，产生各种生成物。一般液压系统的工作温度应控制在60℃以下，机床液压系统的油温应更低些。

（4）定期检查和更换液压油　每隔一定时间，对液压系统中的液压油应进行抽样检查，分析其污染程度是否还在系统允许的使用范围之内，如果不符合要求，应及时更换液压油。

任务实施：

测量普通液压油常温下的黏度；清洗液压台或更换液压油；通过观察液压油的颜色或闻嗅液压油的气味来判断液压油的污染程度。

任务2.2　液体静力学基础知识的认知

任务目标：

了解液体静力学的性质；掌握液体静力学的基本方程；掌握压力的表示方法；了解液体静力学基本方程的应用。

任务描述：

用液体静力学相关知识分析液压系统中的具体问题。

知识与技能：

液体静力学是研究液体处于静止状态下的力学规律以及这些规律的应用。这里所说的静止，是指液体内部质点之间没有相对运动，至于液体整体，完全可以像刚体一样做各种运动。

2.2.1　液体静压力及其特性

作用在液体上的力有两种类型：一种是质量力，另一种是表面力。

质量力作用在液体所有质点上，它的大小与质量成正比，重力、惯性力等都属于质量力。单位质量液体受到的质量力称为单位质量力，在数值上等于重力加速度。

表面力作用于所研究液体的表面上，如法向力、切向力。表面力可以是其他物体（例如活塞、大气层）作用在液体上的力，也可以是一部分液体作用在另一部分液体上的力。对于液体整体来说，其他物体作用在液体上的力属于外力，而液体间的作用力属于内力。由于理想液体质点间的内聚力很小，液体不能抵抗拉力或切向力，即使是微小的拉力或切向力都会使液体发生流动。因为静止液体不存在质点间的相对运动，即不存在拉力或切向力，所以静止液体只能承受压力。

所谓静压力是指静止液体单位面积上所受的法向力，用 p 表示。

如果在液体内某点处微小面积 ΔA 上作用有法向力 ΔF，则 $\Delta F/\Delta A$ 的极限就定义为该点处的静压力，通常以 p 表示，即

$$p=\lim_{\Delta A\to 0}\frac{\Delta F}{\Delta A} \tag{2-10}$$

若法向力均匀地作用在面积 A 上，则压力表示为

$$p=\frac{F}{A} \tag{2-11}$$

式中 A——液体有效作用面积；

F——液体有效作用面积 A 上所受的法向力。

静压力具有下述两个重要特征：

1）液体压力的方向总是沿着内法线方向作用于承压面的，即静止液体承受的只是法向压力，而不受剪切力和拉力。

2）静止液体内任一点处所受到的静压力在各个方向上都相等。

2.2.2 静力学基本方程式

静止液体内部受力情况如图 2-3 所示。设容器中装满液体，在任意一点 A 处取一微小面积 dA，该点距液面深度为 h，距坐标原点高度为 Z，容器液平面距坐标原点为 Z_0。为了求得任意一点 A 的压力，可取 dAh 这个液柱为分离体（图 2-3b）。根据静压力的特性，作用于这个液柱上的力在各方向都呈平衡，现求各作用力在 Z 方向的平衡方程。微小液柱顶面上的作用力为 p_0dA（方向向下），液柱本身的重力 $G=\rho gh\mathrm{d}A$（方向向下），液柱底面对液柱的作用力为 pdA（方向向上），则平衡方程为

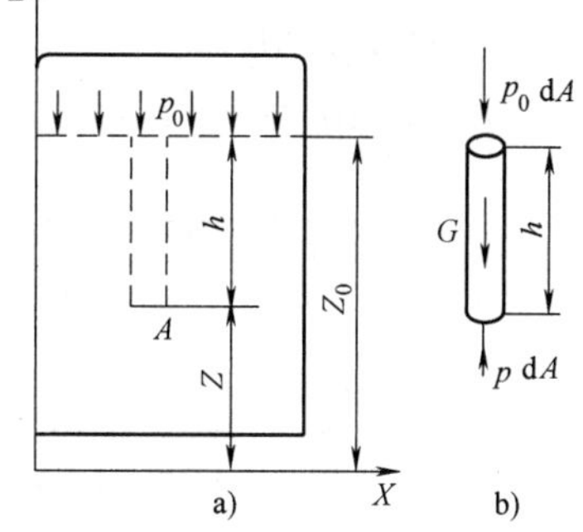

图 2-3 静压力的分布规律

$$p\mathrm{d}A=p_0\mathrm{d}A+\rho gh\mathrm{d}A$$

$$p=p_0+\rho gh \tag{2-12}$$

式中 p_0——作用在液面上的压力；

ρ——液体的密度。

式（2-12）为液体静力学的基本方程。

为了更清晰地说明静压力的分布规律，将式（2-12）按坐标 Z 变换，即将 $h=Z_0-Z$ 代入式（2-12）整理后得

$$p+\rho gz=p_0+\rho gz_0 \tag{2-13}$$

式（2-13）是液体静力学基本方程的另一种形式。

由液体静力学基本方程式可知：

1）静止液体内部任意一点处的压力 p 都由液面上的压力 p_0 和该点以上液体自重形成的压力 ρgh 两部分组成。当液面上只受大气压力 p_a 时，可得

$$p=p_a+\rho gh$$

2）静止液体内部的压力 p 随液体深度 h 呈线性规律分布。

3）离液面深度相同处各点的压力均相等，由压力相等的点组成的面称为等压面，在重力的作用下，静止液体中的等压面是一个水平面。

2.2.3 压力的表示方法及单位

压力的表示方法有两种，即绝对压力和相对压力（表压力）。以绝对真空为基准来度量的压力，称为绝对压力；以大气压力为基准来度量的压力，称为相对压力（表压力）。在地球的表面上用压力表所测得的压力数值就是相对压力，液压技术中的压力一般也都是相对压力。若液体中某点的绝对压力小于大气压力，那么比大气压力小的那部分数值叫作真空度。绝对压力、相对压力、真空度之间的关系如图 2-4 所示。

由图 2-4 可知，绝对压力总是正值，相对压力（表压力）则可正可负，负的表压力就是真空度，如果真空度为 4.052×10^4Pa，则表压力就是 -4.052×10^4Pa。把下端开口，上端具有阀门的玻璃管插入密度为 ρ 的液体中，如图 2-5 所示。如果在上端抽出一部分封入的空气，使管内压力低于大气压力，则在外界的大气压力 p_a 的作用下，管内液体将上升至 h_0，这时管内液面压力为 p_0，由流体静力学基本公式可知：$p_a=p_0+\rho gh_0$。显然，ρgh_0 就是大气压力 p_a 与管内液面压力 p_0 的差值，即管内液面上的真空度。由此可见，真空度的大小可以用液柱高度 $h_0=(p_a-p_0)\rho g$ 来表示。在理论上，当 p_0 等于零时，即管中呈绝对真空时，h_0 达到最大值，设为$(h_{0\max})_r$，在标准大气压下

$$(h_{0\max})_r=p_a/\rho g=10.1325/(9.8066\rho)=1.033/\rho$$

水的密度 $\rho=10^{-3}\text{kg/cm}^3$，汞的密度为 $13.6\times10^{-3}\text{kg/cm}^3$，则 $(h_0\max)_r=1.033\div10^{-3}=1033\text{cmH}_2\text{O}=10.33\text{mH}_2\text{O}$ 或 $(h_0\max)_r=1.03313.6\div10^{-3}=76\text{cmHg}=760\text{mmHg}$。

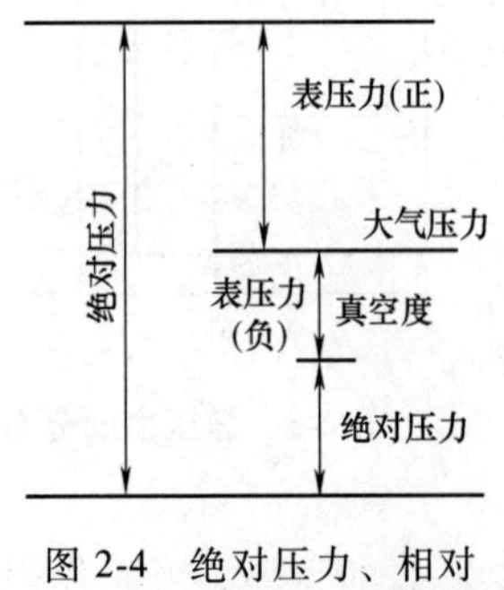

图 2-4 绝对压力、相对压力、真空度之间的关系

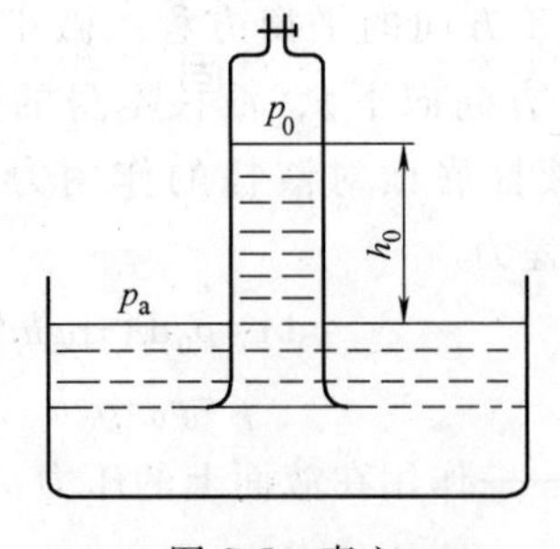

图 2-5 真空

理论上在标准大气压下的最大真空度可达 10.33m 水柱或 760mm 汞柱。根据上述归纳如下：

绝对压力=大气压力+表压力

表压力=绝对压力-大气压力

真空度=大气压力-绝对压力

压力的单位为帕斯卡，简称帕，符号为 Pa，$1\text{Pa}=1\text{N/m}^2$，工程上常采用兆帕，符号 MPa。

2.2.4 帕斯卡原理

由静力学基本方程可知，静止液体中任意一点处的压力都包含了液面上的压力 p_0，说明在密封容器中的静止液体，由外力作用所产生的压力可以等值传递到液体内部的所有各点，这就是帕斯卡原理。通常在液压传动中，由外力产生的压力 p_0 要比由液体自重所形成的那部分压力 ρgh 大得多，且管道之间的配置高度差又小，为使问题简化，常忽略由液体自重所产生的压力，一般认为静止液体内部压力处处相等。

根据帕斯卡原理和静压力的特性，液压传动不仅可以进行力的传递，而且还能将力放大和改变力的方向。图 2-6 所示是应用帕斯卡原理推导压力与负载关系的实例。图中垂直液压缸（负载缸）的截面积为 A_1，水平液压缸的截面积为 A_2，两个活塞上的外作用力分别为 F_1、F_2，则缸内压力分别为 $p_1=F_1/A_1$、$p_2=F_2/A_2$。由于两缸充满液体且互相连接，根据帕斯卡原理有 $p_1=p_2$。因此有

$$F_1=F_2\frac{A_1}{A_2} \tag{2-14}$$

式（2-14）表明，只要 A_1/A_2 足够大，用很小的力 F_2 就可产生很大的力 F_1。液压千斤顶和水压机就是根据此原理制成的。

如果垂直液压缸的活塞上没有负载，即 $F_1=0$，则当略去活塞质量及其他阻力时，不论怎样推动水平液压缸的活塞也不能在液体中形成压力。这说明液压系统中的压力是由外界负载决定的，这是液压传动的一个基本概念。

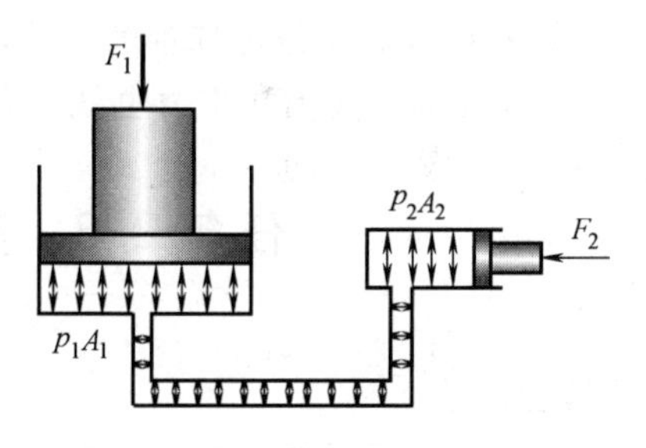

图 2-6 静压传递原理应用实例

2.2.5 液体静压力对固体壁面的作用力

在液压传动中，略去液体自重产生的压力，液体中各点的静压力是均匀分布的，且垂直作用于受压表面。因此，当承受压力的表面为平面时，液体对该平面的总作用力 F 为液体的压力 p 与受压面积 A 的乘积，其方向与该平面相垂直。如液压油作用在直径为 D 的柱塞上，则有

$$F=pA=p\pi D^2/4$$

当承受压力的表面为曲面时，由于压力总是垂直于承受压力的表面，所以作用在曲面上的的力不平行但相等。作用在曲面上的液压作用力在某一方向上的分力等于静压力与曲面在该方向投影面积的乘积。要计算曲面上的总作用力，必须明确要计算哪个方向上的力。图 2-7 所示为球面和锥面所受液压力分析。要计算出球面和锥面在垂直方向的受力 F，只要先

计算出曲面在垂直方向的投影面积 A，然后再与压力 p 相乘，即

$$F=pA=p\pi d^2/4$$

式中 d——承压部分曲面投影圆的直径。

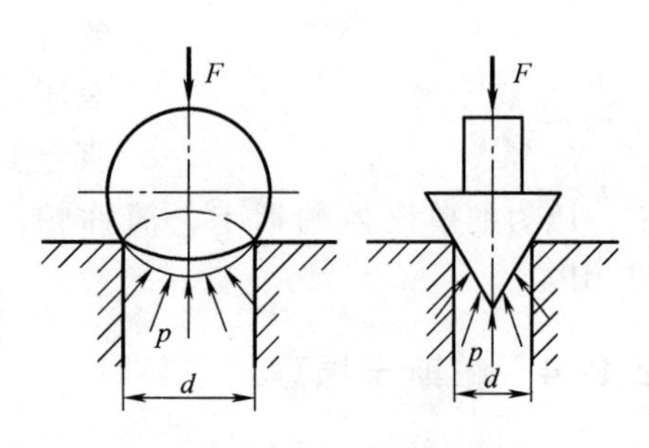

图 2-7 液压力作用在曲面上

任务实施：

【例 2-1】 图 2-8 所示为两个相互连通的液压缸，已知大缸内径 $D=100\text{mm}$，小缸内径 $d=30\text{mm}$，大活塞上放一重物 $G=20000\text{N}$。问在小活塞上应施加多大的力 F_1 才能使大活塞顶起重物？

解 根据帕斯卡原理，由外力产生的压力在两缸中相等，即

$$\frac{4F_1}{\pi d^2}=\frac{4G}{\pi D^2}$$

故顶起重物时在小活塞上应施加的力为

$$F_1=\frac{d^2}{D^2}G=\frac{30^2}{100^2}\times 20000\text{N}=1800\text{N}$$

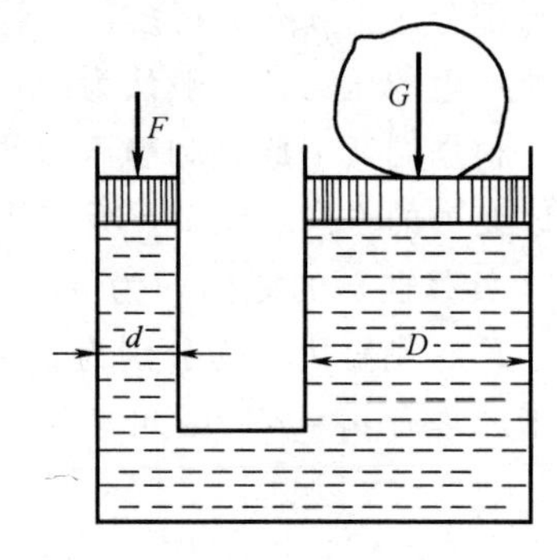

图 2-8 两个相互连通的液压缸

由例 2-1 可知液压装置具有力的放大作用。液压压力机和液压千斤顶等液压起重机械就是利用这个原理进行工作的。

如果 $G=0$，不论怎样推动小活塞，也不能在液体中形成压力，即 $p=0$，反之，G 越大，液压缸中压力也越大，推力也就越大，这说明了液压系统的工作压力取决于负载。

任务 2.3 液体动力学基础知识的认知

任务目标：

了解液体动力学三个基本方程式，即液流的连续性方程、伯努利方程和动量方程；掌握有关液体动力学的几个基本概念，即理想液体与恒定流动、迹线、流线、流束和通流截面、流量和平均流速；了解液体动力学三个基本方程的应用。

任务描述：

用液体动力学的知识分析液压系统中的具体问题。

知识与技能：

在液压传动系统中，液压油总是在不断地流动中，因此要研究液体在外力作用下的运动规律及作用在流体上的力及这些力和流体运动特性之间的关系。对液压流体力学我们只关心和研究平均作用力和运动之间的关系。本任务主要讨论三个基本方程式，即液流的连续性方程、伯努利方程和动量方程。它们是刚体力学中的质量守恒、能量守恒及动量守恒原理在流

体力学中的具体应用。前两个方程描述了压力、流速与流量之间的关系，以及液体能量相互间的变换关系，后者描述了流动液体与固体壁面之间作用的情况。液体是有黏性的，并在流动中表现出来，因此，在研究液体运动规律时，不但要考虑质量力和压力，还要考虑黏性摩擦力的影响。此外，液体的流动状态还与温度、密度、压力等参数有关。为了便于分析，可以简化条件，从理想液体着手。所谓理想液体是指没有黏性的液体，一般在等温条件下把黏度、密度视作常量来讨论液体的运动规律，然后再通过实验对产生的偏差加以补充和修正，使之符合实际情况。

2.3.1 基本概念

1. 理想液体与恒定流动

（1）理想液体　液体具有黏性，并在流动时表现出来，因此研究流动液体时就要考虑其黏性，而液体的黏性阻力是一个很复杂的问题，这就使得对流动液体的研究变得复杂。因此，引入了理想液体的概念，理想液体就是指没有黏性、不可压缩的液体。首先对理想液体进行研究，然后再通过实验验证的方法对所得的结论进行补充和修正。这样，不仅使问题简单化，而且得到的结论在实际应用中仍具有足够的精确性。既具有黏性又可压缩的液体称为实际液体。

（2）恒定流动　液体流动时，液体中任意点处的压力、流速和密度都不随时间而变化，称为恒定流动。反之，流体的运动参数中，只要有一个随时间而变化，就是非定常流动或非恒定流动。

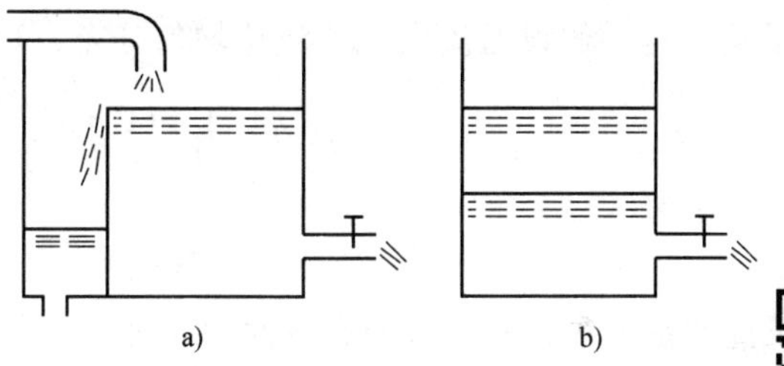

图 2-9　恒定出流与非恒定出流
（扫描二维码观看动画）

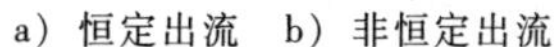

a）恒定出流　b）非恒定出流

在图 2-9a 中，对容器出流的流量给予补偿，使其液面高度不变，这样，容器中各点的液体运动参数 p、v、ρ 都不随时间而变，这就是定常流动。在图 2-9b 中，不对容器的出流给予流量补偿，则容器中各点的液体运动参数将随时间而改变，液面高度逐渐减低，因此，这种流动称为非定常流动。

2. 迹线、流线、流束和通流截面

（1）迹线　迹线是流场中液体质点在一段时间内运动的轨迹线。

（2）流线　流线是流场中液体质点在某一瞬间运动状态的一条空间曲线。在该线上各点的液体质点的速度方向与曲线在该点的切线方向重合，如图 2-10a 所示。在非恒定流动时，因为各质点的速度可能随时间改变，所以流线形状也随时间改变。在恒定流动时，因流线形状不随时间而改变，所以流线与迹线重合。由于液体中每一点只能有一个速度，所以流线之间不能相交也不能折转，是一条光滑的曲线。

（3）流束　如果通过截面 A 上所有各点作出流线，这些流线的集合构成流束，如图 2-10b所示。由于流线是不能相交的，所以流束内外的流线不能穿越流束表面。当面积 A 很小时，该流束称为微小流束，可以认为微小流束截面上各液体质点的速度是相等的。

在流管内充满的流线的总体，称为流束。

(4) 流管　某一瞬时 t 在流场中画一封闭曲线，经过曲线的每一点作流线，由这些流线组成的表面称为流管。

(5) 通流截面　流束中与所有流线正交的截面称为通流截面，该截面上每点处的流速都垂直于此面，如图 2-10b 中的 A 面与 B 面。

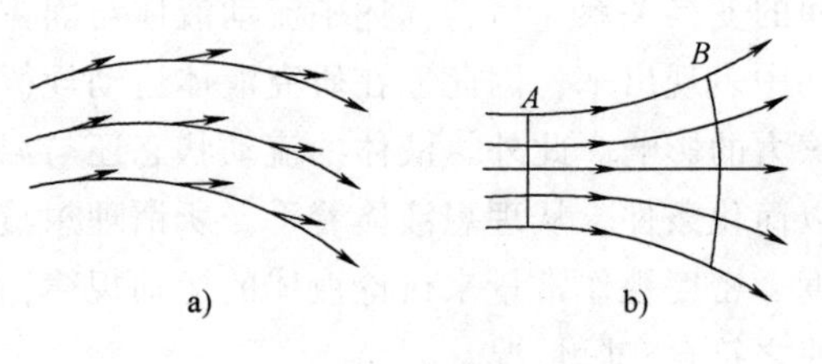

图 2-10　流线和流束
a) 流线　b) 流束

3. 流量和平均流速

流量与平均流速是描述液体流动的两个主要参数。

(1) 流量　单位时间内通过通流截面的液体的体积称为流量，用 q 表示，流量的常用单位为 L/min 或 m^3/s。对微小流束，通过 dA 上的流量为 dq，其表达式为

$$dq = u dA$$

流过整个通流截面的流量为

$$q = \int_A u dA$$

当已知通流截面上的流速 u 的变化规律时，可以由上式求出实际流量。

(2) 平均流速　假设通流面积上流速均匀分布，称为平均流速，用 v 来表示，得

$$q = \int_A u dA = vA$$

则平均流速为

$$v = q/A \qquad (2\text{-}15)$$

在液压传动系统中，液压缸的有效面积 A 是一定的，由式 (2-15) 可知，活塞的运动速度 v 由进入液压缸的流量 q 决定。

2.3.2 流量连续性方程

液体流动的连续性方程是质量守恒定律在流体力学中的应用。液体在密封管道内做恒定流动时，设液体是不可压缩的，则单位时间内流过任意截面的质量相等。

流体在图 2-11 所示导管中流动，两端的通流截面面积分别为 A_1、A_2。在管内取一微小流束，其两端截面面积分别为 dA_1、dA_2，流速分别为 u_1、u_2。若液流为恒定流动，且不可压缩，根据质量守恒定律，在 dt 时间内流过两个微小截面的液体质量应相等，即

$$\rho u_1 dA_1 dt = \rho u_2 dA_2 dt$$

或

$$u_1 dA_1 = u_2 dA_2$$

对上式积分，得到流过流管通流截面 A_1 和 A_2 的流量为

$$\int_{A_1} u_1 dA_1 = \int_{A_2} u_2 dA_2$$

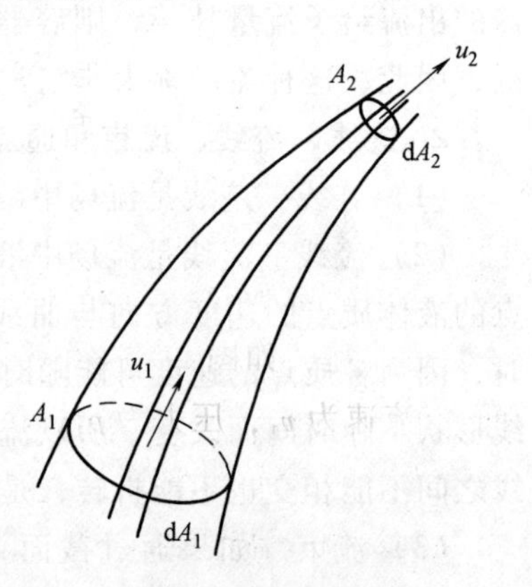

图 2-11　液体的微小流束连续性流动示意图

用 v_1、v_2 表示通流截面 A_1 和 A_2 的平均流速，得

$$A_1v_1=A_2v_2$$

由于两通流截面是任意选取的，因此

$$q=Av=c(c\text{ 为常数})\tag{2-16}$$

式（2-16）是液体流动的连续性方程，它说明液体流过不同截面的流量是不变的。由式（2-16）可知，当流量一定时，通流截面上的平均速度与其截面面积成反比。

2.3.3 动量方程

动量方程是动量定理在流体力学中的具体应用。流动液体的动量方程是流体力学的基本方程之一，它是研究液体运动时作用在液体上的外力与其动量的变化之间的关系。在液压传动中，应采用动量方程计算液流作用在固体壁面上的力。

动量定律指出：作用在物体上的力的大小等于物体在力作用方向上的动量的变化率，即

$$F=\frac{\mathrm{d}(mv)}{\mathrm{d}t}\tag{2-17}$$

在流管中取一流束，如图 2-12 所示。设流束流量为 q，A_1 和 A_2 的截面的液流速度分别为 v_1、v_2，经理论推导得知，由截面 A_1 和 A_2 及周围边界构成的液流控制体 I 所受到的外力为

$$F=\rho q(\beta_2v_2-\beta_1v_1)\tag{2-18}$$

式（2-18）为恒流动液体的动量方程，是一个矢量式。若要计算外力在某一方向的分量，需要将该力向给定方向进行投影计算，如计算 x 方向的分量，则

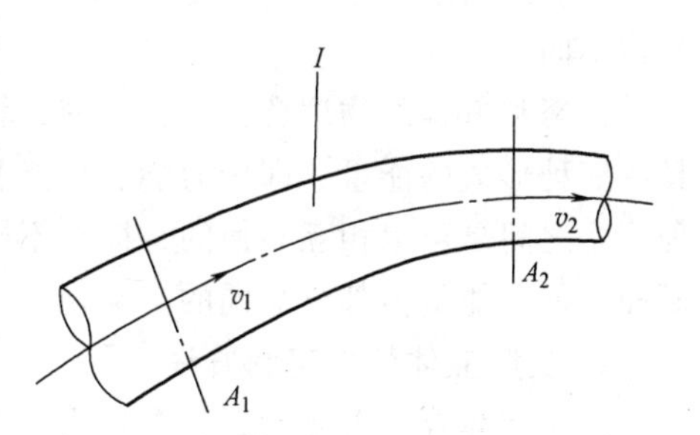

图 2-12 动量方程推导简图

$$F_x=\rho q(\beta_2v_{2x}-\beta_1v_{1x})$$

式（2-18）中 β_1、β_2 分别为相应截面的动量修正系数，其值为液流流过的实际动量与平均流速计算得到的动量之比。对圆管来说，工程上常取 $\beta=1.33$。

必须指出，液体对壁面作用力的大小与 F 相同，但方向则与 F 相反。

2.3.4 伯努利方程

能量守恒是自然界的客观规律，流动液体也遵守能量守恒定律，这个规律可用伯努利方程来表达。伯努利方程是一个能量方程。

1. 理想液体的伯努利方程

在理想液体恒定流动中，取一定的流速，如图 2-13 所示，截面 A_1 流速为 v_1，压力为 p_1，位置高度为 z_1；截面 A_2 流速为 v_2，压力为 p_2，位置高度为 z_2。

由理论推导可得到理想液体的伯努利方程为

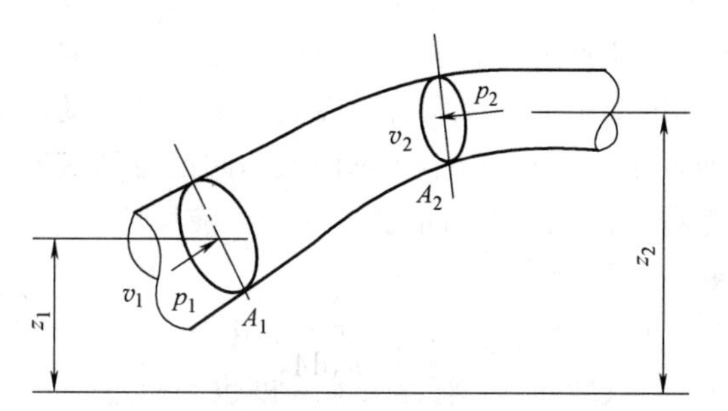

图 2-13 伯努利方程推导简图（扫描二维码观看动画）

$$p_1+\rho g z_1+\frac{1}{2}\rho v_1^2=p_2+\rho g z_2+\frac{1}{2}\rho v_2^2 \tag{2-19}$$

由于流束的截面 A_1 和 A_2 是任意选取的，因此伯努利方程表明，在同一流束各截面上的参数 z、$\frac{p}{\rho g}$ 及 $\frac{v^2}{2g}$ 之和为常数，即

$$\frac{p}{\rho g}+z+\frac{v^2}{2g}=c\ (c\ 为常数) \tag{2-20}$$

式（2-20）左端各项依次为单位质量液体的压力能、位能和动能，或称比压能、比位能和比动能。

对伯努利方程可作如下理解：

1）伯努利方程式是一个能量方程式，它表明在空间各相应通流断面处流通液体的能量守恒规律。

2）理想液体的伯努利方程只适用于重力作用下的理想液体作恒定流动的情况。

3）任一微小流束都对应一个确定的伯努利方程式，即对于不同的微小流束，它们的常量值不同。

伯努利方程的物理意义为：在密封管道内做定常流动的理想液体在任意一个通流断面上具有三种形式的能量，即压力能、势能和动能。三种能量的总和是一个恒定的常量，而且三种能量之间是可以相互转换的，即在不同的通流断面上，同一种能量的值会是不同的，但各断面上的总能量值都是相同的。

2. 实际液体的伯努利方程

由于液体存在着黏性，其黏性力在起作用，并表现为对液体流动的阻力。实际液体的流动要克服这些阻力，表现为机械能的消耗和损失，因此，当液体流动时，液流的总能量或总比能在不断地减少。设在两断面间流动的液体单位质量的能量损失为 h_w；在推导理想液体伯努利方程时，可认为任取微小流束通流截面的速度相等，而实际上是不相等的。因此，需要对动能部分进行修正，设因流速不均匀引起的动能修正系数为 α。经理论推导和实验测定，对于圆管来说，$\alpha=1\sim2$，湍流时取 $\alpha=1.1$，层流时取 $\alpha=2$。因此，实际液体的伯努利方程为

$$\frac{p_1}{\rho g}+z_1+\frac{\alpha_1 v_1^2}{2g}=\frac{p_2}{\rho g}+z_2+\frac{\alpha_2 v_2^2}{2g}+h_w \tag{2-21}$$

式（2-21）适用的条件如下：

1）稳定流动的不可压缩液体，即液体密度为常数。

2）液体所受质量力只有重力，忽略惯性力的影响。

3）所选择的两个通流截面必须在同一个连续流动的流场中是渐变流（即流线近于平行线，有效截面近于平面），而不考虑两截面间的流动状况。

伯努利方程是流体力学的重要方程。在液压传动中常与连续性方程一起应用，来解决系统中的压力和速度问题。

在液压系统中，管路中的压力常为十几个大气压到几百个大气压，而大多数情况下管路中的油液流速不超过 6m/s，管路安装高度也不超过 5m。因此，系统中油液流速引起的动能变化和高度引起的位能变化相对于压力能来说可忽略不计，则伯努利方程（2-21）可简化为

$$p_1-p_2=\Delta p=\rho g h_w \qquad (2\text{-}22)$$

因此，在液压传动系统中，能量损失主要为压力损失 Δp。这也表明液压传动是利用液体的压力能来工作的，故又称为静压传动。

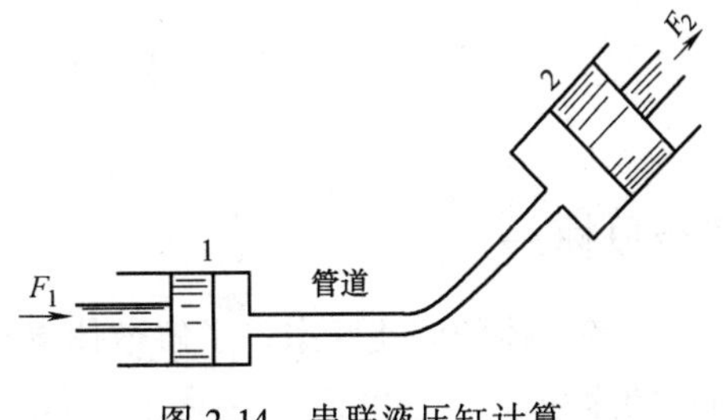

图 2-14 串联液压缸计算

任务实施：

【例 2-2】 某液压系统，两液压缸串联，缸 1 的活塞是主运动，缸 2 的活塞对外克服负载（从动运动），如图 2-14 所示。已知小活塞的面积 $A_1=14\text{cm}^2$，大活塞的面积 $A_2=40\text{cm}^2$，连接两液压缸管路的流量 $q=25\text{L/min}$，试求两液压缸运动速度及速比。

解：

由式（2−15）求得活塞运动速度

$$v_1=\frac{q}{A_1}=\frac{25\times1000}{14\times60}\text{cm/s}\approx30\text{cm/s}$$

流进大缸的流量仍为 $q=25\text{L/min}$，故

$$v_2=\frac{q}{A_2}=\frac{25\times1000}{40\times60}\text{cm/s}\approx10\text{cm/s}$$

两活塞速比

$$i=\frac{v_1}{v_2}=\frac{A_2}{A_1}=\frac{40}{14}=2.86$$

【例 2-3】 计算从容器侧壁小孔喷射出来的射流速度。

如图 2-15 所示的水箱侧壁开一小孔，水箱自由液面 1-1 与小孔 2-2 处的压力分别为 p_1 和 p_2，小孔中心到水箱自由液面的距离为 h，且 h 基本不变，如果不计损失，求水从小孔流出的速度。

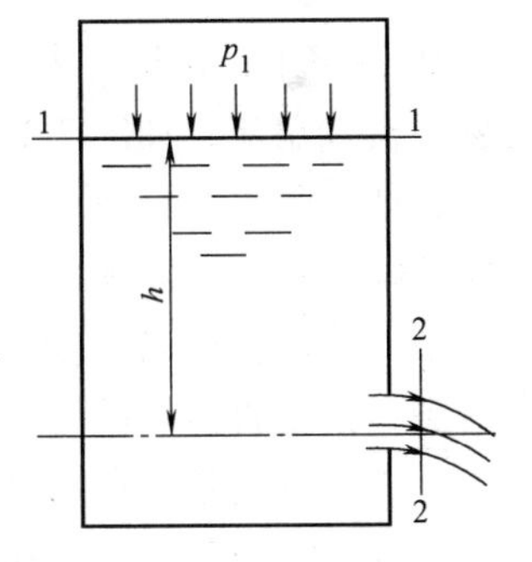

图 2-15 侧壁孔出流

解：

以小孔中心线为基准，列出截面 1-1 和 2-2 的伯努利方程，则

$$\frac{p_1}{\rho g}+z_1+\frac{\alpha_1 v_1^2}{2g}=\frac{p_2}{\rho g}+z_2+\frac{\alpha_2 v_2^2}{2g}+h_w$$

按给定条件，$z_1=h$，$z_2=0$，$h_w=0$，又因小孔截面面积≪水箱截面面积，故 $v_1 \ll v_2$，令 $v_1=0$，设 $\alpha_1=\alpha_2=1$，则上式可化简为

$$h+\frac{p_1}{\rho g}=\frac{p_2}{\rho g}+\frac{v_2^2}{2g}$$

则

$$v_2=\sqrt{2gh+\frac{2g(p_1-p_2)}{\rho g}}=\sqrt{\frac{2}{\rho}(p_1-p_2)+2gh}$$

任务2.4 液体流动的压力损失

任务目标：

了解液体的湍流状态；了解液体流动时的压力损失的类型及产生的原因；掌握减小压力损失的途径。

任务描述：

学会分析实际液压系统压力损失产生的原因及其减小压力损失的途径。

知识与技能：

液体在管路中流动时会产生能量损失，即压力损失。这种能量损失转变为热量，使液压系统温度升高，泄漏量增加，效率下降和液压系统性能变坏。

在液压技术中，研究阻力的目的是：①正确计算液压系统中的阻力；②找出减少流动阻力的途径；③利用阻力所形成的压差 Δp 来控制某些液压元件的动作。

所以在设计液压系统时，如何减小压力损失是非常重要的。压力损失与管路中液体的流动状态有关。

2.4.1 液体的流动状态

1. 层流和湍流

19 世纪末，雷诺首先通过试验观察了水在圆管内的流动情况，发现液体有两种流动状态：层流和湍流，如图 2-16 所示，试验时保持水箱中水位恒定和平静，然后将阀门 A 微微开启，使少量水流经玻璃管，即玻璃管内平均流速 v 很小。这时，如将带颜色水容器的阀门 B 也微微开启，使带颜色水也流入玻璃管内，可以在玻璃管内看到一条细直而鲜明的颜色流束，而且不论带颜色水放在玻璃管内的任何位置，它都能呈直线状。这说明管中水流都是沿轴向运动的，液体质点没有垂直于主流方向的横向运动，所以带颜色水和周围的液体没有混杂。如果把 A 阀缓慢开大，管中流量和它的平均流速 v 也将逐渐增大，直至平均流速增加至某一数值，颜色流束开始弯曲颤动，这说明玻璃管内液体质点不再保持安定，开始发生脉动，不仅具有横向的脉动速度，而且也具有纵向脉动速度。如果 A 阀继续开大，脉动加剧，颜色水就完全与周围液体混杂而不再维持流束状态。

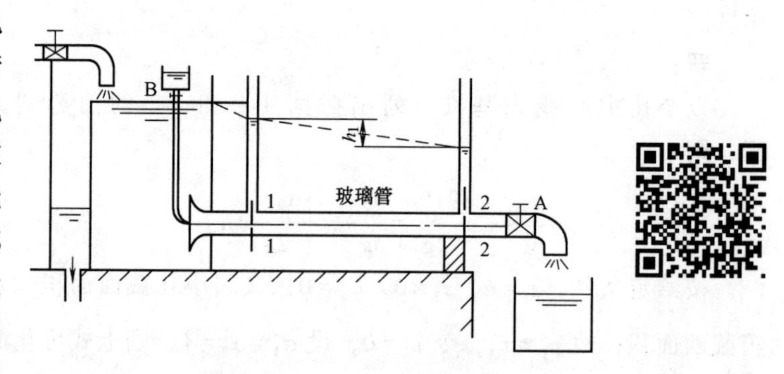

图 2-16 雷诺试验（扫描二维码观看动画）

试验结果表明，在层流时，液体质点互不干扰，液体的流动呈线性或层状，且平行于管道轴线；而在湍流时，液体质点的运动杂乱无章，除了平行于管道轴线的运动外，还存在着剧烈的横向运动，如图 2-17 所示。

层流和湍流是具有两种不同性质的流态。层流时，液体流速较低，质点受黏性制约，不能随意运动，黏性力起主要作用；湍流时液体流速较高，黏性的制约作用减弱，惯性力起主要作用。

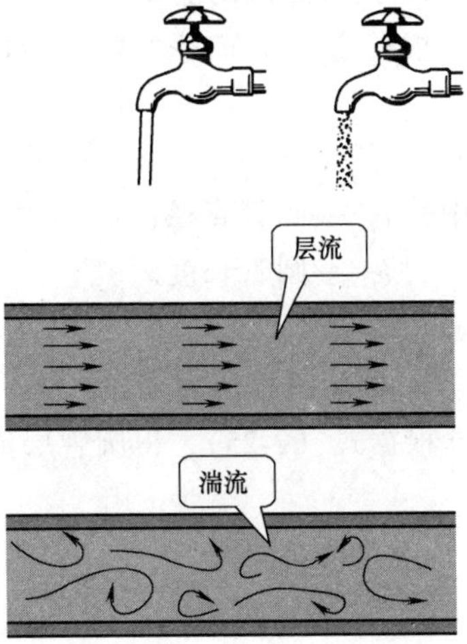

图 2-17 层流与湍流示意图

2. 雷诺数

液体流动是层流还是湍流须用雷诺数来判别。

试验证明，液体在圆管中的流动状态不仅与管内的平均流速 v 有关，还与管径 d、液体的运动黏度 ν 有关。但是，真正决定液流状态的，则由这三个参数所综合决定的一个称为雷诺数 Re 的无量纲数：

$$Re=\frac{vd}{\nu} \tag{2-23}$$

液流由层流转变为湍流时的雷诺数与由湍流转变为层流的雷诺数是不同的，后者较前者数值小，故将后者作为判别液流状态的依据，称为临界雷诺数Re_c。当 $Re<Re_c$ 时，液流为层流；当 $Re>Re_c$ 时，液流为湍流。常见的液流管道的临界雷诺数由试验求得，见表 2-2。

表 2-2 常见液流管道的临界雷诺数

管道的材料与形状	Re_c	管道的材料与形状	Re_c
光滑的金属圆管	2000～2320	带槽装的同心环状缝隙	700
橡胶软管	1600～2000	带槽装的偏心环状缝隙	400
光滑的同心环状缝隙	1100	圆柱形滑阀阀口	260
光滑的偏心环状缝隙	1000	锥状阀口	20～100

2.4.2 沿程压力损失

液体在直管中流动时的压力损失是由液体流动时的摩擦引起的，称为沿程压力损失。它主要取决于管路的长度、内径、液体的流速和黏度等。液体的流态不同，沿程压力损失也不同。液体在圆管中的层流流动是液压传动中最为常见的流动状态，因此，在设计液压系统时，常希望管道中的液流保持层流流动。液体在等径直管中流动时多为层流。

1. 流速分布规律

经理论推导得知液体在圆管中做层流运动时，速度对称于圆管中心线分布，在某一压力降 $\Delta p=p_1-p_2$ 的作用下，液体流速 u 沿圆管半径呈抛物线规律分布，如图 2-18 所示。当 $r=0$ 时，即圆管轴线上，流速最大；当 $r=R$ 时，流速为零。速度分布表达式为

$$u=\frac{\Delta p}{4\mu l}(R^2-r^2) \tag{2-24}$$

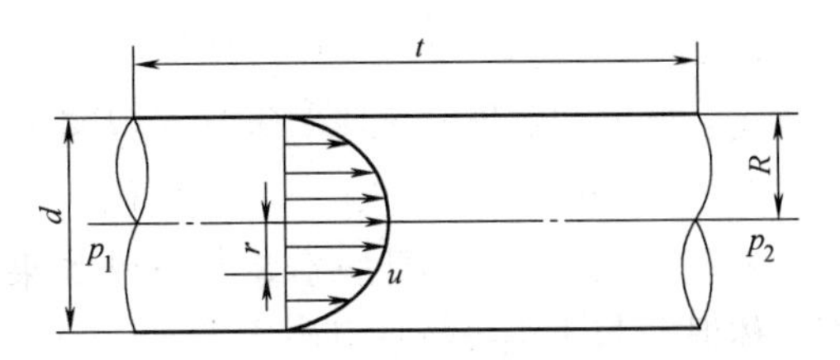

图 2-18 圆管层流速度分布示意图

2. 圆管层流的流量

根据速度分布表达式（2-24），可推导出圆管层流的流量 q 为

$$q=\frac{\pi d^4}{128\mu l}\Delta p \tag{2-25}$$

式中 d——圆管直径；

l——圆管长度。

其他符号意义同前。式（2-25）也称泊肃叶公式。

3. 圆管沿程压力损失

根据式（2-25），得圆管层流的沿程压力损失 Δp_f 为

$$\Delta p_f=\Delta p=\frac{128\mu l}{\pi d^4}q=\frac{8\mu l}{\pi R^4}q$$

将 $q=\pi R^2 v$、$\mu=\rho\gamma$ 代入上式并化简得沿程压力损失公式为

$$\Delta p_f=\lambda\frac{l\rho v^2}{2d} \tag{2-26}$$

式中 λ——沿程阻力系数。

式（2-26）适用于层流和湍流状态的沿程压力损失计算，只是 λ 取值不同。层流时，λ 的理论值为 $64/Re$，但由于液流黏度较大及管道进口起始段流动的影响，实际值更大些，如油液在金属管路中流动时取 $\lambda=75/Re$，如果是橡胶软管，则取 $\lambda=80/Re$。

4. 圆管湍流的压力损失

湍流是一种复杂的流动，λ 值需按具体情况来确定。

根据 Re 的取值范围，λ 值可用下列经验公式计算：

$$\lambda=0.316\,Re^{-0.25}\quad(10^5>Re>4000) \tag{2-27}$$

$$\lambda=0.032+0.221\,Re^{-0.237}\quad(3\times10^6>Re>10^5) \tag{2-28}$$

$$\lambda=\left[1.74+2\lg\left(\frac{d}{\Delta}\right)\right]^{-2}\quad\left(Re>3\times10^6\ 或\ Re>900\frac{d}{\Delta}\right) \tag{2-29}$$

管壁粗糙度 Δ 值与制造工艺有关。计算时可考虑下列 Δ 取值：铸铁管取 0.25mm，无缝钢管取 0.04mm，冷拔铜管取 0.0015～0.01mm，铝管取 0.0015～0.06mm，橡胶管取 0.03mm。

2.4.3 局部压力损失

局部压力损失是液体所流经的阀口、弯管、通流截面变化时产生的能量损失。液流通过这些地方时，由于液流方向和速度均发生变化，形成旋涡（图 2-19），使液体的质点间相互撞击和摩擦，从而产生较大的能量损耗。

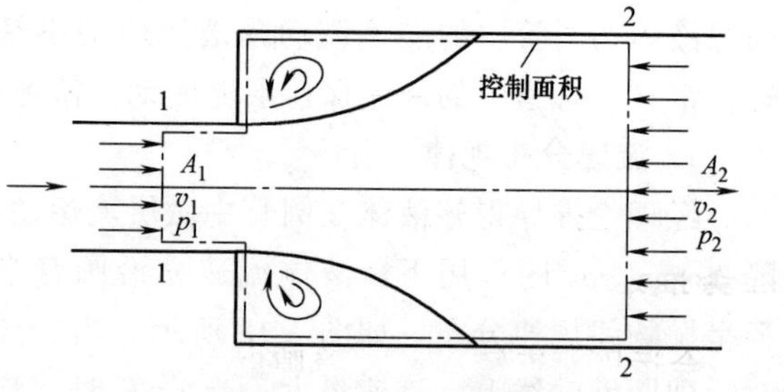

图 2-19 突然扩大处的局部压力损失

由于液体在上述局部阻力区的流动很复杂，从理论上计算局部压力损失非常困难。一般用试验来得出局部阻力系数，然后按下式计算

$$\Delta p_r = \xi \frac{\rho v^2}{2} \tag{2-30}$$

式中 ξ——局部阻力系数（由实验确定，具体数据可查液压传动设计手册）；

v——平均流速（一般指局部阻力区域下游的流速）。

液体流经各种阀的局部压力损失可由阀的产品技术规格中查得。查得的压力损失为在其公称流量 q_n 下的压力损失 Δp_n。当实际通过阀的流量 q 不等于公称流量 q_n 时，局部压力损失可按下式计算：

$$\Delta p_r = \Delta p_n \left(\frac{q}{q_n}\right)^2 \tag{2-31}$$

任务实施：

液压系统中管路通常由若干段管道串联而成，其中每一段管道又串联一些诸如弯头、控制阀、管接头等形成局部阻力的装置。因此管路系统总的压力损失等于所有直管中的沿程压力损失 Δp_f 及所有局部压力损失 $\sum \Delta p_r$ 之和，即

$$\Delta p_w = \sum \Delta p_f + \sum \Delta p_r = \sum \lambda \frac{l}{d}\frac{\rho v^2}{2} + \sum \xi \frac{\rho v^2}{2} \tag{2-32}$$

应用式（2-32）计算系统压力损失，要求两个相邻局部阻力区间的距离（直管长度）应大于10~20倍直管内径。否则，液流经过一个局部阻力区后，还没稳定下来，又经过另一个局部阻力区，将使扰动更加严重，阻力损失将大大增加，实际压力损失可能比用式（2-32）计算出的值大好几倍。

由前面推导的压力损失计算公式可知，采用减小流速、缩短管路长度、减少管路的突变、提高管壁加工质量等措施，都可以使压力损失减少。在这些因素中，流速的影响最大，特别是局部压力损失与速度的平方成比例关系。故在液压传动系统中，管路的流速不应过高。但流速过低，又会使管路及阀类元件的尺寸加大，造成成本增高，有时在结构上也不允许。

任务 2.5 液流流经孔口及缝隙的特性

任务目标：

了解液流流经小孔或缝隙时流量大小的影响因素；学会运用液流经小孔或缝隙时的流量计算公式。

任务描述：

会运用液流经小孔或缝隙时的流量计算公式来分析实际液压系统中液压元件的工作性能。

知识与技能：

在液压系统中，液流流经小孔或缝隙的现象是普遍存在的，它们有的用来调节流量，有的

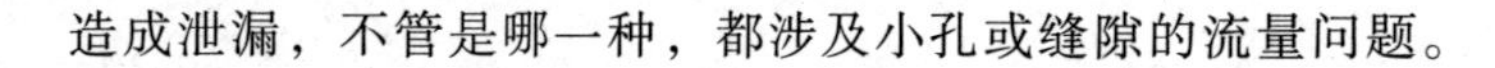

造成泄漏，不管是哪一种，都涉及小孔或缝隙的流量问题。

2.5.1 小孔流量——压力特性

液体流经小孔的情况可分为薄壁小孔、短孔和细长孔。

1. 薄壁小孔流量压力特性

所谓薄壁小孔是指孔的长度 l 与其直径 d 之比 $l/d \leqslant 0.5$，一般带有刃口边沿的孔。由于孔的长度很小，可不考虑其沿程压力损失。

液体流经薄壁小孔的情形如图 2-20 所示。液流在小孔上游大约 $d/2$ 处开始加速并从四周流向小孔。由于流线不能突然转折到与管轴线平行，在液体惯性的作用下，外层流线逐渐向管轴方向收缩，逐渐过渡到与管轴线方向平行，从而形成收缩截面 A_2。对于圆孔，约在小孔下游 $d/2$ 处完成收缩。通常把最小收缩面积 A_2 与孔口截面 A_T 之比值称为收缩系数 C_c，即 $C_c = A_2/A_T$。

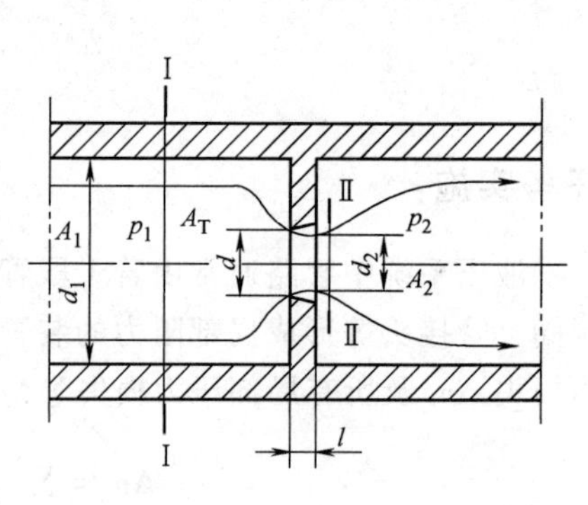

图 2-20 流经薄壁小孔的液流

液流收缩的程度取决于雷诺数 Re、孔口边缘形状、孔口离管道内壁的距离等因素。对于圆形小孔，当管道直径 D 与小孔直径 d 之比 $D/d \geqslant 7$ 时，流速的收缩作用不受管壁的影响，称为完全收缩。反之，管壁对收缩程度有影响时，则称为不完全收缩。

对于图 2-20 所示的通过薄壁小孔的液流，取截面Ⅰ和截面Ⅱ为计算截面，设截面Ⅰ处的压力和平均速度分别为 p_1、v_1，截面Ⅱ的压力和平均速度分别为 p_2、v_2。由于选轴线为参考基准，则 $z_1 = z_2$，列伯努利方程为

$$p_1 + \frac{1}{2}\rho\alpha_1 v_1^2 = p_2 + \frac{1}{2}\rho\alpha_2 v_2^2 + \Delta p_w \tag{2-33}$$

式中，$\Delta p_w = \rho g h_w$，h_w 见式（2-21）。

由于小孔前管道的通流截面面积 A_1 比小孔的收缩截面面积 A_2 大得多，故 $v_1 \ll v_2$，v_1 可忽略不计。此外，式（2-33）中的 Δp_w 部分主要是局部压力损失，它包括管道突然收缩和突然扩大两部分，即

$$\Delta p = \xi \frac{\rho v_2^2}{2}$$

将上式代入式（2-33）中，并令 $\Delta p = p_1 - p_2$，求得液体流经薄壁小孔的平均速度 v_2 为

$$v_2 = \frac{1}{\sqrt{\alpha_2 + \xi}}\sqrt{\frac{2}{\rho}\Delta p} \tag{2-34}$$

令 $C_v = \frac{1}{\sqrt{\alpha_2 + \xi}}$ 为小孔流速系数，则流经小孔的流量为

$$q = A_2 v_2 = C_c C_v A_T v_2 = C_c C_v A_T \sqrt{\frac{2}{\rho}\Delta p} = C_q A_T \sqrt{\frac{2}{\rho}\Delta p} \tag{2-35}$$

式中 C_q——流量系数，$C_q = C_c C_v$。

流量系数 C_q 一般由试验确定。在液流完全收缩的情况下，当 $Re \leqslant 10^5$ 时，C_q 可按下式计算

$$C_q = 0.964\,Re^{-0.05}$$

当 $Re>10^5$ 时，C_q 可视为常数，$C_q=0.60 \sim 0.62$。

液流不完全收缩时的流量系数 C_q 也可由表 2-3 查出。

表 2-3 液流不完全收缩时的流量系数 C_q

A_T/A_1	0.1	0.2	0.3	0.4	0.5	0.6	0.7
C_q	0.602	0.615	0.634	0.661	0.696	0.742	0.804

由式（2-35）可知：薄壁小孔的流量与小孔前后压差的 1/2 次方成正比，且薄壁小孔的沿程阻力损失非常小。流量受黏度影响小，对油温变化不敏感，且不易堵塞，故薄壁小孔常用作液压系统的节流器。

2. 短孔和细长孔的流量压力特性

一般指小孔的长径比 $0.5<l/d \leqslant 4$ 时为短孔，而 $l/d>4$ 为细长孔。

短孔的流量压力特性仍可用式（2-35）计算，但其流量系数由图 2-21 查出。短孔加工比薄壁小孔容易，故常作为固定的节流器使用。

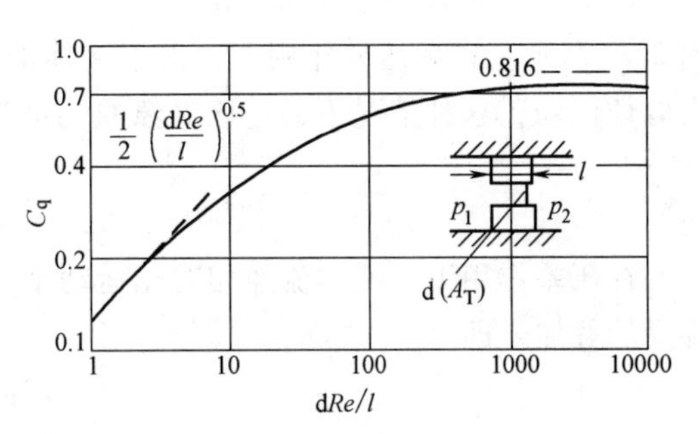

图 2-21 短孔的流量系数

液流在细长孔中的流动一般为层流，可用式（2-25）来表达其流量压力特性，即

$$q = \frac{\pi d^4}{128\mu l}\Delta p = \frac{d^2}{32\mu l}A\Delta p = CA\Delta p \tag{2-36}$$

式中 A——细长孔截面面积，$A=\pi d^2/4$；

C——系数，$C=d^2/(32\mu l)$。

由式（2-36）可知，液体流经细长孔的流量 q 受液体黏度变化的影响较大，故当温度变化而引起液体黏度变化时，流经细长孔的流量也发生变化。另外，细长孔较易堵塞，这些特点都与薄壁小孔不同。

2.5.2 液体流经缝隙的流量——压力特性

液压元件各零件间如有相对运动，就必须有一定的配合间隙。液压油就会从压力较高的配合间隙流到大气中或压力较低的地方，这就是泄漏。泄漏分为内泄漏和外泄漏，如图 2-22 所示。泄漏主要是由压力差与间隙造成的。泄漏量与压力差的乘积为功率损失，因此泄漏的存在将使系统效率降低。同时功率损失也将转化为热量，使系统温度升高，进而影响系统的性能。研究液体流经间隙的泄漏量、压差与间隙量之间的关系，对提高元件性能及保证系统正常工作是必要的。间隙中的流动一

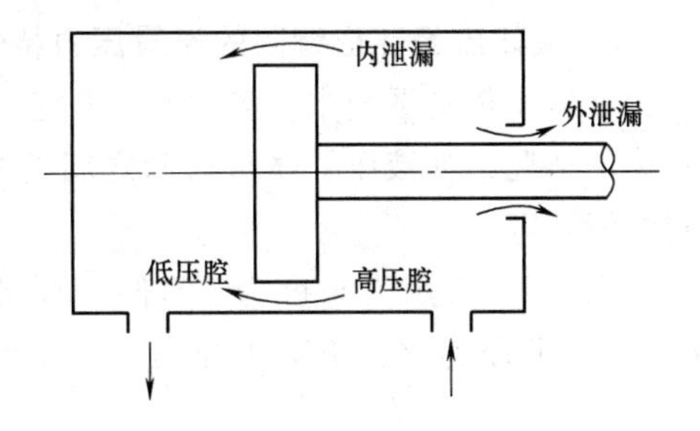

图 2-22 内泄漏与外泄漏

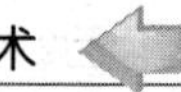

般为层流，分为三种：由压差造成的流动称为压差流动；由相对运动造成的流动称为剪切流动；在压差与剪切同时作用下的流动。

1. 液体流经平行板缝隙的流量压力特性

（1）固定平行板缝隙　液体在固定平行平板间流动是由压差引起的，故也称为压差流动。图 2-23 所示为两固定平行板间隙，缝隙高 δ，长为 l，宽为 b，b 和 l 一般比 δ 大得多。缝隙两端压差为 $\Delta p=p_1-p_2$。

经理论推导可得出液体流经平板缝隙的流量为

$$q=\frac{\delta^3 b}{12\mu l}\Delta p \tag{2-37}$$

由式（2-37）可知：液体流经两固定平行平板缝隙的流量 q 与缝隙 δ 的三次方成正比。这说明液压元件的间隙对泄漏的影响很大。

（2）相对运动平行平板缝隙　若一个平板以一定速度 v 相对于另一固定平板运动，如图 2-24 所示。在无压差作用下，由于液体的黏性，缝隙间的液体仍会产生流动，此流动称为剪切流动，这种情况下通过该缝隙的流量为

$$q=\frac{v}{2}b\delta \tag{2-38}$$

在压差作用下，液体流经相对于运动平行平板缝隙的流量应为压差流动和剪切流动两种流量的叠加，即

$$q=\frac{\delta^3 b}{12\mu l}\Delta p\pm\frac{v}{2}b\delta \tag{2-39}$$

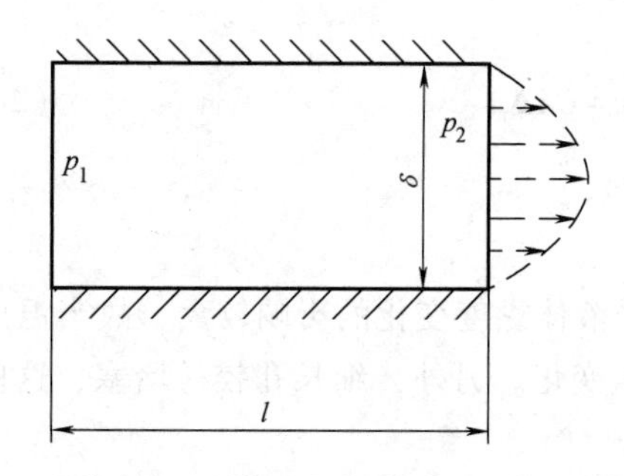

图 2-23　固定平行板缝隙中的液流

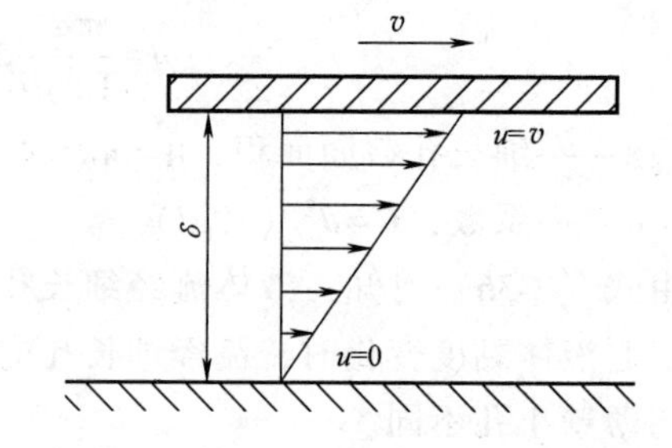

图 2-24　相对运动的两平行板间的液流

式（2-39）中，平板运动速度与压差作用下液体的流向相同时取“+”号，反之取“-”号。

2. 液体流经环形缝隙的流量压力特性

在液压传动系统中，流体流经同心和偏心环形缝隙是最常见的情况，如液压缸体与活塞之间的缝隙、阀套与阀芯之间的缝隙等。

图 2-25 所示为长度为 l 的偏心环形缝隙，其偏心距为 e、大圆半径为 R、小圆半径为 r、内外圆的相对运动速度为 v。

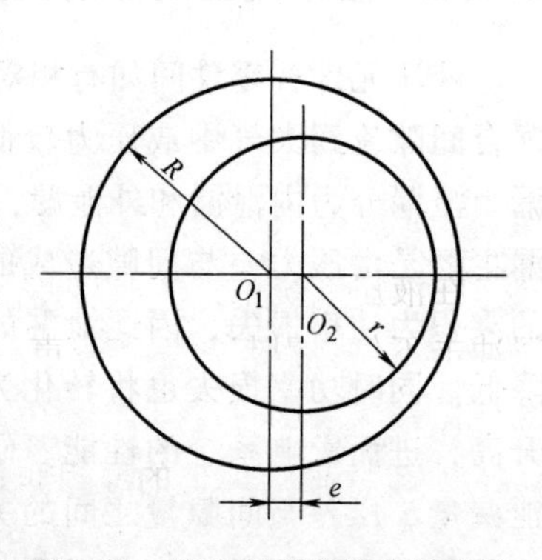

图 2-25　偏心环形缝隙中的液流

通过该缝隙的流量为

$$q=\frac{D\delta^3\Delta p}{12\mu l}(1+1.5\varepsilon^2)\pm\frac{\pi d\delta v}{2} \tag{2-40}$$

式中 D——大圆直径，$D=2R$；

d——小圆直径，$d=2r$；

δ——无偏心时环形缝隙值，$\varepsilon=\frac{e}{\delta}$。

如果内外环间无相对运动，即没有剪切流动时，则

$$q=\frac{D\delta^3\Delta p}{12\mu l}(1+1.5\varepsilon^2) \tag{2-41}$$

由式（2-41）可看出，当两圆环同心 $e=0$ 时，$\varepsilon=0$，可得到同心环形缝隙的流量公式；当 $\varepsilon=1$ 时，可得到完全偏心时缝隙流量公式。因此，偏心越大，泄漏量也越大，完全偏心时的泄漏量为同心时的2.5倍，故在液压元件中柱塞式阀芯上都开有平衡槽，使其在工作时靠液压力自动对中，以保持同心，减少泄漏。

任务实施：

运用液体流经小孔或缝隙时的流量计算公式来分析节流阀性能和滑阀的泄漏量。

任务2.6 液压冲击与气穴现象

任务目标：

掌握液压冲击产生的原因及预防措施；掌握气穴现象产生的原因及预防措施；认识液压冲击和气穴现象所造成的危害。

任务描述：

在实际工作中能判断液压冲击和气穴现象，并能找出产生的原因，针对性采取有效措施。

知识与技能：

2.6.1 液压冲击

在液压系统中，由于某种原因液体压力会在一瞬间突然升高，产生很高的压力峰值，这种现象称为液压冲击。

在液压系统中产生液压冲击时，产生的压力峰值往往比正常工作压力高好几倍，这种瞬间冲击不仅会引起振动和噪声，而且会损坏液压系统内的密封装置、管路和液压元件，有时还会使某些液压元件（如压力继电器、顺序阀等）产生误动作，甚至造成事故。

1. 产生液压冲击的原因和危害

液压系统中产生液压冲击的原因有：

1）当液流通路迅速关闭或液流迅速换向使液流速度的大小或方向发生突然变化时，会

因为液流的惯性引起液压冲击。

2）当液压系统中运动着的工作部件突然制动或换向时，工作部件的惯性会引起液压冲击。当换向阀突然关闭，液压缸的回油通道使运动部件制动时，瞬间运动的动能就会转换为被封闭油液的压力能，压力急剧上升，出现液压冲击。

3）当液压系统中的某些部件反应不灵敏时，也可能造成液压冲击。例如系统压力突然升高时，不能迅速打开溢流阀阀口，或限压式变量泵不能及时自动减少输出流量等，都会导致液压冲击。

2. 减少液压冲击的措施

通过分析产生液压冲击的原因，可以归纳出减小液压冲击的主要措施有：

1）可采用换向时间可调的换向阀延长阀门关闭和运动部件制动换向的时间。试验证明当换向时间大于 0.3s 时，液压冲击就大大减少。

2）限制管路内液体的流速及运动部件的速度。一般在液压系统中将管路流速控制在 4.5m/s 以内，运动部件的速度一般小于 10.0m/min，并且运动部件的质量越大，则运动速度就应该越小。

3）适当增大管径。这样不仅可以降低流速，而且可以减小压力冲击波的传播速度。

4）缩小管道长度，可以减小压力波的传播时间。

5）采用橡胶软管或在冲击源处设置蓄能器，以吸收冲击的能量；也可以在容易出现液压冲击的地方，安装限制压力升高的安全阀。

2.6.2 气穴（空穴）现象

1. 气穴现象的机理及危害

气穴现象又称为空穴现象。在液压系统中，如果某点处的压力低于液压油所在温度下的空气分离压时，原先溶解在液体中的空气就会分离出来，使液体中迅速出现大量气泡，这种现象称为气穴现象。当压力进一步减小而低于液体的饱和蒸气压时，液体将迅速汽化，产生大量蒸气气泡，使气穴现象更加严重。

气穴现象多发生在阀门和液压泵的吸油口处。在阀口处，一般由于通流截面较小而使流速很高，根据伯努利方程可知，该处的压力会很低，从而导致气穴产生。在液压泵的吸油过程中，吸油口的绝对压力会低于大气压力，如果液压泵的安装高度太高，再加上受到吸油口处过滤器和管道阻力，以及油液黏度等因素的影响，液压泵入口处的真空度会很大，也会产生气穴。

当液压系统中出现气穴现象时，大量的气泡会使液流的流动特性变坏，造成流量和压力的不稳定。当带有气泡的液流进入高压区时，周围的高压会使气泡迅速破裂，使局部产生非常高的温度和冲击压力，引起振动和噪声。当附着在金属表面上的气泡破灭时，局部产生的高温和高压会使金属表面疲劳，长时间就会造成金属表面的侵蚀、剥落，甚至出现海绵状的小洞穴。这种由于气穴现象而产生的金属表面的腐蚀称为气蚀。气蚀会缩短元件的使用寿命，严重时会造成故障。

2. 减少气穴现象的措施

为减少气穴现象和气蚀的危害，一般采取如下措施：

1）减小阀孔或其他元件通道前后的压力降。

2）降低液压泵的吸油高度，采用内径较大的吸油管，并尽量少用弯头，吸油管端的过滤器容量要大，以减小管路阻力，必要时对大流量泵采用辅助泵供油。

3）各元件的连接处要密封可靠，以防止空气进入。

4）整个系统管路应尽量避免急弯和局部狭窄等。

5）提高元件的耐气蚀能力。对容易产生气蚀的元件，如泵的配油盘等，要采用耐蚀能力强的金属材料，以增强元件的机械强度。

任务实施：

观察气穴现象损坏的液压泵，并分析原因，提出相应的措施；观察液压系统中产生压力冲击现象，并分析原因，提出相应的措施。

思考与练习

2-1 液压油的黏度有几种表示方法？它们各用什么符号表示？各自的单位是什么？

2-2 液压油的选用应考虑哪几方面？

2-3 液压传动的工作介质污染原因主要来自哪几方面？应该怎样控制工作介质的污染？

2-4 请根据当地的气候条件谈谈该如何来选择液压油。

2-5 在使用和更换液压油时，应注意哪些问题？

2-6 图2-26所示为液压千斤顶的工作原理示意图。该设备只需人施加很小的力 F，就能顶起很重的物品 G。试说明其工作原理及各部分的作用。

2-7 在图2-26所示的液压千斤顶中，F 是手掀动手柄的力，假定 $F=300\text{N}$，两活塞直径分别为 $D=20\text{mm}$，$d=10\text{mm}$，试求：

1）作用在小活塞上的力 F_1；

2）系统中的压力 p；

3）大活塞能顶起重物的重量 G；

4）大、小活塞的运动速度之比 v_1/v_2。

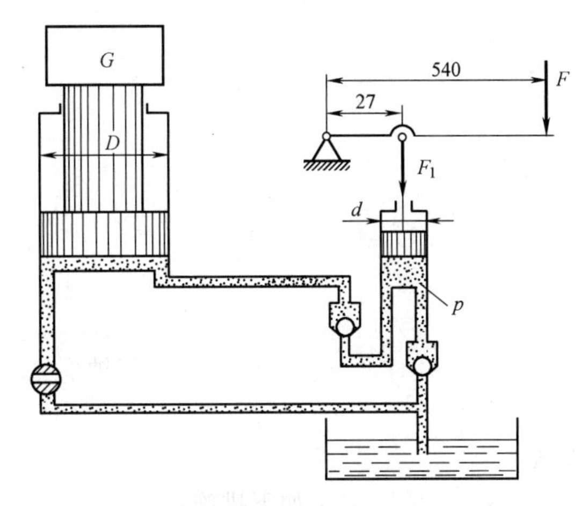

图2-26 液压千斤顶工作原理示意图

2-8 如图2-27所示，一流量 $q=16\text{L/min}$ 的液压泵，安装在油面以下，油液黏度 $\nu=20\times10^{-6}\text{m}^2/\text{s}$，密度 $\rho=900\text{kg/m}^3$，其他尺寸如图所示，仅考虑吸油管的沿程损失，试求液压泵入口处的绝对压力。

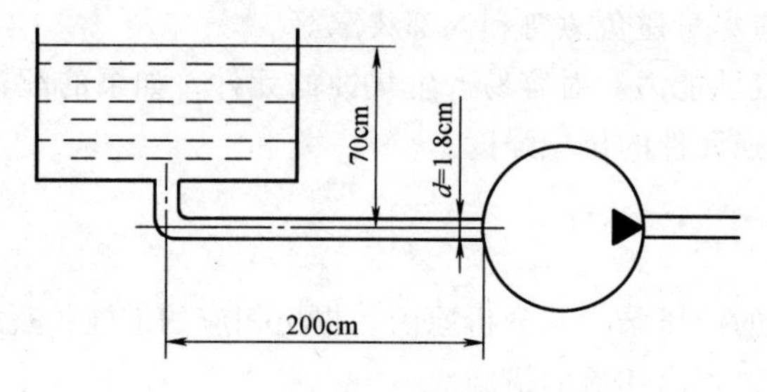

图2-27 液压泵

2-9 如图2-28所示，液压泵的流量 $q=32\text{L/min}$，吸油泵吸油口距离液面高度 $h=500\text{mm}$，液体运动黏度 $\nu=20\times10^{-6}\text{m}^2/\text{s}$，油液密度为 $\rho=0.9\text{g/cm}^3$，吸油管直径为已知，液压油通过能量损失不计，求液压泵吸油口的真空度。

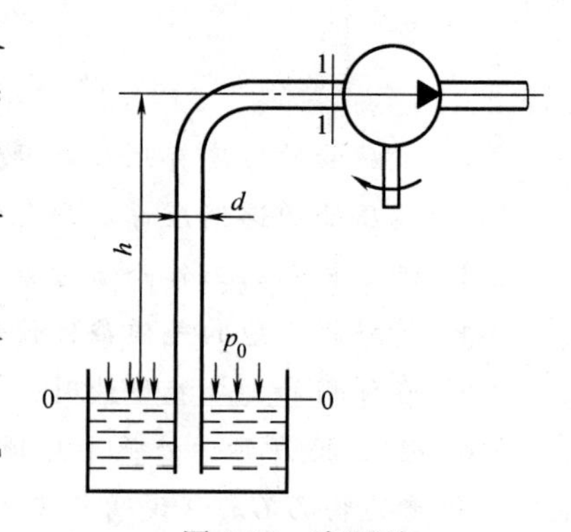

图2-28 液压泵

2-10 液体流动中为什么会有压力损失？压力损失有哪几种？压力损失大小与哪些因素有关？

2-11 空穴现象产生的原因和危害是什么？如何减小这些危害？

2-12 液压冲击产生的原因和危害是什么？如何减小压力冲击？

项目3 液压泵

【项目要点】

◆ 能正确选择和使用液压泵。

◆ 掌握液压泵的种类、结构和特点。

◆ 能正确排除液压泵的常见故障。

【知识目标】

◆ 能掌握液压泵的工作压力、排量和流量的概念。

◆ 能理解液压泵的机械效率和容积效率的物理意义。

◆ 能掌握液压泵的结构和工作原理。

◆ 能掌握液压泵的种类、结构和特点。

◆ 熟知液压泵的选用原则及常见故障排除方法。

思政小课堂

以工匠之心铸液压之魂

【素质目标】

◆ 培养学生树立正确的价值观和职业态度。

◆ 培育学生大国工匠精神。

◆ 培养学生的国家使命感和民族自豪感。

任务3.1 液压泵的认知

任务目标：

掌握液压泵的一般工作原理；了解液压泵的作用及分类；掌握液压泵的性能参数；掌握液压泵的图形符号。

任务描述：

通过液压泵的铭牌了解液压泵的性能参数。

知识与技能：

3.1.1 液压泵的作用和分类

在液压传动系统中，液压泵是液压传动系统的动力元件，它是将原动机（如电动机）输入的机械能转换成液体压力能的能量转换装置。在液压传动系统中属于动力元件，是液压传动系统的重要组成部分，其作用是向液压系统提供液压油。

液压泵的种类很多，按其结构形式的不同，可分为齿轮式、叶片式、柱塞式和螺杆式等；按泵的排量能否改变，可分为定量泵和变量泵；按泵的输出油液方向能否改变，可分为单向泵和双向泵。工程上常用的液压泵有齿轮泵、叶片泵和柱塞泵。齿轮泵包括外啮合齿轮泵和内啮合齿轮泵；叶片泵包括双作用叶片泵和单作用叶片泵；柱塞泵包括轴向柱塞泵和径向柱塞泵。

3.1.2 液压泵的工作原理

在液压传动中，液压泵都是靠密封的工作容积发生增大和减小变化而进行工作的，所以都属于容积式泵。

图 3-1 所示为一个柱塞式液压泵的基本工作原理，柱塞 2 装在柱塞套筒 3 的腔体中，并在柱塞的上端形成一个密封容积，柱塞 2 在弹簧 6 的作用下始终紧压在偏心凸轮 1 上。当偏心凸轮 1 在电动机的带动下连续回转时，其回转中心至凸轮与柱塞的接触点间的距离将不断变化，造成柱塞 2 沿着柱塞套筒 3 的内腔上下滑动，柱塞上端的这部分密封容积的大小将发生周期性的变化，当密封容积由小变大（柱塞 2 向下移动）时，该密封腔体内的油液压力会因为柱塞不再挤压油液而不断减小，并且形成负压（低于大气压力），在系统油液压力的作用下，单向阀 5 会关闭，避免了系统油液的倒流；而最底部油箱中的油液在大气压力的作用下，会经吸油管顶开单向阀 4 进入密封腔而实现吸油；当柱塞 2 向上移动时，密封腔的容积将不断减小，腔体内的油液由于受到柱塞的挤压，压力要升高而向腔体外挤压，此时，单向阀 4 将由于上端压力大于其下端压力而关闭，而单向阀 5 将被顶开，具有较高压力的油液将流入液压系统，实现了向系统的压油，这样，通过液压泵就可以将电动机输入的回转机械能转换成为液压系统液体的压力能，电动机（原动机）驱动偏心凸轮不断地旋转，液压泵就会不断地完成吸油和压油的动作，而向液压系统输入液压油。

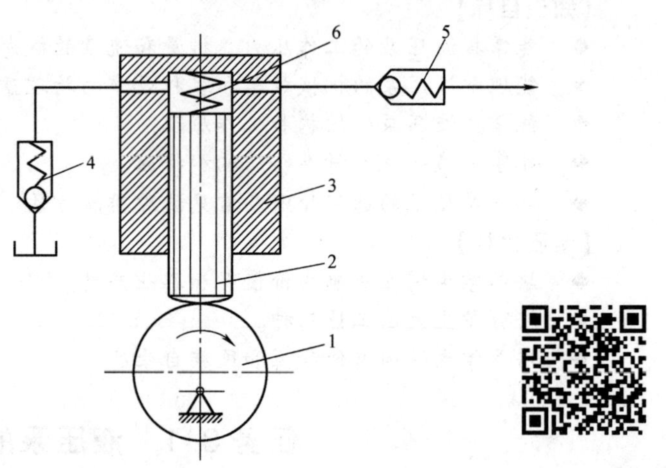

图 3-1 液压泵的工作原理（扫描二维码观看动画）

1—偏心凸轮 2—柱塞 3—柱塞套筒

4、5—单向阀 6—弹簧

由图 3-1 可以看出，无论液压泵的具体结构如何，它都必须满足三个工作条件：

1）必须有密闭而且可以变化的容积，以便完成吸油和排油过程。

2）必须有配流装置。配流装置的作用是保证密封容积在吸油过程中与油箱相通，同时关闭供油通路；压油时与供油管路相通而与油箱切断。在图 3-1 中，单向阀 4 和 5 就起到了配流的作用，单向阀 4 和 5 就是配流装置，配流装置的形式随着泵的结构差异而不同。

3）油箱必须与大气相通，以便形成压力差，有利于吸油。

液压泵的图形符号如图 3-2 所示，图 3-2a 为单向定量泵，图 3-2b 为双向定量泵，图 3-2c为单向变量泵，图 3-2d 为双向变量泵。

3.1.3 液压泵的性能参数

1. 液压泵的压力

液压泵的压力参数主要指工作压力和额定压力。

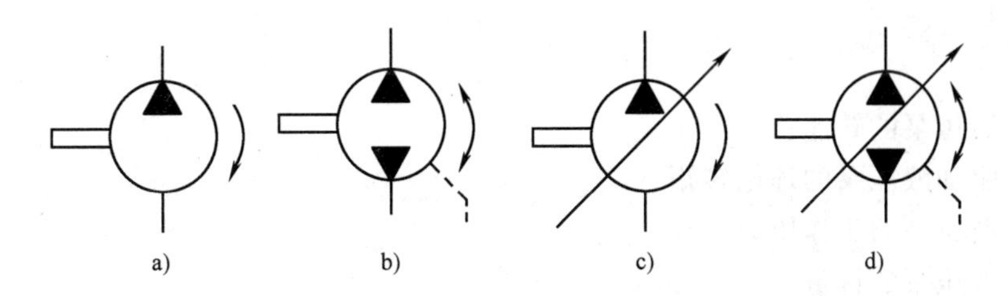

图 3-2 液压泵的图形符号

a) 单向定量泵 b) 双向定量泵 c) 单向变量泵 d) 双向变量泵

(1) 工作压力 p 液压泵的工作压力是指泵工作时输出液体的实际压力。工作压力的大小是由外负载决定，当负载增加时，液压泵的工作压力升高；当负载减少时，液压泵的工作压力下降。

(2) 额定压力 p_n 液压泵的额定压力是指泵在正常工作条件下，连续运转时所允许的最高压力。液压泵的额定压力受泵本身的泄漏和结构强度所制约，它反映了泵的能力，一般泵铭牌上所标的也是额定压力。正常工作时不允许超过液压泵的额定压力，超过此值即为过载。

(3) 最高压力 泵的最高压力可以看作泵的能力极限，它比额定压力稍高，一般不希望泵长期在最高压力下运行。

液压泵的用途不同，所需要的压力也不同，为了便于某液压元件的设计、生产和使用，将液压泵的压力分为以下几个等级，见表 3-1。

表 3-1 液压泵的压力分级

压力等级	低压	中压	中高压	高压	超高压
压力 p/MPa	≤2.5	>2.5~8	>8~16	>16~32	>32

2. 液压泵的排量

液压泵的排量是指按泵轴每转一周，由密封腔几何尺寸变化计算而得出的排出液体的体积。排量可以用 V 来表示，排量的单位为 L/r 或 mL/r。

3. 液压泵的流量

液压泵的流量有理论流量、实际流量和额定流量之分。

(1) 理论流量 q_t 液压泵的理论流量是指泵在单位时间内由密封腔几何尺寸变化计算而得出的排出液体的体积。理论流量用 q_t 表示，它与液压泵的工作压力无关，它等于泵的排量 V 与其转速 n 的乘积，即

$$q_t = Vn \tag{3-1}$$

(2) 实际流量 q 液压泵的实际流量是指泵工作时实际输出的流量，可以用 q 来表示。由于泵存在泄漏问题，所以其实际流量总是小于理论流量。若泄漏量为 Δq，则有

$$q = q_t - \Delta q \tag{3-2}$$

(3) 额定流量 q_n 液压泵的额定流量是指泵在正常工作条件下，试验标准规定必须保证的输出流量。

4. 液压泵的功率

液压泵输入的是原动机的机械能，表现为转矩 T 和转速 n；其输出的是液体压力能，表现为压力 p 和流量 q_t ($q_t = Vn$)。当用液压泵输出的压力能驱动液压缸克服负载阻力 F，并以速度 v 做匀速运动时（若不考虑能量损失），则液压泵和液压缸的理论功率相等，即

$$P_t = T_t 2\pi n = Fv = pAv = pVn = pq_t \tag{3-3}$$

于是 $$T_t=\frac{pV}{2\pi} \tag{3-4}$$

式中 n——液压泵的转速；

T_t——驱动液压泵的理论转矩；

p——液压泵的工作压力；

V——液压泵的排量；

A——液压缸的有效工作面积。

如果用驱动液压泵的实际转矩 T 代替式中的理论转矩 T_t，则可得到液压泵的实际输入功率 P_i；用液压泵的实际流量 q 代替式中的理论流量 q_t，可以得到液压泵的实际输出功率 P_0。

（1）泵的输入功率 P_i

$$P_i=T2\pi n \tag{3-5}$$

（2）泵的输出功率 P_0

$$P_0=pq \tag{3-6}$$

5. 液压泵的效率

液压泵的输出功率总是小于输入功率，两者之差即为功率损失。功率损失又可分为容积损失（泄漏造成的流量损失）和机械损失（摩擦造成的转矩损失）。通常容积损失用容积效率 η_V 来表示，机械损失用机械效率 η_m 来表示。

容积效率是指液压泵的实际流量与理论流量比值，即

$$\eta_V=\frac{q}{q_t} \tag{3-7}$$

液压泵的泄漏量随压力升高而增大，其容积效率也随压力升高而降低。机械效率是指驱动液压泵的理论转矩与实际转矩的比值，即

$$\eta_m=\frac{T_t}{T} \tag{3-8}$$

由于 $T_t=pV/2\pi$，代入式（3-8）中，则有

$$\eta_m=\frac{pV}{2\pi T} \tag{3-9}$$

液压泵的总效率 η 为其实际输出的功率 P_0 和实际输入功率 P_i 的比值，即

$$\eta=\frac{P_0}{P_i}=\frac{pq}{2\pi nT}=\frac{pVn\ q}{2\pi nTVn}=\eta_m\eta_V \tag{3-10}$$

任务实施：

记录液压泵的性能参数，了解液压泵的性能。

任务 3.2　齿轮泵的使用

任务目标：

掌握齿轮泵的工作原理；熟练掌握齿轮泵结构的主要零部件及其零部件的名称；了解高

压齿轮泵与低压齿轮泵之间的区别；能找出齿轮泵常见故障原因并能够排除。

任务描述：

能够正确拆卸和组装 CB—B 型齿轮泵，能够指出泵各部分结构的功能及其常出现的故障。

知识与技能：

齿轮泵在液压系统中的应用十分广泛，按其结构形式可分为外啮合式和内啮合式两种。对于外啮合式齿轮泵，由于其结构简单、制造方便、价格低廉、工作可靠、维修方便，因此已广泛应用于低压系统中。

3.2.1 外啮合齿轮泵的工作原理

外啮合齿轮泵的工作原理如图 3-3 所示。在泵体内有一对模数相同、齿数相等的齿轮，当吸油口和压油口各用油管与油箱和系统接通后，齿轮各齿槽和泵体以及齿轮前后端面贴合的前后端盖间形成密封工作腔，而啮合齿轮的接触线又把它们分隔为两个互不串通的吸油腔和压油腔。

当齿轮按图 3-3 所示方向旋转时，泵的右侧（吸油腔）轮齿脱开啮合，使密封容积逐渐增大，形成局部真空，油箱中的油液在大气压力的作用下被吸入吸油腔内，并充满齿间。随着齿轮的回转，吸入到轮齿间的油液便被带到左侧（压油腔）。当左侧齿与齿进入啮合时，使密封容积不断减小，油液从齿间被挤出而输送到系统。

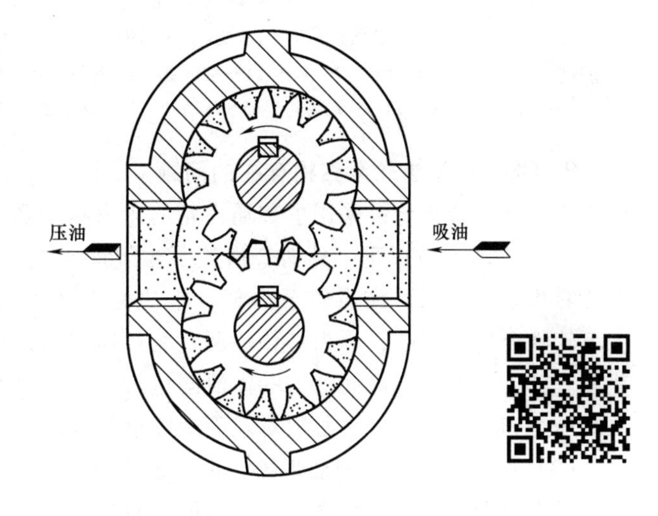

图 3-3 外啮合齿轮泵的工作原理
（扫描二维码观看动画）

3.2.2 外啮合齿轮泵的结构

1. CB—B 型齿轮泵的结构

CB—B 型齿轮泵的结构，如图 3-4 所示。它的主体结构采用了泵体 7 和前、后端盖的三片式结构。三片间通过两个圆柱销 17 进行定位，并由 6 个螺钉 9 加以紧固。两个齿轮中的主动齿轮 6 用键 5 固定在传动轴 12 上，由电动机带动进行连续转动，从而带动从动齿轮 14 旋转。在后端盖上开有吸油口和压油口，开口大的为吸油口，与进油管相连接，保证了吸油腔始终与油箱的油液相通；另一个开口小的为压油口，通过压力油管与系统保持相通。为使齿轮转动灵活，同时保证内泄漏量要尽量小，在齿轮端面与两个端盖之间留有极小的轴向间隙；为减小泵体与端面之间的油压作用，减小螺钉紧固力，并防止油泄漏到泵外，在泵体的两端面开有卸荷槽 16，把两齿轮端部的液压油液引回吸油腔进行卸压。

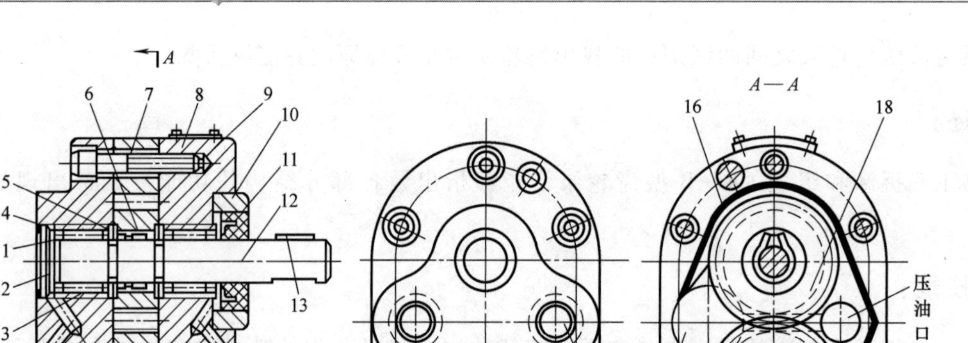

图 3-4 CB—B 型齿轮泵的结构

1—弹簧挡圈 2—轴承端盖 3—滚针轴承 4—后端盖 5、13—键
6—主动齿轮 7—泵体 8—前端盖 9—螺钉 10—油封端盖 11—密封圈
12—传动轴 14—从动齿轮 15—从动轴 16—卸荷槽 17—圆柱销 18—困油卸荷槽

2. CB—B 型齿轮泵结构存在的问题

由于外啮合齿轮泵采用了普通齿轮的轮齿啮合泵油结构，带来了如下几个问题：

（1）内泄漏较严重　外啮合齿轮泵主要缺点之一是泄漏量较大，只适用于低压，在高压下容积效率太低。在齿轮泵内部，压油腔中的液压油可通过三条途径泄漏到吸油腔中：①齿轮啮合处的间隙，称为啮合泄漏；②径向间隙，称为齿顶泄漏；③端面间隙，称为端面泄漏。其中，通过端面间隙的端面泄漏量最大，占总泄漏量的 75%~80%。因此要提高齿轮泵的压力和容积效率，就必须对端面间隙进行自动补偿。

（2）齿轮啮合区的困油现象　齿轮泵要平稳工作，齿轮啮合的重叠系数必须大于 1，即在一对齿轮即将脱开啮合之前，后面的一对轮齿要进入啮合，这样，在两对轮齿同时啮合的这一部分区域内，会有一部分油液滞留在两齿的重叠区之间，如图 3-5a、b 所示。随着齿轮的不断回转，后一对齿要不断地进入啮合，这就意味着刚进入啮合的齿要与对面的齿槽发生对挤，而此时被啮合齿槽由于两齿的齿厚相等的结构条件，基本上是处于封闭状态，如图 3-5b 所示。所以，这部分被困在齿槽中的油液将由于齿的不断啮合和齿槽密封空间的不断减小而受到强烈的挤压，如图 3-5c 所示。由于油液的可压缩性极小，被困油液的压力会急剧上升，这部分油液会寻找任何一处缝隙向外部拼命挤出，甚至阻碍齿轮的继续转动，挤压的油液给齿轮带来了极大的径向力。在转过啮合节点 P 点后，如图 3-5d 所示，轮齿要逐渐脱出啮合，封闭的齿槽空间要不断地扩大，这会造成该封闭空间的真空负压，如果没有油液及时地补充进来，会使油液中的空气分离析出，造成油液产生气穴，引起振动和噪声。

以上现象发生在每一对齿的啮合区内，这种由于齿厚相等而使被封闭在齿间的油液被挤压造成真空负压的现象，称为齿轮泵的困油现象。

齿轮泵的困油造成了油液的气穴，会引起传动振动和噪声，破坏了液压传动的稳定性，同时又给泵的回转带来极大的附加径向动载荷，对泵的正常工作造成极大的危害，所以，泵的困油现象需要设法消除。

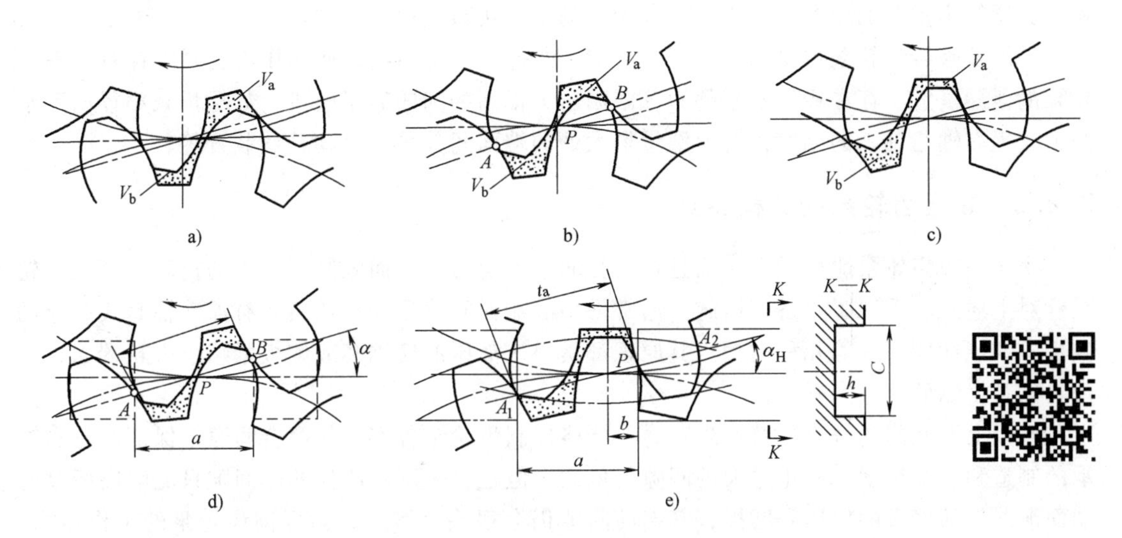

图 3-5 齿轮泵的困油现象（扫描二维码观看动画）

目前消除困油的方法通常是在齿轮泵的两侧端盖上铣两条卸油槽，如图 3-5e 所示。卸油槽的作用是：当困油受到强烈挤压时，使挤压空间通过卸油槽与压油腔相连通；当困油区形成真空负压时，使其与吸油腔相通，这样可以部分解决困油问题。但要注意，两个卸油槽的存在会增加端面泄漏，同时，两个卸油槽之间的距离不可过近，以免吸油腔和压油腔相串通。一般的齿轮泵两卸油槽是非对称开设的，位置往往向吸油腔偏移，但无论怎样，两槽间的距离 a 必须保证在任何时候都不能使吸油腔和压油腔相互串通，对于分度圆压力角 $\alpha=20°$、模数为 m 的标准渐开线齿轮，$a=2.78m$，当卸油槽为非对称时，在压油腔一侧必须保证 $b=0.8m$，另一方面为保证卸油槽畅通，应满足槽宽 $c>2.5m$，槽深 $h\geqslant0.8m$ 的要求。

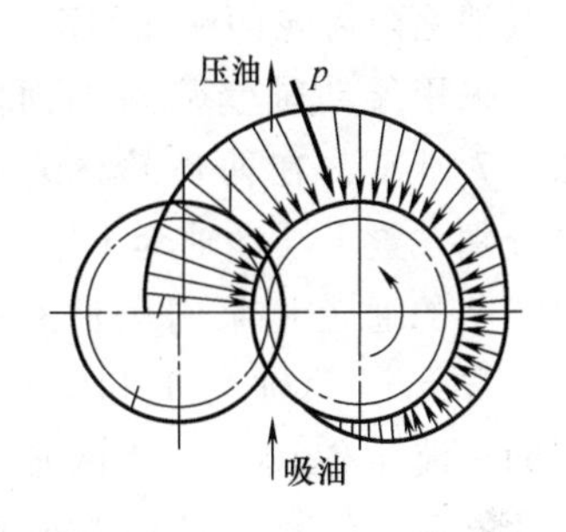

图 3-6 齿轮泵的径向不平衡力

（3）齿轮泵的径向不平衡力 齿轮泵中的两个齿轮在工作时，作用在齿轮上的径向压力是不均衡的。如图 3-6 所示，齿轮在压油腔位置的轮齿由于液体的压力高而受到很大的径向力，而处于吸油区的轮齿所受的径向力就较小，可以认为压力由压油腔的高压逐渐分级下降到吸油腔压力，这相当于油液在齿轮上有一个很大的径向不平衡作用力，使齿轮和轴承承受很大的偏载。油液的工作压力越大，径向不平衡力也越大。径向不平衡力会使轴发生弯曲，导致齿顶与壳体产生接触摩擦，同时会加速轴承的磨损，降低轴承的寿命，所以，齿轮泵的不平衡径向力是阻碍泵的工作压力进一步提高的主要原因。

为了减小齿轮泵的不平衡径向力，有的齿轮泵上采取了缩小压油口的方法，使液压油的径向压力仅作用在 1~2 个齿的小范围内，如图 3-4 的 A—A 剖视所示，同时可适当增大径向间隙，使齿轮在不平衡压力作用下，齿顶不至于与壳体相接触和摩擦。

一般外啮合齿轮泵具有结构简单、制造方便、重量轻、自吸性能好、价格低廉、对油液污染不敏感等特点；但由于径向力不平衡及泄漏的影响，一般使用的工作压力较低，另外其

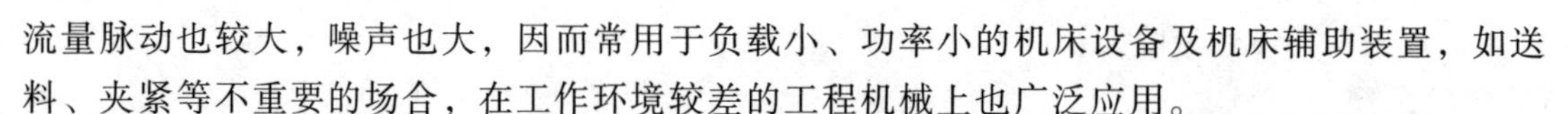

流量脉动也较大，噪声也大，因而常用于负载小、功率小的机床设备及机床辅助装置，如送料、夹紧等不重要的场合，在工作环境较差的工程机械上也广泛应用。

一般外啮合齿轮泵主要用于小于 2.5MPa 的低压液压系统，而高压齿轮泵则针对一般齿轮泵的泄漏量大、存在径向不平衡力等限制压力提高的问题做了改进，如尽量减小径向不平衡力，提高轴与轴承的刚度，对泄漏量最大处的端面间隙采用自动补偿装置等。

3.2.3 高压齿轮泵的结构特点

由于一般齿轮泵泄漏量大，而且存在径向不平衡力，因而限制了压力的提高。高压齿轮泵针对上述问题采取了一系列措施。通常采用的端面间隙自动补偿装置有浮动轴套式、浮动侧板式和挠性侧板式等几种类型。其原理都是引入液压油使轴套或侧板紧贴于齿轮端面，实现自动补偿端面间隙。

对以上泄漏问题解决的基本思路是：严格控制齿轮泵各部分的配合间隙，保证齿轮和轴承的制造和装配精度，防止过大的间隙与偏载。但是，采用较严格的小间隙只能解决新泵的端面泄漏，随着泵的使用和磨损，其端面间隙仍会很快会增大，为提高齿轮泵的工作压力、减小端面的泄漏，有些泵采用了齿轮端面间隙自动补偿的方法，利用液压油或者弹簧力来减小或消除两齿轮的端面间隙。

采用浮动轴套消除端面间隙如图 3-7 所示，在两齿轮的左、右两端分别设置了浮动轴套 1 和 2，并利用特制的通道把泵内压油腔的液压油引导到浮动轴套 1 和 2 的外侧，借助于液压作用力，使两轴套压向齿轮端面，使轴套始终自动贴紧齿轮端面，如图 3-8b、c 所示，从而减小了泵内齿轮端面的泄漏量，达到减少泄漏、提高压力的目的。也有部分齿轮泵采用弹簧力来压紧浮动轴套，如图 3-8a 所示。

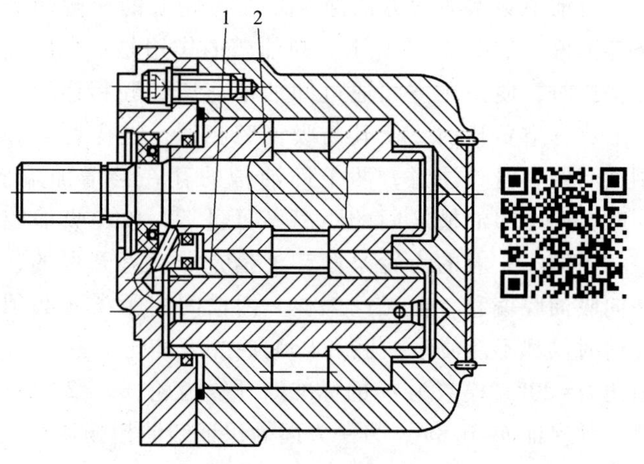

图 3-7 采用浮动轴套消除端面间隙（扫描二维码观看动画）

1、2—浮动轴套

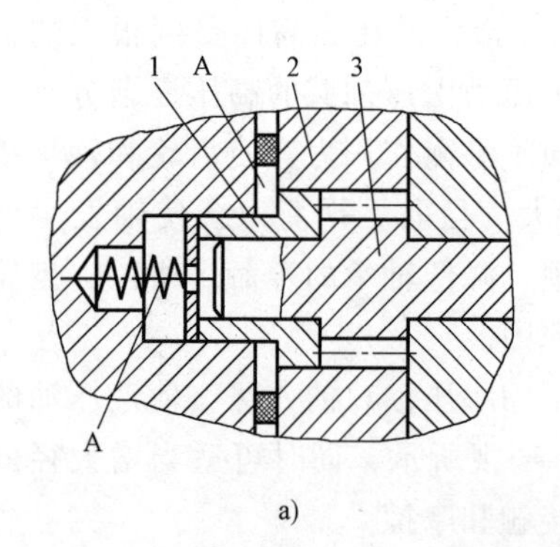

a)

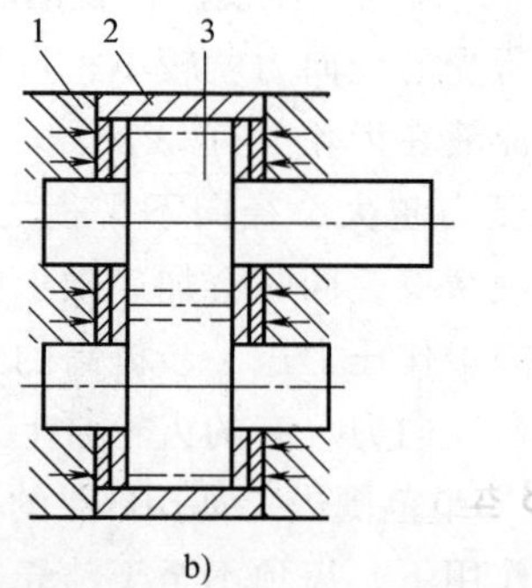

b)

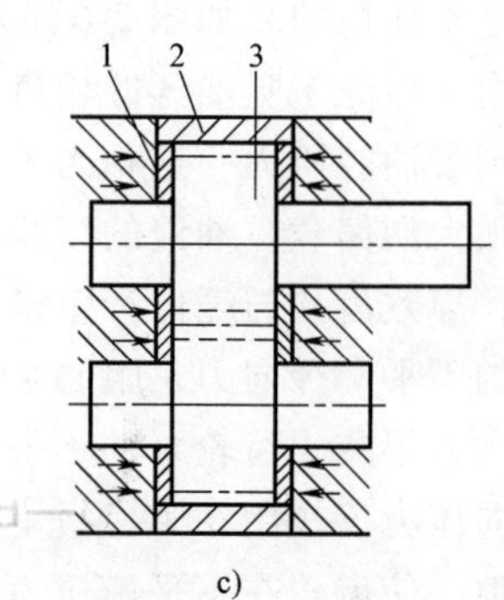

c)

图 3-8 齿轮的端面间隙补偿装置

1—轴套 2—泵体 3—齿轮

3.2.4 内啮合齿轮泵的工作原理

目前常应用的内啮合齿轮泵，其齿形曲线有渐开线齿轮泵和摆线齿轮泵（又名转子泵）两种，如图 3-9 所示，它们的工作原理和主要特点与外啮合齿轮泵基本相同。小齿轮为主动齿轮，按图 3-9 所示方向旋转时，齿轮退出啮合，容积增大而吸油，进入啮合，容积减小而压油。图 3-9a 所示的渐开线齿形内啮合齿轮泵中，主动小齿轮 1 和从动外齿圈 2 之间要装一块月牙隔板 5，以便把吸油腔 3 和压油腔 4 隔开。图 3-9b 所示的摆线齿形内啮合泵又称摆线转子泵，由于小齿轮和内齿轮相差一齿，因而不需设置隔板。

内啮合齿轮泵的结构紧凑、尺寸小、重量轻、运转平稳、流量脉动小、噪声小，在高转速下工作时有较高的容积效率。由于齿轮转向相同，因此齿轮间相对滑动速度小、磨损小、使用寿命长，但齿形复杂，加工困难，价格较外啮合齿轮泵高。

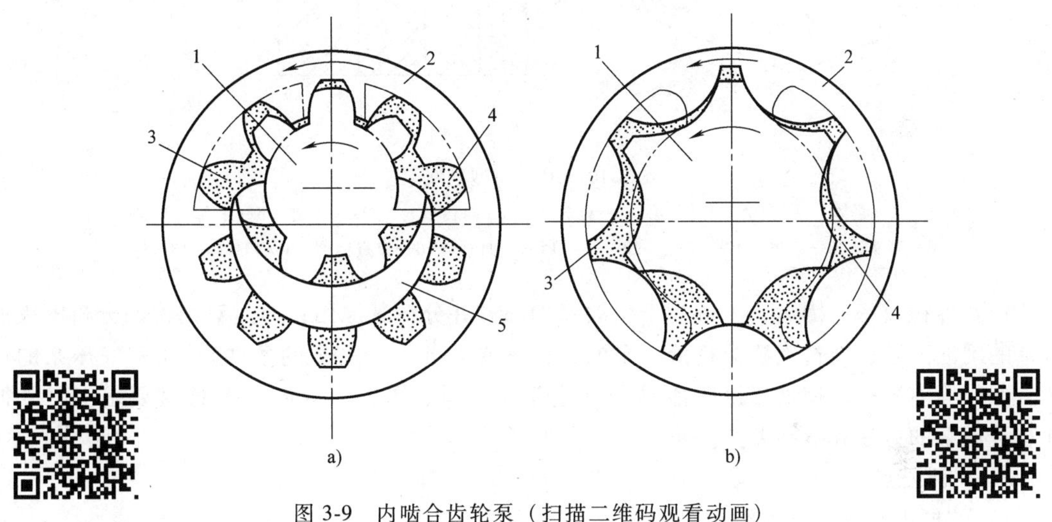

图 3-9 内啮合齿轮泵（扫描二维码观看动画）

a）渐开线齿形 b）摆线齿形

1—主动小齿轮 2—从动外齿圈 3—吸油腔 4—压油腔 5—月牙隔板

目前国内的摆线泵有多种形式，图 3-10 所示为上海机床厂 1975 年研制的 BB—B 型摆线泵的结构，其最大工作压力≤2. 5MPa。BB 型内啮合摆线齿轮泵是一种容积式内齿轮泵，其内齿轮（即外转子）为圆弧齿形，外齿轮（即内转子）为短幅外摆线的新型齿轮泵。由于该泵具有结构简单、噪音低、输油平稳、自吸性能好、高转速特性，因而广泛应用于机床、变速箱、压缩机、传动机械、起重装卸机械以及其他机械压力低于 2. 5MPa 的液压系统中。摆线齿形内啮合齿轮泵可作为动力泵或润滑泵和冷却泵，适用于输送各种油类。

任务实施：

3.2.5 实训——CB—B 型齿轮泵拆装训练

1. 实训目的

通过拆装，掌握液压泵内每个零部件的构造，了解其加工工艺要求；分析影响液压泵正

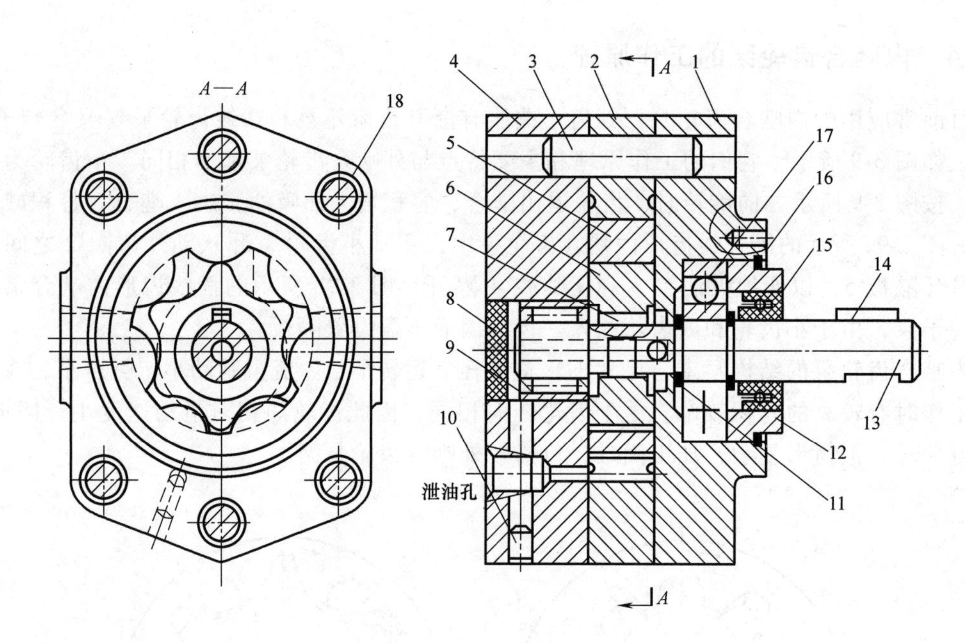

图 3-10 BB—B 型摆线泵

1—前盖 2—泵体 3—圆销 4—后盖 5—外转子 6—内转子 7、14—平键 8—压盖 9—滚针轴承 10—堵头 11—卡圈 12—法兰 13—轴 15—密封环 16—弹簧挡圈 17—轴承 18—螺钉

常工作及容积效率的因素，了解易产生故障的部件并分析其原因；通过对结构的分析解决液压泵的困油问题；通过实物分析液压泵的工作三要素（三个必须的条件）；了解液压泵的铭牌、型号等内容；掌握液压泵职能符号（定量、变量、单向、双向）及选型要求等；掌握拆装液压泵的方法和拆装要点。

2. 实训要点

1）掌握齿轮泵的基本结构。

2）掌握齿轮泵的拆装基本要求。

3. 预习要求

液压泵的分类及工作原理；齿轮泵的结构和特点。

4. 实训过程

（1）工具准备　内六角扳手、固定扳手、螺钉旋具、相关液压泵。

（2）拆装顺序　以 CB—B 型齿轮泵为例，如图 3-4 所示。

1）松开 6 个紧固螺钉，分开端盖 4 和 8；从泵体 7 中取出主动齿轮及轴、从动齿轮及轴。

2）分解端盖与轴承、齿轮与轴、端盖与油封。

3）装配顺序与拆卸顺序相反。

主要零件分析：

① 泵体 7：泵体的两端面开有封油槽，此槽与吸油口相通，用来防止泵内油液从泵体与泵盖接合面外泄，泵体与齿顶圆的径向间隙为 0.13~0.16mm。

② 端盖 4 与 8：前后端盖内侧开有卸油槽（见图中虚线所示），用来消除困油。端盖 4 上吸油口大，压油口小，用来减小作用在轴和轴承上的径向不平衡力。

③ 齿轮 6 和 14：两个齿轮的齿数和模数都相等，齿轮与端盖间轴向间隙为 0.03~0.04mm，轴向间隙不可以调节。

5. 实训小结

将学生分组进行实训，由教师指导，根据实训结果写出实训报告。

知识补充：

3.2.6 外啮合齿轮泵常见的故障及排除方法

齿轮泵在使用过程中，产生的故障较多，原因也很复杂，有时是几种因素联系在一起产生故障，要逐个分析才能解决。现仅就齿轮泵常见的故障产生原因进行分析，并指出排除方法。

1. 齿轮泵噪声大

（1）故障产生原因

1）吸油管接头、泵体与盖板的结合面、堵头和密封圈等处密封不良，有空气被吸入。

2）齿轮齿形精度太低。

3）端面间隙过小。

4）齿轮内孔与端面不垂直、盖板上两孔轴线不平行、泵体两端面不平行等。

5）两盖板端面修磨后，两困油卸油槽距离增大，产生困油现象。

6）装配不良，如主动轴转一周，有时轻时重现象。

7）滚针轴承等零件损坏。

8）泵轴与电动机不同轴。

9）出现空穴现象。

（2）排除方法

1）用涂脂法查出泄漏处，更换密封圈；用环氧树脂粘结剂涂敷堵头配合面再压进；用密封胶涂敷管接头并拧紧；修磨泵体与盖板结合面，保证平面度不超过 0.005mm。

2）配研（或更换）齿轮。

3）配磨齿轮、泵体与盖板端面，保证端面间隙。

4）拆检、配研（或更换）有关零件。

5）修磨困油卸油槽，保证两槽距离。

6）拆检，装配调整。

7）拆检，更换损坏零件。

8）调整联轴器，使同轴度小于 ϕ0.1mm。

9）检查吸油管、油箱、过滤器、油位及油液黏度等，排除空穴现象。

2. 齿轮泵的容积效率低、压力无法提高

（1）故障产生原因

1）端面间隙和径向间隙过大。

2）各连接处泄漏。

3）油液黏度太大或太小。

4）溢流阀失灵。

5）电动机转速过低。

6）出现空穴现象。

（2）排除方法

1）配磨齿轮、泵体与盖板端面，保证端面间隙；将泵体相对于两盖板向压油腔适当平移，保证吸油腔处径向间隙，再拧紧螺钉，试验后，重新钻、铰销孔，用圆锥销定位。

2）紧固各连接处。

3）测定油液黏度，按说明书要求选用油液。

4）拆检，修理（或更换）溢流阀。

5）检查转速，排除故障根源。

6）检查吸油管、油箱、过滤器、油位及油液黏度等，排除空穴现象。

3. 齿轮泵的堵头和密封圈有时被冲掉

（1）故障产生原因

1）堵头将泄漏通道堵塞。

2）密封圈与盖板孔配合过松。

3）泵体装反。

4）泄漏通道被堵塞。

（2）排除方法

1）将堵头取出涂敷上环氧树脂粘结剂后，重新压进。

2）更换密封圈。

3）纠正装配方向。

4）清洗泄漏通道。

3.2.7 内啮合齿轮泵常见的故障及排除方法

1. 压力波动大

（1）故障产生原因

1）泵体与前后盖因加工不好，偏心距误差大，或者外转子与泵体配合间隙太大。

2）内外转子（摆线齿轮）的齿形精度差。

3）内外转子的径向及轴向圆跳动大。

4）内外转子的齿侧隙偏大。

5）泵内混入空气。

（2）排除方法

1）应及时检查偏心距，并保证偏心距误差在±0.02mm的范围内。外转子与泵体配合间隙应在0.04~0.06mm范围内。

2）内外摆线齿轮大多采用粉末冶金用模具压制而成，模具及其他方面的原因会影响到摆线齿轮的齿形精度等，用户可对其修正，损坏严重的必须更换。

3）修正内外转子，使各项精度达到技术要求。

4）内外转子的齿侧隙偏大时，应更换内外转子，保证侧隙在0.07mm以内。

5）泵内混入空气时，应排除系统内的空气，采取防止空气从泵吸油管路进入泵内的措施。

2. 吸不上油或吸油不足

(1) 故障产生原因

1) 内转子不转动。

2) 内转子的旋转方向与原动机不符，导致进、出油口对调。

3) 出油口管路堵塞。

4) 进油口滤网堵塞。

5) 内、外转子磨损严重，导致封闭腔无法形成。

6) 进油管端面与油槽底面接触，导致进油不畅。

7) 从泵的吸入口处吸入空气。

8) 油箱中油面过低。

(2) 排除方法

1) 检查液压泵驱动系统蜗杆、蜗轮或齿轮、内转子紧固螺钉或定位销是否松动，以及蜗轮与主轴蜗杆啮合是否正常。

2) 确认机器是否按工作方向旋转。

3) 检查出油口油管是否有弯折或破损等堵塞。

4) 清洗滤网，除去堵塞物。

5) 内、外转子磨损严重导致封闭腔无法形成时，应及时更换内、外转子。

6) 保证进油管端面与油槽底面有一定的距离，使进油顺畅。

7) 确保泵吸入通道各连接件紧密连接，不得漏气，且吸入口浸没在一定深度的油液中。

8) 保证油箱中液压油的量能够达到规定的最低液面位置。

任务 3.3 叶片泵的使用

任务目标：

掌握叶片的工作原理；熟练掌握叶片泵结构组成的主要零部件及其零部件的名称；了解单作用叶片泵与双作用叶片泵之间的区别；能找出叶片泵常见的故障原因并能够排除。

任务描述：

能够正确拆卸和组装 YB 型叶片泵，能够指出泵各部分的功能及其常出现的故障。

知识与技能：

叶片泵在机床液压系统中应用非常广泛。它具有结构紧凑、体积小、运转平稳、噪声小、流量脉动小、使用寿命长等优点，但也存在着结构复杂、吸油性能较差、对油液污染比较敏感等缺点。一般叶片泵的工作压力为 7MPa，高压叶片泵可达 14MPa，随着结构和工艺材料的不断改进，叶片泵也逐渐向中、高压方向发展，现有产品的额定压力高达 28MPa。按叶片泵输出流量可分为定量叶片泵和变量叶片泵；按每转吸油、压油次数和轴、轴承等零件所承受的径向液压力，又分为单作用叶片泵（变量叶片泵）和双作用叶片泵（定量叶片泵)。

3.3.1 双作用叶片泵

1. 双作用叶片泵的工作原理

双作用叶片泵的工作原理如图 3-11 所示，它主要由定子 1、转子 2、叶片 3、配油盘 4、转动轴 5 和泵体等组成。定子内表面由四段圆弧和四段过渡曲线组成，形似椭圆，且定子和转子是同心安装的，泵的供油流量无法调节，所以属于定量泵。

转子旋转时，叶片靠离心力和根部油压作用伸出，并紧贴在定子的内表面上，两叶片之间和转子的外圆柱面、定子内表面及前后配油盘形成了若干个密封的工作容腔。

当图 3-11 中转子顺时针方向旋转时，密封工作腔的容积在左上角和右下角处逐渐增大，形成局部真空而吸油，称为吸油区；密封工作腔的容积在右上角和左下角处逐渐减小而压油，称为压油区。吸油区和压油区之间有一段封油区将它们隔开。这种泵的转子每转一周，每个密封工作腔吸油、压油各两次，故称为双作用叶片泵。

双作用叶片泵采用了两侧对称的吸油腔和压油腔结构，所以作用在转子上的径向压力是相互平衡的，不会给高速转动的转子造成径向的偏载。因此，双作用叶片泵又称为卸荷式叶片泵。

为了使径向压力完全平衡，密封空间数（即叶片数）应当保持双数，而且定子曲线要对称。

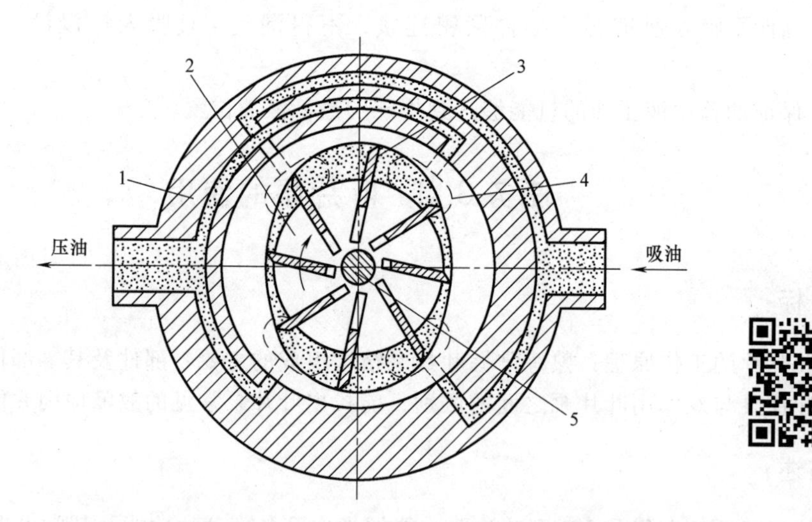

图 3-11 双作用叶片泵的工作原理（扫描二维码观看动画）

1—定子 2—转子 3—叶片 4—配油盘 5—轴

2. 双作用叶片泵的基本结构

图 3-12 所示为一种 YB 型双作用叶片泵的基本结构，整个泵采用分离结构，泵体由前泵体 7 和后泵体 1 及前端盖 8 所组成，转子 3、定子 4 和叶片 5 为泵的主要结构，它的两侧配置有配流盘 2 和 6，由图中可以看出，吸油口和压油口分别设置在后泵体 1 和前泵体 7 上，距离较远，可以解决隔离与密封的问题。整个转子由花键轴两端的滚动轴承 11、12 支承在泵体内，密封圈 10 可以防止油液的外泄，同时防止外部灰尘和污物的侵入。

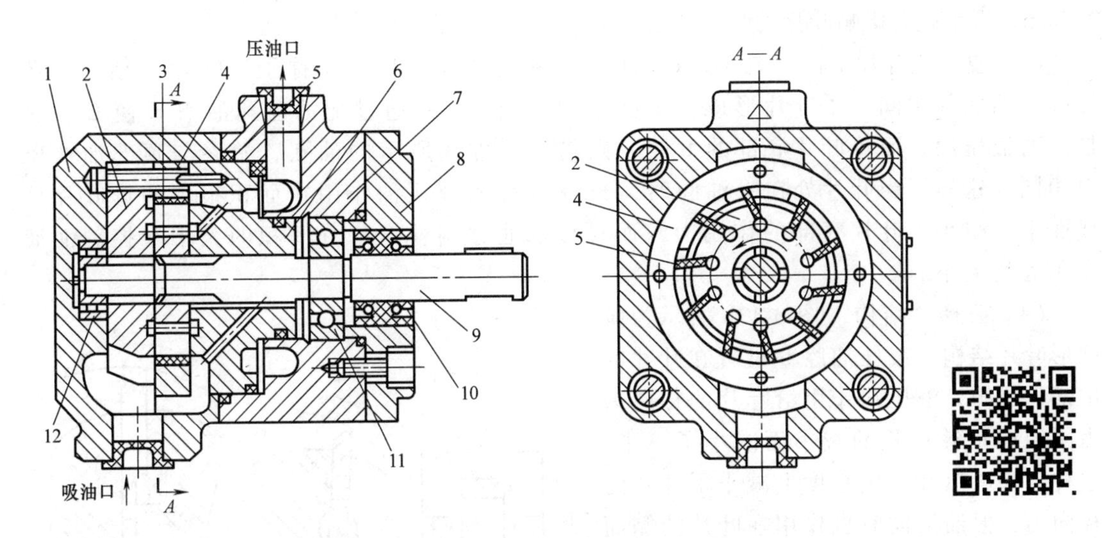

图 3-12 YB 型双作用叶片泵结构（扫描二维码观看动画）

1—后泵体 2、6—左右配流盘 3—转子 4—定子 5—叶片

7—前泵体 8—前端盖 9—传动轴 10—密封圈 11、12—滚动轴承

双作用叶片泵在结构上存在以下特点：

（1）定子曲线 定子内表面曲线实质上由两段长半径为 R 的圆弧、两段短半径为 r 的圆弧和四段过渡曲线组成，泵的动力学特性很大程度上受过渡曲线的影响。理想的过渡曲线不仅应使叶片在槽中滑动时的径向速度变化均匀，而且应使叶片转到过渡曲线和圆弧段交接点处的加速度突变不大，以减小冲击和噪声，同时，还应使泵的瞬时流量的脉动最小。

（2）叶片倾角 叶片顶部随同转子上的叶片槽顺着转子旋转方向转过一个角度，即前倾一个角度，其目的是减小叶片和定子内表面接触时的压力角，从而减小叶片和定子间的摩擦磨损。当叶片以前倾角安装时，叶片泵不允许反转。

（3）端面间隙 为了使转子和叶片能自由旋转，它们与配油盘两端面间应保持一定的间隙。但间隙过大将使泵的内泄漏量增加，容积效率降低。为了提高压力，减少端面泄漏，采取的间隙自动补偿措施是将配油盘的外侧与压油腔连通，使配油盘在液压推力作用下压向转子。泵的工作压力越高，配油盘就越贴紧转子，对转子端面间隙进行自动补偿。

3. 叶片压力不均衡的解决方法

一般双作用叶片泵的叶片底部都采取通液压油的顶出结构，但这样做的后果是当叶片转到吸油区时，由于顶部压力过小而紧紧地挤压在定子表面上，造成定子吸油区曲线的过度磨损。这一原因同时也严重地影响了双作用叶片泵工作压力的进一步提高，所以在高压叶片泵的结构上，经常可以看到一些叶片径向压力均衡的结构。

（1）阻尼槽 为了减小叶片底部油液的作用力，可以设法降低油液的压力。降低油液压力的方法是将泵的压油腔中的油通过一个阻尼槽或内装式小减压阀，再通到吸油区叶片的底部，从而减小了作用在叶片底部的油液压力，使叶片经过吸油腔时，叶片压向定子内表面的作用力不致过大。

（2）薄叶片结构 减小叶片底部承受液压油作用的面积，就可以减小叶片底部所受的压力。通常采用减小叶片厚度的办法减小叶片所受的力，但目前的叶片厚度一般为 1.8~

2. 5mm，再小就会影响叶片的强度和刚性。

（3）复合式叶片结构　图 3-13a 所示为一种复合式叶片（又称子母叶片）结构。在母叶片的底部中间与子叶片形成一个独立的油腔 C，并通过配油盘和油槽 K 使 C 腔总是接通液压油，而母叶片底部的 L 腔，则借助于虚线所示的油孔，始终与顶部油液压力相同。这样，当叶片处在吸油腔时，只有 C 腔的液压油作用在面积很小的母叶片承载面上，减小了叶片底部的作用力，而且可以通过调整该部分面积的大小来控制油液作用力的大小。

（4）阶梯片结构　图 3-13b 所示为阶梯形叶片结构，液压油腔 b 设置在叶片的中部，这样，液压油作用给叶片的径向力由于径向承载面积的减小而减小了一半。这种方法虽然在一定程度上减小了叶片的径向力，但油液同时也作用在叶片的侧面上，造成了叶片附加的侧面压力，阻碍了叶片的顺利滑动，另外，这种结构的工艺性也较差。

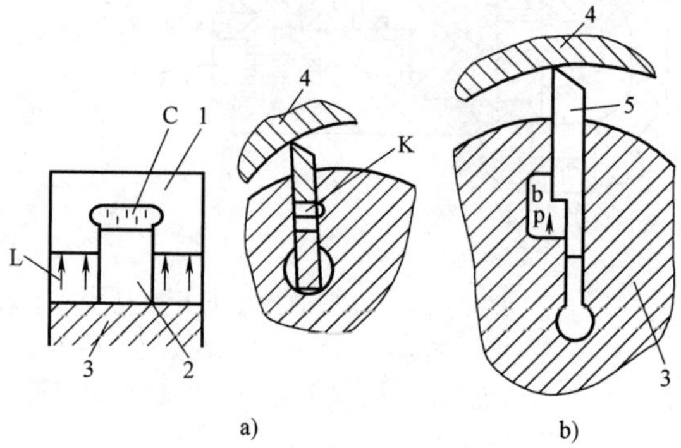

图 3-13　减小叶片作用面积

a）复合式叶片　b）阶梯形叶片结构

1—母叶片　2—子叶片　3—转子　4—定了　5—叶片

（5）双叶片结构　图 3-14a 所示为双叶片结构，在每个槽中同时放置两片可以自由滑动的叶片 1 和 2，而在两叶片的贴合面处有孔 c 与叶片的顶部形成的油腔 a 保持相通，这样，通过这个小孔 c，可以达到使叶片顶部和底部的液体压力均衡的目的。

图 3-14b 所示为装有弹簧的叶片顶出结构，这种结构的叶片较厚，顶部与底部有小孔相通，叶片底部的油液是由叶片顶部经叶片的小孔引入的，若不考虑小孔的压力降，则叶片上、下油腔油液的作用力始终是平衡的，叶片基本上是靠底部弹簧的力量紧贴在定子的内表面来保证密封的。

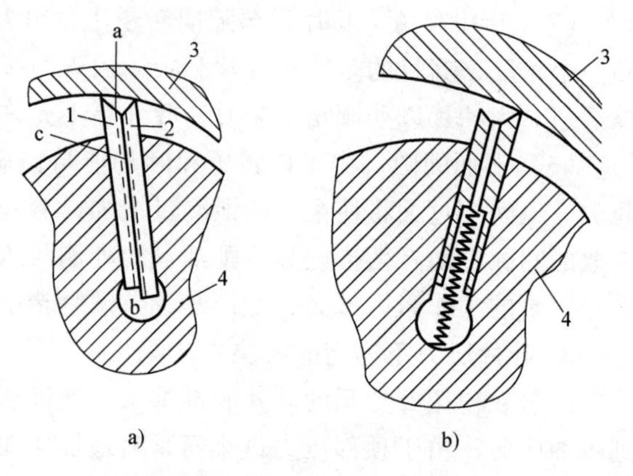

图 3-14　液压力平衡叶片结构

a）双叶片结构　b）装有弹簧的叶片顶出结构

1、2—叶片　3—定子　4—转子

4. 双作用叶片泵的特点与应用

双作用叶片泵的结构较齿轮泵复杂，但其工作压力较齿轮泵高，且流量脉动小（双作用叶片泵的叶片数一般为 12 片或 16 片）、工作平稳、噪声较小、寿命较长。因此，它被广泛应用于机械制造专用机床、自动线等中、低压液压系统中，一般工作压力在 16MPa 左右。但它的结构较复杂，吸油特性差，对油液的污染较敏感，一般用于中压液压系统。

双作用叶片泵不仅作用在转子上的径向力平衡，且运转平稳、输油量均匀、噪声小。

3.3.2 单作用叶片泵

1. 单作用叶片泵的工作原理

单作用叶片泵的工作原理如图 3-15 所示，与双作用叶片泵相似，单作用叶片泵的主要结构也由定子 1、转子 2、叶片 3 和端盖等组成。它与双作用叶片泵的主要差别在于它的定子是一个与转子偏心放置的内圆柱面。当转子回转时，由于叶片的离心力作用，使叶片紧靠在定子内表面上，这样，在定子、转子、叶片和两侧配油盘间就形成若干个密封的工作空间。当转子按图示的方向（逆时针）回转时，在定子腔体的下部，叶片要逐渐伸出，叶片间的工作空间将逐渐增大，形成了吸油条件，而当它转动到油腔的上边时，叶片被定子内表面逐渐压进槽内，密封空间逐渐缩小，形成了压油条件，将油液从压油口压出。在吸油腔和压油腔之间，有一段封油区，把吸油腔和压油腔隔开。这种叶片泵的转子每转一周，每个密封空间只完成一次吸油和压油，因此称其为单作用叶片泵。转子不停地旋转，泵就不断地进行吸油和压油的工作循环。

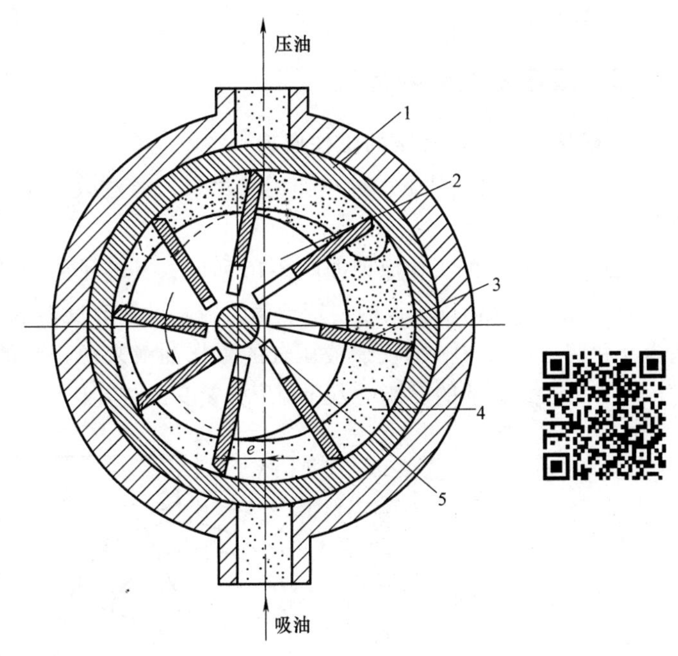

图 3-15 单作用叶片泵的工作原理（扫描二维码观看动画）

1—定子 2—转子 3—叶片 4—配油盘 5—轴

单作用叶片泵只有一个吸油区和一个压油区，因而作用在转子上的径向液压力不平衡，所以又称为非平衡式叶片泵。

由于转子与定子偏心距 e 和偏心方向可调，所以单作用叶片泵可作为双向变量泵使用。

2. 单作用叶片泵的特点与应用

与双作用叶片泵相比，单作用叶片泵具有以下特点：

（1）泵流量可以调节 改变定子和转子之间的偏心距大小便可以改变各个密封容积的变化幅度，从而达到改变泵的排量和流量的目的。

（2）吸、压油路可以反向 当转子与定子的偏心方向反向时，外部油路的吸油、压油方向也相反，所以可以实现吸油路、压油路的方向改变。

（3）转子的径向力不平衡 由于定子与转子的偏心安装结构，液压泵的转子受到不平衡的径向力的作用，所以这种泵一般只用于低压变量的场合。

（4）叶片底部特殊结构 单作用叶片泵叶片底部的油液是自动切换的，即当叶片在压油区时，其底部通液压油；在吸油区时则与吸油腔通。所以，叶片上、下的液压力是平衡的，有利于减少叶片与定子间的磨损。

（5）叶片倾角　叶片倾斜方向与双作用叶片泵相反，由于叶片上、下的液压力是平衡的，叶片的向外运动主要依靠其旋转时所受到的惯性力，因此叶片后倾一个角度更有利于叶片在离心惯性力作用下向外伸出。

单作用式叶片泵易于实现流量调节，常用于快慢速运动的液压系统，可降低功率损耗，减少油液发热，简化油路，节省液压元件。单作用叶片泵多为低压变量泵，其最高工作压力一般为 7MPa。

3.3.3　限压式变量叶片泵

1. 限压式变量叶片泵的工作原理

限压式变量叶片泵是一种单作用叶片泵，通过改变定子与转子间的偏心距 e，就能改变泵的输出流量。

限压式变量泵的工作原理如图 3-16 所示，其转子的回转中心是固定的，而定子套相对于转子的偏心安装是活动可调的，定子套的右侧设置有反馈液压缸 6 和活塞 4，左侧设置有调压弹簧 9 和调压螺钉 10，而反馈液压缸的工作油液来源于泵的液压油口，所以，泵在正常工作时，定子是在出口油的反馈压力和调压弹簧 9 的相互作用下，处于一个相对平衡的位置。

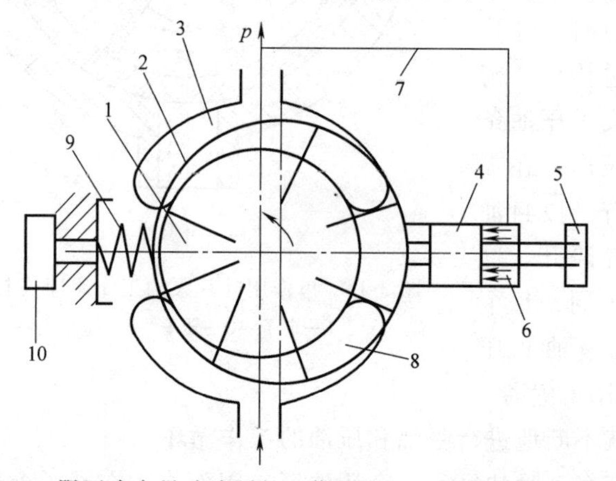

图 3-16　限压式变量叶片泵的工作原理（扫描二维码观看动画）

1—转子　2—定子　3—压油口　4—活塞　5—螺钉　6—反馈液压缸

7—通道　8—吸油口　9—调压弹簧　10—调压螺钉

限压式变量叶片泵的工作原理大致可以分为以下四种情况来分析：

1）当泵刚刚开始工作，而泵的出口压力尚未建立起来时，或者当外部载荷较小而系统的油压很低，活塞 4 上的作用力还不足以克服调压弹簧 9 的作用力时，定子 2 在调压弹簧 9 的作用下处于最右边的位置，即泵处于最大偏心和最大输出流量的状态。

2）当泵的出口压力达到工作压力 p 时，在系统压力作用下，活塞 4 克服了调压弹簧 9 的作用力，向左推动定子套，使定子 2 在活塞 4 和调压弹簧 9 的共同作用下处于某一个相对平衡的工作位置，定子的偏心距及输出流量都处于一个相对平衡的状态。

3）当外部载荷有变化时，引起的系统压力变化会导致泵的供油量做相应的变化调整：当外部载荷增大引起系统压力升高时，定子 2 会在活塞 4 的作用下向左移动，导致了偏心距减小，流量减小，液压执行元件的移动速度会相应地减慢；当外部载荷减小时，会引起定子向右移动，移动速度将相应加快。

4）当泵的出口压力由于系统的超载或过载而超过调压弹簧 9 和调压螺钉 10 所调定的最高限定压力 p_B时，调压弹簧 9 将处于最大压缩状态，活塞 4 将定子 2 压到最左端的位置，此时的定子偏心距为零（或接近于零），泵将停止向外供油，从而防止了出口压力的继续升高，起到了安全保护的作用。

由于这种泵的最高输出压力可以通过调压弹簧 9 和调压螺钉 10 来加以控制，所以称为限压式泵。又因为这种泵的反馈控制是作用到定子套的外部，所以也称为外反馈式限压泵。

2. 限压式变量叶片泵的工作特性

限压式变量叶片泵的工作特性曲线如图 3-17 所示，当工作压力 p 小于预先调定的最小限定压力时，液压作用力不能克服调压弹簧 9 的作用力，这时定子的偏心距保持最大，泵的输出流量 q_A 将保持最大值。又因供油压力的增大将使泵的泄漏流量 q_1 也增加，所以泵的实际输出流量 q 略有减少，如图 3-17 中工作曲线的 AB 段。

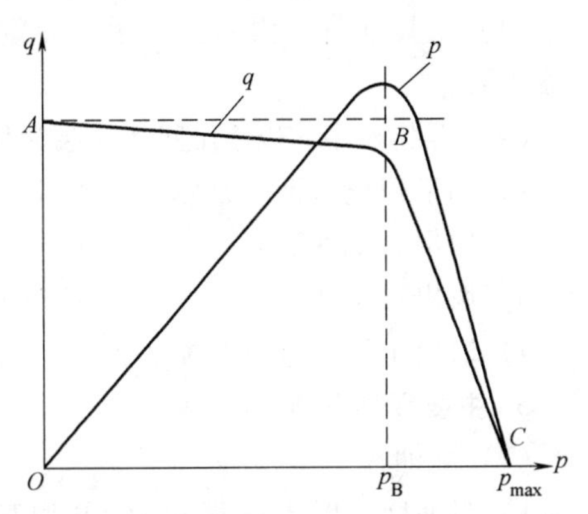

图 3-17 限压式变量叶片泵的工作特性曲线

当工作压力 p 超过最小限定压力时，液压作用力大于弹簧 9 的作用力，此时弹簧 9 开始压缩，定子向偏心量减小的方向移动，使泵的输出流量减小，压力越高，弹簧压缩量越大，偏心量越小，输出流量越小，在调压弹簧 9 的有效弹性变形范围内，流量与系统工作压力的关系基本呈特性曲线 BC 段所示的线形变化规律。

调节调压螺钉 10 可以改变最高调定压力 p_B的大小，这时特性曲线的 BC 段将左右平移；而改变调压弹簧的刚度，可以改变 BC 段的斜率，弹簧越“软”，BC 段越陡。

调节流量调节螺钉 5，可以调节最大偏心距（初始偏心量）的大小，从而改变泵的最大输出流量 q_A，使特性曲线 AB 段上下平移。

3. 限压式变量叶片泵的应用

限压式变量叶片泵结构复杂，轮廓尺寸大，相对运动的机件多，泄漏量较大，同时，转子轴上承受较大的不平衡径向液压力，噪声也较大，容积效率和机械效率都没有定量叶片泵高。而从另一方面看，在泵的工作压力条件下，它能按外载和压力的波动来自动调节流量，节省了能源，减少了油液的发热，对机械动作和变化的外载具有一定的自适应调整性。

限压式变量叶片泵对要实现空行程快速移动和工作行程慢速进给（慢速移动）的液压驱动是一种较合适的动力源。一般快速行程需要快的移动速度和大的工作流量，而负载压力较低，这正好对应了特性曲线的 AB 起始段；而工作进给时需要较高压力，同时移动速度较低，所需流量减少，对应了特性曲线的 BC 段。因此，这种泵特别适用于那些要求执行元件有快速、慢速和保压阶段的中、低压系统，有利于节能和简化回路。

任务实施：

3.3.4 实训——YB 型叶片泵拆装训练

1. 实训目的

同 3.2.5 节 CB—B 型齿轮泵拆装训练。

2. 实训要点

1）掌握叶片泵的基本结构。

2）掌握叶片泵的拆装基本要求。

3. 预习要求

叶片泵的分类及工作原理；叶片泵的结构和特点。

4. 实训过程

（1）工具准备　内六角扳手、固定扳手、螺钉旋具、相关液压泵。

（2）拆装顺序　以YB型叶片泵为例，如图3-12所示。

1）卸下螺栓，拆开泵体。

2）取出右配油盘。

3）取出转子和叶片。

4）取出定子，再取左配油盘。

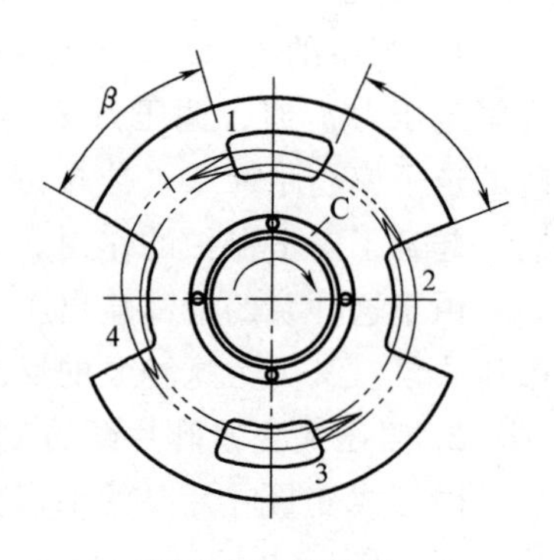

图3-18　配油盘
1、3—压油窗口　2、4—吸油窗口　C—环形槽

5. 主要零件分析

（1）配油盘

1）封油区。图3-18所示为YB型双作用叶片泵的配油盘结构，为达到密封和配流的目的，在盘上有两个吸油窗口2、4和两个压油窗口1、3，两组窗口之间为封油区，通常应使封油区对应的中心角β稍大于或等于两个叶片之间的夹角，否则会使吸油腔和压油腔连通，造成两腔体的内泄漏。

2）卸油槽。在两叶片间的密封油液从吸油区过渡到封油区（长半径圆弧处）的过程中，油液的压力基本上与吸油压力相同，但当转子再继续旋转一个微小角度时，该密封腔将突然与压油腔相通，使油腔的压力突然升高，造成很大的压力冲击，油液的体积会突然收缩，导致压油腔中的油液发生倒流现象，引起液压泵流量的脉动、压力的脉动和噪声，为减轻此时的压力冲击，在配油盘的两个压油窗口1和3靠叶片封油区进入压油区的一边各开有一个截面形状为三角形的卸油槽（又称眉毛槽），如图3-18所示，使两叶片之间的封闭油液在未进入压油区之前就通过该三角槽与液压油相连，其压力逐渐上升，从而缓解了流量和压力的脉动，降低了噪声。

3）环形槽C。如图3-18所示，为了保证在高速回转中，叶片能够及时沿径向槽甩出并紧贴住定子的内腔表面，在配流盘的中部设置了一个环形槽。该槽与压油腔相通并与转子叶片槽底部相通，可以使叶片的底部作用有液压油，帮助叶片在液压油的作用下快速向外运动。

（2）定子曲线　定子内腔曲线是由4段圆弧和4段过渡曲线组成的。在高速运动中应保证叶片始终贴紧在定子内表面过渡曲线上，形成相互隔离的密封空间，为使叶片在转子槽中径向运动时的加速度变化均匀，叶片对定子表面的冲击尽可能小，目前的定子曲线多采用“等加速-等减速”移动规律曲线和高次曲线。

（3）叶片的倾角　在叶片运动到压油区时，会受到定子内表面施加给它的很大的作用力，来迫使叶片挤回槽内，而此时由于定子表面曲线比较陡，施加给叶片的压力角会很大，影响了叶片的顺利退回，这会造成叶片、定子和转子槽间的压力增大，加剧相互间的磨损，严重时甚至会造成叶片卡死的现象。为了减小叶片此时的压力角，将叶片顺着转子回转方向

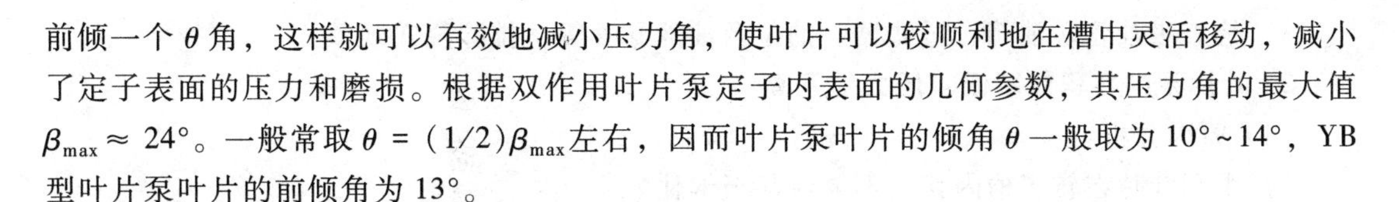

前倾一个 θ 角，这样就可以有效地减小压力角，使叶片可以较顺利地在槽中灵活移动，减小了定子表面的压力和磨损。根据双作用叶片泵定子内表面的几何参数，其压力角的最大值 $\beta_{max} \approx 24°$。一般常取 $\theta = (1/2)\beta_{max}$ 左右，因而叶片泵叶片的倾角 θ 一般取为 10°~14°，YB 型叶片泵叶片的前倾角为 13°。

6. 叶片泵的装配

1）装配前要对叶片泵所拆下的零部件进行清洗，拆下的零部件有定子、转子、叶片、配油盘、轴承、密封圈、泵体、泵盖、螺栓等。

2）首先将叶片装入转子内，注意叶片的安装方向。

3）将配油盘装入后泵体内，然后再放定子。

4）装好后的转子放入定子内。

5）插入传动轴和配油盘，注意配油盘的安装方向。

6）装上密封圈和前泵体，然后将螺栓拧紧。

7. 实训小结

将学生分组进行实训，由教师指导，根据实训结果写出实训报告。

知识补充：

3.3.5 叶片泵常见的故障及排除方法

叶片泵在工作时，抗油液污染能力差，叶片与转子槽配合精度也较高，因此故障较多。叶片泵常见故障产生的原因分析及排除方法如下：

1. 叶片泵噪声大

（1）原因分析

1）定子内表面拉毛。

2）吸油区定子过渡表面轻度磨损。

3）叶片顶部与侧部不垂直或顶部倒角太小。

4）配油盘压油窗口上的三角槽堵塞或太短、太浅，引起困油现象。

5）泵轴与电动机轴不同轴。

6）超过额定压力下工作。

7）吸油口密封不严，有空气进入。

8）出现空穴现象。

（2）排除方法

1）抛光定子内表面。

2）将定子绕半径翻面装入。

3）修磨叶片顶部，保证其垂直度在 0.01mm 以内；将叶片顶部倒角成 1×45°（或磨成圆弧形），以减少压应力的突变。

4）清洗（或用整形锉修整）三角槽，以消除困油现象。

5）调整联轴器，使同轴度小于 ϕ0.01mm。

6）检查工作压力，调整溢流阀。

7）用涂脂法检查，拆卸吸油管接头，然后清洗干净，涂密封胶装上拧紧。

8）检查吸油管、油箱、过滤器、油位及油液黏度等，排除气穴现象。

2. 叶片泵的容积效率低、压力提不高

（1）原因分析

1）个别叶片在转子槽内移动不灵活甚至卡住。

2）叶片装反。

3）定子内表面与叶片顶部接触不良。

4）叶片与转子叶片槽配合间隙过大。

5）配油盘端面磨损。

6）油液黏度过大或过小。

7）电动机转速过低。

8）吸油口密封不严，有空气进入。

9）出现空穴现象。

（2）排除方法

1）检查配合间隙（一般为0.01~0.02mm），若配合间隙过小应单槽研配。

2）纠正装配方向。

3）修磨工作面（或更换配油盘）。

4）根据转子叶片槽单配叶片，保证配合间隙。

5）修磨配油盘端面（或更换配油盘）。

6）测定油液黏度，按说明书选用油液。

7）检查转速，排除故障根源。

8）用涂脂法检查，拆卸吸油管接头，清洗干净，涂密封胶装上拧紧。

9）检查吸油管、油箱、过滤器、油位及油液黏度等，排除气穴现象。

3. 油温高，异常发热

（1）原因分析

1）因装配尺寸链不正确，导致滑动配合的间隙过小，使表面拉毛或转动不灵活，从而在工作时产生的摩擦阻力过大和转动转矩大而发热。

2）各滑动配合面的间隙过大，或因磨损后内泄漏量过大，压力和流量损失变成热能。

3）电动机轴与泵轴安装不同心而发热。

4）泵长时间在接近或超过额定压力的工况下工作，或因压力控制阀有故障，不能卸荷而发热导致温度升高。

5）油箱回油管与吸油管靠得太近，回油来不及冷却又马上吸进泵内导致温度升高。

6）油箱油量不足或油箱设计容量过小，或冷却器冷却水量不够。

7）环境温度过高。

（2）排除方法

1）当出现装配尺寸链不正确时，可拆开重新去毛刺抛光并保证配合间隙，重新装配。如果有关零件磨损严重则必须更换。

2）检查各滑动配合面的间隙是否符合要求，若因磨损后内泄漏量过大，应及时修复或更换相应零件。

3）检查并校正电动机轴与泵轴安装的同心度。

4）避免泵长时间在接近或超过额定压力的工况下工作。若压力控制阀有故障，应及时检查并排除。

5）检查并调节油箱回油管与吸油管的位置。

6）检查并添加液压油至规定位置或更换重新设计的大容量油箱，检查冷却器冷却水量并按要求添加冷却水。

7）缩短在高温环境下工作的时间。

任务 3.4 柱塞泵的使用

任务目标：

掌握柱塞泵的工作原理；熟练掌握柱塞泵结构组成的主要零部件及其零部件的名称；了解轴向柱塞泵与径向柱塞泵之间的区别；能找出柱塞泵常见故障原因并能够排除。

任务描述：

能够正确拆卸和组装手动变量斜盘式非通轴轴向柱塞泵，能指出柱塞泵各部分的功能及其常见的故障。

知识与技能：

柱塞泵根据柱塞放置位置的不同分为轴向和径向两大类。根据吸油和压油的方式不同，柱塞泵又分为阀式配流、配流轴配流和配流盘配流三种。

3.4.1 轴向柱塞泵

1. 轴向柱塞泵的工作原理

为了达到柱塞的往复运动条件，轴向柱塞泵都具有倾斜结构，所以，轴向柱塞泵根据其倾斜结构的不同，分为斜盘式（直轴式）和斜轴式（摆缸式）两种形式。

图 3-19 所示为斜盘式轴向柱塞泵的工作原理，这种泵主体由缸体 1、配油盘 2、柱塞 3 和斜盘 4 组成。几个柱塞沿圆周均匀分布在缸体内。斜盘轴线与缸体轴线倾斜一定角度，柱塞靠机械装置或在低压油（图中为弹簧）作用下压紧在斜盘上，配油盘 2 和斜盘 4 固定不转，当原动机通过传动轴使缸体转动时，由于斜盘的作用，迫使柱塞在缸体内做往复运动，并通过配油盘的配油窗口进行吸油和压油。

如图 3-19 所示，当柱塞运动到下半圆范围（$\pi \sim 2\pi$）时，柱塞将逐渐向缸套外伸出，柱塞底部的密封工作容积将增大，通过配油盘的吸油窗口进行吸油；而在 $0 \sim \pi$ 范围内时，柱塞被斜盘推入缸体，使密封容积逐渐减小，通过配油盘的压油窗口压油。缸体每转一周，每个柱塞各完成吸油、压油各一次。

改变斜盘倾角，就能改变柱塞行程的长度，即改变液压泵的排量，改变斜盘倾角的方向，就能改变吸油和压油的方向，从而使泵成为双向变量泵。

配油盘上吸油窗口和压油窗口之间的密封区宽度 l 应稍大于柱塞缸体底部通油孔宽度 l_1。但不能相差太大，否则会发生困油现象。一般在两配油窗口的两端部开有小三角槽，以减小冲击和噪声。

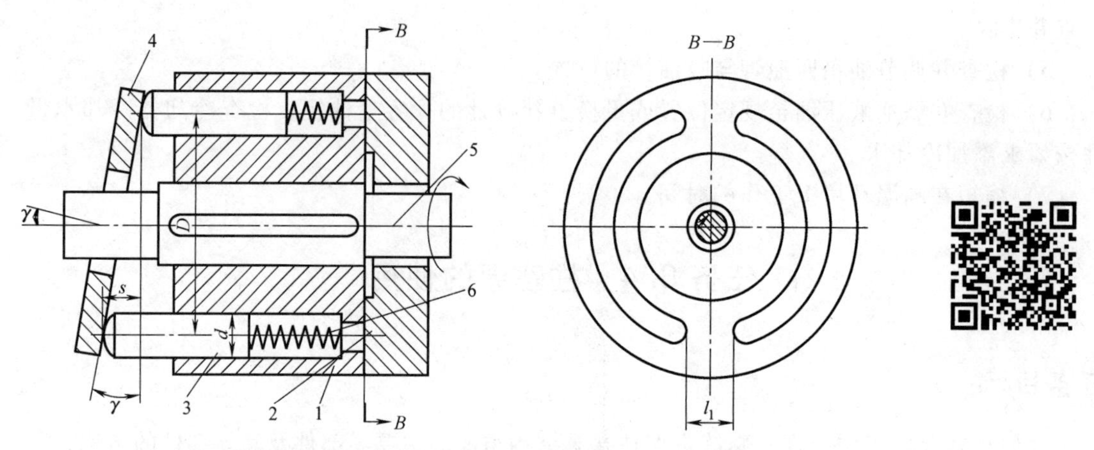

图 3-19 斜盘式轴向柱塞泵的工作原理（扫描二维码观看动画）

1—缸体 2—配油盘 3—柱塞 4—斜盘 5—传动轴 6—弹簧

2. 斜盘式轴向柱塞泵的一般结构

图 3-20 所示为一种斜盘式手动变量轴向柱塞泵的结构图，它由右边的主体结构和左边的变量调整机构所组成。

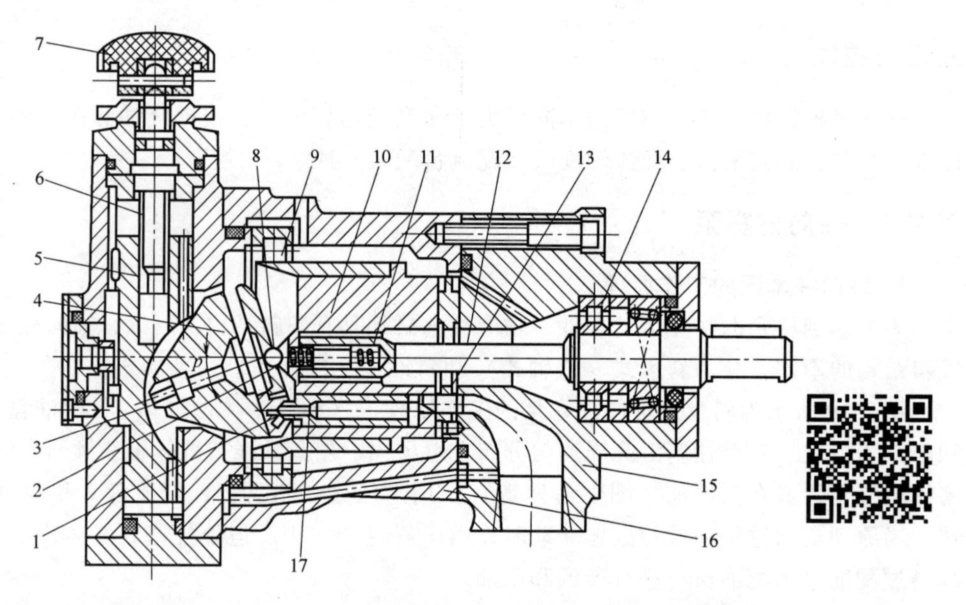

图 3-20 斜盘式手动变量轴向柱塞泵结构（扫描二维码观看动画）

1—滑履 2—回程盘 3—销轴 4—斜盘 5—变量活塞 6—螺杆 7—手轮 8—钢球 9—大轴承 10—缸体 11—中心弹簧 12—传动轴 13—配流盘 14—前轴承 15—前泵体 16—中间泵体 17—柱塞

柱塞泵的主体部分由装在中间泵体 16 内的缸体 10、柱塞 17、斜盘 4 和配流盘 13 所组成，缸体 10 由传动轴 12 带动进行旋转。在缸体的各个轴向柱塞孔内各装有柱塞 17，柱塞头部与滑履 1 采用球面配合，而外面加以铆合，使柱塞和滑履既不会脱落，又使配合球面间能相对运动；使回程盘 2 和柱塞滑履一同转动时，在排油过程中借助斜盘 4 推动柱塞做轴向运动；中心弹簧 11 通过钢球 8 推压回程盘 2，以便在吸油时依靠回程盘、钢球和弹簧所组成的回程装置将滑履1紧紧压在斜盘4的表面上滑动，这样就可以使泵具有自吸能力。在滑履1与斜盘4相接触的部位有一油室，它通过柱塞17中间的小孔与缸体10中的工作腔相连，以便使液压油进入油室后在滑履与斜盘的接触面间形成一层油膜，起到静压支承的作用，使滑履作用在斜盘上的力大大减小，磨损也减小。传动轴12通过其左端的花键来带动缸体10进行旋转，柱塞在随缸体旋转的同时在缸体中做往复运动。缸体中柱塞底部的密封工作容积是通过配流盘13与泵的进出口相通的。随着传动轴的转动，液压泵就连续地吸油和排油。

缸体10通过大轴承9支承在中间泵体上，这样斜盘4通过柱塞作用在缸体上的径向分力可以由大轴承承受，使传动轴12不受弯矩，并改善了缸体的受力状态，从而保证缸体端面与配流盘更好地接触。

图3-20左边的变量调整机构用来进行输出流量的调节。在变量轴向柱塞泵中都设有专门的变量调整机构，可以用来改变斜盘倾角的大小，以调节泵的流量。

轴向柱塞泵的变量控制形式一般有手动控制和液压伺服控制两种。图3-20所示为手动变量控制机构，其工作原理为：转动手轮7，使螺杆6转动，可以使变量活塞5做上下移动，从而带动插入变量活塞5下端的斜盘4绕着外壳上的圆弧面进行摆动，使斜盘4的倾斜角度发生改变，达到了手动控制输出流量的目的。

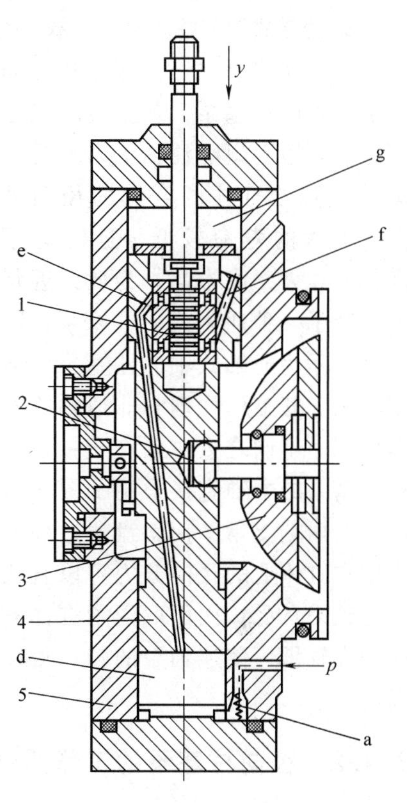

图3-21 液压伺服变量控制机构
1—阀芯 2—铰链 3—斜盘
4—变量活塞 5—壳体

图3-21所示为一种液压伺服变量控制机构，其控制机构由壳体5和变量活塞4所组成。其基本工作原理为：泵输出的液压油由通道经单向阀a进入变量机构壳体5的下腔d，液压力作用在变量活塞4的下端。当与伺服阀阀芯1相连的拉杆不动时（图示状态），变量活塞4的上腔g处于封闭状态，变量活塞不动，斜盘3处在某一相应的位置上。当使拉杆向下移动时，推动阀芯1一起向下移动，d腔的液压油经通道e进入上腔g。由于变量活塞上端的有效面积大于下端的有效面积，向下的液压力大于向上的液压力，故变量活塞4也随之向下移动，直到将通道e的油口封闭为止。变量活塞的移动量等于拉杆的位移量。当变量活塞向下移动时，通过轴销带动斜盘3摆动，斜盘倾斜角增加，泵的输出流量随之增加；当拉杆带动伺服阀阀芯向上运动时，阀芯将通道f打开，上腔g通过卸压通道接通油箱而卸压，变量活塞向上移动，直到阀芯将卸压通道关闭为止。它的移动量也等于拉杆的移动量。这时斜盘也被带动做相应的摆动，使倾斜角减小，泵的流量也随之减小。

由上述可知，伺服变量机构是通过操作液压伺服阀动作，利用泵输出的液压油来推动变量活塞实现变量的，加在拉杆上很小的力，就可以灵敏地控制较大的变量活塞4，所以变量活塞4被称为伺服随动活塞。拉杆可用手动方式或机械方式操作，斜盘可以倾斜±18°，故在工作过程中泵的吸、压油方向可以变换，因而这种泵就称为双向变量液压泵。

3. 通轴式轴向柱塞泵的基本结构

图 3-20 所示的柱塞泵也称为非通轴式轴向柱塞泵，其主要缺点之一是要采用大型滚柱轴承来承受斜盘 4 施加给缸体的巨大的径向分力，轴承的寿命较低，且转速不高，噪声大，成本高。为此，近年来发展了一种通轴式向柱塞泵，图 3-22 所示为通轴式轴向柱塞泵的典型结构。其工作原理和非通轴式基本相同。不同之处主要在于：通轴式柱塞泵的主轴直接采用了图 3-22 所示的两端支承，使斜盘通过柱塞作用在缸体上的径向分力可以直接由主轴来承受，因而取消了缸体外缘的大轴承，使通轴泵的转速得以提高。

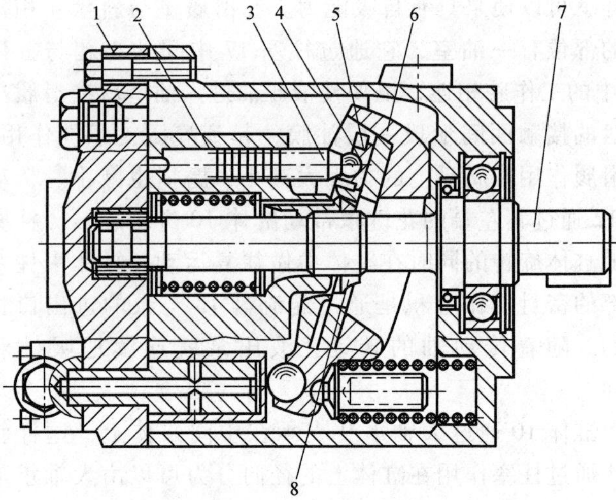

图 3-22　通轴式轴向柱塞泵的典型结构

1—后盖　2—缸体　3—柱塞　4—滑履　5—回程盘　6—斜盘　7—传动轴　8—球铰

3.4.2　径向柱塞泵的工作原理

图 3-23 所示为径向柱塞泵的工作原理。这种泵由柱塞 1、转子（缸体）2、定子 3、衬套 4、配油轴 5 等零件组成。衬套紧配在转子孔内随着转子一起旋转，而配油轴则是不动的。

当转子顺时针旋转时，柱塞在离心力或在低压油作用下，压紧在定子内壁上。由于转子和定子间有偏心量 e，故转子在上半周转动时柱塞向外伸出，径向孔内的密封工作容积逐渐增大，形成局部真空，吸油腔则通过配油轴上面两个吸油孔从油箱中吸油；转子转到下半周时，柱塞向里推入，密封工作容积逐渐减小，压油腔通过配油轴下面两个压油孔将油液压出。转子每转一周，每个柱塞底部的密封容积完成一次吸油、压油，转子连续运转，即完成泵的吸油、压油工作。

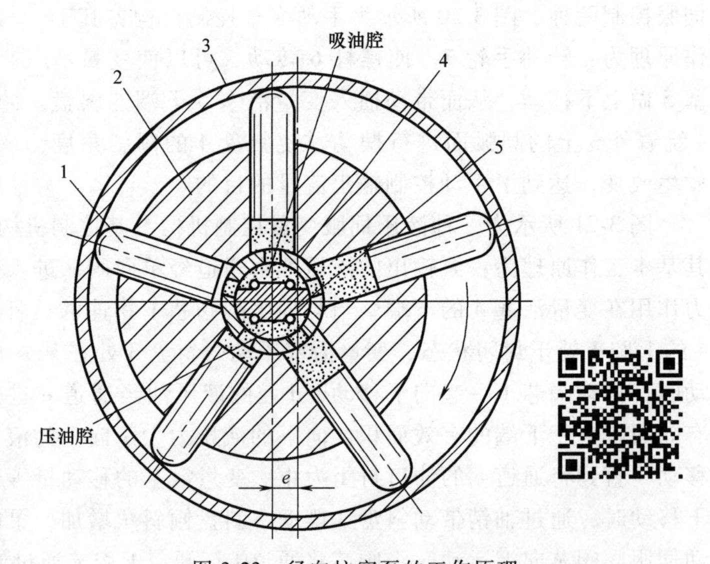

图 3-23　径向柱塞泵的工作原理

（扫描二维码观看动画）

1—柱塞　2—转子　3—定子　4—衬套　5—配油轴

改变径向柱塞泵转子和定子间偏心量的大小，就可以改变输出流量；若偏心方向改变，则液压泵的吸、压油腔互换，这就成为双向变量泵。

由于径向柱塞泵的径向尺寸大、结构复杂、自吸能力差，且因配油轴受到径向不平衡液压力作用而易出现磨损，这些因素均限制了径向柱塞泵转速和压力的提高，因此近年来对径向柱塞泵的应用开始减少，已逐渐被轴向柱塞泵所代替。

任务实施：

3.4.3 实训——手动变量斜盘式非通轴轴向柱塞泵拆装训练

1. 实训目的

同 CB—B 型齿轮泵拆装训练。

2. 实训要点

1）掌握柱塞泵的基本结构。

2）掌握柱塞泵的拆装基本要求。

3. 预习要求

液压泵的分类及工作原理；手动变量斜盘式非通轴轴向柱塞泵的结构和特点。

4. 实训过程

（1）工具准备　内六角扳手、固定扳手、螺钉旋具、相关液压泵。

（2）拆装顺序　以手动变量斜盘式非通轴轴向柱塞泵为例，如图 3-20 所示。

1）拆卸螺栓，取下前泵体 15 及其密封装置。

2）取出配流盘 13。

3）拆卸螺栓，取下变量机构壳体。

4）取出斜盘 4。

5）取出柱塞 17、滑履 1 和回程盘 2。

6）从前泵体右侧将传动轴 12 上的卡环取出，即可卸下传动轴 12。

5. 结构特点分析

1）在构成吸、压油腔密闭容积的三对运动摩擦副中，柱塞与缸体柱塞孔之间的圆柱环形间隙加工精度易于保证；缸体与配流盘、滑履与斜盘之间的平面缝隙采用静压平衡，间隙磨损后可以补偿，因此轴向柱塞泵的容积效率较高，额定压力可达 32MPa。

2）为防止柱塞底部的密闭容积在吸、压油腔转换时因压力突变而引起压力冲击，一般在配流盘吸、压油窗口的前端开设减振槽（孔），或将配流盘顺缸体旋转方向偏转一定角度 γ 放置。在采取上述措施之后可有效减缓压力突变，减小振动、降低噪声，但它们都是针对泵的某一旋转方向而采取的非对称措施，因此泵轴旋转方向不能任意改变。如果要求泵反向旋转或双向旋转，则需要更换配流盘。

3）泵内压油腔的高压油经三对运动摩擦副的间隙泄漏到缸体与泵体之间的空间后，再经泵体上方的泄漏油口直接引回油箱，这不仅可保证泵体内的油液为零压，而且可随时将热油带走，保证泵体内的油液不致过热。

6. 柱塞泵的装配

1）装配前要对所有零部件进行清洗。

2）将柱塞装入回程盘内，并装入内套，再装入回转缸体内。

3）将传动轴装入前泵体，再安装配流盘和密封圈。

4）安装泵体后，拧紧螺栓，再装入缸体。

5）安装斜盘。

6）在变量壳体安装上密封圈后，用螺栓将变量壳体和中间泵体连接。

补充知识：

3.4.4 轴向柱塞泵常见的故障及排除方法

1. 不能排油或流量不足，压力偏低

（1）故障原因分析

1）转向不对或进出口接反。

2）吸油管过滤器堵塞。

3）油箱内液压油的液面过低。

4）油温太高或油液黏度太低。

5）配油盘与缸体之间有脏物或配油盘与缸体之间接触不良。

6）配油盘与缸体结合面拉毛、有沟槽。

7）柱塞与柱塞孔之间磨损拉伤有轴向沟槽。

8）中心弹簧损坏，柱塞不能伸出。

9）吸入端漏气。

10）变量泵的变量机构出现故障，使斜盘倾角固定在最小位置。

11）配油盘孔未对正泵盖上安装的定位销。

（2）排除方法

1）按泵体上标明的方向旋转，检查核对吸油口和压油口。

2）卸下过滤器仔细清洗。

3）加注至规定刻度线。

4）检查油温升高的原因或检查液压油质量，酌情更换。

5）拆卸清洗，重新装配或检查弹簧是否失效，酌情更换。

6）研磨再抛光配油盘与缸体结合面。

7）若配合间隙过大，可研磨缸孔，电镀柱塞外圆并配磨。

8）更换中心弹簧。

9）检查拧紧管接头，加强密封。

10）调整或重新装配变量活塞及变量头，使其活动自如，纠正调整误差。

11）拆修装配时应认准方向，对准销孔，定位销绝对不准露出配油盘。

2. 泵不能转动

（1）原因分析

1）柱塞因污染物或油温变化太大卡死在缸体内。

2）滑履与柱塞球头卡死或滑履脱落。

3）柱塞球头因上述原因折断。

（2）排除方法

1）查明污染物产生原因并更换新油。

2）更换或重新装配滑履。

3）更换柱塞。

3. 变量机构或压力补偿变量机构失灵

（1）原因分析

1）单向阀弹簧折断。

2）斜盘与变量壳体上的轴瓦圆弧面之间磨损严重，转动不灵活。

3）控制油管道被污染物阻塞。

4）伺服活塞或变量活塞卡死。

5）伺服阀芯对差动活塞内油口遮盖量不够。

6）伺服阀芯端部拉断。

（2）排除方法

1）更换弹簧。

2）磨损轻微可刮削后再装配，若严重，则应更换。

3）拆开清洗，并用压缩空气吹干净。

4）应设法使伺服活塞或变量活塞灵活，并注意装配间隙是否合适。

5）检查伺服阀芯对差动活塞内油口遮盖量并调整合适。

6）更换伺服阀芯。

任务 3.5 液压泵的选用

任务目标：

掌握液压泵选用的原则；了解不同液压泵性能的区别；能够根据使用场合选择合适的液压泵。

任务描述：

统计 10~20 台不同类型的液压设备所用液压泵的类型，分析各类型液压泵的应用场合，找出其使用规律。

知识与技能：

液压泵是向液压系统提供一定流量和压力液压油的动力元件，它是每个液压系统不可缺少的核心元件，合理地选择液压泵对于降低液压系统的能耗、提高系统的效率、降低噪声、改善工作性能和保证系统可靠地工作都十分重要。

液压系统的应用范围很广，但归纳起来可以分为两大类：一类统称为固定设备用液压系统，如各类机床、液压机、注射机、轧钢机等；另一类统称为移动设备用液压系统，如起重机、汽车、飞机等。这两类液压系统在液压泵的选用上有较大的差异，前者原动机一般为电动机，多采用中、低压范围，对噪声要求高，而后者原动机一般为内燃机，多采用中、高压范围，对噪声要求低。

选用的液压泵应满足使用要求，要考虑的因素有：

1）是否要求变量。要求变量时选用变量泵，其中单作用叶片泵的工作压力较低，仅适用于机床系统。

2）工作压力。目前各类液压泵的额定压力都有所提高，但相对而言，柱塞泵的额定压力最高。

3）工作环境。齿轮泵的抗污染能力最好，因此特别适于工作环境较差的场合。

4）噪声指标。属于低噪声的液压泵有内啮合齿轮泵、双作用叶片泵和螺杆泵，后两种泵内的瞬时理论流量均匀。

5）效率。按结构形式分类，轴向柱塞泵的总效率最高；而同一种结构的液压泵，排量大的总效率高；同一排量的液压泵，在额定工况（额定压力、额定转速、最大排量）下总效率最高，若工作压力低于额定压力或转速低于额定转速、排量小于最大排量，泵的总效率将下降，甚至下降很多。因此，液压泵应在额定工况（额定压力和额定转速）或接近额定工况的条件下工作。

选择液压泵的原则是：根据液压系统的工作需要、载荷性质、功率大小和对工作性能的其他要求，先确定液压泵的类型，然后按系统所要求的压力、流量大小确定其规格型号。

各类液压泵的性能及应用见表 3-2。

表 3-2　各类液压泵的性能及应用

类型 / 性能参数	齿轮泵			叶片泵		螺杆泵	柱塞泵			
	内啮合		外啮合	单作用	双作用		轴向		径向	
	渐开线式	摆线式					斜盘式	斜轴式	轴配流	阀盘配流
压力范围/MPa （低压型） （中、高压型）	2.5 ≤3.0	1.6 16	2.5 ≤30	≤ 6.3	6.3 ≤32	2.5 10	≤40	≤40	35	≤70
排量范围/$mL \cdot r^{-1}$	0.3～300	2.5～150	0.3～650	1～320	0.5～480	1～9200	0.2～560	0.2～3600	16～2500	<4200
转速范围/$r \cdot min^{-1}$	300～4000	1000～4500	3000～7000	500～2000	500～4000	1000～18000	600～6000		700～4000	≤1800
容积效率(%)	≤96	80～90	70～95	58～92	80～94	70～95	88～93		80～90	90～95
总效率(%)	≤90	65～80	63～87	54～81	65～82	70～85	81～88		81～83	83～86
流量脉动	小	小	大	中等	小	很小	中等		中等	
功率质量比/$kW \cdot kg^{-1}$	大	中	中	小	中	小	大	中～大	小	大
噪声	小		大	较大	小	很小	大			
对油液污染敏感性	不敏感			敏感	敏感	不敏感	敏感			
流量调节	不能			能	不能		能			
自吸能力	好			中		好	差			
价格	较低	低	最低	中	中低	高				
应用范围	机床、农业机械、工程机械、航空、船舶、一般机械			机床、注射机、工程机械、液压机、飞机等		精密机床及机械、食品化工、石油、纺织机械等	工程机械、运输机械、锻压机械、船舶和飞机、机床和液压机			

一般来说，由于各类液压泵各自突出的特点，其结构、功用和转动方式各不相同，因此

应根据不同的使用场合选择合适的液压泵。一般在机床液压系统中，往往选用双作用叶片泵和限压式变量叶片泵，而在筑路机械、港口机械以及小型工程机械中往往选择抗污染能力较强的齿轮泵，在负载大、功率大的场合往往选择柱塞泵。

任务实施：

统计20~30台不同类型液压设备所用的液压泵；分析各类液压泵的应用场合，总结规律。

思考与练习

3-1 液压泵完成吸油和压油需具备什么条件？

3-2 液压泵的工作压力取决于什么？泵的工作压力和额定压力有何区别？

3-3 什么是齿轮泵的困油现象？有何危害？如何解决？

3-4 齿轮泵为什么有较大的流量脉动？流量脉动大有什么危害？

3-5 说明叶片泵的工作原理。试述单作用叶片泵和双作用叶片泵各有什么优缺点。

3-6 齿轮泵和叶片泵的压力提高主要受哪些因素的影响？说明提高齿轮泵和叶片泵压力的方法有哪些？

3-7 限压式变量叶片泵的限定压力和最大流量如何调节？

3-8 为什么轴向柱塞泵适用于高压环境下工作的液压系统？

3-9 各类液压泵中，哪些能实现单向变量？哪些能实现双向变量？

3-10 已知液压泵的额定压力为 p，额定流量为 q，如忽略管路损失，试确定在图3-24所示的各工况下，泵的工作压力 p（压力表）读数各为多少？

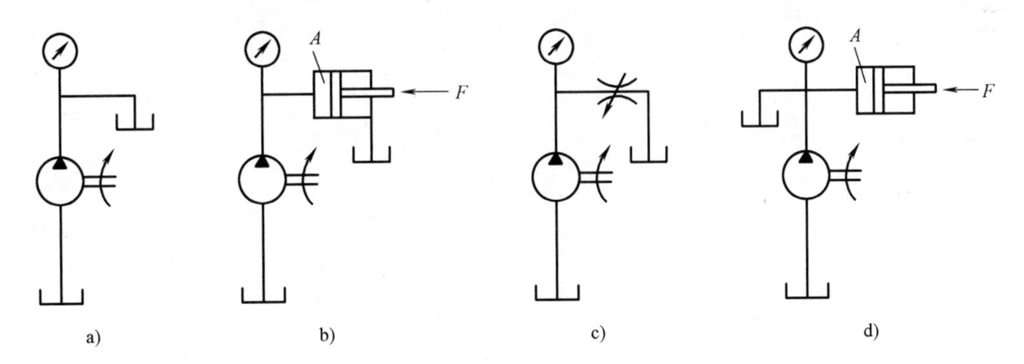

图3-24 题3-10

3-11 某液压泵铭牌的额定压力 $p_H = 6.3\text{MPa}$，工作阻力 $F=45\text{kN}$，双出杆活塞式液压缸的有效工作面积 $A=90\text{cm}^2$，管路较短，压力损失取 $\Delta p=0.5\text{MPa}$。试求：

（1）该泵的输出压力为多少？

（2）所选的液压泵是否满足要求？

3-12 按图3-25所示的回路按规定方法起动。起动过程很平稳，但是不能输出油液。经拆卸后检查叶片泵1安装正确，未见异常，运转时泵的转向也正确，液压油的油温、黏度都合适。再检查元件位置，发现远程控制阀5在最低点，溢流阀3的调定压力为6MPa。试分析故障原因并提出排除方法。

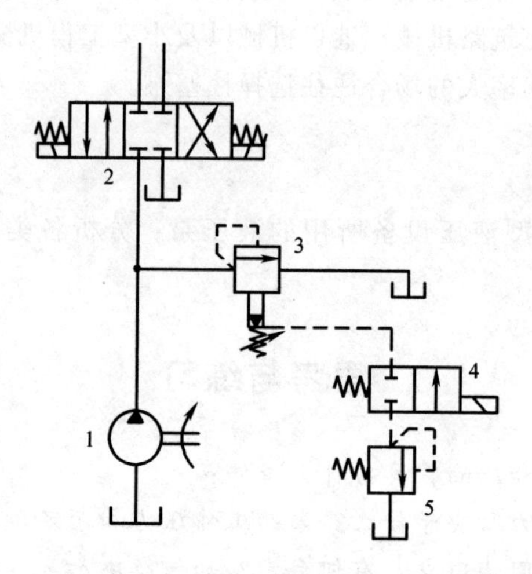

图 3-25　题 3-12

1—叶片泵　2—三位四通电磁换向阀　3—溢流阀　4—二位二通电磁换向阀　5—控制阀

项目4

液压马达与液压缸

【项目要点】

◆ 能正确维护液压马达和液压缸。

◆ 能正确拆装液压马达和液压缸。

◆ 能正确使用液压马达。

◆ 能正确选择和使用液压缸。

◆ 能正确排除液压马达和液压缸常见的故障。

【知识目标】

◆ 能掌握液压缸的分类、结构及工作原理。

◆ 能掌握液压马达的性能及工作原理。

◆ 能掌握液压马达及液压缸常见的故障及排除方法

【素质目标】

◆ 培养学生树立正确的价值观和职业态度。

◆ 培育学生精益求精、勇于创新的精神。

思政小课堂

以工匠精神钻研液压技术

任务 4.1 液压马达的使用

任务目标：

掌握液压马达的工作原理；了解液压马达的作用及分类；掌握液压马达的性能参数；掌握液压马达的图形符号。

任务描述：

通过液压马达的铭牌了解液压马达的性能参数；比较液压泵与液压马达的区别。

知识与技能：

4.1.1 液压马达的作用和分类

从能量转换的观点来看，液压泵与液压马达是可逆工作的液压元件，向任何一种液压泵输入工作液体，都可使其变成液压马达工况；反之，当液压马达的主轴由外力矩驱动旋转时，也可变为液压泵工况。因为它们具有同样的基本结构要素——密闭而又可以周期变化的容积和相应的配油机构。

但是，由于液压马达和液压泵的工作条件不同，对它们的性能要求也不一样，所以同类型的液压马达和液压泵之间，仍存在着许多差别。首先，液压马达应能够正转、反转，因而要求其内部结构对称；液压马达的转速范围要足够大，特别对它的最低稳定转速有一定的要

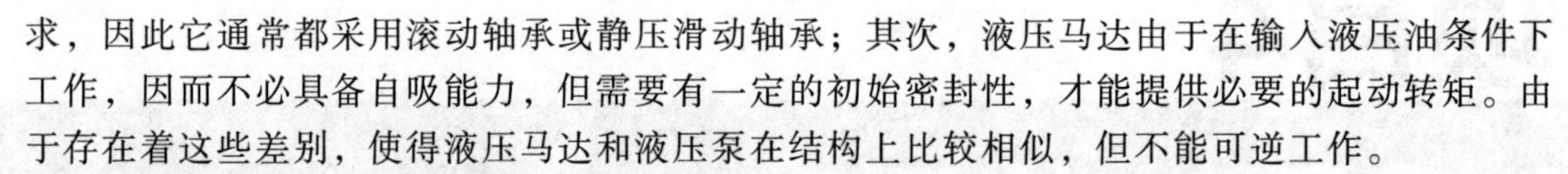

求，因此它通常都采用滚动轴承或静压滑动轴承；其次，液压马达由于在输入液压油条件下工作，因而不必具备自吸能力，但需要有一定的初始密封性，才能提供必要的起动转矩。由于存在着这些差别，使得液压马达和液压泵在结构上比较相似，但不能可逆工作。

液压马达按其结构不同可以分为齿轮式、叶片式、柱塞式等几种。按液压马达的额定转速不同分为高速和低速两大类。额定转速高于 500r/min 的属于高速液压马达，额定转速低于 500r/min 的属于低速液压马达。高速液压马达有齿轮式、螺杆式、叶片式和轴向柱塞式等。它们的主要特点是转速较高、转动惯量小、便于起动和制动、调节（调速及换向）灵敏度高。通常高速液压马达输出转矩不大，所以又称为高速小转矩液压马达。低速液压马达的基本形式是径向柱塞式，此外在轴向柱塞式、叶片式和齿轮式中也有低速的结构形式。低速液压马达的主要特点是排量大、体积大、转速低（有时可达每分钟几转甚至零点几转），因此可直接与工作机构连接，不需要减速装置，使传动机构大为简化。通常低速液压马达输出转矩较大，所以又称为低速大转矩液压马达。

4.1.2 液压马达的性能参数

液压马达的主要性能参数如下：

1. 液压马达的容积效率和转速

在液压马达的各项性能参数中，压力、排量、流量等参数与液压泵同类参数有相似的含义，其差别在于：在液压泵中它们是输出参数，在液压马达中则是输入参数。

在不考虑泄漏的情况下，液压马达每转所需要输入的液体体积称为液压马达的排量 V_M。在不考虑泄漏的情况下，单位时间所需输入的液体体积称为液压马达的理论流量 q_{tM}，即真正转换成输出转速所需的流量，则

$$q_{tM}=V_M n_M \tag{4-1}$$

但由于液压马达存在泄漏，故实际所需流量应大于理论流量。设液压马达的泄漏量为 Δq，则实际供给液压马达的流量为

$$q_M=q_{tM}+\Delta q \tag{4-2}$$

液压马达的容积效率 η_{VM} 为理论流量 q_{tM} 与实际流量 q_M 的比值，即

$$\eta_{VM}=\frac{q_{tM}}{q_M}=\frac{V_M n_M}{q_M} \tag{4-3}$$

液压马达的转速 n_M 为

$$n_M=\frac{q_M}{V_M}\eta_{VM} \tag{4-4}$$

衡量液压马达转速性能好坏的一个重要指标是最低稳定转速，它是指液压马达在额定负载下不出现爬行（抖动或时转时停）现象的最低转速。在实际工作中，一般都希望最低稳定转速越小越好，这样就可以扩大马达的变速范围。

2. 液压马达的机械效率和转矩

因液压马达存在摩擦损失，使液压马达输出的实际转矩 T_M 小于理论转矩 T_{tM}，设由摩擦造成的转矩损失为 ΔT_M，则 $T_M=T_{tM}-\Delta T_M$，液压马达的机械效率 η_{mM} 为实际输出转矩 T_M 与理论转矩 T_{tM} 的比值，即

$$\eta_{mM}=\frac{T_M}{T_{tM}} \tag{4-5}$$

则液压马达的输出转矩表达式为

$$T_{\mathrm{M}} = T_{\mathrm{tM}}\eta_{\mathrm{mM}} = \frac{\Delta p V_{\mathrm{M}}}{2\pi}\eta_{\mathrm{mM}} \tag{4-6}$$

式中　Δp——液压马达进、出口处的压力差。

3. 液压马达的总效率

液压马达的总效率为液压马达的输出功率 P_{oM} 与液压马达的输入功率 P_{iM} 之比，即

$$\eta_{\mathrm{M}} = \frac{P_{\mathrm{oM}}}{P_{\mathrm{iM}}} = \frac{T2\pi n_{\mathrm{M}}}{pq} = \eta_{\mathrm{VM}}\eta_{\mathrm{mM}} \tag{4-7}$$

由式（4-7）可知，液压马达的总效率等于液压马达的容积效率 η_{VM} 与液压马达的机械效率 η_{mM} 的乘积。

4.1.3　液压马达的结构和工作原理

常用的液压马达的结构与同类型的液压泵相似，下面简单介绍叶片马达、轴向柱塞马达和摆动马达的工作原理。

1. 叶片马达

图 4-1 所示为叶片液压马达的工作原理。

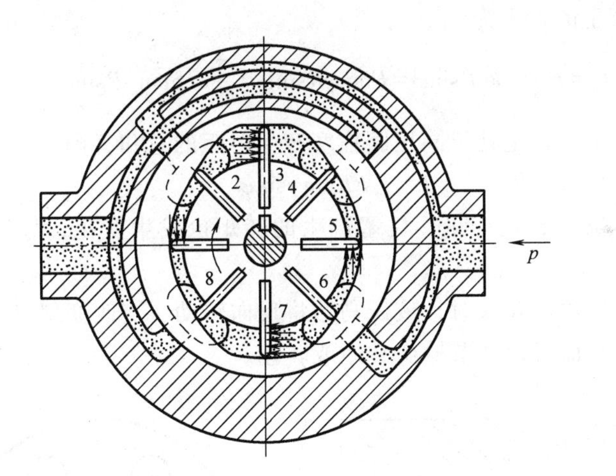

图 4-1　叶片液压马达的工作原理（扫描二维码观看动画）

1~8—叶片

当液压油通入压油腔后，叶片 2 和 6 两侧面均受高压油的作用，由于作用力相等，因此互相抵消不产生转矩。叶片 1、3（或 5、7）上，一侧受高压油作用，另一侧处于回油腔，受低压油的作用，因此每个叶片的两侧受力不平衡。故叶片 3、7 产生顺时针旋转的转矩，而叶片 1、5 产生逆时针旋转的转矩。由于叶片 3、7 伸出的面积大于叶片 1、5 伸出的面积，因此作用于叶片 3、7 上的总液压力大于作用于叶片 1、5 上的总液压力，于是叶片 3、7 产生的顺时针旋转的转矩大于叶片 1、5 产生的逆时针旋转的转矩。这两种转矩的合成就构成了转子沿顺时针方向旋转的转矩。回油腔中油液的压力低，对叶片的作用力很小，产生的转矩可忽略不计。因此转子在合成转矩的作用下顺时针方向旋转。若改变输油方向，则液压马达反向。叶片式液压马达的输出转矩与液压马达的排量和液压马达进出油口之间的压力差有

关，其转速由输入液压马达的流量大小来决定。

由于液压马达一般都要求能正、反转，所以叶片式液压马达的叶片要径向放置。为了使叶片根部始终通有液压油，在回油腔、压油腔通入叶片根部的通路上应设置单向阀。为了确保叶片式液压马达在液压油通入后能正常起动，必须使叶片顶部和定子内表面紧密接触，以保证良好的密封，因此在叶片根部应设置预紧弹簧。

叶片式液压马达体积小，转动惯量小，动作灵敏，可适应的换向频率较高。但泄漏量较大，低速工作时不稳定，因此，叶片马达一般用于转速高、转矩小和动作要求灵敏的场合。叶片马达的工作压力一般为0.7~17.5MPa，转速最低为50~150r/min，最高为100~3000r/min，容积效率为85%~95%，总效率为70%~85%，使用寿命为3000~6000h。

2. 轴向柱塞马达

轴向柱塞马达的结构形式与轴向柱塞泵基本上一样，故其种类与轴向柱塞泵相同，也分为直轴式轴向柱塞马达和斜盘式轴向柱塞马达两类。

斜盘式轴向柱塞马达的工作原理如图4-2所示，当压力为p的液压油输入时，处在高压腔中的柱塞2被顶出，压在斜盘1上。设斜盘作用在柱塞上的反力为F_n，可分解为两个分力，轴向分力F和作用在柱塞上的液压作用力相平衡，另一个分力F_r使缸体3产生转矩。设柱塞直径为d，柱塞在缸体中的分布圆半径为R，斜盘倾角为γ，柱塞和缸体的垂直中心线成φ角，则此柱塞产生的转矩为

$$T_1 = F_r a = F_r R\sin\varphi = F\tan\gamma R\sin\varphi = \frac{\pi}{4}d^2 p\tan\gamma R\sin\varphi$$

液压马达输出的转矩应该是处于高压腔柱塞产生转矩的总和，即

$$T = \sum FR\tan\gamma\sin\varphi$$

由于柱塞的瞬时方位角φ是变量，柱塞产生的转矩也发生变化，故液压马达产生的总转矩也是脉动的。

当液压马达的进、回油口互换时，液压马达将反向转动，当改变斜盘倾角γ时，液压马达的排量便随之改变，从而可以调节输出转矩或转速。

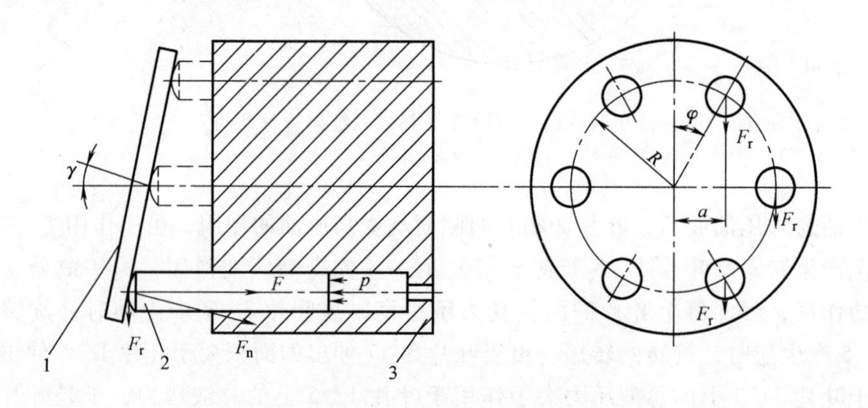

图4-2 斜盘式轴向柱塞马达的工作原理

1—斜盘 2—柱塞 3—缸体

一般来说，轴向柱塞马达都是高速马达，输出转矩小，因此，必须通过减速器来带动工作机构。如果能使液压马达的排量显著增大，也可以使轴向柱塞马达做成低速大转矩马达。

3. 摆动马达（又称摆动缸）

摆动液压马达的工作原理如图 4-3 所示。

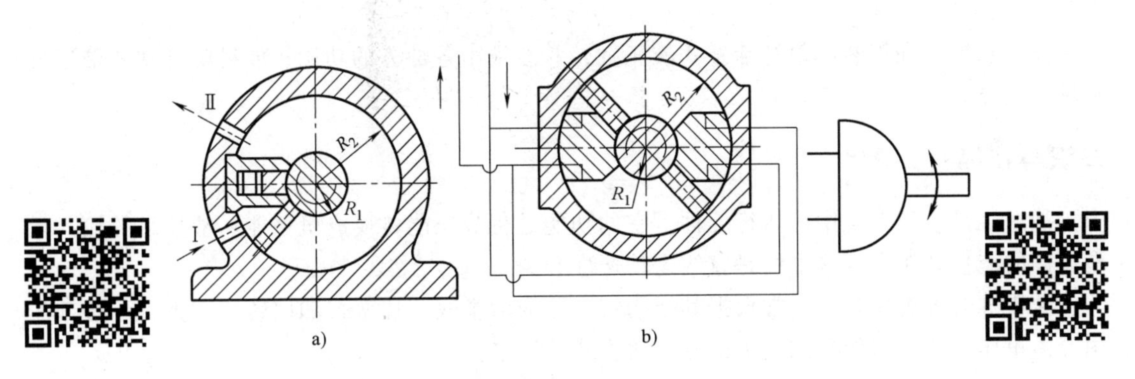

图 4-3　摆动液压马达的工作原理图（扫描二维码观看动画）
a）单叶片式　b）双叶片式

图 4-3a 所示为单叶片式摆动液压马达。若从油口Ⅰ通入高压油，叶片做逆时针摆动，低压力从油口Ⅱ排出。因叶片与输出轴连在一起，输出轴摆动的同时输出转矩、克服负载。

此类摆动液压马达的工作压力小于 10MPa，摆动角度小于 280°。由于径向力不平衡，叶片和壳体、叶片和挡块之间密封困难，限制了其工作压力的进一步提高，从而也限制了输出转矩的进一步提高。

图 4-3b 所示为双叶片式摆动液压马达。在径向尺寸和工作压力相同的条件下，转出转矩分别是单叶片式摆动液压马达输出转矩的 2 倍，但回转角度要相应减少，双叶片式摆动液压马达的回转角度一般小于 120°。

4.1.4　液压马达的选用

由于液压马达和液压泵在结构上很相似，因此，上述关于液压泵的选用原则也适用于液压马达。一般来说，齿轮马达的结构简单，价格便宜，常用于负载转矩不大、速度平稳性要求不高的场合，如研磨机、风扇等。叶片马达具有转动惯量小、动作灵敏等优点，但容积效率不高、机械特性软，适用于中高速以上、负载转矩不大、要求频繁起动和换向的场合，如磨床工作台、机床操作系统等。轴向柱塞马达具有容积效率高、调速范围大、低速稳定性好等优点，适用于负载转矩较小、有变速要求的场合，如起重机械、内燃机车和数控机床等。

任务实施：

记录液压马达的性能参数；了解液压马达的性能；分析比较马达与泵的区别和联系。

任务 4.2　活塞式液压缸的工作原理及结构分析

任务目标：

掌握活塞式液压缸的结构组成及工作原理；掌握活塞式液压缸的正确拆卸、装配及连接

 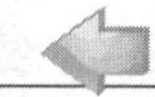

方法；能排除活塞式液压缸常见的故障。

任务描述：

能正确拆卸和组装一单杆活塞式液压缸，并能指出各部分的功用；能排除活塞式液压缸常见的故障。

知识与技能：

液压缸是液压系统中的执行元件，它的功能是将液压能转换成机械能。液压缸的输入量是流体的流量和压力，输出的是直线运动速度和力。

液压缸的种类繁多，通常根据其结构特点分为活塞式、柱塞式和回转式三大类；按其作用分为单作用式和双作用式。下面介绍活塞式液压缸。

4.2.1 双活塞杆液压缸

如图 4-4 所示为双活塞杆式液压缸的工作原理图，活塞两侧都有活塞杆伸出。当缸体内径为 D，且两活塞杆直径 d 相等，液压缸的供油压力为 p、流量为 q 时，因双杆活塞缸两端活塞杆直径相等，所以左右两腔有效面积相等，即

液压缸有效作用面积

$$A_1 = A_2 = A = \frac{\pi}{4}(D^2 - d^2)$$

活塞（或缸体）两个方向的运动速度和推力也都相等，即：

往复运动推力

$$F_1 = F_2 = F = pA = p\frac{\pi}{4}(D^2 - d^2) \tag{4-8}$$

往复运动速度

$$v_1 = v_2 = v = \frac{q}{A} = \frac{4q}{\pi(D^2 - d^2)} \tag{4-9}$$

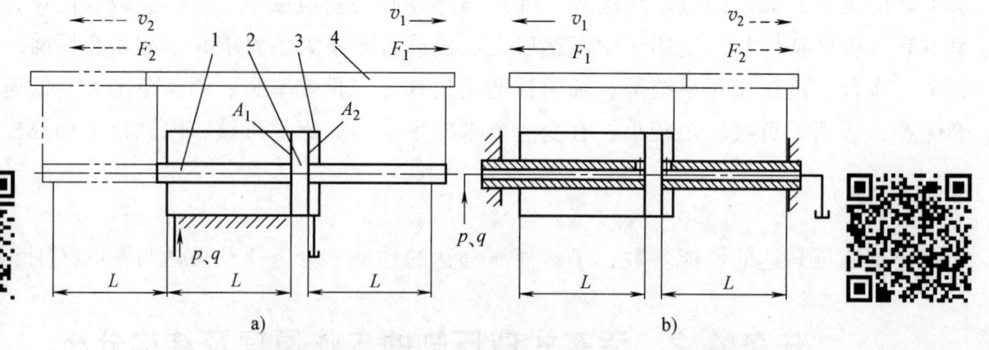

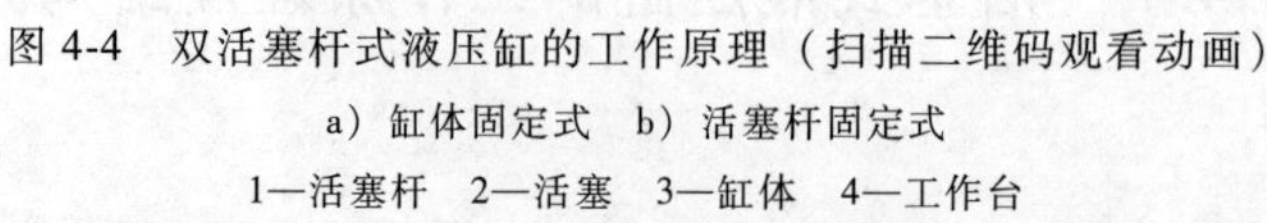
图 4-4 双活塞杆式液压缸的工作原理（扫描二维码观看动画）

a）缸体固定式 b）活塞杆固定式

1—活塞杆 2—活塞 3—缸体 4—工作台

图 4-4a 所示为缸体固定式结构，又称为实心双活塞杆式液压缸。当液压缸的左腔进油

时，推动活塞向右移动，右腔活塞杆向外伸出，左腔活塞杆向内缩进，液压缸右腔油液回油箱；反之，活塞向左移动。其工作台的往复运动范围约为有效行程 L 的 3 倍。这种液压缸因运动范围大，占地面积较大，一般用于小型机床或液压设备。

图 4-4b 所示为活塞杆固定式结构，又称为空心双活塞杆式液压缸。当液压缸的左腔进油时，缸体向左移动；反之，缸体向右移动；其工作台的往复运动范围约为有效行程 L 的 2 倍，因运动范围不大，占地面积较小，常用于中型或大型机床或液压设备。

4.2.2 单杆式活塞缸

如图 4-5 所示，活塞只有一端带活塞杆，单杆液压缸也有缸体固定和活塞杆固定两种形式，但它们的工作台移动范围都是活塞有效行程的两倍。

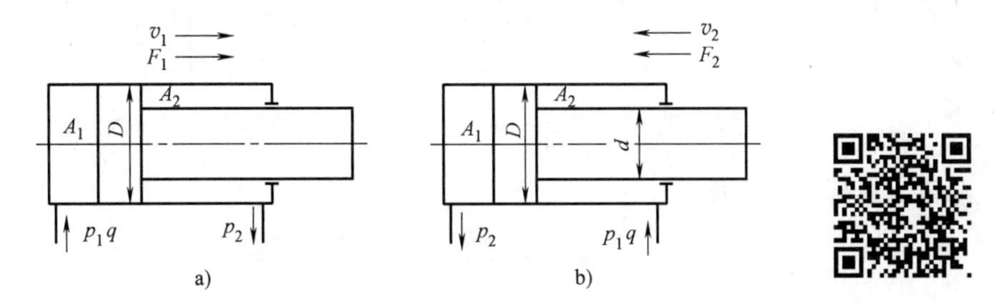

图 4-5 单活塞杆式液压缸（扫描二维码观看动画）

a）无杆腔进油 b）有杆腔进油

由于液压缸两腔的有效工作面积不相等，因此它在两个方向上的输出推力和速度也不相等。

如图 4-5a 所示，当液压油进入无杆腔时，活塞上所产生的推力 F_1 和速度 v_1 分别为

$$F_1=(p_1A_1-p_2A_2)=\frac{\pi}{4}[(p_1-p_2)D^2+p_2d^2] \tag{4-10}$$

$$v_1=\frac{q}{A_1}=\frac{4q}{\pi D^2} \tag{4-11}$$

如图 4-5b 所示，当液压油进入有杆腔时，作用在活塞上的推力 F_2 和活塞运动速度 v_2 分别为

$$F_2=(p_1A_2-p_2A_1)=\frac{\pi}{4}[p_1(D^2-d^2)-p_2D^2] \tag{4-12}$$

$$v_2=\frac{q}{A_2}=\frac{4q}{\pi(D^2-d^2)} \tag{4-13}$$

由式（4-13）可知，由于 $A_1>A_2$，所以 $F_1>F_2$，$v_1<v_2$。

液压缸往复运动的速度 v_2、v_1 之比，称为速度比 λ_v，即

$$\lambda_v=\frac{v_2}{v_1}=\frac{D^2}{D^2-d^2} \tag{4-14}$$

由式（4-14）可见，活塞杆直径越小，速度比就越接近于 1，液压缸在两个方向上运动速度的差值越小。在已知 D 和 λ_v 的情况下，可较方便地确定 d。

4.2.3 差动液压缸

单杆活塞缸在其左右两腔都接通高压油时称为差动连接，如图 4-6 所示。

差动液压缸左右两腔的油液压力相同，但是由于左腔（无杆腔）的有效面积大于右腔（有杆腔）的有效面积，故活塞向右运动，同时使右腔中排出的油液（流量为 q'）也进入左腔，加大了流入左腔的流量（$q+q'$），从而也加快了活塞移动的速度。实际上活塞在运动时，由于差动连接时两腔间的管路中有压力损失，所以右腔中油液的压力稍大于左腔油液的压力，而这个差值一般都较小，可以忽略不计，则差动连接时活塞推力 F_3 和运动速度 v_3 为

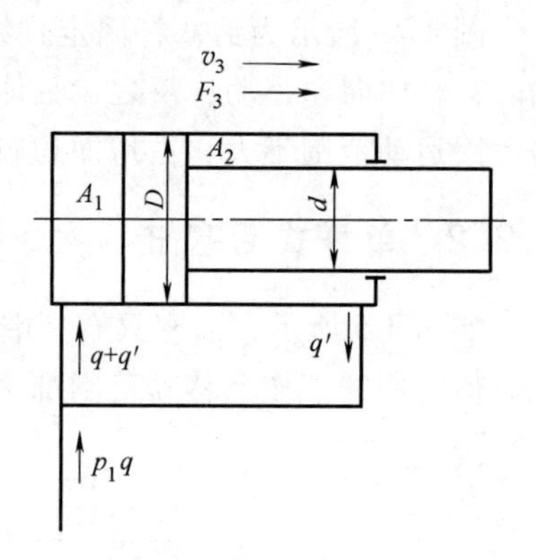

图 4-6 差动液压缸

$$F_3=p_1(A_1-A_2)=\frac{\pi}{4}p_1d^2 \tag{4-15}$$

进入无杆腔的流量

$$q_1=v_3\frac{\pi D^2}{4}=q+v_3\frac{\pi(D^2-d^2)}{4} \tag{4-16}$$

$$v_3=\frac{4q}{\pi d^2} \tag{4-17}$$

由式（4-17）可知，差动连接时液压缸的推力比非差动连接时小，速度比非差动连接时大，可使在不加大油源流量的情况下得到较快的运动速度。这种连接方式被广泛应用于组合机床的液压动力系统和其他机械设备的速度运动中。如果要求机床往返速度相等时，则式（4-13）和式（4-17）得

$$\frac{4q}{\pi(D^2-d^2)}=\frac{4q}{\pi d^2} \tag{4-18}$$

即

$$D=\sqrt{2}d \tag{4-19}$$

把单杆活塞缸实现差动连接，并按 $D=\sqrt{2}d$ 设计缸径和杆径的液压缸称为差动液压缸。

4.2.4 活塞式液压缸的典型结构

1. 双作用单活塞杆液压缸

图 4-7 所示的是一个较常用的双作用单活塞杆液压缸。分析图示结构可知：无缝钢管制成的缸筒 8 和缸底 1 焊接在一起，另一端缸盖 11 与缸筒则采用螺纹联接，以便拆装检修。

两端进出油口 A 和 B 都可通液压油或回油，以实现双向运动。活塞 5 用卡环 4、套环 3、弹簧挡圈 2 与活塞杆 13 连接。活塞和缸筒之间有密封圈 7，活塞杆和活塞内孔之间有密封圈 6，用以防止泄漏。导向套 10 用以保证活塞杆不偏离中心，它的外径和内孔配合处也都有密封圈。此外，缸盖上还有防尘圈 12，活塞杆左端带有缓冲柱塞等。

2. 空心双活塞杆式液压缸

图 4-8 所示为一空心双活塞杆式液压缸的结构。液压缸的左右两腔通过油口 b 和 d 经活塞杆 1 和 15 的中心孔与左右径向孔 a 和 c 相通。由于活塞杆固定在床身上，缸体 10 固定在

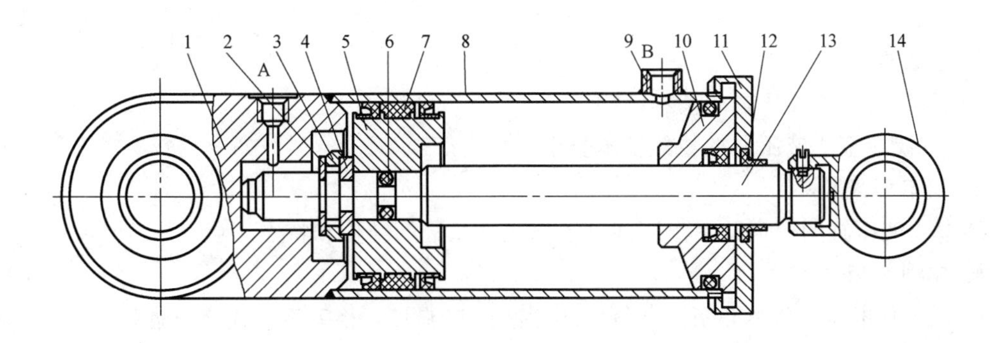

图 4-7　双作用单活塞杆液压缸

1—缸底　2—弹簧挡圈　3—套环　4—卡环　5—活塞　6、7—密封圈　8—缸筒
9—管接头　10—导向套　11—缸盖　12—防尘圈　13—活塞杆　14—耳环

工作台上，工作台当径向孔 c 接通液压油，径向孔 a 接通回油时，向右移动；反之，则向左移动。缸盖 18 和 24 通过螺钉（图中未画出）与压板 11 和 20 相连，并经钢丝环 12 相连，左缸盖 24 空套在托架 3 孔内，可以自由伸缩。空心活塞杆的一端用堵头 2 堵死，并通过锥销 9 和 22 与活塞 8 相连。缸筒相对于活塞运动由左右两个导向套 6 和 19 导向。活塞与缸筒之间、缸盖与活塞杆之间以及缸盖与缸筒之间分别用 O 形密封圈、V 形密封圈和纸垫进行密封，以防止油液内、外泄漏。缸筒在接近行程的左右终端时，径向孔 a 和 c 的开口逐渐减小，对移动部件起制动缓冲作用。为了排除液压缸中剩余的空气，缸盖上设有排气孔 5 和 14，经导向套环槽的侧面孔道（图中未画出）引出与排气阀相连。

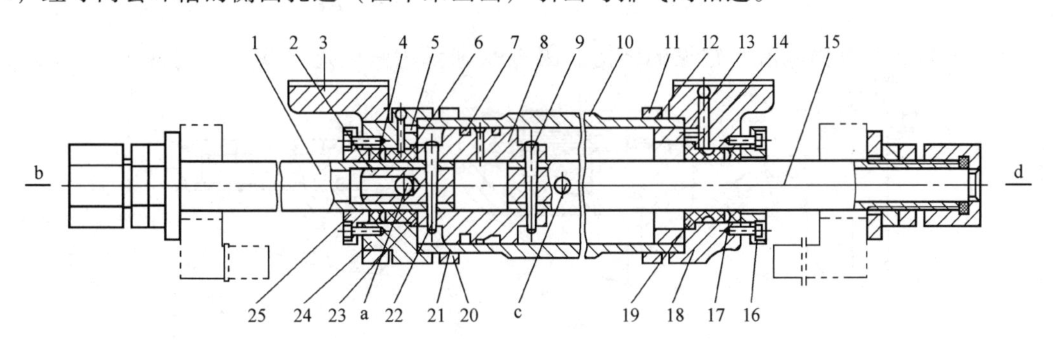

图 4-8　空心双活塞杆式液压缸的结构

1、15—活塞杆　2—堵头　3—托架　4、17—V 形密封圈
5、14—排气孔　6、19—导向套　7—O 形密封圈　8—活塞　9、22—锥销
10—缸体　11、20—压板　12、21—钢丝环　13、23—纸垫　16、25—压盖　18、24—缸盖

任务实施：

4.2.5　实训——活塞式液压缸拆装训练

1. 实训目的

通过拆装活塞式液压缸，掌握活塞式液压缸的结构组成，了解其加工和装配工艺；分析液压缸的工作原理；了解易产生故障的部件，并分析其原因；掌握拆装液压缸的方法和拆装

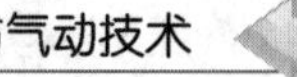

要点。

2. 实训要点

1）掌握活塞式液压缸的基本结构。

2）掌握活塞式液压缸拆装的基本要求。

3. 预习要求

活塞式液压缸的分类及工作原理；活塞式液压缸的结构和特点。

4. 实训过程

（1）工具准备　内六角扳手、固定扳手、螺钉旋具、相关活塞式液压缸。

（2）拆装顺序　以图 4-7 所示的双作用单活塞杆液压缸为例分析。

1）首先将液压缸的端盖联接螺栓拆下。

2）依次取下端盖、导向套、活塞组件、端盖与缸筒端面之间的密封圈。

3）分解活塞组件。

4）拆除连接件。

5）依次取下活塞、活塞杆及密封元件。

5. 主要零件分析

从上面所拆卸的液压缸的结构中可以看到，液压缸基本上由缸筒和缸盖、活塞与活塞杆、密封装置、缓冲装置和排气装置五部分组成。

（1）缸筒和缸盖　一般来说，缸筒和缸盖的结构形式和其使用的材料有关。当工作压力 $p<10$MPa 时，使用铸铁；当 $p<20$MPa 时，使用无缝钢管；当 $p>20$MPa 时，使用铸钢或锻钢。

图 4-9 所示为缸筒和缸盖常见的结构。图 4-9a 所示为法兰连接式，结构简单，容易加

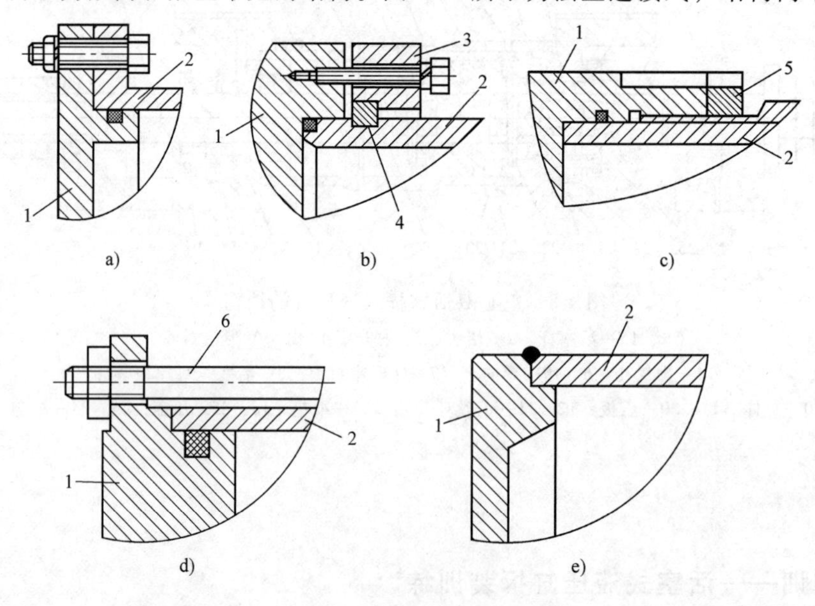

图 4-9　缸筒和缸盖常见的结构

a）法兰连接式　b）半环连接式　c）螺纹联接式　d）拉杆连接式　e）焊接连接式

1—缸盖　2—缸筒　3—压板　4—半环　5—防松螺母　6—拉杆

工，也容易装拆，但外形尺寸和质量都较大，常用于铸铁制造的缸筒上。图 4-9b 所示为半环连接式，它的缸筒外壁因开了环形槽而削弱了强度，有时要加厚缸壁，它容易加工和装拆，重量较轻，常用于无缝钢管或锻钢制造的缸筒上。图 4-9c 所示为螺纹联接式，它的缸筒端部结构复杂，加工外径时要求与内外径保持同心，装拆要使用专用工具，它的外形尺寸和重量都较小，常用于无缝钢管或铸钢制的缸筒上。图 4-9d 所示为拉杆连接式，此结构的通用性大，容易加工和装拆，但外形尺寸较大，且较重。图 4-9e 所示为焊接连接式，此结构简单、尺寸小，但缸底处内径不易加工，且可能引起变形。

（2）活塞与活塞杆　可以把短行程的液压缸的活塞杆与活塞做成一体，这是最简单的形式。但当行程较长时，这种整体式活塞组件的加工较费事，所以活塞与活塞杆常分开制造，然后再连接成一体。图 4-10 所示为常见的活塞与活塞杆的连接形式。

图 4-10a 所示的活塞与活塞杆之间采用螺纹联接，它适用于负载较小、受力无冲击的液压缸中。螺纹联接虽然结构简单、安装方便可靠，但在活塞杆上车螺纹将削弱其强度。图 4-10b 和 c 所示为半环式连接方式。图 4-10b 中活塞杆 5 上开有一个环形槽，槽内装有两个半环 3 以夹紧活塞 4，半环 3 由轴套 2 套住，而轴套 2 的轴向位置用弹簧卡圈 1 来固定。图 4-10c 中的活塞杆，使用了两个半环 4，它们分别由两个密封圈座 2 套住，半圆形的活塞 3 安放在密封圈座的中间。半环连接一般用于高压、大负荷的场合，特别是当工作设备有较大振动的情况下。图 4-10d 所示为一种径向锥销式连接结构，用锥销 1 把活塞 2 固连在活塞杆 3 上。这种连接方式特别适合于双出杆式活塞，对于轻载的磨床更为适宜。

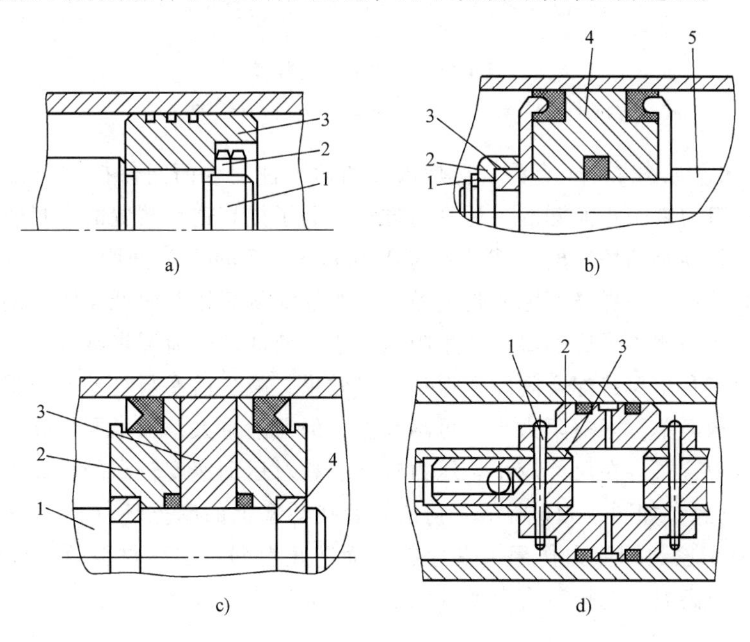

图 4-10　常见的活塞与活塞杆的连接形式

a）螺纹联接　b）单半环连接　c）双半环连接　d）径向锥销式连接

a）1—活塞杆　2—螺母　3—活塞

b）1—弹簧卡圈　2—轴套　3—半环　4—活塞　5—活塞杆

c）1—活塞杆　2—密封圈座　3—活塞　4—半环

d）1—锥销　2—活塞　3—活塞杆

（3）密封装置 液压缸高压腔中的油液向低压腔泄漏称为内泄漏，液压缸中的油液向外部泄漏称为外泄漏。由于液压缸存在内泄漏和外泄漏，使得液压缸的容积效率降低，从而影响液压缸的工作性能，严重时使系统压力上不去，甚至无法工作。外泄漏还会污染环境，为了防止泄漏的产生，液压缸中需要密封的地方必须采取相应的密封措施。液压缸中需要密封的部位有活塞、活塞杆和端盖等处。

设计和选用密封装置的基本要求是：密封装置应具有良好的密封性能，并随着压力的增加能自动提高；动密封处运动阻力要小；密封装置要耐油、耐蚀、耐磨、寿命长、制造简单、拆装方便。常用的密封装置如图 4-11 所示。

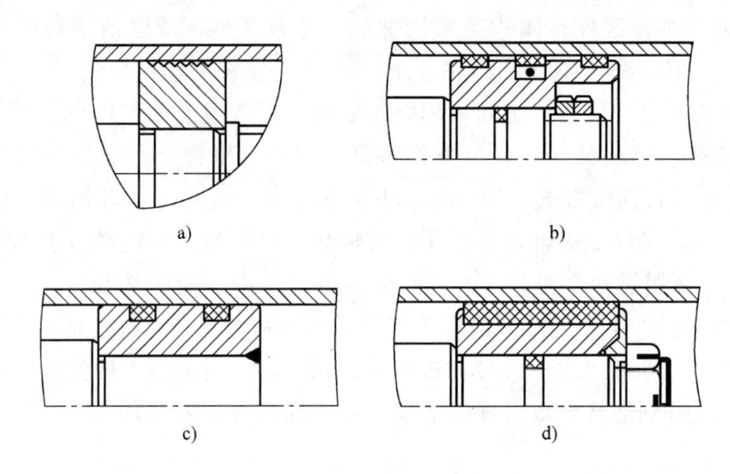

图 4-11 常用的密封装置

a）间隙密封 b）摩擦环密封 c）、d）密封圈密封

1）间隙密封。如图 4-11a 所示，它是依靠两运动件配合面间保持一个很小的间隙，使其产生液体摩擦阻力来防止泄漏的一种密封方法。为了提高这种装置的密封能力，常在活塞的表面上制出几条细小的环形槽，其尺寸为 0.5mm × 0.5mm，槽间距为 3~4mm。这些环形槽的作用有两方面：一是提高间隙密封的效果，当油液从高压腔向低压腔泄漏时，由于油路截面突然改变，在小槽中形成旋涡而产生阻力，于是使油液的泄漏量减少；二是阻止活塞轴线的偏移，从而有利于保持配合间隙，保证润滑效果，减少活塞与缸壁的磨损，增强间隙密封性能。它的结构简单，摩擦阻力小，可耐高温，但泄漏量大，加工要求高，磨损后无法恢复原有的密封能力，只有在尺寸较小、压力较低、相对运动速度较高的缸筒和活塞间使用。

2）摩擦环密封。如图 4-11b 所示，它依靠套在活塞上的摩擦环（由尼龙或其他高分子材料制成）在 O 形密封圈弹力作用下贴紧缸壁而防止泄漏。这种材料效果较好，摩擦阻力较小且稳定，可耐高温，磨损后有自动补偿能力，但加工要求高，装拆不便，适用于缸筒和活塞之间的密封。

3）密封圈（O 形圈、Y 形圈、V 形圈等）密封。图 4-11c、d 所示为密封圈密封，它利用橡胶或塑料的弹性使各种截面的环形圈贴紧在静、动配合面之间来防止泄漏。它结构简单、制造方便、磨损后有自动补偿能力、性能可靠，在缸筒和活塞之间、缸盖和活塞杆之间、活塞和活塞杆之间、缸筒和缸盖之间都能使用。

4）防尘圈。对于活塞杆外伸部分来说，由于它很容易把脏物带入液压缸，使油液受污染，使密封件磨损，因此常需在活塞杆密封处增添防尘圈，并放在向着活塞杆外伸的一端。

（4）缓冲装置 液压缸一般都设有缓冲装置，特别是对大型、高速或要求高的液压缸，为了防止活塞在行程终点时和缸盖相互撞击，引起噪声、冲击，则必须设置缓冲装置。

缓冲装置的工作原理是利用活塞或缸筒在其走向行程终端时封住活塞和缸盖之间的部分油液，强迫它从小孔或细缝中挤出，以产生很大的阻力，使工作部件受到制动，逐渐减慢运动速度，达到避免活塞和缸盖相互撞击的目的。常见缓冲装置的结构有环状间隙式、节流口面积可变式和节流口面积可调式等，如图 4-12 所示。

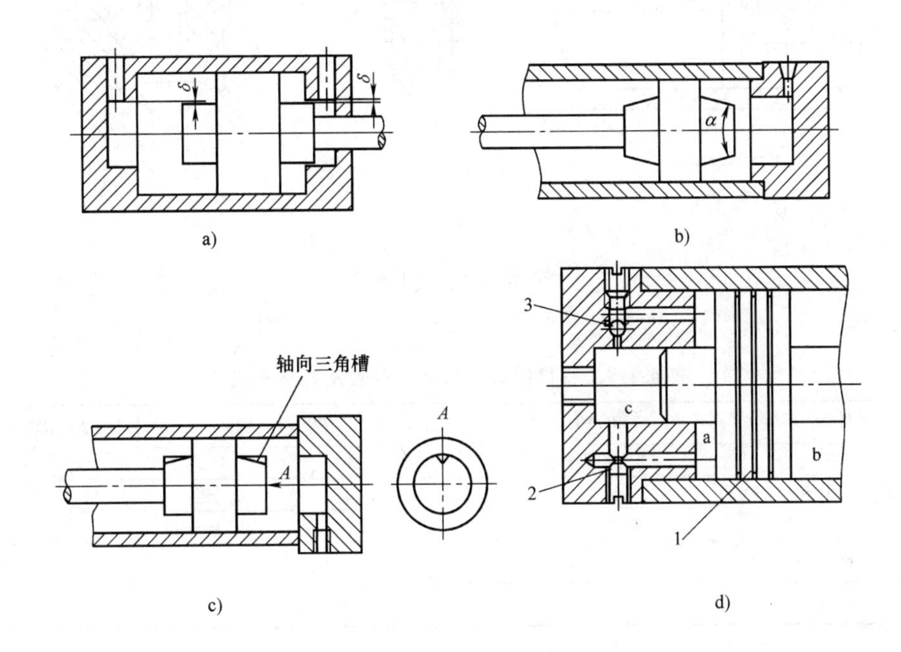

图 4-12 液压缸的缓冲装置

a）、b）环状间隙式 c）节流口面积可变式 d）节流口面积可调式

1—活塞 2—节流阀 3—单向阀

1）环状间隙式。如图 4-12a、b 所示，当缓冲柱塞进入与其相配的缸盖上的内孔时，孔中的液压油只能通过间隙 δ 排出，使活塞速度降低。图 4-12b 所示的活塞设计成锥形，使间隙逐渐减小，从而使阻力逐渐增大，缓冲效果更好。

2）节流口面积可变式缓冲装置。如图 4-12c 所示，在缓冲柱塞上开有三角槽，随着柱塞逐渐进入配合孔中，其节流面积越来越小，使活塞运动速度逐渐减慢而实现制动缓冲作用。

3）节流口面积可调式缓冲装置。如图 4-12d 所示，在端盖上装有节流阀，当缓冲凸台进入凹腔 c 后，活塞与端盖（a 腔）间的油液经节流阀 2 的开口流入 c 腔而排出，于是回油阻力增大，形成缓冲液压阻力，使活塞运动速度减慢，实现制动缓冲。节流阀 2 的开口可根据负载情况调节，从而改变缓冲的速度。当活塞 1 反向运动时，液压油由 c 腔经单向阀 3 进入 a 腔，使活塞迅速起动。

（5）排气装置 液压缸在安装过程中或长时间停放重新工作时，液压缸里和管道系统中会渗入空气，为了防止执行元件出现爬行、噪声和发热等不正常现象，需把液压缸中和系统中的空气排出。一般可在液压缸的最高处设置进出油口带走空气，也可在最高处设置图4-13a所示的排气孔或专门的排气阀，如图4-13b、c所示。工程机械液压缸基本参数及连接形式见表4-1。

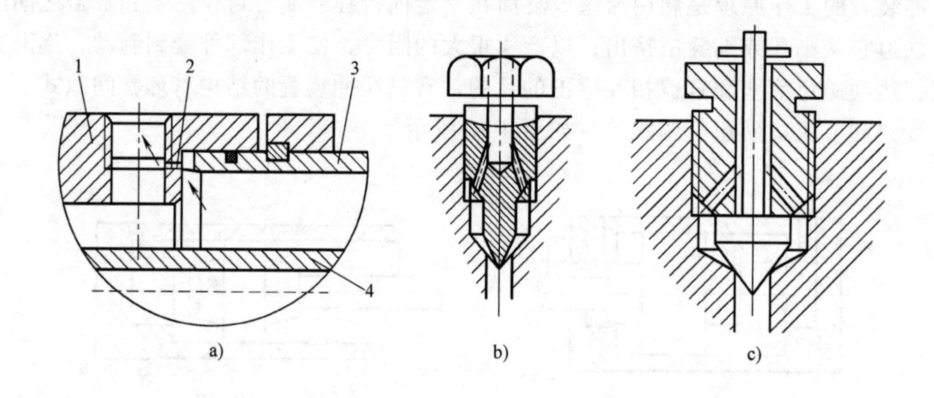

图4-13　放气装置

1—缸盖　2—放气小孔　3—缸体　4—活塞杆

表4-1　工程机械液压缸基本参数及连接形式

液压缸内径 D/mm	40、50、63、80	100、110、125	140、160、180、200、220、250
缸盖连接形式	外螺纹联接		
		法兰连接	
		内卡环连接	
速率比 φ	1.33、1.46、2		1.46、2
行程 L/mm	$(8\sim12)D$		

6. 液压缸的装配

1）对待装零件首先进行合格性检查，特别是运动副的配合精度和表面状态。注意去除所有零件上的毛刺、飞边、污垢，清洗彻底、干净。

2）在缸内表面及密封圈上涂上润滑脂。

3）将活塞组按结构装配好，然后将活塞组装入缸筒内，同时要检查在缸筒内的移动情况。应运动灵活，无阻滞和轻重不均现象。

4）装好导向套。

5）将缸盖与缸筒装配好。拧紧缸盖联接螺栓时，要分次交叉对称进行施力，且用力要均匀，安装好后能使活塞杆在全长运动范围内，可灵活地运动。

7. 实训小结

将学生分组进行实训，教师指导，根据实训结果写出实训报告。

补充知识：

4.2.6　活塞式液压缸常见的故障及排除方法

液压缸常见的故障及排除方法见表4-2。

表 4-2 液压缸常见的故障及排除方法

故障现象	产生原因	排除方法
爬行	①混入空气 ②运动密封件装配过紧 ③活塞杆与活塞不同轴 ④导向套与缸筒不同轴 ⑤活塞杆弯曲 ⑥液压缸安装不良,其中心线与导轨不平行 ⑦缸筒内径圆柱度超差 ⑧缸筒内孔锈蚀、拉毛 ⑨活塞杆两端螺母拧得过紧,使同轴度降低 ⑩活塞杆刚度差 ⑪液压缸运动件之间的间隙过大 ⑫导轨润滑不良	①排除空气 ②调整密封圈,使之松紧适当 ③校正、修整或更换 ④修正调整 ⑤校直活塞杆 ⑥重新安装 ⑦镗磨修复,重配活塞或增加密封件 ⑧除去锈蚀、毛刺或重新镗磨 ⑨调整螺母的松紧度,使活塞杆处于自然状态 ⑩加大活塞杆直径 ⑪减小配合间隙 ⑫保持良好的润滑
冲击	①缓冲间隙过大 ②缓冲装置中的单向阀失灵。	①减小缓冲间隙 ②修理或更换单向阀。
推力不足或工作速度下降	①缸体和活塞的配合间隙过大,或密封件损坏,造成内泄漏 ②缸体和活塞的配合间隙过小,密封过紧,运动阻力大 ③运动零件制造存在误差和装配不良,引起不同心或单面剧烈摩擦 ④活塞杆弯曲,引起剧烈摩擦 ⑤缸体内孔拉伤与活塞咬死,或缸体内孔加工不良 ⑥液压油中杂质过多,使活塞或活塞杆卡死 ⑦液压油温度过高,泄漏加剧	①修理或更换不合乎精度要求的零件,重新装配、调整或更换密封件 ②增加配合间隙,调整密封件的压紧程度 ③修理误差较大的零件,重新装配 ④校直活塞杆 ⑤镗磨、修复缸体或更换缸体 ⑥清洗液压系统,更换液压油 ⑦分析温升原因,改进密封结构,避免温升过高
外泄漏	①密封件咬边、拉伤或破坏 ②密封件方向装反 ③缸盖螺栓未拧紧 ④运动零件之间有纵向拉伤和沟痕	①更换密封件 ②改正密封件的装配方向 ③拧紧缸盖螺钉 ④修理或更换零件

任务 4.3 柱塞式液压缸及其他类型液压缸的工作原理及结构分析

任务目标:

掌握柱塞式液压缸的结构组成及工作原理；了解其他类型的液压缸的种类和运用场合。

任务描述:

查阅资料，掌握柱塞式液压缸和其他类型的液压缸的结构组成及工作原理，分析其性能特点。

知识与技能：

4.3.1 柱塞式液压缸

活塞缸的缸孔要求精加工，但行程长时会造成加工困难，因此，在长行程的场合，可采用柱塞式液压缸。图 4-14 所示的柱塞式液压缸由缸筒、柱塞、导向套、密封圈等零件组成。其缸筒内壁不需要精加工，运动时由缸盖上的导向套来导向，而且结构简单，制造容易，适用于龙门刨床、导轨磨床、大型拉床等大型工程设备的液压系统中。

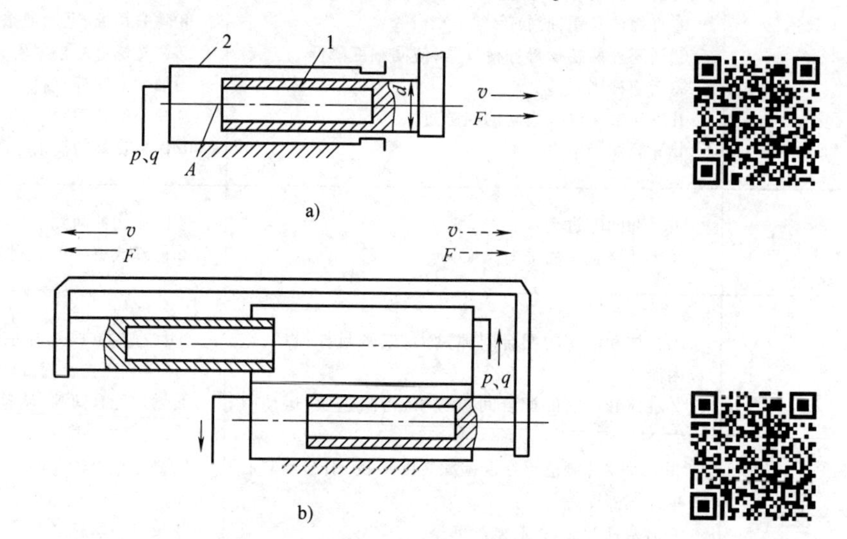

图 4-14 柱塞式液压缸（扫描二维码观看动画）

a）单作用式 b）双作用式

1—柱塞 2—缸筒

图 4-14a 所示为单作用式柱塞式液压缸，柱塞式液压缸在液压油的推动下，只能实现单向运动，它的回程需借助自重或其他外力（如弹簧力）来实现。若需要实现双向运动，则必须成对使用。双作用式柱塞式液压缸如图 4-14b 所示，这种液压缸中的柱塞和缸筒不接触，运动时由缸盖上的导向套来导向，因此缸筒的内壁不需要精加工，适用于行程较长的场合。

柱塞缸输出的推力和速度分别为

$$F=pA=\frac{\pi d^2}{4}p \tag{4-20}$$

$$v=\frac{q}{A}=\frac{4q}{\pi d^2} \tag{4-21}$$

4.3.2 其他液压缸

1. 增压器

增压器又称增压液压缸，它利用活塞和柱塞有效面积的不同，使液压系统中的局部区域获得高压。它有单作用式和双作用式两种，单作用式增压器的工作原理如图 4-15a 所示，当

输入活塞缸的液体压力为 p_1、活塞直径为 D、柱塞直径为 d 时，柱塞缸中输出的液体压力为高压，其值为

$$p_2 = p_1(D/d)^2 = Kp_1 \tag{4-22}$$

式中 K——增压比，它代表其增压程度，$K = D^2/d^2$。

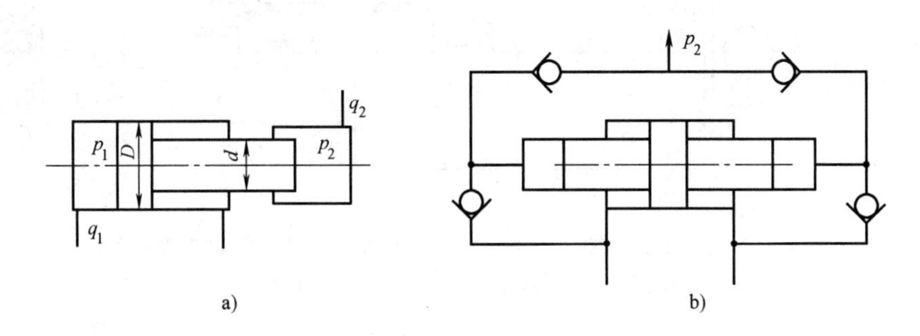

图 4-15 增压器

a）单作用式增压器 b）双作用式增压器

显然，增压能力是在降低有效能量的基础上得到的，即增压器仅仅是增大输出的压力，并不能增大输出的能量。

单作用式增压器在柱塞运动到终点时，不能再输出高压液体，需要将活塞退回到左端位置，再向右行时才又输出高压液体。为了克服这一缺点，可采用双作用式增压器，如图4-15b所示，由两个高压端连续向系统供油。

2. 伸缩液压缸

伸缩液压缸由两个或多个活塞缸套装而成，前一级活塞缸的活塞杆内孔是后一级活塞缸的缸筒，伸出时可获得很长的工作行程，缩回时可保持很小的结构尺寸。伸缩缸被广泛用于起重运输车辆上。

伸缩缸可以是图 4-16a 所示的单作用式，也可以是图 4-16b 所示的双作用式，前者靠外力回程，后者靠液压回程。图 4-17 所示为双作用式伸缩缸的结构与工作原理。

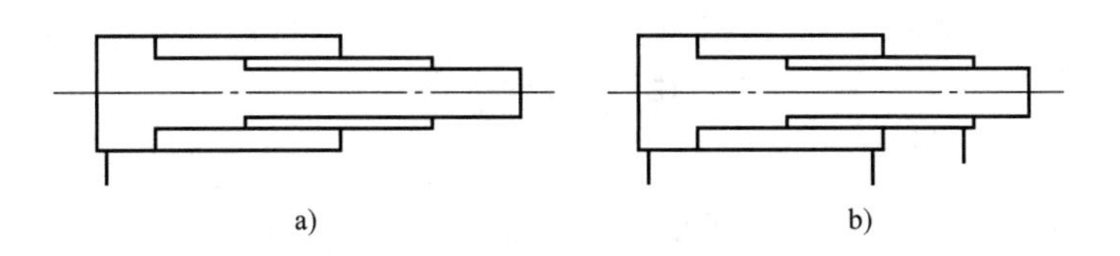

图 4-16 伸缩液压缸

a）单作用式 b）双作用式

伸缩缸的外伸动作是逐级进行的。首先是直径最大的缸筒以最低的油液压力开始外伸，当到达行程终点后，直径稍小的缸筒开始外伸，直径最小的末级缸筒最后伸出。随着工作级数变大，外伸缸筒直径越来越小，工作油液压力随之升高，工作速度变快。

3. 齿轮液压缸

齿轮液压缸由两个柱塞缸和一套齿条传动装置组成。柱塞的移动经齿轮齿条传动装置变

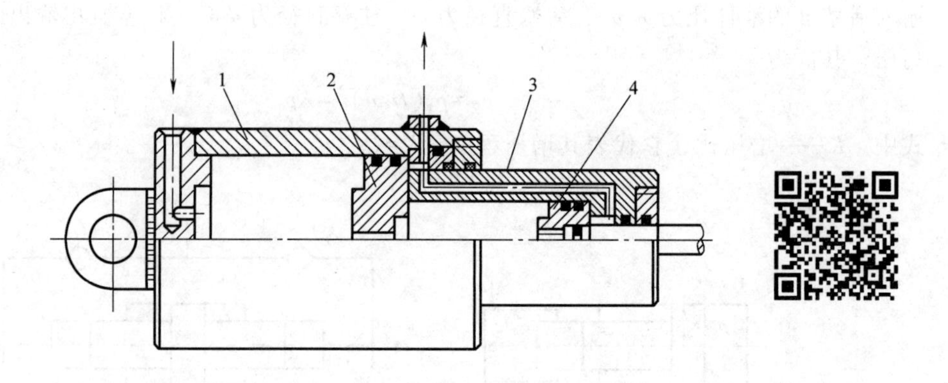

图 4-17　双作用式伸缩缸的结构与工作原理（扫描二维码观看动画）

1—一级缸筒　2—一级活塞　3—二级缸筒　4—二级活塞

成齿轮的传动，用于实现工作部件的往复摆动或间歇进给运动，如图 4-18 所示。

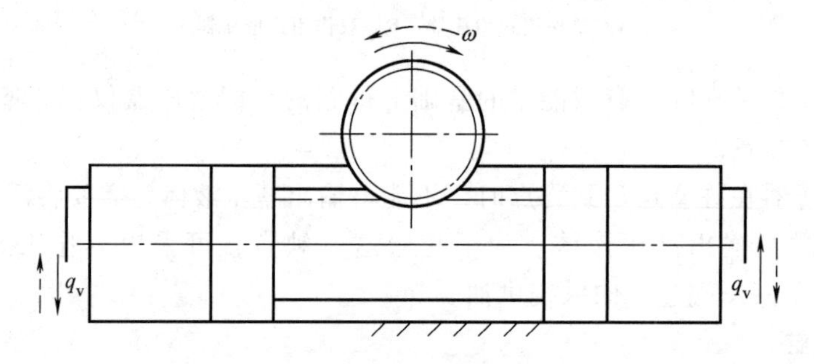

图 4-18　齿条活塞缸

任务实施：

查阅资料，分析柱塞式液压缸的结构组成及工作原理；了解其他类型的液压缸的结构组成及工作原理。

思考与练习

4-1　什么叫液压执行元件？有哪些类型？它们的用途如何？

4-2　活塞式液压缸有几种结构形式？各有何特点？它们分别用在什么场合？

4-3　如果要使机床工件往复运动速度相同，应采用什么类型的液压缸？

4-4　以单杆活塞式液压缸为例，说明液压缸的一般结构形式。

4-5　液压缸的哪些部位需要密封？常见的密封方法有哪些？

4-6　液压缸工作时，为什么会产生引力不足或速度下降现象？如何解决？

4-7　液压缸如何实现排气？

4-8　液压缸如何实现缓冲？

4-9　缸筒和缸盖的连接方式有几种？各自的特点如何？

4-10　活塞和活塞杆连接方式有哪几种？

4-11　液压马达与液压泵在结构上有何区别？

4-12　液压马达有哪些性能参数？

4-13　液压马达有哪些类型？

4-14　液压马达的工作原理是什么？

项目5 液压辅助元件

【项目要点】

◆ 能正确安装和使用蓄能器。

◆ 能正确安装和使用过滤器。

◆ 能正确使用和维护油箱。

【知识目标】

◆ 能掌握蓄能器的工作原理、功用及应用。

◆ 能掌握过滤器的工作原理及应用。

◆ 能掌握油箱的功用及使用。

◆ 能掌握密封元件的工作机理及应用。

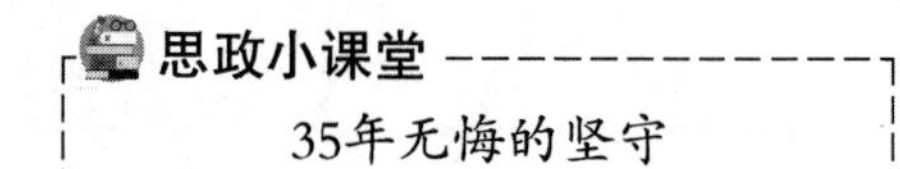

【素质目标】

◆ 培养学生树立正确的价值观和职业态度。

◆ 培育学生大国工匠精神。

◆ 培养学生中华民族"敬业乐群""忠于职守"的优良传统。

液压系统中的辅助元件主要包括油管、管接头、蓄能器、过滤器、油箱、密封件、热交换器等。这些元件对液压系统的性能、效率、温升、噪声和寿命有很大的影响。因此，在选择和使用液压系统时，对辅助元件必须给予足够的重视。

任务5.1 油管与管接头的使用

任务目标：

掌握油管及油管接头的作用；了解油管接头的分类及结构；能够正确使用和安装油管及油管接头；能够独立排除油管及油管接头的常见故障。

任务描述：

排除油管及油管接头的常见故障。

知识与技能：

液压系统通过油管传送工作液体，用管接头把油管与元件连接起来。油管和管接头应有足够的强度和良好的密封性能，并且压力损失要小、拆装方便。

5.1.1 油管

1. 油管的分类

(1) 硬管

1）钢管。钢管价格低廉、耐高压、耐油、耐蚀、刚性好，但装配时不易弯曲，常在装拆方便处用作压力管道。常用钢管有冷拔无缝钢管和有缝钢管（焊接钢管）两种。中压以上条件下采用无缝钢管，高压的条件下可采用合金钢管，低压条件下采用焊接钢管。

2）纯铜管。纯铜管易弯曲成形，安装方便，管壁光滑，摩擦阻力小，但价格高，耐压能力低，抗振动能力差，易使油液氧化，一般用在仪表装配不便处。

（2）软管

1）橡胶管。橡胶管用于柔性连接，分为高压和低压两种。高压橡胶管由耐油橡胶夹钢丝编织网制成，用于压力管路，钢丝网层数越多，耐压能力越高，最高使用压力可达40MPa；低压橡胶管由耐油橡胶夹帆布制成，常用于回油管路。

2）塑料管。塑料管耐油、价格低、装配方便，长期使用易老化，常用在压力低于0.5MPa的回油管与泄油管中。

3）尼龙管。尼龙是一种新型材料，呈乳白色半透明状，可观察液体流动情况，在液压行业得到了日益广泛的应用。尼龙加热后可任意弯曲成型和扩口，冷却后即定形。尼龙管一般用于承压能力为2.5~8MPa的液压系统中。

4）金属波纹软管。金属波纹软管由极薄的不锈钢无缝管作为管坯，外套网状钢丝组合而成。管坯为环状或螺旋状波纹管。与耐油橡胶相比，金属波纹管价格较贵，但其重量轻、体积小、耐高温、清洁度好。金属波纹管最高工作压力可达40MPa，目前仅限于小通径管道。

2. 油管的安装技术要求

（1）硬管安装的技术要求

1）硬管安装时，对于平行或交叉管道，相互之间要有100mm以上的空隙，以防止干扰和振动，也便于安装管接头。在高压大流量场合，为防止管道振动，需每隔1m左右用标准管夹将管道固定在支架上，以防止振动和碰撞。

2）管道安装时，路线应尽量短，应横平竖直，管道布置要整齐，尽量减少转弯。若需要转弯，其弯曲半径应大于管道外径的3~5倍，弯曲后管道的圆度小于10%，不得有波浪状变形、凹凸不平及压裂与扭转等不良现象。金属管连接时一定要有适当的弯曲，图5-1列

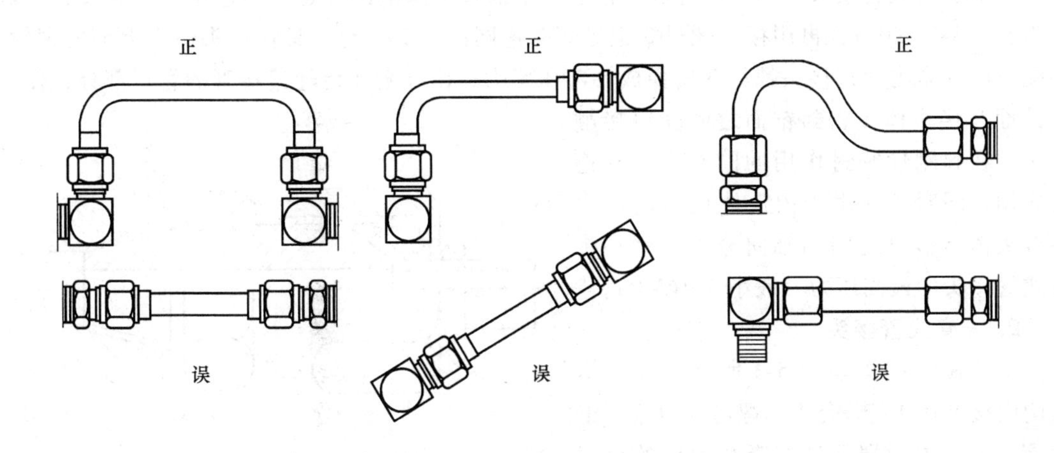

图5-1 金属管连接实例

举了一些金属管连接实例。

3）在安装前应对钢管内壁进行仔细检查，看其内壁是否存在锈蚀现象。一般应用20%的硫酸或盐酸进行酸洗，酸洗后用10%的苏打水中和，再用温水洗净，干燥、涂油后进行静压试验，确认合格后再安装。

（2）软管安装的技术要求

1）软管弯曲半径应大于软管外径的10倍。对于金属波纹管，若用于运动连接，其最小弯曲半径应大于内径的20倍。

2）耐油橡胶软管和金属波纹管与管接头成套供货。弯曲时耐油橡胶软管的弯曲处与管接头的距离至少是外径的6倍；金属波纹管的弯曲处与管接头的距离应大于管内径的2~3倍。

3）软管在安装和工作中不允许有拧、扭现象。

4）耐油橡胶软管用于固定件的直线安装时要有一定的长度余量（一般留有30%左右的余量），以适应胶管在工作时-2%~+4%的长度变化（油温变化、受拉、振动等因素引起）的需要。

5）耐油橡胶软管不能靠近热源，要避免与设备上的尖角部分相接触和摩擦，以免划伤管子。

5.1.2 管接头

管接头是油管与油管、油管与液压元件之间的可拆卸连接，它应满足连接牢固、密封可靠、液阻小、结构紧凑、拆装方便等要求。

管接头的形式很多，按接头的通路方向分类，有直通、直角、三通、四通、铰接等形式；按其与油管连接方式分类，有管端扩口式、卡套式、焊接式、扣压式等。管接头与机体的连接常用锥螺纹和普通细牙螺纹。用锥螺纹联接时，应外加防漏填料；用普通细牙螺纹联接时，应采用组合密封垫（熟铝合金与耐油橡胶组合），且应在被连接件上加工出一个小平面。

1. 管端扩口式管接头

管端扩口式管接头如图5-2所示，它适合于铜管和薄壁钢管之间的连接。接管2先扩成喇叭状（74°~90°），再用接头螺母3把导套4连同接管2一起压紧在接头体1上形成密封。装配时的拧紧力通过接头螺母3转换成轴向压紧力，由导套4传递给接管的管口部分，使扩口锥面与接头体1密封锥面之间获得接触比压。在起刚性密封作用的同时，也起连接作用，同时承受由管内流体压力所产生的接头体与接管之间的轴向分力。管端扩口式管接头的最高压力一般小于16MPa。

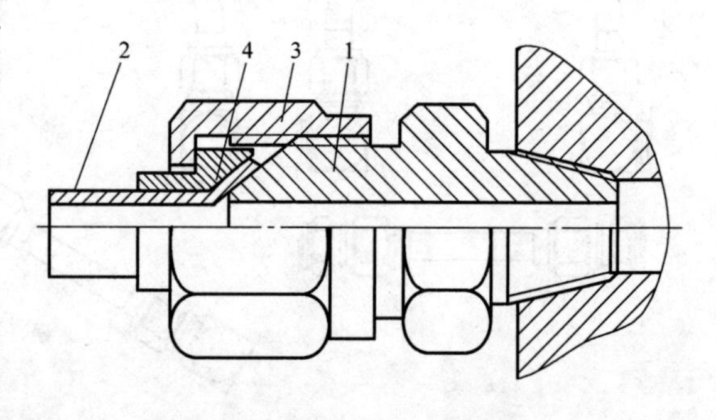

图5-2 管端扩口式管接头

1—接头体 2—接管 3—接头螺母 4—导套

2. 卡套式管接头

卡套式管接头如图5-3所示，其基本结构由接头体1、卡套4和螺母3组成。卡套是一个在内圆端部带有锋利刃口的金属环，装配时因刃口切入被连接的油管而起

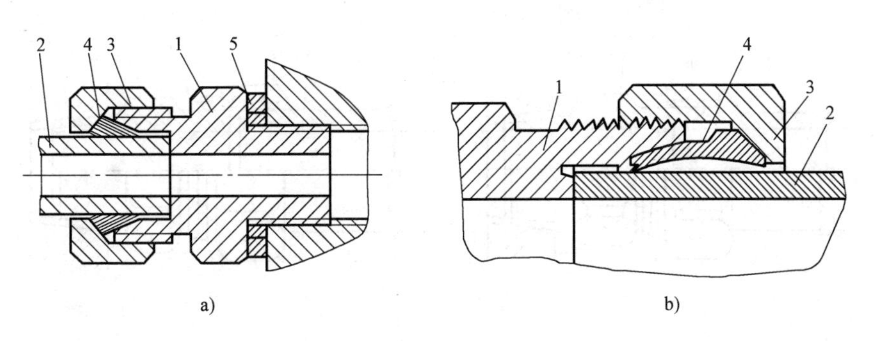

图 5-3 卡套式管接头

1—接头体 2—接管 3—螺母 4—卡套 5—组合密封垫

到连接和密封的作用。

装配时首先把螺母 3 和卡套 4 套在接管 2 上，然后把油管插入接头体 1 的内孔（靠紧），把卡套安装在接头体内锥孔与油管中的间隙内，再把螺母 3 旋紧在接头体 1 上，旋至螺母 90°与卡套尾的 86°锥面充分接触为止。在用扳手紧固螺母之前，务必使被连接的油管端面与接头体止动面相接触，然后一面旋紧螺母一面用手转动油管，当油管不能转动时，表明卡套在螺母推动和接头锥面的挤压下已开始卡住油管，继续旋紧螺母 1～4/3 圈使卡套的刃口切入油管，形成卡套与油管之间的密封，卡套前端外表面与接头体内锥面间所形成的球面接触密封为另一密封面。

卡套式管接头所用油管外径一般不超过 42mm，使用压力可达 40MPa，工作可靠，拆装方便，但对卡套的制造工艺要求较高。

3. 焊接式管接头

如图 5-4 所示，焊接式管接头是将管子的一端与管接头上的接管 2 焊接起来后，再通过管接头上的螺母 3、接头体 1 等与其他管子式元件连接起来的一类管接头。接头体 1 与接管 2 之间的密封可采用图 5-4 所示的 O 形密封圈 4 来密封。除此之外，还可采用球面压紧的方法或加金属密封垫圈的方法加以密封。管接头也可用图 5-5a 所示的球面压紧，或加金属密封圈，用图 5-5b 所示的方法来密封。采用球面压紧或加金属密封垫圈密封的方法承压能力较低，球面密封的接头加工较困难。接头体与元件连接处，可采用图 5-5 所示的圆锥螺纹，也可采用细牙圆柱螺纹（图 5-4），并加组合密封垫圈 5 防漏。

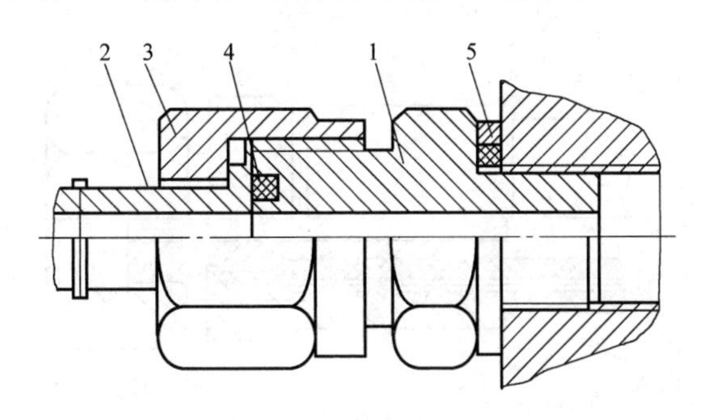

图 5-4 焊接式管接头

1—接头体 2—接管 3—螺母 4—O 形密封圈 5—组合密封垫圈

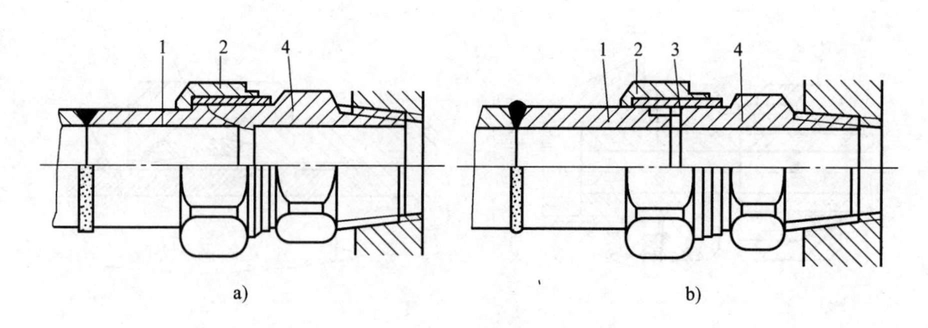

图 5-5 球面压紧和加金属密封圈的焊接管接头

a）球面压紧 b）加金属密封垫圈

1—接管 2—螺母 3—密封圈 4—接头体

焊接式钢管接头结构简单、制造方便、耐高压（32MPa）、密封性能好；缺点是对钢管与接管的焊接质量要求较高。

4. 软管接头

软管接头一般与钢丝编织的高压橡胶软管配合使用，它分为可拆式和扣压式两种。

图 5-6 所示为可拆式软管接头，它主要由接头螺母 1、接头体 2、外套 3 和胶管 4 组成。胶管夹在两者之间，拧紧后，连接部分胶管被压缩，从而达到连接和密封的作用。

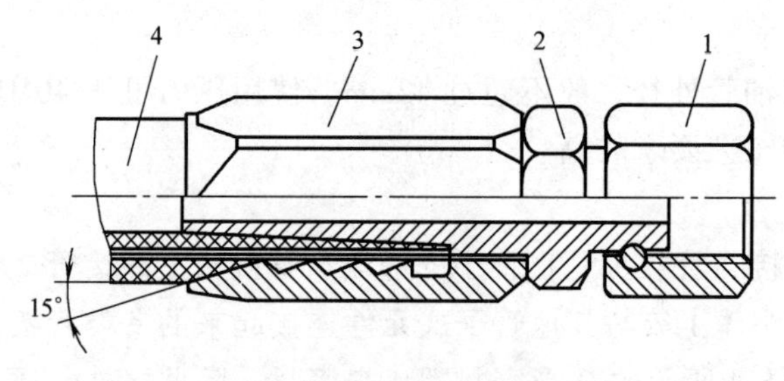

图 5-6 可拆式软管接头

1—接头螺母 2—接头体 3—外套 4—胶管

扣压式软管接头如图 5-7 所示。它由接头螺母 1、接头芯 2、接头套 3 和胶管 4 构成。装配前先剥去胶管上的一层外胶，然后把接头套套在剥去外胶的胶管上，再插入接头芯，然后

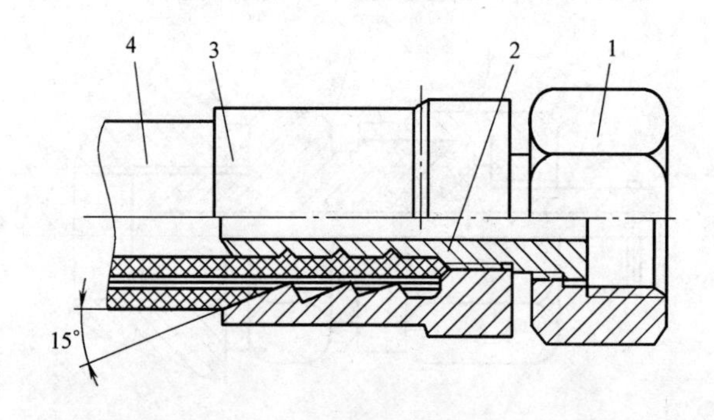

图 5-7 扣压式软管接头

1—接头螺母 2—接头芯 3—接头套 4—胶管

将接头套在压床上用压模进行挤压收缩，使接头套内锥面上的环形齿嵌入钢丝层达到牢固的连接，也使接头芯外锥面与胶管内胶层压紧而达到密封的目的。

注意，软管接头的规格是以软管内径为依据的，金属管接头的规格则是以金属管外径为依据的。

5. 快速接头

快速接头是一种不需要任何工具，能实现迅速连接或断开的油管接头，适用于需要经常拆卸的液压管路。图 5-8 所示为快速接头的结构示意图。图中各零件位置为油路接通时的位置。它有两个接头体 3 和 9，接头体两端分别与管道连接。外套 8 把接头体 3 上的 3 个或 8 个钢球 7 压落在接头体 9 上的 V 形槽中，使两接头体连接起来。锥阀芯 2 和 5 互相挤紧顶开使油路接通。当需要断开油路时，可用力将外套 8 向左推移，同时拉出接头体 9，此时弹簧 4 使外套 8 回位。锥阀芯 2 和 5 分别在各自弹簧 1 和 6 的作用下外伸，顶在接头体 3 和 9 的阀座上而关闭油路，并使两边管子内的油封闭在管中，不致流出。

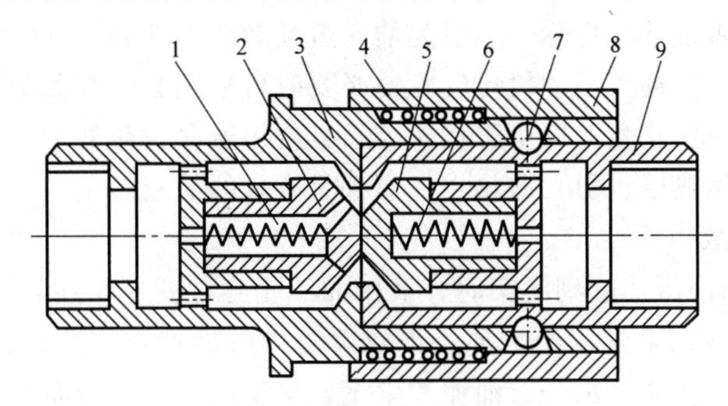

图 5-8 快速接头的结构示意图

1、4、6—弹簧 2、5—锥阀芯 3、9—接头体 7—钢球 8—外套

6. 法兰式管接头

法兰式管接头是把钢管 1 焊接在法兰 2 上，再用螺钉联接起来，两法兰之间用 O 形密封圈密封，如图 5-9 所示。这种管接头结构紧固、工作可靠、防振性好，但外形尺寸较大，适用于高压、大流量管路。

任务实施：

5.1.3 油管与管接头常见的故障及排除方法

1. 液压软管的故障分析与排除

(1) 使用不合格软管引起的故障

1) 故障原因。劣质软管则主要是橡胶质量差、钢丝层拉力不足、编织不均，使承载能力不足，在液压油冲击下，易造成管路损坏而漏油。

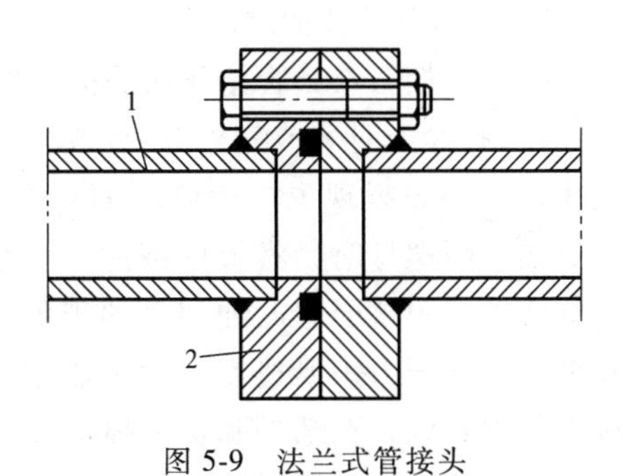

图 5-9 法兰式管接头

1—钢管 2—法兰

2) 采取的措施。在维修时，对新更换的液压软管，应认真检查生产的厂家、日期、批号、规定的使用寿命和有无缺陷，不符合规定的液压软管坚决不能使用。

(2) 违规装配引起的故障

1）故障原因。软管安装时，若弯曲半径不符合要求或软管扭曲等，皆会引起软管破损而漏油。在安装软管时，如果软管受到过分的拉伸变形，各层分离，则降低了耐压强度。在低温条件下，液压软管的弯曲或修配不符合要求，会使液压软管的外表面上出现裂纹。

2）采取的措施。严格按照软管安装的技术要求来安装液压软管。

（3）由于液压系统受高温的影响引起的故障

1）故障原因。当环境温度过高、风扇装反或液压马达旋向不对、液压油牌号选用不当或油质差、散热器散热性能不良、泵及液压系统压力阀调节不当时，都会造成油温过高，同时也会引起液压软管过热，会使液压软管中加入的增塑剂溢出，降低液压软管的柔韧性。另外，过热的油液通过系统中的缸、阀或其他元件时，如果产生较大的压降则会使油液发生分解，导致软管内胶层氧化而变硬。橡胶管路如果长期受高温的影响，则会导致橡胶管路从高温、高压、弯曲、扭曲严重的地方发生老化、变硬和龟裂，最后油管爆破而漏油。

2）采取的措施。当橡胶管路由于高温影响导致疲劳破坏或老化时，首先要认真检查液压系统的工作温度是否正常，排除一切引起油温过高和使油液分解的因素后更换软管。软管布置要尽量避免热源，要远离发动机排气管，必要时可采用套管或保护屏等装置，以免软管受热变质。为了保证液压软管的安全工作，延长其使用寿命，对处于高温区的橡胶管，应做好隔热降温，如包扎隔热层、引入散热空气等都是有效的措施。

（4）污染引起的故障

1）故障原因。当液压油受到污染时，液压油的相容性变差，使软管内胶层与液压系统用油不相容，软管受到化学作用而变质，导致软管内胶层严重变质，出现明显的发胀。此外，管路的外表面经常会沾上水分、油泥和尘土，容易使导管外表面产生腐蚀，加速其外表面老化。

2）采取的措施。在日常维护工作中，不得随意踩踏、拉压液压软管，更不允许用金属器具或尖锐器具敲碰液压软管，以防出现机械损伤；对露天停放的液压机械或液压设备，应加盖蒙布，做好防尘、防雨雪工作，雨雪过后应及时除水、晾晒和除锈；要经常擦去管路表面的油污和尘土，防止液压软管腐蚀；添加油液和拆装部件时，要严把污染关口，防止将杂物、水分带入系统中。此外，一定要防止把有害的溶剂和液体洒在液压软管上。

2. 扩口管接头的漏油

扩口管接头及其管路漏油是扩口处常见的质量问题，另外也有安装方面的原因。

1）拧紧力过大或过松造成泄漏；使用扩口管接头要注意扩口处的质量，不要出现扩口太浅、扩口破裂现象，扩口端面至少要与管套端面平齐，以免在紧固螺母时，将管壁挤薄，引起破裂甚至在拉力作用下使管子脱落引起漏油和喷油现象。另外在拧紧管接头螺母时，紧固力矩要适度。可采用划线法拧紧，即先用手将螺母拧到底，在螺母和接头体间划一条线，然后用一个扳手扳住接头体，再用另一个扳手扳螺母，只需再拧 1/4~1/3 圈即可，如图5-10所示。

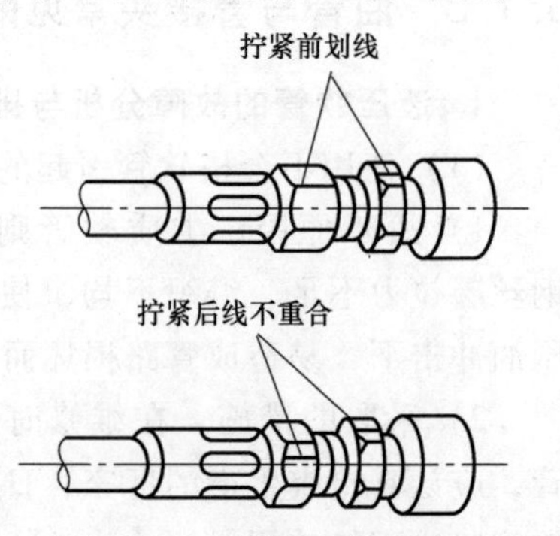

图 5-10 拧紧力过大或过小造成的泄漏

2）管子的弯曲角度不对（图 5-11a）、接管长度不对（图 5-11b）使得管接头扩口处很难密合，造成泄漏，其泄漏部位如图 5-11 所示。为保证不漏油，应使弯曲角度正确和控制接管长度适度（不能过长或过短）。

3）接头位置靠得太近，不能拧紧、有干涉。在若干个接头靠近在一起时，若采用图5-12a所示的方式排列，接头之间靠得太近，扳手因活动空间不够而不能拧紧，会造成漏油。解决办法是拉开管接头之间的距离，或者按图5-12b所示的方法解决，可方便拧紧，便于维修。

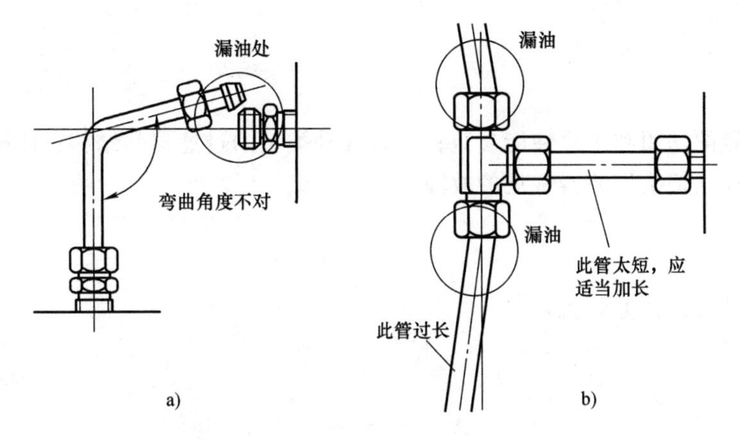

图5-11 管子的弯曲角度或接管长度不对
a）管子的弯曲角度不对 b）接管长度不对

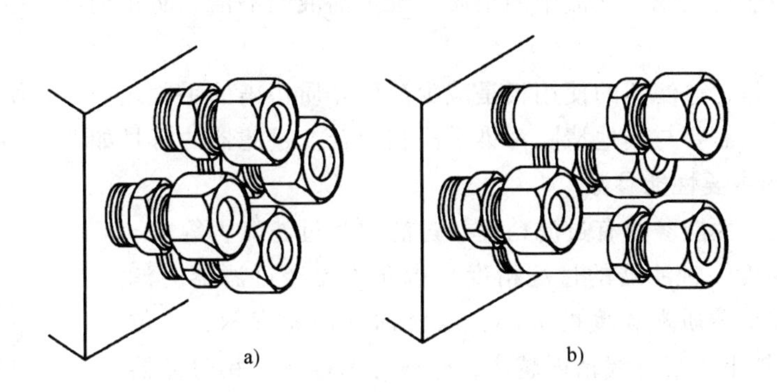

图5-12 接头位置的排列
a）不正确 b）正确

4）扩口管接头的加工质量不好，引起泄漏。扩口管接头有A型和B型两种形式，图5-13所示为A型。当管套接头体和纯铜管互相配合的锥面与图中的角度值不符时，密封性能

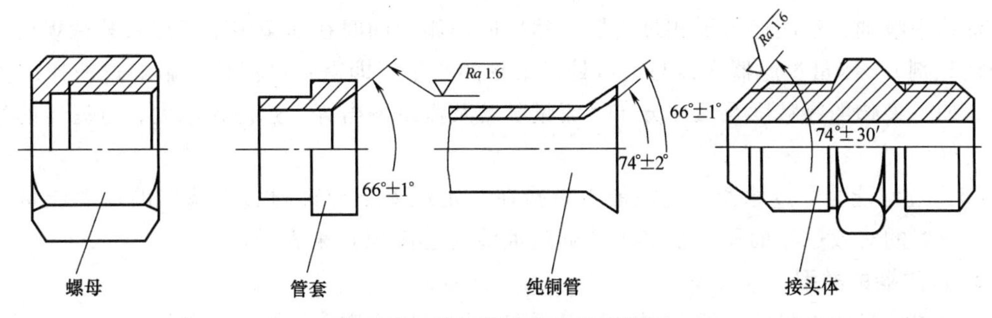

图5-13 扩口管接头的组成零件

不良，特别是在锥面尺寸不符、表面粗糙度值太大、锥面上拉有沟槽时，会产生漏油。另外当螺母与接头体的螺纹有效尺寸不够（螺母有效长度要短于接头体），不能将管套和纯铜管锥面压在接头体的锥面上时，也会产生漏油。

任务 5.2 过滤器的使用

任务目标：

掌握过滤器的功用和主要性能参数；了解各种类型的过滤器的结构；能够正确选用和安装过滤器；能独立解决过滤器常见的故障。

任务描述：

独立解决过滤器常见的故障。

知识与技能：

5.2.1 过滤器的介绍

过滤器的功能就是滤去油液中的杂质，维护油液的清洁，防止油液污染，保证液压系统正常工作。

需要指出的是，过滤器的使用仅是减少液压介质污染的手段之一，要使液压介质污染降低到最低限度，还需要与其他清除污染手段相配合。过滤器的符号如图 5-14 所示。

1. 过滤器的主要性能参数

过滤器的主要性能参数有过滤精度、过滤比和过滤能力等。

（1）过滤精度　过滤器的过滤精度是指介质流经过滤器时滤芯能够滤除的最小杂质颗粒度的大小，以公称直径 d 表示，单位为 mm。颗粒度越小，其过滤精度越高，一般分为四级：粗过滤器 $d \geqslant 0.1$mm，普通过滤器 $d \geqslant 0.01$mm，精过滤器 $d \geqslant 0.005$mm，特精过滤器 $d \geqslant 0.001$mm。

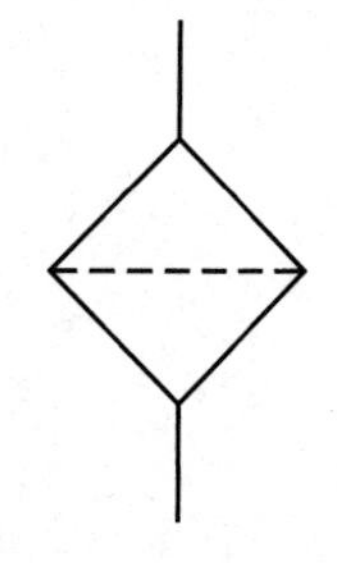

图 5-14　过滤器的符号

（2）过滤比　过滤器的作用也可用过滤比来表示，它是指过滤器上游油液单位容积中大于某一给定尺寸的颗粒数与下游油液单位容积中大于同一尺寸的颗粒数之比。国际标准 ISO4572 推荐过滤比的测试方法是：液压泵从油箱中吸油，油液通过被测过滤器，然后回油箱；同时在油箱中不断加入某种规格的污染物（试剂），测量过滤器入口与出口处污染物的数量，即得到过滤比。影响过滤比的因素很多，如污染物的颗粒度及尺寸分布、流量脉动及流量冲击等。过滤比越大，过滤器的过滤效果越好。

（3）过滤能力　过滤器的过滤能力是指在一定压差下允许通过过滤器的最大流量，一般用过滤器的有效过滤面积（滤芯上能通过油液的总面积）来表示。

2. 过滤器的类型

过滤器按过滤材料的过滤原理分为表面型、深度型和磁性过滤器三种。

（1）表面型过滤器　表面型过滤器被滤除的微粒污物截留在滤芯元件油液上游一面，整个过滤作用由一个几何面来实现，就像丝网一样把污物阻留在其外表面。滤芯材料具有均匀的标定小孔，可以滤除大于标定小孔的污物杂质。由于污物杂质积聚在滤芯表面，所以此种过滤器极易堵塞。最常用的有网式和线隙式过滤器两种。图 5-15a 所示的是网式过滤器，它是用细铜丝网 1 作为过滤材料，包在周围开有很多窗孔的塑料或金属筒形骨架 2 上。一般能滤去 $d>0.08$mm 的杂质颗粒，阻力小，其压力损失不超过 0.01MPa，安装在液压泵吸油口处，保护泵不受大粒度机械杂质的损坏。此种过滤器结构简单、清洗方便。图 5-15b 所示的是线隙式过滤器，3 是壳体，滤芯是用铜线或铝线 5 绕在筒形骨架 4 的外圆上，利用线间的缝隙进行过滤。一般能滤去 $d\geqslant0.03$mm 的杂质颗粒，压力损失为 0.07~0.35MPa，常用在回油低压管路或泵吸油口。此种过滤器结构简单，滤芯材料强度低，不易清洗。

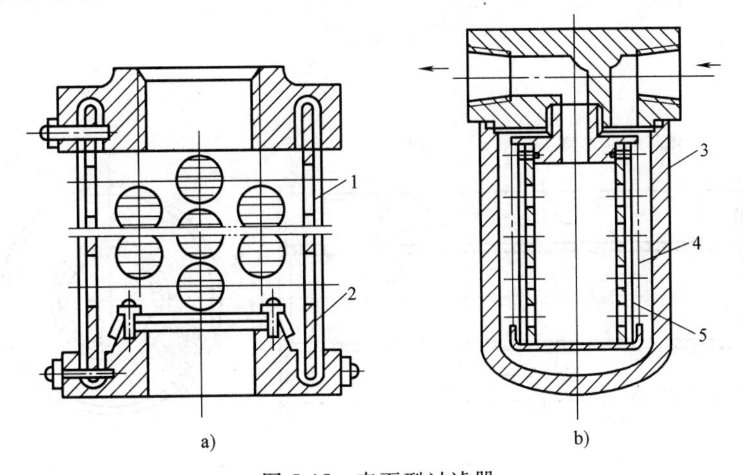

图 5-15　表面型过滤器

a）网式过滤器　b）线隙式过滤器

1—细铜丝网　2—金属筒形骨架　3— 壳体　4—筒形骨架　5— 铝线

（2）深度型过滤器　深度型过滤器的滤芯由多孔可透性材料制成，材料内部具有迂回曲折的通道，大于表面孔径的粒子直接被拦截在靠油液上游的外表面，而较小的污染粒子进入过滤材料内部，撞到通道壁上，有吸附作用的滤芯及迂回曲折的通道有利于污染粒子的沉积和截留。这种滤芯材料有纸芯、烧结金属、毛毡和各种纤维类材料等。

图 5-16 所示为纸芯式过滤器，它是用增加过滤面积的折叠形微孔纸芯包在由铁皮制成的骨架上。油液从外面进入滤芯后流出。它可滤去 $d>0.05$mm 的颗粒，压力损失为 0.08~0.4MPa，常用于对油液要求较高的场合。纸芯式过滤器的过滤效果好，但滤芯堵塞后无法清洗，需要更换纸芯。多数纸芯式上设置了污染指示器，其结构图 5-17 所示。

图 5-18a 所示为烧结式过滤器。它的滤芯是用颗粒状青铜粉烧结而成的。油液从左侧油孔进入，经杯状滤芯过滤后，从下部油孔流出。它可滤去 $d>0.01$mm 的颗粒，压力损失较大，为 0.03~0.2MPa，多用在回油路上。烧结式过滤器制造简单，耐腐蚀，强度高，但金属颗粒有时会脱落，堵塞后清洗困难。

（3）磁性过滤器　磁性过滤器的滤芯采用永磁性材料，将油液中对磁性敏感的金属颗粒吸附到上面，如图 5-18b 所示。磁性过滤器常与其他形式的滤芯一起制成复合式过滤器，对加工金属的机床液压系统特别适用。

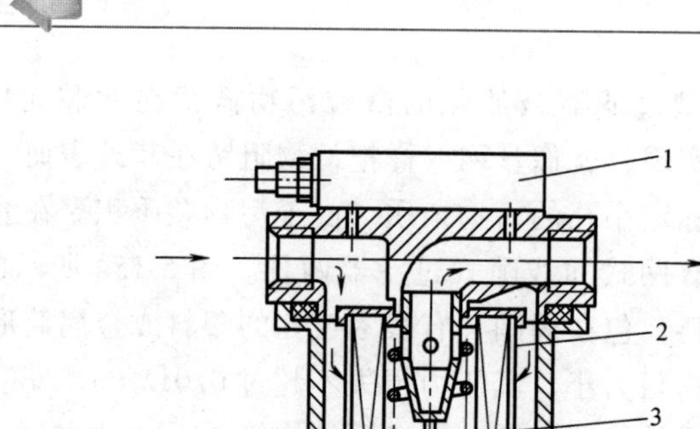

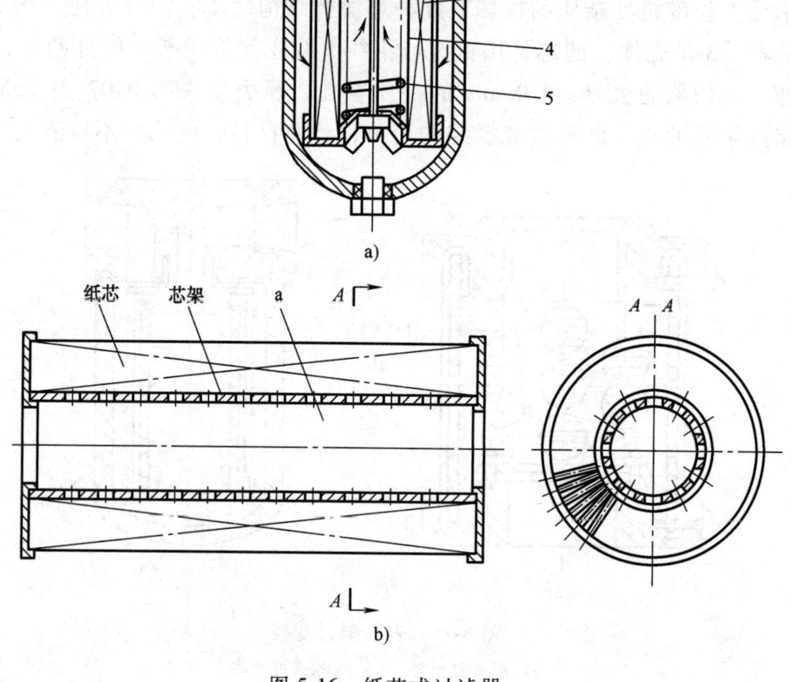

图 5-16 纸芯式过滤器

a）纸芯式过滤器结构原理图 b）滤芯的结构

1—堵塞状态发信装置 2—滤芯外层 3—滤芯中层 4—滤芯内层 5—支承弹簧

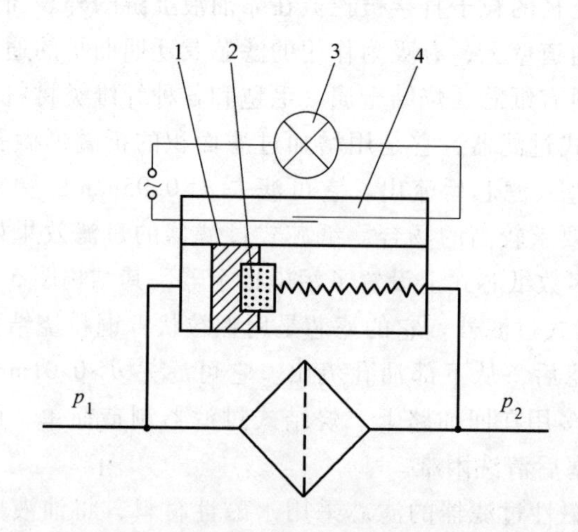

图 5-17 污染指示器结构图

1—活塞 2—永久磁铁 3—指示灯 4—感簧管

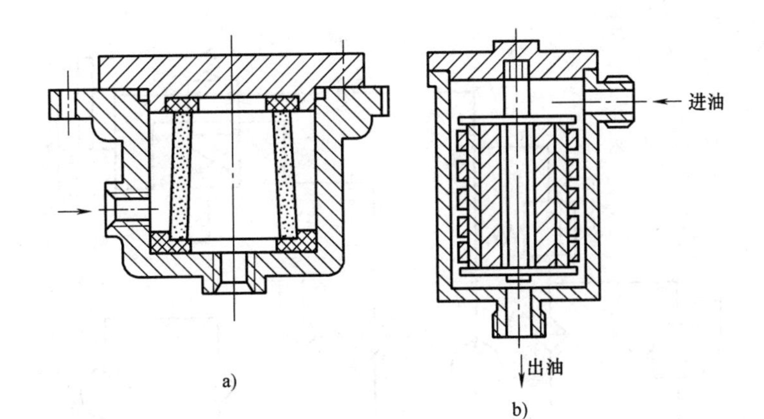

图 5-18 深度型过滤器

a）烧结式过滤器 b）磁性过滤器

5.2.2 过滤器的选用与安装

1. 过滤器的选用

选用过滤器时应考虑以下几个方面：

1）过滤精度应满足系统提出的要求。过滤精度是以滤除杂质的颗粒度大小来衡量的，颗粒度越小，则过滤精度越高。不同液压系统对过滤器的过滤精度要求见表 5-1。

2）要有足够的通流能力。通流能力是指在一定压力降下允许通过过滤器的最大流量，应结合过滤器在液压系统中的安装位置，根据过滤器样本来选取。

表 5-1 不同液压系统对过滤器的过滤精度要求

系统类别	润滑系统	传动系统			伺服系统	特殊要求系统
压力/MPa	0~2.5	≤7	>7	≤35	≤21	≤35
颗粒度/mm	≤0.1	≤0.05	≤0.025	≤0.005	≤0.005	≤0.001

3）要有一定的机械强度，不因液压力而破坏。

4）考虑过滤器其他功能。对于不能停机的液压系统，必须选择切换式结构的过滤器，可以不停机更换滤芯；对于需要滤芯堵塞报警的场合，则可选择带堵塞发信装置的过滤器。

2. 过滤器的安装

过滤器在液压系统中的安装位置如下：

1）安装在泵的吸油口。在泵的吸油口安装网式或线隙式过滤器，防止大颗粒杂质进入泵内，同时有较大的通流能力，防止空穴现象，如图 5-19 中 1 所示。

2）安装在泵的出口处。如图 5-19 中 2 所示，安装在泵的出口处可保护除泵以外的元件，但需选择过滤精度高、能承受油路上工作压力和冲击压力的过滤器，压力损失一般小于 0.35MPa。此种方式常用于过滤精度要求高的系统及伺服阀和调速阀前，以确保它们的正常工作。为保护过滤器本身，应选用带堵塞发信装置的过滤器。

3）安装在系统的回油路上。安装在回油路上可滤去油液回油箱前侵入系统或系统生成的污物。由于回油压力低，可采用滤芯强度低的过滤器，其压力降对系统影响不大，为了防

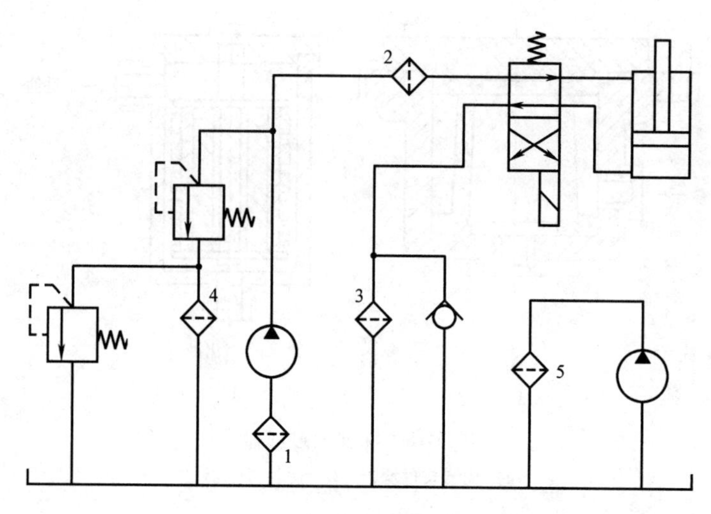

图 5-19 过滤器的安装位置

止过滤器阻塞，一般与过滤器并联一个安全阀或安装堵塞发信装置，如图 5-19 中 3 所示。

4）安装在系统的旁路上。如图 5-19 中 4 所示，与阀并联，使系统中的油液不断净化。

5）安装在独立的过滤系统中。在大型液压系统中，可专设液压泵和过滤器组成的独立过滤系统，专门滤去液压系统油箱中的污物，通过不断循环，提高油液的清洁度。专用过滤车也是一种独立的过滤系统，如图 5-19 中 5 所示。

使用过滤器时还应注意过滤器只能单向使用，按规定液流方向安装，以利于滤芯清洗和安全。清洗或更换滤芯时，要防止外界污染物侵入液压系统。

到目前为止，液压系统还没有统一的产品规格标准。过滤器制造商按照各自的编制规则，形成各不相同的过滤器规格系列。

任务实施：

5.2.3 过滤器常见的故障及排除方法

过滤器带来的故障包括过滤效果不好给液压系统带来的故障，例如因不能很好地过滤，污物进入系统带来的故障等。

1. 滤芯破坏变形

这一故障现象表现为滤芯的变形、弯曲、凹陷、吸扁与冲破等。产生故障的原因如下：

1）滤芯在工作中被污染物严重阻塞而未得到及时清洗，流进与流出滤芯的压差增大，使滤芯强度不够而导致滤芯变形破坏。

2）过滤器选用不当，超过了其允许的最高工作压力。例如同为纸质过滤器，型号为 ZU-100X202 的额定压力为 6.3MPa，而型号为 ZU-H100X202 的额定压力可达 32MPa。如果将前者用于压力为 20MPa 的液压系统，滤芯必定被击穿而破坏。

3）在装有高压蓄能器的液压系统，因某种故障使得蓄能器油液反灌冲坏过滤器。

排除方法：①定期检查、清洗过滤器；②正确选用过滤器，强度、耐压能力要与所用过滤器的种类和型号相符；③针对各种特殊原因采取相应的对策。

2. 过滤器脱焊

过滤器脱焊这一故障是针对金属网状过滤器而言的，当环境温度高时，过滤器处的局部油温过高时，超过或接近焊料熔点温度，加上原来焊接就不牢，油液的冲击，从而造成脱焊。例如高压柱塞泵进口处的网状过滤器曾多次发现金属网与骨架脱离，柱塞泵进口局部油温达100℃之高的现象。此时可将金属网的焊料由锡铅焊料（熔点为183℃）改为银焊料或银镉焊料，它们的熔点大为提高（235~300℃）。

任务5.3 蓄能器的使用

任务目标：

掌握蓄能器的功用、安装和使用；了解蓄能器的分类及结构；能独立解决蓄能器的常见故障。

任务描述：

以NXQ型气囊式蓄能器为例来解决蓄能器的常见故障。

知识与技能：

5.3.1 蓄能器的介绍

在液压系统中，蓄能器用来储存和释放液体的压力能。它的工作原理是：当系统压力高于蓄能器内液体的压力时，系统中的液体充进蓄能器中，直至蓄能器内、外压力保持相等；反之，当蓄能器内液体的压力高于系统压力时，蓄能器中的液体将流到系统中去，直至蓄能器内、外压力平衡。

目前，常用的蓄能器是利用气体膨胀和压缩进行工作的充气式蓄能器，有活塞式和气囊式两种。

1. 活塞式蓄能器

活塞式蓄能器的结构如图5-20所示。活塞1的上部为压缩空气，气体由气门3充入，其下部经油孔a通入液压系统中，气体和油液在蓄能器中由活塞1隔开，利用气体的压缩和膨胀来储存、释放压力能。活塞随下部液压油的储存和释放而在缸筒内滑动。

这种蓄能器的结构简单、工作可靠、安装容易、维护方便、使用寿命长，但是因为活塞有一定的惯性及受到摩擦力的作用，反应不够灵敏，所以不宜用于缓和冲击、脉动以及低压系统中。此外，密封件磨损后会使气液混合，也将影响液压系统的工作稳定性。

2. 气囊式蓄能器

气囊式蓄能器的结构如图5-21所示。气囊3用耐油橡胶制成，固定在耐高压的壳体2上部。气囊3内充有惰性气体，利用气体的压缩和膨胀来储存、释放压力能。壳体2下端的提升阀4是用弹簧加载的菌形阀，由此通入液压油。该结构气液密封性能十分可靠，气囊惯性小，反应灵敏，容易维护，但工艺性较差，气囊及壳体制造困难。

此外还有重锤式（图5-22）、弹簧式（图5-23）、气瓶式（图5-24）、隔膜式蓄能器等。

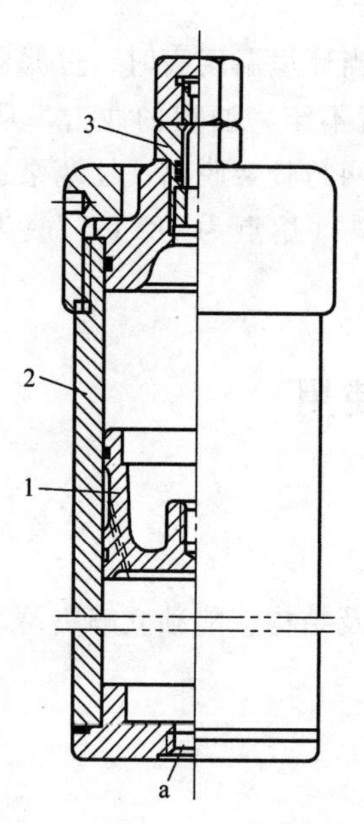

图 5-20 活塞式蓄能器的结构

1—活塞 2—缸体 3—气门

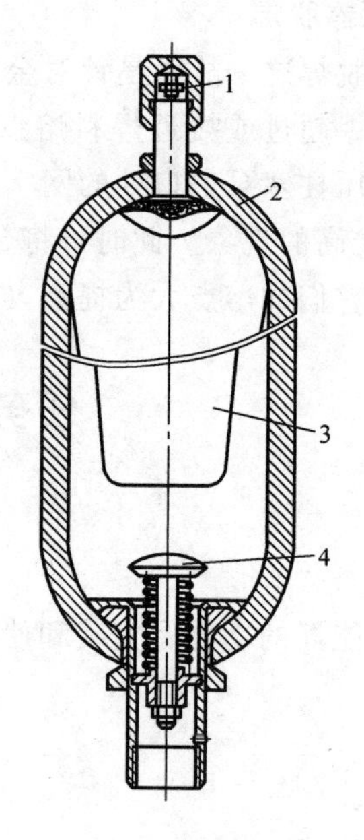

图 5-21 气囊式蓄能器的结构

1—充气阀 2—壳体 3—气囊 4 提升阀

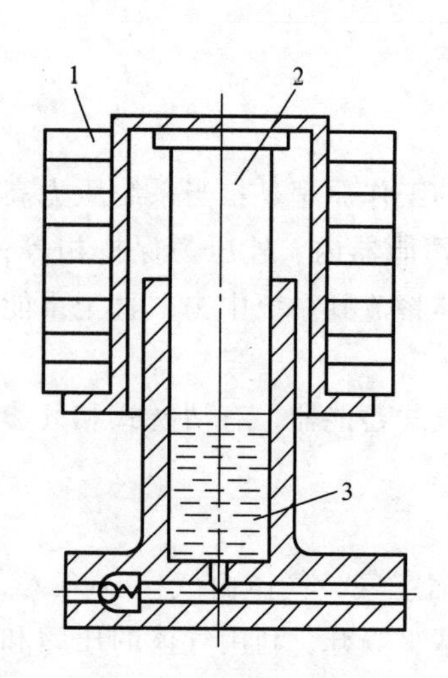

图 5-22 重锤式蓄能器

1—重锤 2—柱塞 3—液压油

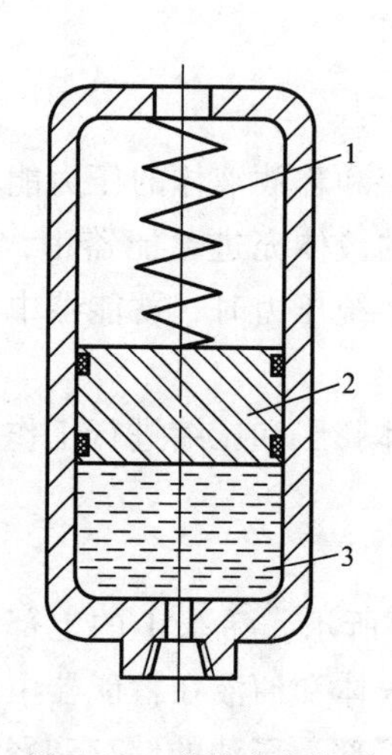

图 5-23 弹簧式蓄能器

1—弹簧 2—活塞 3—液压油

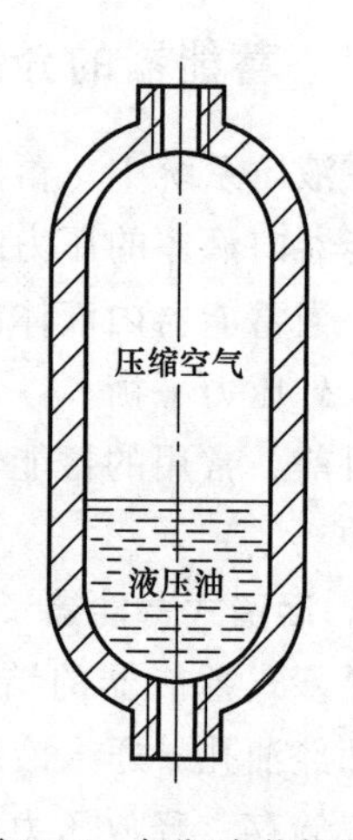

图 5-24 气瓶式蓄能器

5.3.2 蓄能器的功用、安装及使用

1. 蓄能器的功用

蓄能器可以在短时间内向系统提供具有一定压力的液体，也可以吸收系统的压力脉动和减小压力冲击等。其功用主要有以下几个方面：

（1）作辅助动力源 当执行元件间歇运动或只做短时高速运动时，可利用蓄能器在执行元件不工作时储存液压油，而在执行元件需快速运动时，由蓄能器与液压泵同时向液压缸供给液压油。这样就可以用流量较小的泵使运动件获得较快的速度，不但可使功率损耗降低，还可以降低系统的温升。

（2）系统保压 当执行元件在较长时间内停止工作且需要保持一定压力时，可利用蓄能器储存的液压油来弥补系统的泄漏，从而保持执行元件工作腔的压力不变。这时，既降低了能耗，又使液压泵卸荷而延长其使用寿命。

（3）吸收压力冲击和脉动 在控制阀快速换向、突然关闭或执行件的运动突然停止时都会产生液压冲击，齿轮泵、柱塞泵、溢流阀等元件工作时也会使系统产生压力和流量脉动的变化，严重时还会引起故障。因此，当液压系统的工作平稳性要求较高时，可在冲击源和脉动源附近设置蓄能器，以起缓和冲击及吸收脉动的作用。

（4）用作应急油源 当电源突然中断或液压泵发生故障时，蓄能器能释放出所储存的液压油使执行元件继续完成必要的动作和避免可能因缺油而引起的故障。

另外，在输送对泵和阀有腐蚀作用或有毒、有害的特殊液体时可用蓄能器作为动力源吸入或排出液体，作为液压泵来使用。

2. 蓄能器的安装及使用

在安装及使用蓄能器时应注意以下几点：

1）气囊式蓄能器中应使用惰性气体（一般为氮气）。蓄能器绝对禁止使用氧气，以免引起爆炸。

2）蓄能器是压力容器，搬运和拆装时应将充气阀打开，排出充入的气体，以免因振动或碰撞而发生意外事故。

3）应将蓄能器的油口向下竖直安装，且有牢固的固定装置。

4）液压泵与蓄能器之间应设置单向阀，以防止液压泵停止工作时，蓄能器内的液压油向液压泵中倒流；应在蓄能器与液压系统的连接处设置截止阀，以供充气、调整或维修时使用。

5）蓄能器的充气压力应为液压系统最低工作力的25%～90%；而蓄能器的容量，可根据其用途不同，参考相关液压系统设计手册来确定。

6）不能在蓄能器上进行焊接、铆接及机械加工。

7）不能在充油状态下拆卸蓄能器。

8）蓄能器属于压力容器，必须有生产许可证才能生产，所以一般不要自行设计、制造蓄能器，而应该选择专业生产厂家的定型产品。

任务实施：

5.3.3 蓄能器常见的故障及排除方法

气囊式蓄能器具有体积小、重量轻、惯性小、反应灵敏等优点，目前应用最为普遍。下面以NXQ型气囊式蓄能器为例说明蓄能器的故障现象及排除方法，其他类型的蓄能器可参考进行。

1. 气囊式蓄能器压力下降严重，经常需要补气

气囊式蓄能器中，皮囊的充气阀为单向阀的形式，靠密封锥面密封，如图5-25所示。当蓄能器在工作过程中受到振动时，有可能使阀芯松动，使密封锥面不密合，导致漏气。阀

芯锥面上拉有沟槽，或者锥面上粘有污物，均可能导致漏气。此时可在充气阀的密封盖内垫入厚3mm左右的硬橡胶垫，以及采取修磨密封锥面使之密合等措施解决。

另外，如果出现阀芯上端螺母松脱、弹簧折断或漏装的情况，有可能使皮囊内氮气顷刻泄完。

2. 皮囊使用寿命短

皮囊使用寿命的影响因素有：皮囊质量、使用的工作介质与皮囊材质的相容性；有污物混入；选用的蓄能器公称容量不合适（油口流速不能超过7m/s）；油温太高或过低；作为储能用时，往复频率是否超过1次/10s，超过则寿命开始下降，若超过1次/3s，则寿命急剧下降；安装是否良好，配管设计是否合理等。

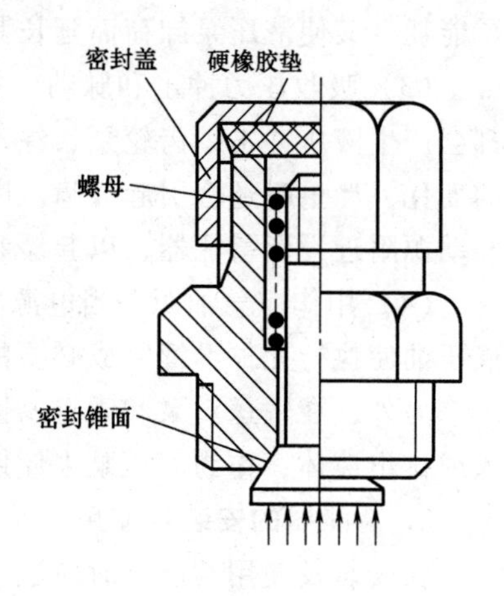

图5-25 蓄能器皮囊气阀简图

另外，为了保证蓄能器在最小工作压力p_1时能可靠地工作，并避免皮囊在工作过程中与蓄能器下端的菌形阀相碰撞，延长皮囊的使用寿命，充气压力p_0一般应在$(0.75\sim0.9)p_1$的范围内选取；为避免在工作过程中皮囊的收缩和膨胀的幅度过大而影响使用寿命，充气压力p_0应超过最高工作压力p_2的25%。

任务5.4 热交换器的使用

任务目标：

掌握热交换器的功用；了解热交换器的分类、结构；能独立解决热交换器常见的故障。

任务描述：

解决热交换器常见的故障。

知识与技能：

液压系统中，油液的工作温度一般为40~60℃，最高不超过60℃，最低不低于15℃。温度过高，将使油液迅速裂化变质，同时使液压泵的容积效率下降；温度过低，则液压泵吸油困难。为控制油液温度，油箱常配有冷却器和加热器，统称为热交换器。

5.4.1 冷却器

冷却器除了可以通过管道散热面积直接吸收油液中的热量外，还可以在油液流动出现湍流时通过破坏边界层来增加油液的传热系数。对冷却器的基本要求是：在保证散热面积足够大、散热效率高和压力损失小的前提下，应结构紧凑、坚固、体积小、重量轻，最好有油温自动控制装置，以保证油温控制的准确性。冷却器根据冷却介质不同，可分为水冷式和风冷式冷却器。

(1) 水冷式冷却器　水冷式冷却器的主要形式为多管式、板式和翅片式。

多管式冷却器的典型结构如图 5-26 所示。工作时，冷却水从管内通过，高温油液从壳体内管间流过实现热交换。为提高散热效果，用隔板将铜管分成两部分，冷却水流经一部分铜管后再流经另一部分铜管。冷却器内还安装有挡板，挡板与铜管垂直放置。因采用强制对流（油液与冷却水同时反向流动）的方式，所以这种冷却器传热效率高，冷却效果好。

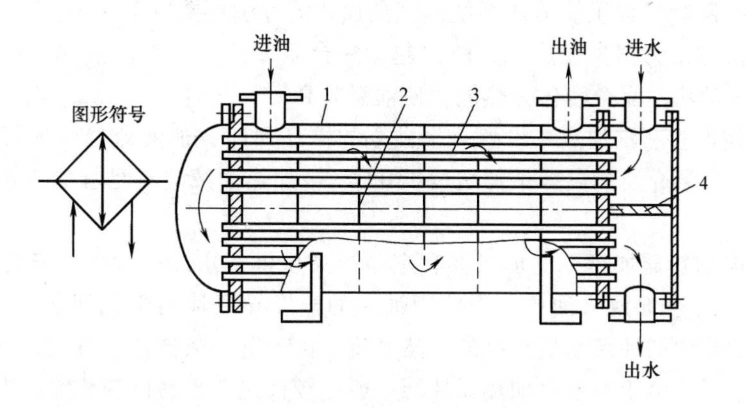

图 5-26 多管式冷却器的典型结构

1—外壳 2—挡板 3—铜管 4—隔板

图 5-27 所示为翅片式冷却器。为增强油液的传热效果和散热面积，油管的外面加装有横向或纵向的散热翅片（厚度为 0.2～0.3mm 的铝片或铜片）。由于带有翅片式的冷却器散热面积是光油管散热面积的 8～10 倍，因此翅片式冷器不仅冷却效果好，而且体积小、重量轻。

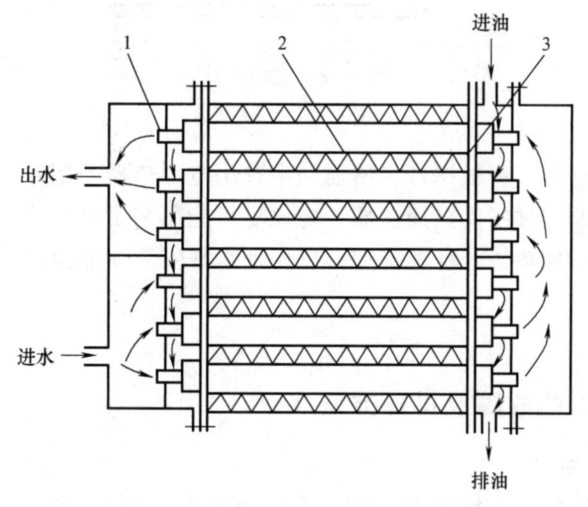

图 5-27 翅片式冷却器

1—水管 2—油管 3—翅片

（2）风冷式冷却器 风冷式冷却器多采用自然通风冷却，常用的有翅管式和翅片式。

翅管式风冷式冷却器的油管外壁绕焊有铝或铜的翅片，其传热系数比光油管提高了两倍以上。

翅片式风冷式冷却器的结构原理与翅片式水冷式冷却器（图 5-27）相似。若采用强制通风冷却，冷却效果会更好。

5.4.2　加热器

油箱的温度过低时（<10℃），因油液黏度较高，不利于液压泵吸油和起动，因此需要将油液温度加热到15℃以上。液压系统油液预加热的方法主要以下几种：

（1）利用流体阻力损失加热　一般先起动一台泵，让其全部油液在高压下经溢流阀流回油箱，泵的驱动功率完全转化为热能，使油温升高。

（2）采用蛇形管蒸汽加热　设置一个独立的循环回路，油液流经蛇形管时又经蒸汽加热。此时应注意高温介质的温度不得超过120℃，被加热油液应有足够的流速，以免油液被烧焦。

（3）利用电加热器加热　电加热器有定型产品可供选用，一般水平安装在油箱内（图5-28），其加热部分全部浸入油中，严防因油液的蒸发导致油面降低使加热部分露出油面。安装位置应使油箱中的油液形成良好的自然对流。由于电加热器使用方便，易于自动控制温度，故应用较广泛。由于油液电加热器性能一般比较稳定，不易出现故障，当出现故障时可以直接更换电加热器。

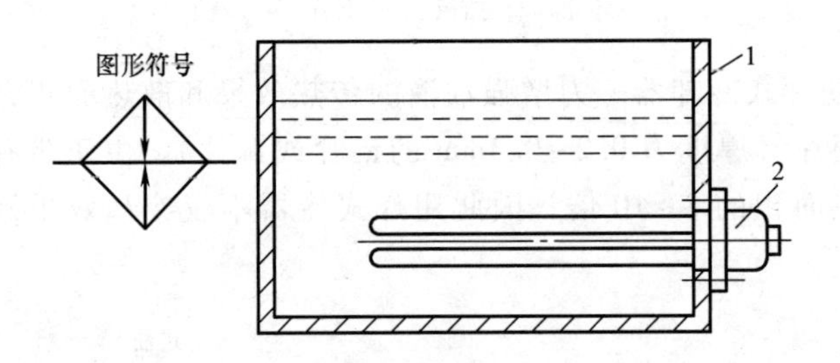

图5-28　电加热器

1—油箱　2—电加热器

采用电加热器加热时，可根据计算所需功率选用电加热器的型号。单个加热器的功率不能太大，以免其周围油液过度受热而变质，建议尽可能用多个电加热器的组合形式以便于分级加热。同时要注意电加热器长度的选取，以保证水平安装在油箱内。

任务实施：

5.4.3　冷却器常见的故障及排除方法

1. 油冷却器被腐蚀

油冷却器产生腐蚀的主要原因有材料、环境（水质、气体）以及电化学反应三大要素。

选用耐蚀性强的材料，是防止腐蚀的重要措施。目前，油冷却器的冷却管多用散热性好的铜管制作，其离子化倾向较强，会因与不同种金属接触而产生接触性腐蚀（电位差不同），例如在定孔盘、动孔盘及冷却铜管管口往往产生严重腐蚀的现象。解决腐蚀的方法是：提高冷却水质；选用铝合金、钛合金制的冷却管。

另外，冷却器的环境包含溶存的氧、冷却水的水质（pH值）、温度、流速及异物等。水中溶存的氧越多，腐蚀反应越激烈；在酸性范围内，pH值降低，腐蚀反应越活泼，腐蚀越严重，在碱性范围内，对铝等两性金属，随着 pH 值的增加，腐蚀的可能性增加；流速的增大，一方面增加了金属表面的供氧量，另一方面流速过大，产生湍流涡流，会产生汽蚀性腐蚀；水中的砂石、微小颗粒附着在冷却管上，也往往会产生局部侵蚀。

氯离子的存在增加了使用液体的导电性，发生电化学反应引起腐蚀增大。特别是氯离子吸附在不锈钢、铝合金上也会局部破坏保护膜，引起孔蚀和应力腐蚀。一般温度升高，腐蚀也会增加。

综上所述，为防止腐蚀，在冷却器选材和水质处理等方面应引起重视，前者往往难以改变，后者用户可想办法改善。

对安装在水冷式油冷却器中用来防止电蚀作用的锌棒要及时检查和更换。

2. 冷却性能下降

油冷却器冷却性能下降的原因主要是堵塞及沉积物滞留在冷却管壁上，结成硬块与管垢，使散热、换热功能降低。另外，冷却水量不足、冷却器水油腔积气也会造成散热冷却性能下降。

解决冷却器性能下降的办法是：首先从设计上就应采用难以堵塞和易于清洗的结构；在选用冷却器的冷却能力时，应尽量以实践为依据，并留有较大的余地，一般增加 10%～25% 的容量；不得已时采用机械的方法，如刷子、压力、水、蒸汽等擦洗与冲洗，或化学的方法（如用 Na_2CO_3溶液及清洗剂等）进行清扫；增加进水量或用温度较低的水进行冷却；拧下螺塞排气；清洗内外表面积垢。

任务 5.5 油箱的使用

任务目标：

掌握油箱功用和结构；能对油箱实施维护；能排除油箱常见的故障。

任务描述：

对油箱实施常规维护；排除油箱常见的故障。

知识与技能：

5.5.1 油箱的功用

油箱的用途是储油、散热、分离油液中的空气、沉淀油中的杂质。

在液压系统中，油箱有总体式和分离式两种。总体式油箱是利用机器设备机身内腔作为油箱（如压铸机、注射机等），其结构紧凑，回收漏油比较方便，但维修不便，散热条件不好。分离式油箱设置有一个单独的油箱，与主机分开，减少了油箱发热及液压源振动对工作精度的影响，因此得到了普遍的应用。

5.5.2 油箱的结构

图 5-29 所示为分离式液压油箱的结构示意图。要求较高的油箱设有加热器、冷却器和

油温测量装置。为了保证油箱的功能，在结构上应注意以下几个方面：

1）应便于清洗。油箱底部应有适当的斜度，并在最低处设置放油塞，换油时可使油液和污物顺利排出。

2）在易察看的油箱侧壁上设置液位计（俗称油标），以指示油位的高度。

3）油箱加油口应装滤油网，加油口上应有带通气孔的盖。

4）吸油管与回油管之间的距离要尽量远些，并采用多块隔板隔开，分成吸油区和回油区，隔板高度约为油面高度的3/4。

5）吸油管口离油箱底面距离应大于2倍的油管外径，与油箱箱边的距离应大于3倍的油管外径。吸油管和回油管的管端应切成45°的斜口，回油管的斜口应朝向箱壁。

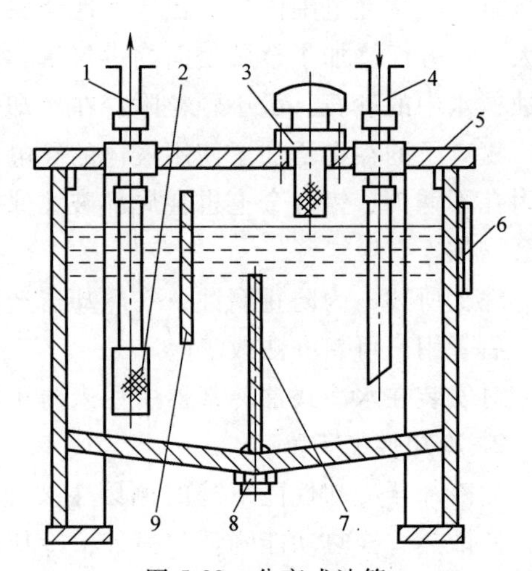

图5-29 分离式油箱

1—吸油管 2—网式过滤器 3—空气过滤器 4—回油管 5—顶盖 6—油面指示器 7、9—隔板 8—放油塞

油箱的有效容积（油面高度为油箱高度80%时的容积）一般按液压泵的额定流量估算。在低压系统中取液压泵每分钟排油量的2~4倍，中压系统为5~7倍，高压系统为6~12倍。

油箱正常工作温度应在15~65℃之间，在环境温度变化较大的场合要安装热交换器。

任务实施：

5.5.3 实训——油箱维护训练

1. 实训目的

1）了解油箱的类型和基本结构。

2）理解油箱对液压系统的重要作用。

3）掌握油箱的日常维护和保养方法。

2. 实训要点

1）油箱类型的正确选择。

2）油箱的维护和保养方法。

3）油箱与系统的连接和调试方法。

3. 预习要求

1）清楚油箱的作用、常见类型以及油箱的正确布置。

2）思考油箱在使用过程中可能会出现哪些故障。如何排除出现的故障？

3）到车间去观察机床上使用是何种油箱。油箱在机床液压系统中起什么作用？并请教相关的老师如何安装和更换油箱。油箱中的油多长时间需要更换一次？如果油箱的油需要更换，正确的做法是什么？

4. 实训过程

1）试验前的准备：

① 明确试验目的，熟悉试验设备，熟悉安全操作规程。

② 准备好试验用设备和液压元件。

③ 设计一个回路，用到溢流阀、节流阀、不同中位机能的三位换向阀、蓄能器等，分系统采用定量泵和变量泵两种液压源。

2）油箱的安装：

① 注意油箱箱盖要防尘密封，除了空气过滤器外，不允许油箱其他部分和大气相通。

② 正确设置隔板、放油口位置。

③ 注意箱盖上要留出安装液压控制元件的面积。

④ 正确选用油箱内的油液。

⑤ 注意油箱的安装位置要远离高温热辐射源。

3）确定油箱安装好后，将油箱与系统相连接，再检查系统各个部分连接牢固、无误后，起动系统。

4）系统起动后，测定并记录油箱内的温度。此步骤分两种情况进行：

① 系统采用定量泵，不使用蓄能器，泵不能卸荷，并具有调速功能，测定油箱内温度并记录。

② 系统采用变量泵，使用蓄能器，泵能卸荷，测定油箱内温度并记录。

5）在测定温度时，观察油箱有无振动情况出现，仔细倾听有无噪声，并记下振动和噪声出现时油箱的温度。

6）停止液压系统，关闭电源。

7）待系统完全停止后，再测定油箱的温度，并记录。

8）分析测定的温度数值，分析温度有变化的可能原因，并分析振动和噪声与油温的关系。

9）讲解正确更换油箱内的油液的方法和注意事项。

5. 实训小结

通过实训，使学生掌握以下问题，并完成实训报告。

1）油箱的作用是储存系统所需的足够液压油，同时还起着散发热量、分离油液中的空气和沉淀油液中的杂质等作用。

2）油箱的好坏直接影响液压系统的工作可靠性。

3）油箱要做好防尘和净化工作，油液的污染会造液压系统的性能下降。

4）油箱在使用过程中会出现严重的温升，这是油箱最常见的故障之一。液压系统设计得正确与否、液压元件的选择是否正确都会影响到油箱内油液的温度。

5）油温的升高又会引起油箱的噪声和振动。

6）油箱在使用过程中要做好维护和保养工作，要保证油液的清洁，要定时更换和清洗液压油，更换和清洗时要采用正确的操作方法。

7）在使用过程中，要做好液压设备的保养和管理工作，以延长液压油的使用期限。

补充知识：

5.5.4 油箱的故障分析与排除

1. 油箱温升严重

油箱起着一个“热飞轮”的作用，可以在短期内吸收热量，也可以防止处于寒冷环境中的液压系统短期空转被过度冷却。油液加热的方法主要有用热水或蒸汽加热和电加热两种方式。由于电加热器使用方便，易于自动控制温度，故应用较广泛。油液电加热器一般性能比较稳定，不易出现故障，当出现故障时直接更换电加热器即可。但油箱的主要矛盾还是“温升”，严重的“温升”会导致液压系统多种故障。

（1）引起油箱温升严重的原因

1）油箱设置在高温辐射源附近，环境温度高。例如注射机为熔融塑料，用一套大功率的加热装置提供了这种环境，容易导致液压油温度升高。

2）液压系统的各种压力损失，如溢流损失、节流损失、管路的沿程损失和局部损失等，都会转化为热量，造成油液温升。

3）油液黏度选择不当。

4）油箱设计时散热面积不够等。

（2）解决温升严重的办法

1）尽量避开热源，但塑料机械（例如注射机、挤塑机等）因要熔融塑料，一定存在一个“热源”。

2）正确设计液压系统，如系统应有卸载回路，采用压力、流量和功率匹配回路以及蓄能器等高效液压系统等，减少溢流损失、节流损失和管路损失，减少发热温升。

3）正确选择液压元件，努力提高液压元件的加工精度和装配精度，减少泄漏损失、容积损失和机械损失带来的发热现象。

4）正确配管，减少因管子过细过长、弯曲过多、分支与汇流不当带来的沿程损失和局部损失。

5）正确选择黏度适当的油液。

6）油箱设计时，应考虑有充分的散热面积和容量容积。

2. 油箱内油液污染

油箱内油液污染物有装配时残存的，有从外界侵入的，也有内部产生的。

（1）装配时残存的污染物　例如油漆剥落片、焊渣等。在装配前必须严格清洗油箱内表面，并先严格去锈去油污，再油漆油箱内壁。

（2）由外界侵入的污染物　此时油箱应注意防尘密封，并在油箱顶部安装空气过滤器和大气相通，使空气经过滤后再进入油箱。空气过滤器往往兼作注油口，现已有标准件（EF 型）出售。可配装 100 目左右的铜网过滤器，以过滤加进油箱的油液；也有用纸芯过滤的，效果更好，但与大气相通的能力差些，所以纸芯滤芯容量要大。

为了防止外界侵入油箱内的污物被吸进泵内，油箱内要安装隔板，以隔开回油区和吸油区。通过隔板，可延长回到油箱内油液的停留时间，可防止油液氧化劣化；另一方面也利于

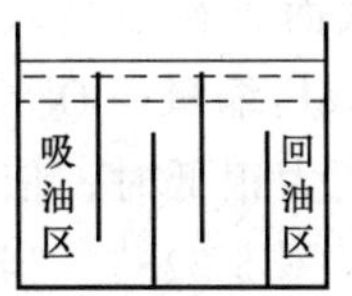

图 5-30 油箱内安装隔板

污物的沉淀。隔板高度为油面高度的 3/4，如图 5-30 所示。

油箱底板应倾斜，底板倾斜程度视油箱的大小和使用油的黏度决定，一般在油箱底板最低部位设置放油塞，使堆积在油箱底板部的污物得到清除。吸油管离底部最高处的距离要在 150mm 以上，以防污物被吸入。

（3）系统内产生的污染物

① 防止油箱内凝结水分的产生。必须选择容量足够大的空气过滤器，以使油箱顶层受热的空气尽快排出，避免在冷的油箱盖上凝结成水珠掉落在油箱内，另一方面大容量的空气过滤器或通气孔，可消除油箱顶层的空间与大气的差异，防止因顶层低于大气压时，从外界带进粉尘。

② 使用防锈性能好的润滑油，减少磨损物和锈蚀的产生。

任务 5.6 密封装置的使用

任务目标：

掌握各种密封装的结构和使用特点；了解密封装置的作用；能正确选用各种密封装置；学会分析密封装置产生故障的原因，并根据实际情况采取对应的措施。

任务描述：

会分析密封装置产生故障的原因，并根据实际情况采取对应的措施。

知识与技能：

密封可分为间隙密封和接触密封两种方式，间隙密封是依靠相对运动零件配合面的间隙来防止泄漏的，其密封效果取决于间隙的大小、压力差、密封长度和零件表面质量。接触密封是靠密封件在装配时的预压缩力和工作时密封件在油液压力作用下发生弹性变形所产生的弹性接触压力来实现的，其密封能力随油液压力的升高而提高，并在磨损后具有一定的自动补偿能力。目前，常用的密封件以其断面形状命名，有 O 形、Y 形、V 形等密封圈，其材料为耐油橡胶、尼龙等。另外，还有防尘圈、油封等。这里重点介绍接触密封的典型结构及使用特点。

5.6.1 O 形密封圈

O 形密封圈是一种使用最广泛的密封件，其截面为圆形，如图 5-31 所示。O 形密封圈主要材料为合成橡胶，主要用于静密封及滑动密封，转动密封用得较少。

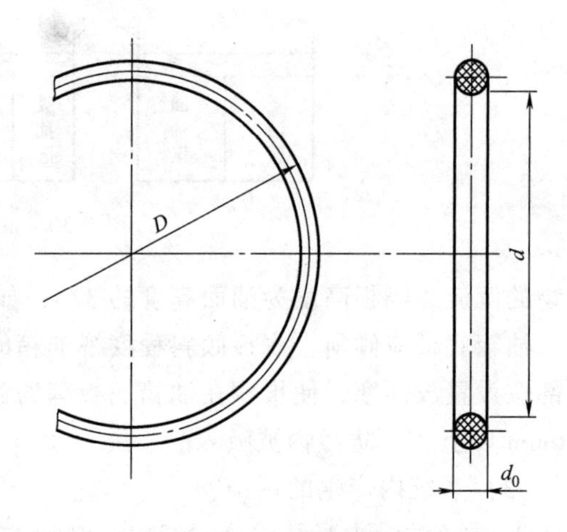

图 5-31　O 形密封圈

O 形密封圈的截面直径在装入密封槽后一般压缩 8%~25%。该压缩量使 O 形密封圈在工作介质没有压力或压力很低时，依靠自身的弹性变形密封接触面（图 5-32c）。当工作介质压力较高时，在压力的作用下，O 形密封圈被压到沟槽的另一侧（图 5-32d），此时密封接触面处的压力堵塞了介质泄漏的通道，起密封作用。如果工作介质的压力超过一定限度，O 形圈将从密封槽的间隙中被挤出（图 5-32e）而受到破坏，以致密封效果降低或失去密封作用。为避免挤出现象，必要时加密封挡圈。在使用时，对于动密封工况，当介质压力大于 10MPa 时加挡圈；对于静密封工况，当介质压力大于 32MPa 时加挡圈。O 形密封圈单向受压，挡圈加在非受压侧，如图 5-33a 所示；O 形密封圈双向受压，在 O 形密封圈两侧同时加挡圈，如图 5-33b 所示。挡圈材料常用聚四氟乙烯、尼龙等。采用挡圈后，会增加密封装置的摩擦阻力。

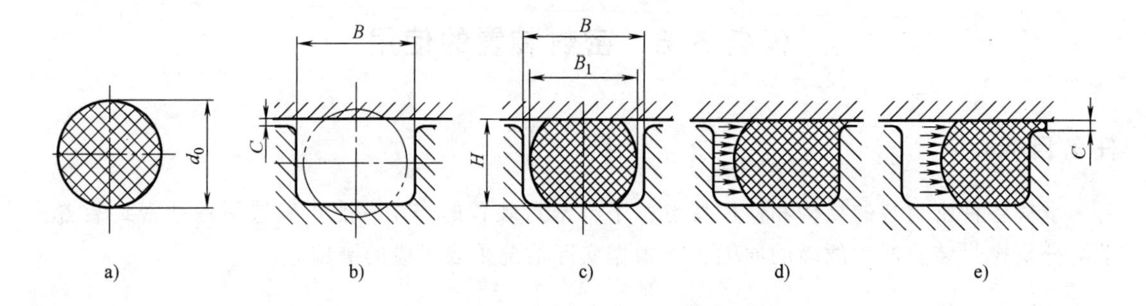

图 5-32　O 形密封圈的工作原理

a）O 形密封圈　b）装入密封槽　c）正常受压密封接触面
d）O 形密封圈压到沟槽的另一侧　e）O 形密封圈被挤出

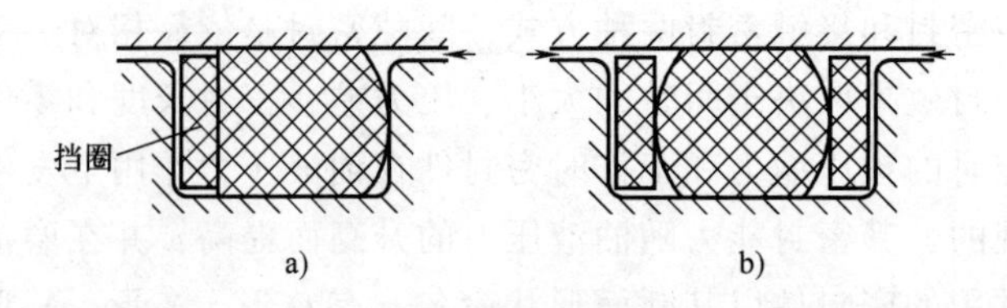

图 5-33　O 形密封圈的挡圈

a）O 形密封圈单向受压　b）O 形密封圈双向受压

当 O 形密封圈用于动密封时，可采用内径密封或外径密封；用于静密封时，可采用角密封，如图 5-34 所示。

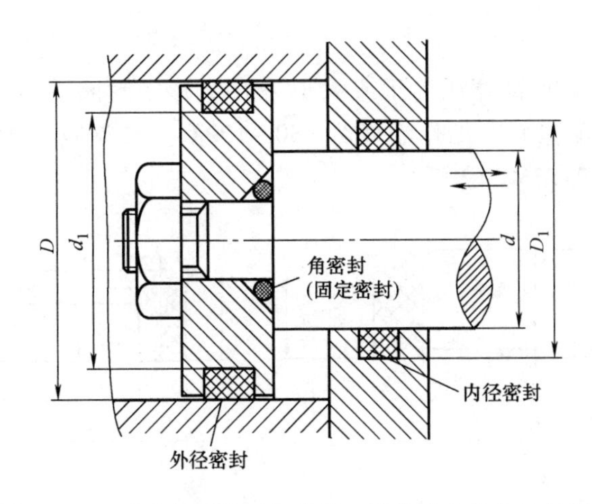

图 5-34 O 形密封圈用于角密封、圆柱形内径和外径密封

O 形密封圈的尺寸系列及安装用沟槽形式、尺寸与公差及 O 形密封圈规格、使用范围的选择可查阅有关国家标准。

5.6.2 唇形密封圈

唇形密封圈是将密封圈的受压面制成某种唇形的密封件。工作时唇口对着有压力的一边，当介质压力等于零或很低时，靠预压缩密封。压力高时，靠介质压力的作用将唇边紧贴密封面，压力越高，贴得越紧，密封越好。唇形密封圈按其截面形状可分为 Y 形、Yx 形、V 形、U 形、L 形和 J 形等，主要用于往复运动件的密封。

1. Y 形密封圈

Y 形密封圈的截面形状及密封原理如图 5-35 所示，其主要材料为丁腈橡胶，工作压力可达 20MPa。工作温度为-30～100℃。当压力波动大时，要加支承环，如图 5-36 所示，以防止“翻转”现象发生。当工作压力超过 20MPa 时，为防止密封圈挤入密封面间隙，应加保护垫圈，保护垫圈一般用聚四氟乙烯或夹布橡胶制成。

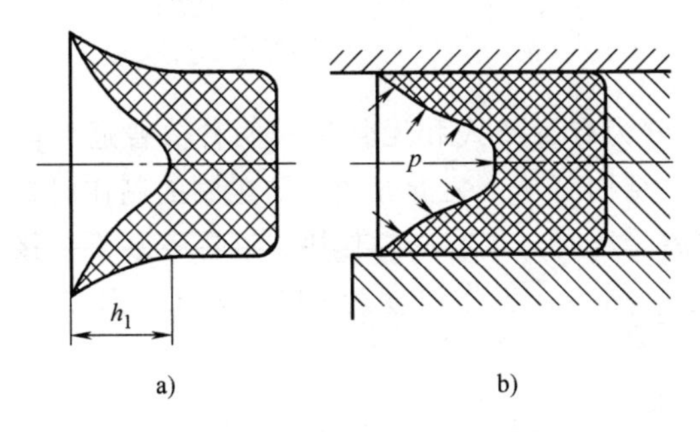

图 5-35 Y 形密封圈的截面形状及密封原理
a）截面形状 b）密封原理

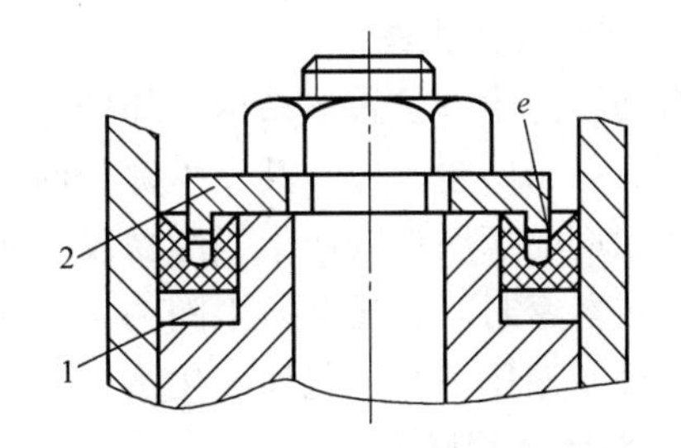

图 5-36 Y 形密封圈的支承环和挡圈
1—挡圈 2—支承环

Y 形密封圈由于内外唇边对称，因而适用于孔和轴的密封。用于孔的密封时按内径选取密封圈，用于轴的密封时按外径选取密封圈。由于一个 Y 形密封圈只能对一个方向的高压介质起密封作用，当两个方向交替出现高压时（如双作用缸），应安装两个 Y 形密封圈，它们的唇边分别对着各自的高压介质。

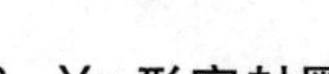

2. Yx 形密封圈

Yx 形密封圈是一种截面高宽比等于或大于 2 的 Y 形密封圈，如图 5-37 所示。Yx 型密封圈的主要材料为聚氨酯橡胶，工作温度为 -30～100℃。它克服了 Y 形密封圈易“翻转”的缺点，工作压力可达 31.5MPa。

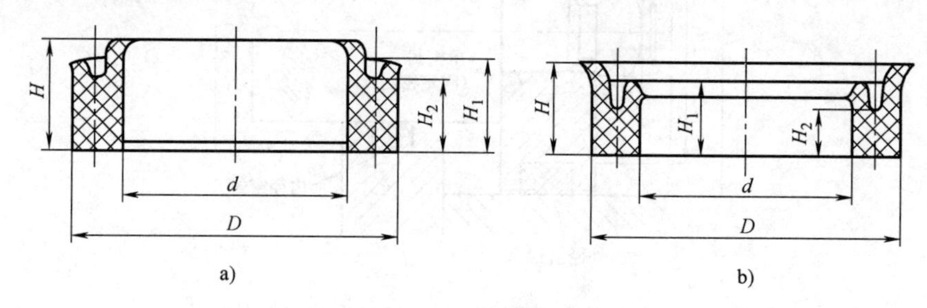

图 5-37 Yx 形密封圈

a）孔用 b）轴用

3. V 形密封圈

V 形密封圈由压环、密封环和支承环组成。当密封压力高于 10MPa 时，可增加密封环的数量。安装时应注意方向，即开口面向高压介质。各环的材料一般由橡胶或夹织物橡胶制成。V 形密封圈主要用于活塞及活塞杆的往复运动密封，密封性能较 Y 形密封圈差，但可靠性好。密封环个数按工作压力选取。图 5-38 所示为 V 形密封圈。

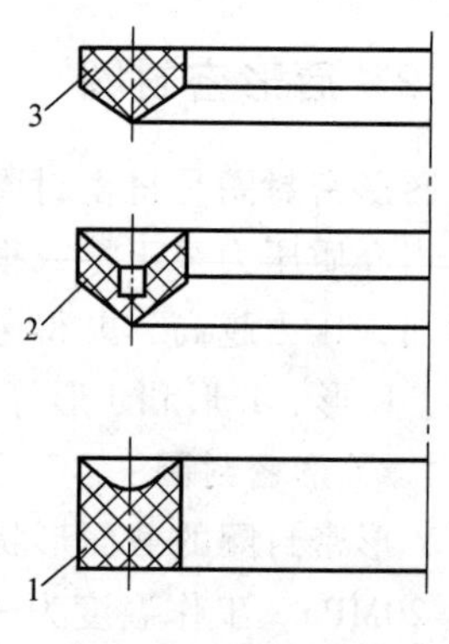

图 5-38 V 形密封圈

1—压环 2—密封环 3—支承环

5.6.3 防尘圈

在液压缸中，防尘圈被设置于活塞杆或柱塞密封外侧，用以防止在活塞杆或柱塞运动期间，外界尘埃、砂粒等异物侵入液压缸。避免引起密封圈、导向环和支承环等的损伤和早期磨损，并污染工作介质，导致液压元件损坏。

1. 普通型防尘圈

普通型防尘圈呈舌形结构，如图 5-39 所示，分为有骨架式和无骨架式两种。普通型防尘圈只有一个防尘唇边，其支承部分的刚性较好，结构简单，装拆方便。防尘圈的制作材料一般为耐磨的丁腈橡胶或聚氨酯橡胶。防尘圈内唇受压时，具有密封作用，并在安装沟槽接触处形成静密封。普通型防尘圈的工作速度不大于 1m/s，工作温度为 -30～110℃，工作介质为石油基液压油和水包油乳化液。

2. 旋转轴用防尘圈

旋转轴用防尘圈是一种用于旋转轴端面密封的防尘装置，其截面形状和安装情况如图 5-40 所示。防尘圈的密封唇缘紧贴轴颈表面，并随轴一起转动。由于离心力的作用，斜面上的尘土等异物均被抛离密封部位，从而起到防尘和密封的作用。这种防尘圈的特点是结构简单，装拆方便，防尘效果好，不受轴的偏心、振摆和跳动等影响，对轴无磨损。

除以上防尘圈外，还有旋转轴唇形密封圈（油封）、胶密封、带密封、双向组合唇形密封等，各有其特点。

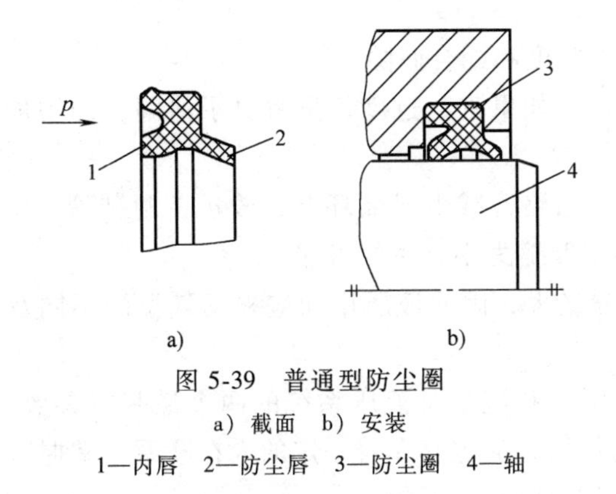

图 5-39 普通型防尘圈
a）截面 b）安装
1—内唇 2—防尘唇 3—防尘圈 4—轴

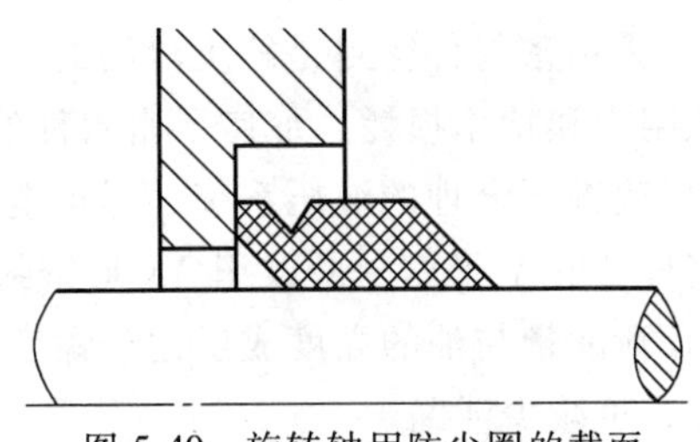
图 5-40 旋转轴用防尘圈的截面形状和安装情况

5.6.4 密封件的选择

密封件的品种、规格很多，在选用时除了根据需要密封部位的工作条件和要求选择相应的品种、规格外，还要注意其他问题，如工作介质的种类、工作温度（以密封部位的温度为基准）、压力的大小和波形、密封耦合面的滑移速度、“挤出”间隙的大小、密封件与耦合面的偏心程度、密封耦合面的表面粗糙度以及密封件与安装槽的形式、结构、尺寸、位置等。

按上述原则选定的密封件应满足如下基本要求：在工作压力下，应具有良好的密封性能，即泄漏在高压下没有明显的增加；密封件长期在流体介质中工作，必须保证其材质与工作介质的相容性好；动密封装置的动、静摩擦阻力要小，摩擦因数要稳定；磨损小，使用寿命长；拆装方便，成本低等。

任务实施：

5.6.5 密封装置常见的故障及排除方法

1. 密封装置产生故障的原因

密封装置的故障主要是密封装置的损坏而产生漏油现象。因密封装置产生的上述故障原因较为复杂，有密封本身产生的，也有其他原因产生的。

液压系统中许多元件广泛采用间隙密封，而间隙密封的密封性与间隙大小（泄漏量与间隙的立方成正比）、压力差（泄漏量与压力差成正比）、封油长度（泄漏量与长度成反比）、加工质量及油的黏度等有关。首先，由于运动副之间润滑不良、材质选配不当及加工、装配、安装精度较差，就会导致早期磨损，使间隙增大、泄漏增加。其次，液压元件中还广泛采用密封件密封，其密封件的密封效果与密封件材料、密封件的表面质量、结构等有关。如密封件材料低劣、物化性不稳定、机械强度低、弹性和耐磨性低等，都会因密封效果不良而泄漏；安装密封件的沟槽尺寸设计不合理、尺寸精度及表面粗糙度差、预压缩量小而密封不好也会引起泄漏。另外，以下情况也会造成泄漏增加、接合面表面粗糙度差，平面度不好，压后变形以及紧固力不均；元件泄油、回油管路不畅；油温过高，油液黏度下降或选用的油液黏度过小；系统压力调得过高，密封件预压缩量过小；液压件铸件壳体存在缺陷。

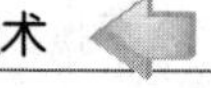

2. 减少内泄漏及消除外泄漏的措施

1）采用间隙密封的运动副应严格控制其加工精度和配合间隙。

2）采用密封件密封是解决泄漏的有效手段，但如果密封过度，虽解决了泄漏，却增加了摩擦阻力和功率损耗，加速了密封件的磨损。

3）改进不合理的液压系统，尽可能简化液压回路，减少泄漏环节；改进密封装置，如将活塞杆处的V形密封圈改用Yx形密封圈，不仅摩擦力小且密封可靠。

4）泄漏量与油的黏度成反比，黏度小，泄漏量大，因此液压用油应根据气温的不同及时更换，可减少泄漏。

5）控制温升是减少内外泄漏的有效措施。压力和流量是液压系统的两个最基本参数，这两个不同的物理量，在液压系统中起着不同的作用，但也存在着一定的内在联系。掌握这一基本道理，对于正确调试和排除系统中所出现的故障是必要的。

任务5.7 压力表及压力表开关的使用

任务目标：

了解压力表和压力表开关的作用及结构特点；能正确选择和使用压力表；能解决压力表在使用中常见的故障。

任务描述：

解决压力表在使用中常见的故障。

知识与技能：

5.7.1 压力表

液压系统各部位的压力可通过压力表观测，以便调整和控制。压力表的种类很多，最常用的是弹簧管式压力表，如图5-41所示。

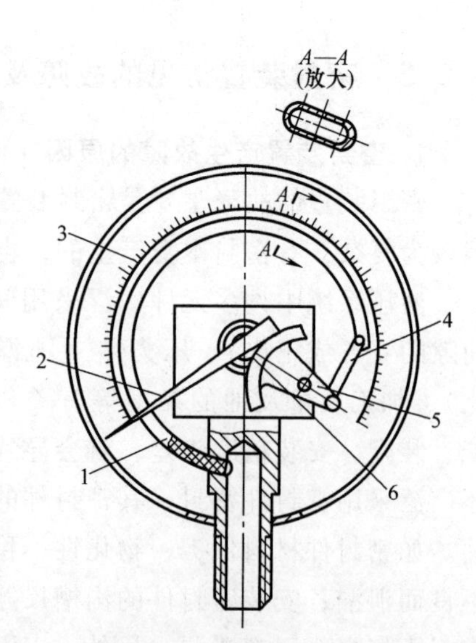

图5-41 弹簧管式压力表

1—弹簧弯管 2—指针 3—刻度盘 4—杠杆 5—齿扇 6—小齿轮

液压油进入扁截面金属弹簧弯管1，弯管变形使其曲率半径加大，端部的位移通过杠杆4使齿扇5摆动。于是与齿扇5啮合的小齿轮6带动指针2转动，这时即可由刻度盘3上读出压力值。

压力表有多种精度等级。精度等级为1、1.5、2.5级等精度的为普通型；精度等级为0.1、0.16、0.25级等精度的为精密型。精度等级的数值是压力表最大误差占量程的百分数。例如，2.5级精度，量程为6MPa的压力表，其最大误差为6×25%MPa（即0.15MPa）。一般机床的压力表用2.5~4级精度即可。

用压力表测量压力时，被测压力不应超过压力表量程的 3/4。压力表必须直立安装，压力表接入压力管道时，应通过阻尼小孔，以防止被测压力突然升高而将表冲坏。

5.7.2 压力表开关

压力油路与压力表之间必须装一压力表开关。实际上它是一个小型的截止阀，用于接通或断开压力表与油路的通道。压力表开关有一点、三点、六点等。多点压力表开关，可使压力表油路分别与几个被测油路相连通，因而一个压力表可检测多点处的压力。

图 5-42 所示为六点压力表开关，图示位置为非测量位置，此时压力表油路经沟槽 a、小孔 b 与油箱连通。若将手柄向右推进去，沟槽 a 将把压力表油路与检测点处的油路连通，并将压力表油路与通往油箱的油路断开，这时便可测出该测量点的压力。如将手柄转到另一个测量点位置，则可测量出其相应的压力。压力表中的过油通道很小，可防止表针的剧烈摆动。

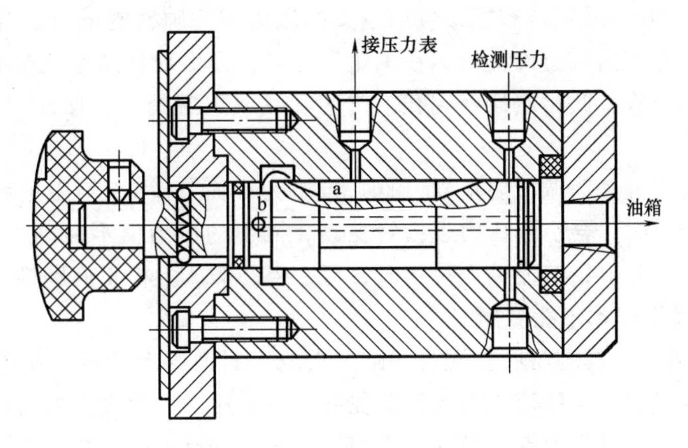

图 5-42 六点压力表开关

当液压系统进入正常工作状态后，应将手柄拉出，使压力表与系统油路断开，以保护压力表并延长其使用寿命。

5.7.3 压力表的选择和使用注意事项

在压力表的选择和使用时应注意以下几点：

1）根据液压系统的测试方法以及对精度等方面的要求选择合适的压力表，如果是一般的静态测量和指示性测量，可选用弹簧管式压力表。

2）选用的工作介质（各种牌号的液压油）应对压力表的敏感元件无腐蚀作用。

3）压力表量程的选择：若是进行静态压力测量或压力波动较小时，按测量的范围为压力表满量程的 1/3~2/3 来选；若测量的是动态压力，则需要预先估计压力信号的波形和最高变化的频率，以便选用具有比此频率大 5~10 倍以上固有频率的压力测量仪表。

4）为防止压力波动造成直读式压力表的读数困难，常在压力表前安装阻尼装置。

5）在安装时如果使用聚四氟乙烯带或胶黏剂，切勿堵住油（气）孔。

6）应严格按照有关测试标准的规定来确定测压点的位置，除了具有耐大加速度和振动性能的压力传感器外，一般的仪表不宜装在有冲击和振动的地方。例如：液压阀的测试要求上游测压点与被测试阀的距离为 $5d$（d 为管道内径），下游测试点与被测试阀的距离为 $10d$，上游测压点与扰动源的距离为 $50d$。

7）装卸压力表时，切忌用手直接扳动表头，应使用合适的扳手操作。

任务实施：

5.7.4 压力表常见的故障及排除方法

1. 测压不准确、压力表动作迟钝或表跳动大

此故障的产生原因和排除方法如下：

1）油液中污物将压力表开关和压力表的阻尼孔（一般为 $\phi0.8 \sim \phi1.0$mm）堵塞，部分堵塞时，压力表指针会产生跳动大、动作迟钝的现象，影响测量值的准确性。此时可拆开压力表进行清洗，用 $\phi0.5$mm 的钢丝穿通阻尼孔，并注意油液的清洁度。

2）K 型压力表开关采用转阀式，各测量点的压力靠间隙密封隔开。当阀芯与阀体孔配合间隙较大，或配合表面拉有沟槽时，在测量压力时，会出现各测量点有不严重的互相串腔现象，造成测压不准确。此时应研磨阀孔，阀芯刷镀或重配阀芯，保证配合间隙在 0.007～0.015mm 的范围内。

3）KF 型压力表开关为调节阻尼器（阀芯前端为锥面节流）。当阻尼和调节过大时，或因节流锥面拉伤严重时，会引起压力表指针摆动，测出的压力值不准确，而且表动作缓慢。此时应适当调小阻尼开口；节流锥面拉伤时，可在外圆磨床上校正修磨锥面。

2. 测压不准甚至根本不能测压

1）K 型压力表由于阀芯与阀孔配合间隙过大或密封而磨有凹坑，使压力表开关内部测压点的压力既互相串腔，又使液压油大量泄往卸油口。这样压力表测量的压力与实测点的实际压力值相差很大，甚至几个点测量的压力相等，无法进行多点测量。此时可重配阀芯或更换压力表开关。

2）对多点压力表开关，当未将第一测压点的压力卸掉，便转动阀芯进入第二测压点时，测出的压力不准确。应按上述方法正确使用压力表开关。

3）对 K 型多点压力表开关，当阀芯上钢球定位弹簧卡住，定位钢球未顶出，这样转动阀芯时，转过的位置对不准被测压力点的油孔，使测压点的油液不能通过阀芯上的直槽进入压力表内，测压便不准。

4）KF 型压力表开关在长期使用后，由于锥阀阀口磨损，无法严格关闭，内泄漏量大；K 型压力表开关因内泄漏特别大，则测压无法进行。

思考与练习

5-1 绘制液压系统各辅助元件的符号。

5-2 密封的原理和作用是什么？常用的密封件有哪些？各密封件的性能如何？怎样选择密封件？

5-3 过滤器有哪几种？各有何特点？适用于什么地方？

5-4 开式油箱与闭式油箱有何不同？

5-5 在什么情况下设置加热器和冷却器？

5-6 常用的油管有哪些？各适用于什么场合？安装油管时应注意哪些事项？

5-7 蓄能器有哪些用途？安装使用时应注意哪些问题？

5-8 根据试验，分析哪些原因可能会引起油箱内油温的严重升高？

5-9 根据试验，如何保证油箱的作用能得到最好的发挥？

5-10 查资料，液压油更换的周期是多长？如何正确更换液压油？

5-11 常用的油管接头形式有哪些？各适用于什么场合？

5-12 选用和安装压力表有何要求？

项目6 液压控制阀

【项目要点】

◆ 能正确选择和使用液压控制阀。

◆ 能正确维护液压控制阀。

◆ 能正确排除液压控制阀常见的故障。

【知识目标】

◆ 能掌握方向控制阀的种类、结构及应用。

◆ 能掌握三位阀的中位机能及电液换向阀的工作原理。

◆ 能掌握压力控制阀的种类、结构及应用。

◆ 能掌握先导式溢流阀的工作原理及溢流阀的应用。

◆ 能掌握流量控制阀的种类、结构及应用。

◆ 能掌握流量控制阀的工作原理。

◆ 能掌握液压控制阀常见的故障及其排除方法。

【素质目标】

◆ 培养学生树立正确的价值观和职业态度。

◆ 培育学生大国工匠精神。

◆ 培养学生的国家使命感和民族自豪感。

思政小课堂

爱国工匠李万君

液压控制阀在液压系统中被用来控制液流的压力、流量和方向，从而对执行元件的起动、停止、运动方向、速度、动作顺序和克服负载的能力进行调节与控制。

任务6.1 液压控制阀的认知

任务目标:

掌握液压控制阀的结构组成及工作原理；了解液压控制阀的分类及性能参数。

任务描述:

观察实物，查阅资料，辨别各类控制元件，了解其作用。

知识与技能:

液压控制阀是液压系统的控制元件，其作用是控制和调节液压系统中液体流动的方向、压力的高低和流量的大小，以满足执行元件的工作要求。

6.1.1 液压控制阀的分类

1. 按结构形式分类

（1）滑阀 滑阀的阀芯为圆柱形，阀芯上有台肩，阀芯台肩的大小直径分别为 D 和 d；

与进出油口对应的阀体上开有沉割槽，一般为全圆周；阀芯在阀体孔内做相对运动，开启或关闭阀口。滑阀的结构形式如图 6-1a 所示。

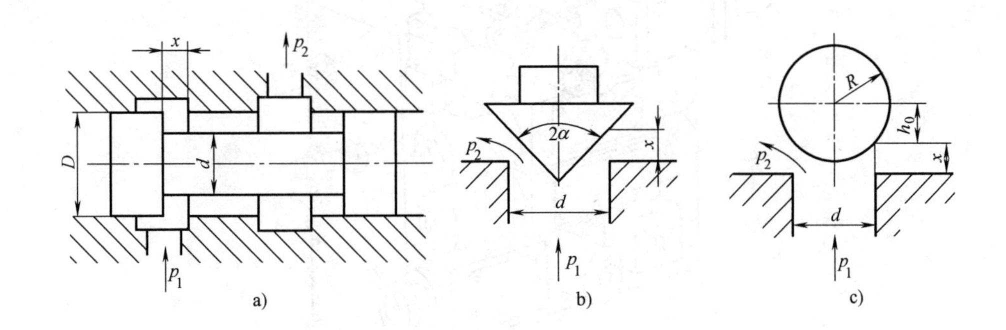

图 6-1 阀的结构形式

a）滑阀 b）锥阀 c）球阀

（2）锥阀 锥阀阀芯半锥角 α 一般为 12°~20°，有时为 45°。阀口关闭时为线密封，不仅密封性好，而且开启阀口时无死区，阀芯稍有位移即开启，动作很灵敏，如图 6-1b 所示。

（3）球阀 球阀的性能与锥阀相同，其结构如图 6-1c 所示。

2. 按用途分类

液压控制阀可分为压力控制阀、流量控制阀和方向控制阀。

（1）压力控制阀 压力控制阀是用来控制或调节液压系统液流压力，以及用压力作为信号控制其他元件的阀。溢流阀、减压阀、顺序阀等都是压力控制阀。

（2）流量控制阀 流量控制阀是用来控制或调节液压系统液流流量的阀。节流阀、调速阀、二通比例流量阀、溢流节阀等都是流量控制阀。

（3）方向控制阀 方向控制阀是用来控制和改变液压系统中液流方向的阀。单向阀、液控单向换向阀等都是方向控制阀。

3. 按控制原理分类

液压控制阀可分为开关阀、比例阀、伺服阀和数字阀。开关阀是指被控制量为定值或阀口启闭控制液流通路的阀类，包括普通控制阀、插装阀、叠加阀。本章重点介绍这一使用最为普遍的阀类。比例阀和伺服阀能根据输入信号连续或按比例地控制系统的参数，数字阀则用数字信息直接控制阀的动作。

4. 按安装连接形式分类

（1）管式连接 管式连接又称为螺纹联接，阀体进出油口由螺纹或法兰直接与油管连接，安装方式简单，但元件布置较为分散，对这种连接的装卸与维修不太方便。

（2）板式连接 板式连接的阀各油口均布置在同一安装面上，且为光孔，如图 6-2 所示。它用螺钉固定在与阀各油口有对应螺纹孔的连接板上，再通过板上的孔道或与板连接的管接头和管道同其他元件连接。这样，阀体进出油口通过连接板与油管连接或安装在集成块侧面，并通过集成块沟通阀与阀之间的油路，同时外接液压泵、液压缸、油箱。这种连接形式，液压元件布置得较为集中，进而对其操纵、调整、维护都比较方便。在拆卸时，无需拆卸与之相连接的其他元件，故这种安装连接方式应用较广。

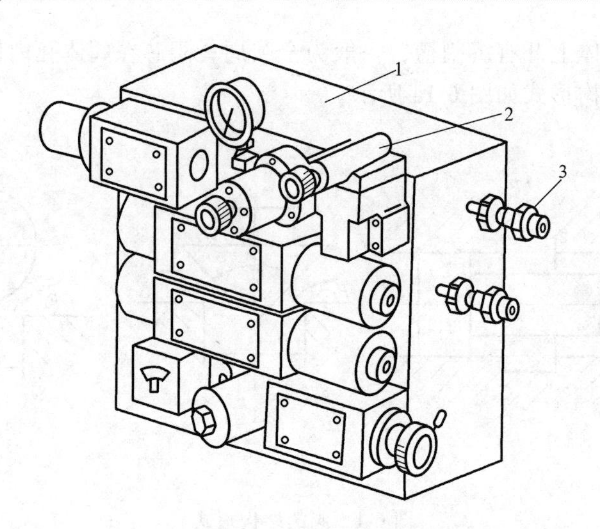

图 6-2 板式连接

1—油路板 2—阀体 3—管接头

（3）插装式连接（集成连接） 这类阀无单独的阀体，由阀芯、阀套等组成的单元体被插装在插装块体的预制孔中，用联接螺纹或盖板固定，并通过插装块体内通道把各插装式阀连通后组成回路，使插装块体起到阀体和管路的作用。插装式连接是为适应液压系统集成化而发展起来的一种新型安装连接方式，如图 6-3 所示。

（4）叠加式连接 阀的上、下面均为安装面，阀的进、出油口分别设置在这两个安装面上，且同规格阀的油口连接尺寸相同。使用时，相同通径、功能各异的阀通过螺栓串联叠加的方式安装在底板上，对外连接的进出油口由底板引出，因为无需管道连接，故结构紧凑，压力损失很小，如图 6-4 所示。

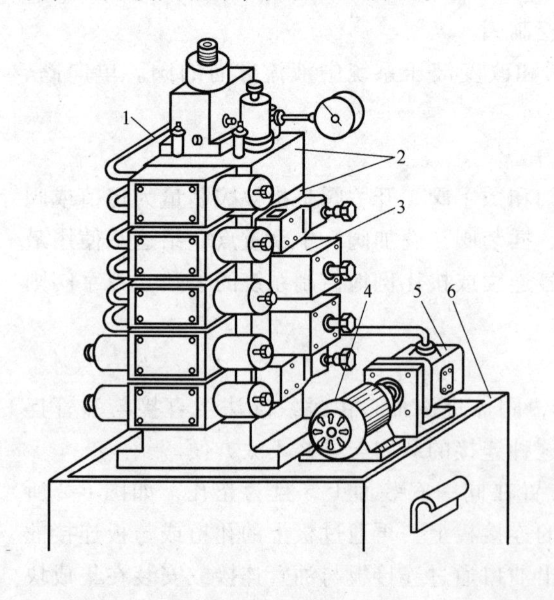

图 6-3 插装式连接

1—油管 2—集成块 3—阀 4—电动机 5—液压泵 6—油箱

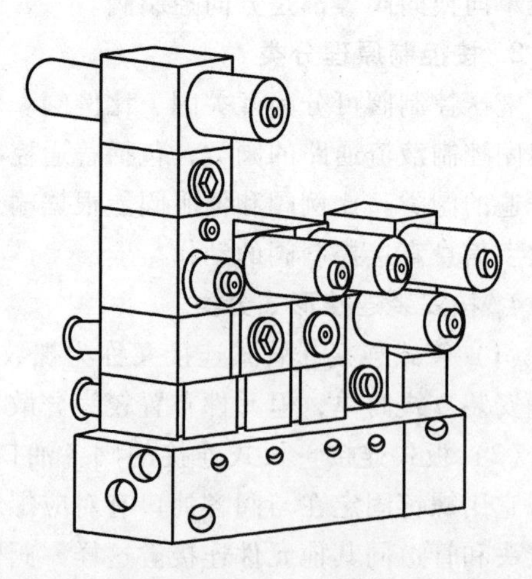

图 6-4 叠加式连接

6.1.2 对液压控制阀的基本要求

1）密封性能好，内泄漏少，无外泄漏。
2）结构简单紧凑、体积小。
3）动作灵敏，使用可靠。
4）油液通过液压阀时压力损失小。
5）安装、维护、调整方便，通用性好。

6.1.3 液压控制阀的基本结构与原理

所有液压控制阀都是由阀体、阀芯和驱动阀芯动作的元件组成的。阀体上除有与阀芯配合的阀体孔或阀座孔外，还有外接油管的进出油口。阀芯的主要形式有滑阀、锥阀和球阀。驱动装置可以是手调机构，也可以是弹簧、电磁或液压力。液压控制阀是利用阀芯在阀体内的相对运动来控制阀口的通断及开口大小，来实现压力、流量和方向控制的。液压控制阀开口的大小、进出口间的压力差以及通过阀的流量之间的关系都符合孔口流量公式，只是各种阀控制的参数各不相同。

6.1.4 液压控制阀的基本性能参数

液压控制阀的基本性能参数是对阀进行评价和选用的依据。它反映了阀的规格大小和工作特性。液压控制阀的主要基本性能参数有阀的公称通径、额定压力和额定流量。

1. 公称通径（名义通径）

阀的公称通径是表征阀的规格大小的性能参数。高压系列的液压阀常用公称通径 D_g 来表示。公称通径表征阀的通流能力和所配管道的尺寸规格。D_g 是阀进、出油口的名义尺寸，它和实际尺寸不一定完全相同。如公称通径为20mm的电液换向阀，其进、出油口的实际尺寸是 ϕ21mm；公称通径为32mm的溢流阀，其进、出油口的实际尺寸为 ϕ28mm 等。所以在给液压阀配管时，可参考液压手册中所规定的液压阀的公称通径与连接钢管和通过油液流量、流速的推荐值。

此外，我国中低压（≤6.3MPa）液压阀系列规格，未采用公称通径表示法，而是根据通过阀的公称流量来表示的。

2. 额定压力

液压阀连续工作所允许的最高压力称为额定压力。压力控制阀的实际最高压力有时与阀的调压范围有关。对于不同类型的阀，还有不同的参数来表征其不同的工作性能，如压力流量限制值，以及压力损失、开启压力、允许背压、最小稳定流量等。

3. 额定流量

国产中低压（≤6.3MPa）液压阀，常用额定流量来表示阀的通流能力，额定流量是指液压阀在额定工作状态下的名义流量。阀工作时的实际流量应小于或等于它的额定流量，最大不得超过额定流量的1.1倍。

任务实施

通过液压综合实训台，将液压控制元件在面板上进行展示，辨别各类液压控制阀的种类，指出各个阀的作用。

任务6.2 方向控制阀的使用

任务目标：

掌握方向控制阀的作用与分类，以及方向控制阀的工作原理、性能特点和应用；掌握三位换向阀的中位机能；了解方向控制阀常见的故障及排除方法。

任务描述：

对常见方向控制阀进行拆装，分析其结构和工作原理，排除常见的故障。

知识与技能：

在液压系统中，控制工作液体流动方向的阀称为方向控制阀，简称方向阀。方向控制阀的工作原理是利用阀芯和阀体相对位置的改变，实现油路与油路间的接通或断开，以满足系统对油液流向的控制要求。方向控制阀分为单向阀和换向阀两类。

6.2.1 单向阀

单向阀分为普通单向阀和液控单向阀两种。

1. 普通单向阀

普通单向阀的结构如图6-5所示，它由阀体1、阀芯2、弹簧3等零件组成。当液压油从 P_1进入时，油液推力克服弹簧力，推动阀芯上移，打开阀口，液压油从 P_2流出，当液压油从反向进入时，油液压力和弹簧力将阀芯压紧在阀座上，阀口关闭，油液不能通过。

图6-5a所示为管式连接，图6-5b所示为板式连接，图6-5c所示为单向阀的图形符号。

为了保证单向阀工作灵敏、可靠，单向阀的弹簧应较软，其开启压力一般为0.035~0.1MPa。若将弹簧换为硬弹簧，则可将其作为背压阀用，背压力一般为0.2~0.6MPa。

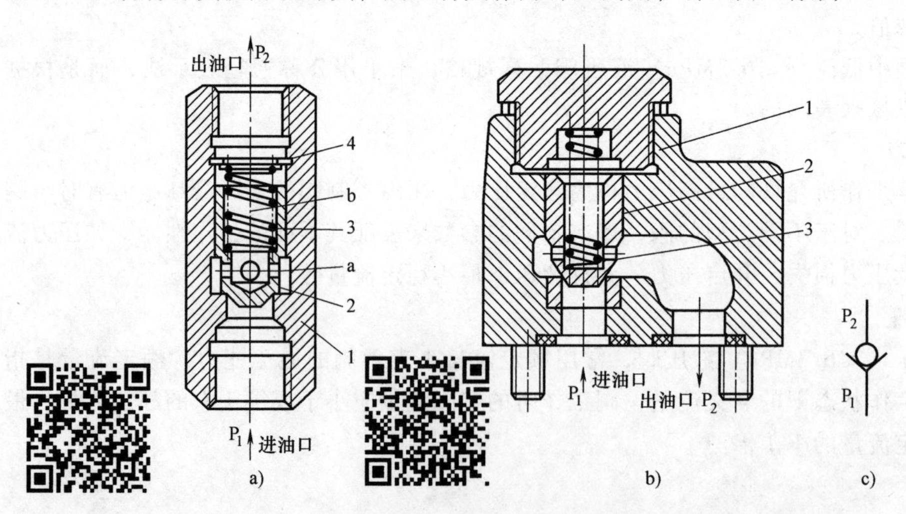

图6-5 普通单向阀的结构（扫描二维码观看动画）

a）管式连接（直通式） b）板式连接（直角式） c）单向阀的图形符号

1—阀体 2—阀芯 3—弹簧 4—挡圈

单向阀的产品技术参数见表 6-1。

表 6-1 单向阀的产品技术参数

型 号	通径/mm	压力/MPa	流量/(L/min)	生 产 单 位
DF DIF	10、20、32、50、80	21～31.5	25～1200	榆次液压有限公司 大连液压件有限公司 长江液压件二厂
S	6、8、10、15、 20 、25、30	31.5	10～260	德国力士乐公司 北京液压件厂

2. 液控单向阀

图 6-6 所示为液控单向阀。由图 6-6 可知，液控单向阀在结构上比普通单向阀多一个控制油口 K、控制活塞 1 和顶杆 2。

当控制油口 K 处无液压油作用时，液控单向阀与普通单向阀工作相同，即液压油从 P_1 口进入时，可以从 P_2口流出。反之，液压油从 P_2口进入时，不能从 P_1口流出。当控制口 K 处通入液压油时，控制活塞 1 的左侧受压力作用，右侧 a 腔和泄油口（图中未示出）相通，活塞右移，通过顶杆 2 将阀芯 3 顶开，使油口 P_2与 P_1相通，油液流动方向可以自由改变。由此可见，液控单向阀比普通单向阀多了一种功能，即反向可控开启。液控单向阀的图形符号如图 6-6b 所示。

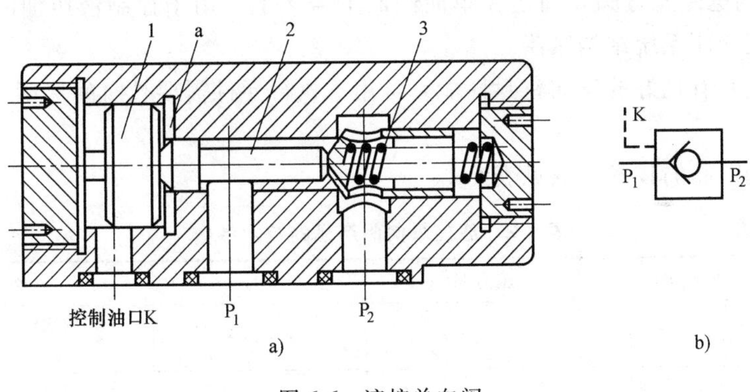

图 6-6 液控单向阀

a）结构 b）图形符号

1—活塞 2—顶杆 3—阀芯

图 6-7 所示为带有卸荷阀芯的液控单向阀，其中图 6-7a 所示单向阀的连接方式为法兰式，图 6-7b 所示单向阀的连接方式为板式且带有电磁先导阀。

以图 6-7a 所示单向阀为例说明其工作原理。它的主阀芯（锥阀）2 上、下端开有一个轴向小孔和四个径向小孔，轴向小孔由一个小的卸荷阀芯（锥阀）3 封闭。当 B 腔的高压油液需反向流入 A 腔（一般为液压缸保压结束后的工况），控制液压油将控制活塞 6 向上顶起时，控制活塞首先以较小的距离将卸荷阀芯向上顶起，使 B 腔的高压油瞬即通过主阀芯的径向小孔及轴向小孔与卸荷阀芯下端之间的环形缝隙流出，B 腔的油液压力阻即降低，实现释压；然后，主阀芯被控制活塞顶开，使反向油液顺利通过。由于卸荷阀芯的控制面积较小，仅需要用较小的力就可以顶开卸荷阀芯，从而大大降低了反向开启所需的控制压力。其控制压力仅为工作压力的 5%，而不带卸荷阀芯的液控单向阀的控制压力高达工作压力的 40%～50%。所以带有卸荷阀芯的液控单向阀特别适用于高压大流量液压系统使用。

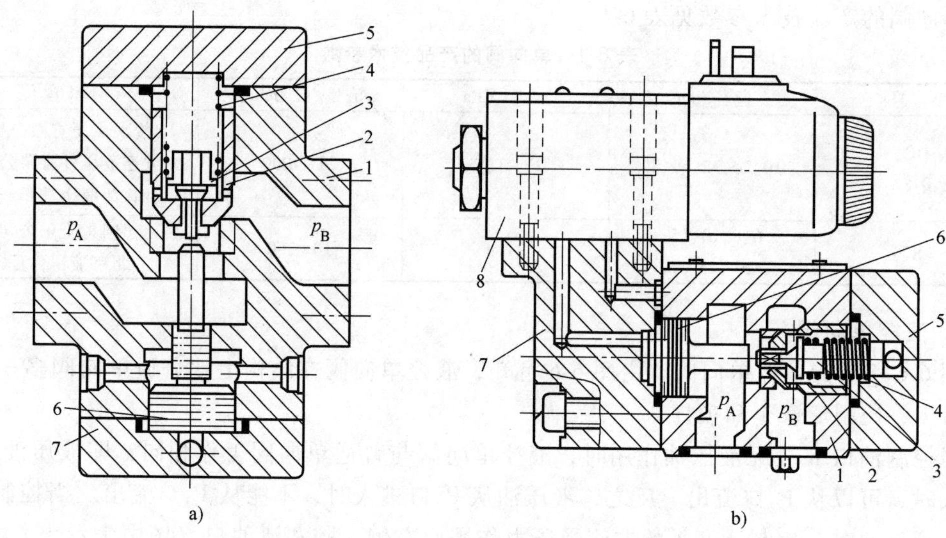

图 6-7　带有卸荷阀芯的液控单向阀

a）法兰式　b）板式（带有电磁先导阀）

1—阀体　2—主阀芯　3—卸荷阀芯　4—弹簧　5—上盖　6—控制活塞　7—下盖　8—电磁先导阀

图 6-7b 中的电磁先导阀 8 固定在单向阀的下盖 7 上，用于控制液压油的通断，可以简化油路系统，使液压系统结构紧凑。

液控单向阀具有良好的反向密封性能，常用于执行元件需要长时间保压、锁紧的场合和平衡回路。

液控单向阀产品的技术参数见表 6-2。

表 6-2　液控单向阀产品的技术参数

型　　号	通径/mm	压力 MPa	流量/(L/min)	生产单位
DFY	10、20、32、50、80	21	25~1200	榆次液压件有限公司 大连液压件有限公司
SV/SL	10、15、20、25、30	31.5	80~400	德国力士乐公司 北京液压件厂 上海立新液压件厂

6.2.2　换向阀

1. 换向阀的分类

换向阀按结构类型及运动方式可分为滑阀式、转阀式和锥阀式；按阀的安装方式可分为管式、板式、法兰式等；按阀体连通的主油路数可分为二通、三通、四通等；按阀芯在阀体内的工作位置可分为二位、三位、四位等；按操纵阀芯运动的方式可分为手动、机动、电磁动、液动、电液动等；按阀芯的定位方式可分为钢球定位和弹簧复位两种。其中，滑阀式换向阀在液压系统中应用广泛，因此本节主要介绍滑阀式换向阀。

2. 换向阀的工作原理

换向阀的工作是利用阀芯与阀体的相对工作位置改变，使油路连通、断开或变换油流的方向，从而控制执行元件的起动、停止或换向。换向阀的工作原理如图 6-8 所示。当液压缸两腔不通液压油时，活塞处于停机状态。若使换向阀的阀芯左移，阀体上的油口 P 和 A 连通、B 和 T 连通。这时，液压油经油口 P、A 进入液压缸左腔，右腔油液经油口 B、T 回油箱，活塞向右运动。反之，若使阀芯右移，则油口 P 和 B 连通、A 和 T 连通，活塞便向左运动。

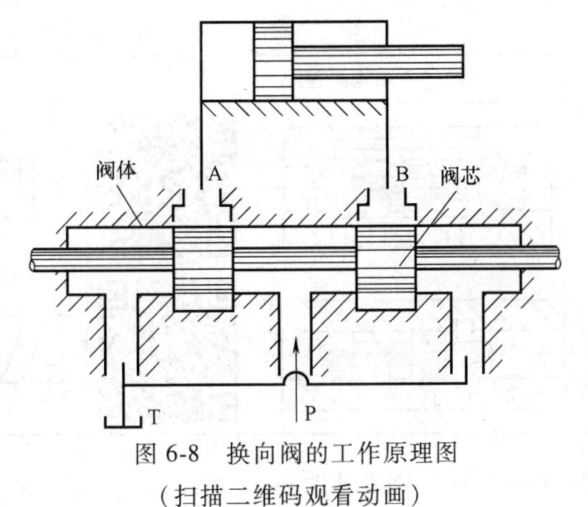

图 6-8　换向阀的工作原理图
（扫描二维码观看动画）

3. 图形符号

一个换向阀完整的图形符号包括工作位置数、通路数、在各个位置上油口连通关系、操纵方式、复位方式和定位方式等。

换向阀图形符号的含义如下：

1）用方框表示阀的工作位置，有几个方框就表示有几“位”。

2）方框内的箭头表示在这一位置上油路处于接通状态，但箭头方向并不一定表示油流的实际流向。方框内符号“┬”或“┴”表示此通路被阀芯封闭，即该油路不通。

3）一个方框中箭头首尾或封闭符号与方框的交点表示阀的接出通路，其交点数即为滑阀的通路数。

4）靠近操纵方式的方框，为控制力作用下的工作位置。

5）一般阀与系统供油路连接的进油口用字母 P 表示；阀与系统回油路连接的回油口用字母 T 表示（或字母 O）；而阀与执行元件连接的工作油口则用字母 A、B 等表示。

表 6-3 列出了几种常用换向阀的结构原理、图形符号及使用场合。

表 6-3　常用换向阀的结构原理、图形符号及使用场合（扫描二维码观看动画）

名称	结构原理图	图形符号	使用场合
二位二通			控制油路的接通与切断（相当于一个开关）
二位三通			控制液流方向（从一个方向变换成另一个方向）
二位五通			不能使执行元件在任一位置上停止运动
二位四通			不能使执行元件在任一位置上停止运动

（续）

名称	结构原理图	图形符号	使用场合
三位四通			能使执行元件在任一位置上停止运动
三位五通			能使执行元件在任一位置上停止运动

常见的滑阀操纵方式如图 6-9 所示。

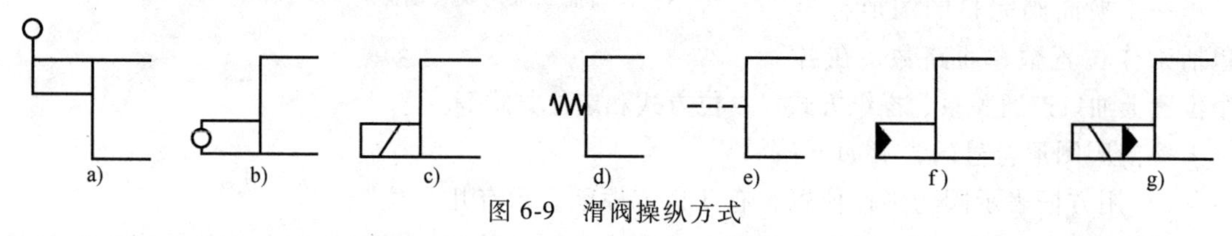

图 6-9 滑阀操纵方式

a）手动式 b）机动式 c）电磁动 d）弹簧控制 e）液动 f）液压先导控制 g）电液控制

4. 滑阀式换向阀的中位机能

三位换向阀的阀芯在中间位置时，各油口间的连通方式称为中位机能。中位机能不同，换向阀对系统的控制性能也不同。三位四通换向阀的中位机能见表 6-4。

表 6-4 三位四通换向阀的中位机能

中位形式	符号	中位油口状况、特点及应用
O	A B P T	各油口全部封闭，液压缸两腔闭锁、液压缸不卸载，可用于多个换向阀并联工作
H	A B P T	各油口互通，液压缸浮动，液压泵卸载
Y	A B P T	油口 A、B 通回油口 T，油口 P 封闭，液压泵不卸载，液压缸呈浮动状态
P	A B P T	P、A、B 互通，T 口封闭，可组成液压缸的差动回路
M	A B P T	油口 P 与 T 互通，油口 A、B 封闭，液压泵卸载，液压缸两腔闭锁

5. 几种常见的换向阀

（1）机动换向阀　机动换向阀又称行程换向阀，它依靠安装在运动部件上的挡块或凸轮，推动阀芯移动，实现换向。

图 6-10a 所示为二位二通机动换向阀。在图 6-10a 所示位置（常态位），阀芯 3 在弹簧 4 的作用下处于上位，P 与 A 不相通；当运动部件上的行程挡块 1 压住滚轮 2 使阀芯移至下位时，P 与 A 相通。

机动换向阀结构简单，换向时阀口逐渐关闭或打开，故换向平稳、可靠、位置精度高，但它必须安装在运动部件附近，一般油管较长。机动换向阀常用于控制运动部件的行程，或快、慢速度的转换。图 6-10b 所示为二位二通机动换向阀的图形符号。

（2）电磁换向阀　电磁换向阀简称电磁阀，它利用电磁铁吸力控制阀芯的动作。电磁换向阀包括换向滑阀和电磁铁两部分。

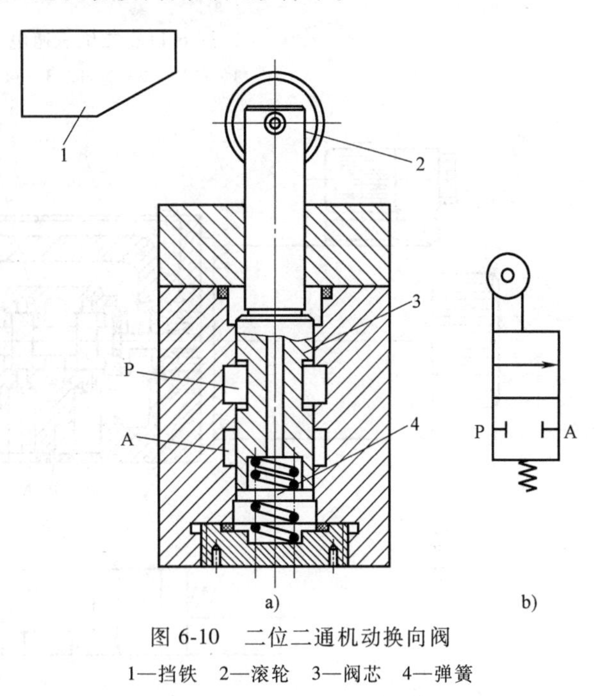

图 6-10　二位二通机动换向阀

1—挡铁　2—滚轮　3—阀芯　4—弹簧

电磁铁按使用电源不同可分为交流电磁铁和直流电磁铁两种。交流电磁铁的使用电压为 220V 或 380V，直流电磁铁的使用电压为 24V。交流电磁铁的优点是电源简单方便，电磁吸力大，换向迅速；缺点是噪声大，起动电流大，在阀芯被卡住时易烧毁电磁铁线圈。直流电磁铁工作可靠，换向冲击小，噪声小，但需要有直流电源。电磁铁按衔铁是否浸在油里，又分为干式和湿式两种。干式电磁铁不允许油液进入电磁铁内部，因此推动阀芯的推杆处要有可靠的密封。湿式电磁铁可以浸在油液中工作，所以电磁阀的相对运动件之间就不需要密封装置，这就减小了阀芯运动的阻力，提高了滑阀换向的可靠性。湿式电磁铁性能好，但价格较高。

图 6-11a 所示为二位三通电磁换向阀，采用干式交流电磁铁。图 6-11a 所示位置为电磁铁不通电状态，即常态位，此时 P 与 A 相通，B 封闭；当电磁铁通电时，衔铁 1 右移，通过推杆 2 使阀芯 3 推压弹簧 4，并移至右端，P 与 B 接通，而 A 封闭。图 6-11b 所示为二位三通电磁换向阀的图形符号。

图 6-12a 所示为三位四通电磁换向阀，采用湿式直流电磁铁。阀两端有两根对中弹簧 4，使阀芯在常态时（两端电磁铁均断电时）处于中位，P、A、B、T 互不相通；当右端电磁铁通电时，衔铁 1 通过推杆 2 将阀芯 3 推至左端，控制油口 P 与 B 通，A 与 T 通；当左端电磁铁通电时，其阀芯移至右端，油口 P 与 A 相通、B 与 T 相通。图 6-12b 所示为三位四通电磁换向阀的图形符号。

电磁阀操纵方便，布置灵活，易于实现动作转换的自动化。但因电磁铁吸力有限，所以电磁阀只适用于流量不大的场合。

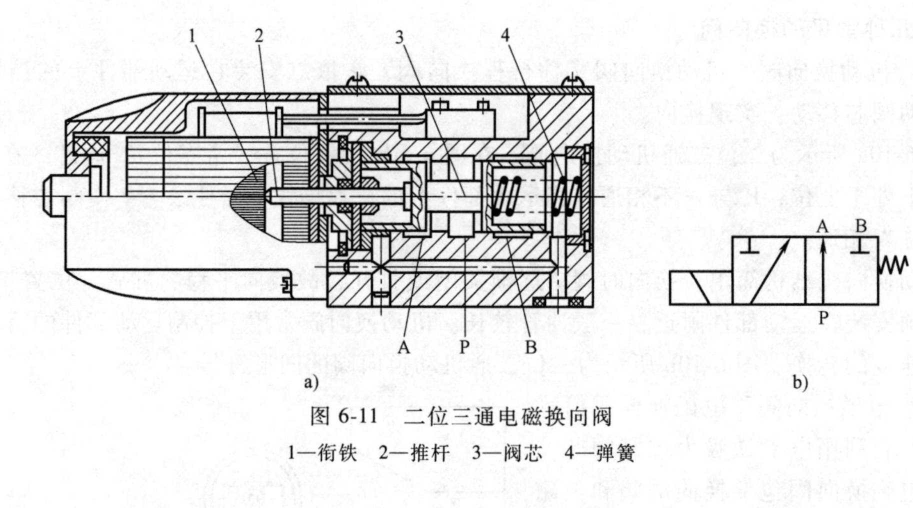

图 6-11　二位三通电磁换向阀

1—衔铁　2—推杆　3—阀芯　4—弹簧

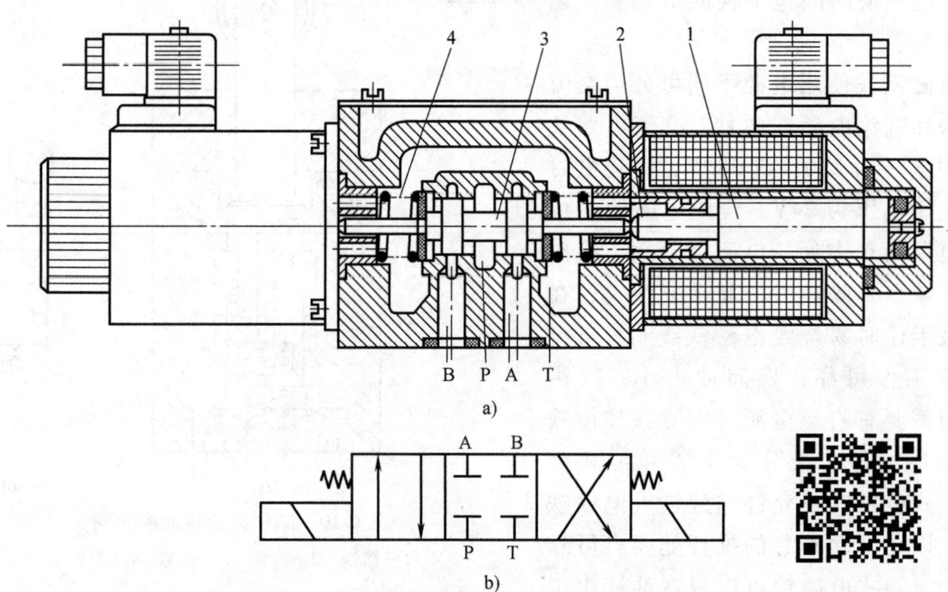

图 6-12　三位四通电磁换向阀（扫描二维码观看动画）

1—衔铁　2—推杆　3—阀芯　4—弹簧

电磁换向阀产品的技术参数见表 6-5。

表 6-5　电磁换向阀产品的技术参数

型号	通径/mm	压力/MPa	流量/(L/min)	生产单位
联合设计 H 系列	6、10	31.5	10~40	榆次液压件有限公司 大连液压件有限公司 上海液压件一厂 南通液压件厂
联合设计 B、C 系列	6、10	21.14	7~30	
WE	5、6、10	21~31.5	16~100	德国力士乐公司 沈阳液压件厂

（3）液动换向阀　液动换向阀是利用液压油来推动阀芯移动的换向阀。液动换向阀的结构原理及符号如图 6-13 所示。当控制液压油从控制口 K_1、K_2 输入后，阀芯在液压油的作

用下，压缩弹簧产生移动，使阀换位。液动换向阀的工作原理与电磁阀相似。

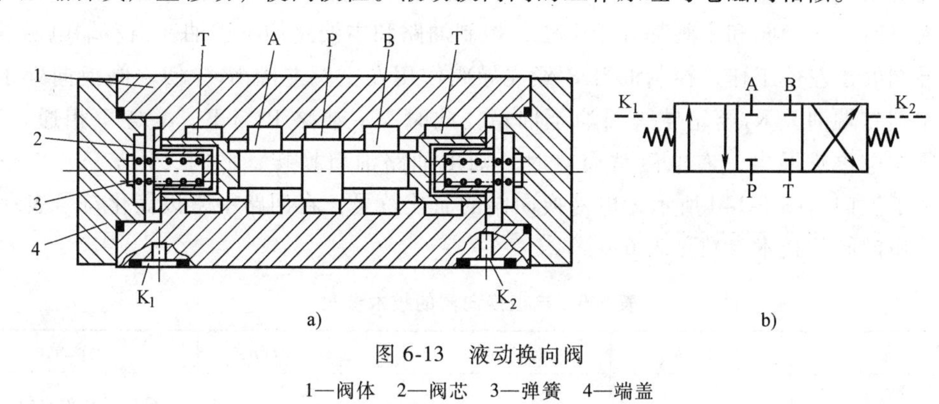

图 6-13　液动换向阀

1—阀体　2—阀芯　3—弹簧　4—端盖

液动换向阀结构简单、动作可靠、平稳，由于液压驱动力大，故可用于流量大的液压系统中，但它不如电磁阀控制方便。

（4）电液换向阀　电磁换向阀布置灵活，易于实现自动化，但电磁铁吸力有限，难于切换大的流量；而液动换向阀一般较少单独使用，需用一个小换向阀来改变控制油的流向，故标准元件通常将电磁阀与液动阀组合在一起组成电液换向阀。电磁阀（先导阀）用于改变控制油的流动方向，从而导致液动阀（主阀）换向，改变主油路的通路状态。

图 6-14 所示为电液换向阀的结构原理及符号。其中，图 6-14a 所示为两端带主阀芯行程

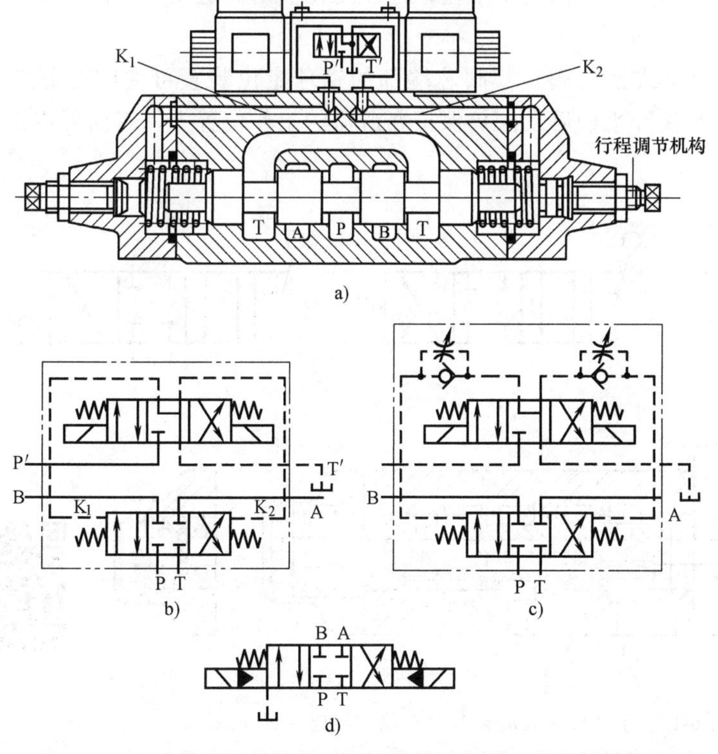

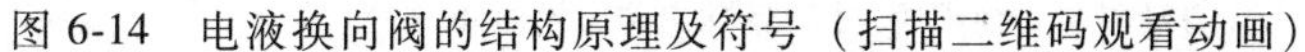

图 6-14　电液换向阀的结构原理及符号（扫描二维码观看动画）

调节机构的结构图，其工作原理可结合图 6-14b 所示带双点画线方框的组合阀图形符号加以说明。常态时，先导阀和主阀都处于中位，控制油路和主油路均不进油。当左端电磁铁通电时，先导阀处于左位工作，控制油自 P′经先导阀作用在主阀左腔 K_1，使主阀换向处于左位工作，主阀右端油腔 K_2 经先导阀回油至油箱，此时，主油路 P 与 B、A 与 T 相通。反之，当先导阀左电磁铁断电，右电磁铁通电时，则主油路油口换接，此时，P 与 A、B 与 T 相通，实现了换向。图 6-14d 所示为电液换向阀的简化符号，在回路中常以简化符号表示。

电液换向阀的技术参数见表 6-6。

表 6-6 电液换向阀的技术参数

型　　号	通径/mm	压力/MPa	流量/(L/min)	生产单位
联合设计 E Y D	16、20、32、50、65、80	21、31.5	75～1 250	榆次液压件有限公司 邵阳液压件厂 上海液压件一厂
WEH	16、25、32	31.5	170～1 100	德国力士乐公司 北京液压件厂 上海立新液压件厂 沈阳液压件厂

（5）手动换向阀　手动换向阀是用手动杠杆操纵阀芯换位的换向阀。它有自动复位式和钢球定位式两种。

图 6-15a 所示为自动复位式换向阀，可用手操作使换向阀左位或右位工作，但当操纵力取消后，阀芯便在弹簧力作用下自动恢复至中位，停止工作。因而适用于换向动作频繁，工作持续时间短的场合。

图 6-15b 所示为钢球定位式换向阀，其阀芯端部的钢球定位装置可使阀芯分别停止在左、中、右三个位置上，当松开手柄后，阀仍保持在所需的工作位置上，因而可用于工作持续时间较长的场合。

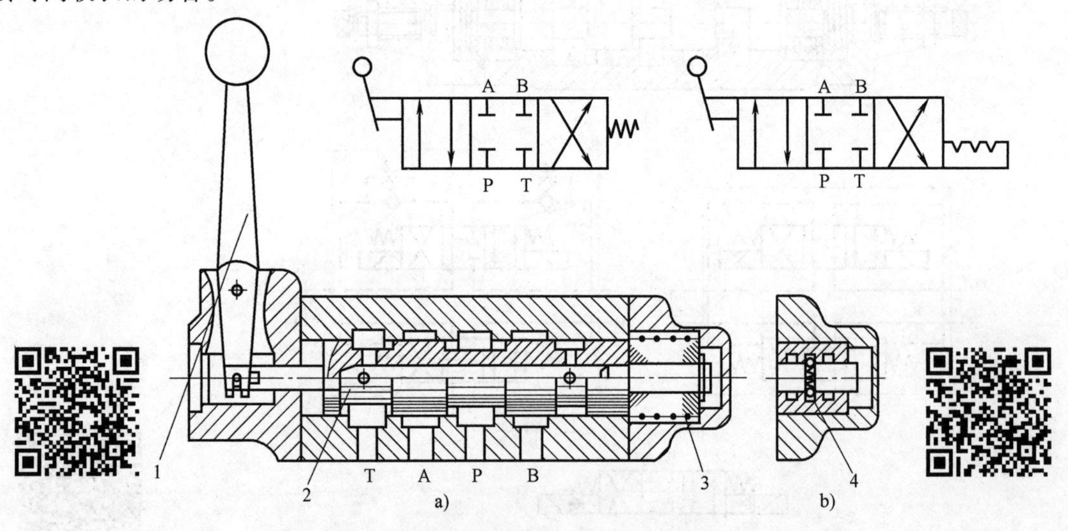

图 6-15　手动换向阀的符号（扫描二维码观看动画）

a）自动复位式换向阀　b）钢球定位式换向阀

1—手柄　2—阀芯　3—弹簧　4—钢球

手动换向阀结构简单，动作可靠，有的还可以人为地控制阀口的大小，从而控制执行元件的运动速度。但由于需要人工操纵，故只适用于间歇动作而且要求人工控制的场合。在使用时必须将定位装置或弹簧腔的泄漏油排除，否则由于漏油的积聚而产生阻力影响阀的操纵，甚至不能实现换向动作。例如推土机、汽车起重机、叉车等油路的控制都是手动换向的。

（6）转阀式换向阀　通过手动或机动使阀芯旋转换位，实现改变油路状态的换向阀。图6-16a所示为三位四通O型转阀的结构。在图示位置时，P通过环槽c和阀芯上的轴向槽b与A相通，B通过阀芯上的轴向槽e和环槽a与T相通。若将手柄2顺时针方向转动90°，则P通过槽c和d与B相通，A通过槽e和a与T相通。如果将手柄转动45°至中位，则4个油口全部关闭。通过挡块拨动杆3、4可使转阀机动换向。由于转阀密封性差，径向力不易平衡及结构尺寸受到限制，一般多用于压力较低、流量较小的场合。转阀式换向阀的图形符号如图6-16b和c所示。

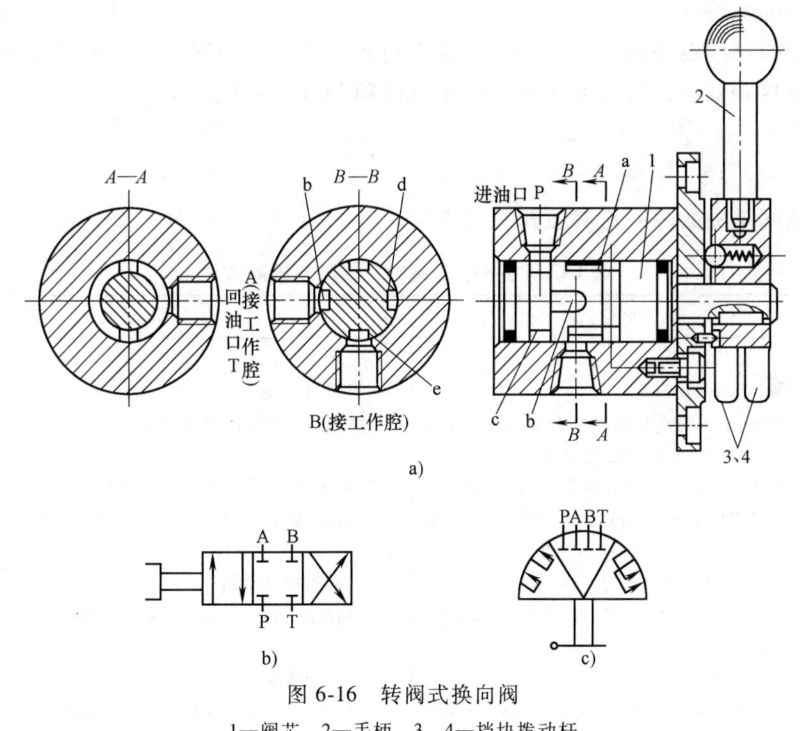

图6-16　转阀式换向阀

1—阀芯　2—手柄　3、4—挡块拨动杆

任务实施：

6.2.3　实训——换向阀的检查与结构分析

1. 单向阀

单向阀的结构比较简单，拆装时应注意阀芯和阀体的配合间隙应在0.008~0.015mm。如果阀芯已经锈蚀、拉毛或被污物堵塞，则需要清洗，并用金相砂纸抛光阀芯外圆表面。此外，要检查密封元件是否工作可靠，弹簧弹力是否合适。

2. 换向阀（电磁换向阀型号：24D 型交流电磁阀，24E 型直流电磁阀）

换向阀主要零部件分析：

1）观察直流电磁换向阀与交流电磁换向阀的外形特征，分析其外形不同的原因。

2）将阀拆开，观察其主要组成零件的结构，分析每个零件的作用。

3）根据阀芯、阀孔内腔的形状和阀底面各油口的标志，分析阀的工作原理。

4）观察中位机能不同的三位电磁换向阀的阀体和阀芯，分析其中位机能与阀芯结构之间的关系。

5）分析电磁换向阀的优缺点及交、直流电磁换向阀适用于什么场合。

6）将阀按原样装好，说明使用时，各油孔与液压系统是怎样连接的。

换向阀拆装时除检查密封元件工作要可靠、弹簧弹力要合适之外，特别要检查配合间隙，配合间隙不当是换向阀出现机械故障的一个重要原因。当阀芯直径小于 20mm 时，配合间隙应为 0.008～0.015mm；当阀芯直径大于 20mm 时，配合间隙应为 0.015～0.025mm。

对于电磁控制的电磁换向阀还要注意检查电磁铁的工作情况，对于液控换向阀还要注意控制油路的连接和畅通，以防使用中出现电气故障和液控系统故障。

补充知识：

方向控制阀常见故障及排除方法见表 6-7。

表 6-7　方向控制阀常见故障与排除方法

故障现象	原因分析	排除方法
阀芯不动或不到位	(1)滑阀卡住 1)滑阀(阀芯)与阀体配合间隙过小,阀芯在孔中容易卡住不能动作或动作不灵活 2)滑阀(阀芯)或阀体碰伤,油液被污染 3)阀芯几何形状超差。阀芯与阀孔装配不同心,产生轴向液压卡紧现象 (2)液动换向阀油路有故障 1)油液控制压力不够,滑阀不动,不能换向或换向不到位 2)节流阀关闭或堵塞 3)滑阀两端卸油口没有接回油箱或卸油管堵塞 (3)电磁铁故障 1)因滑阀卡住,交流电磁铁的铁心吸不到底面而烧毁 2)漏磁、吸力不足 3)电磁铁接线焊接不良,接触不好 (4)弹簧折断、漏装、太软,都不能使滑阀恢复中位,因而不能换向 (5)电磁换向阀的推杆磨损长度不够或行程不正确,使阀芯移动过小或过大,都会引起换向不灵或不到位	(1)检修滑阀 1)检查间隙情况,研修或更换阀芯 2)检查、修磨或重配阀芯。必要时,更换新油 3)检查、修正几何偏差及同心度,检查液压卡紧情况,并修复 (2)检查控制油路 1)提高控制油压,检查弹簧是否过硬,以便更换 2)检查、清洗节流口 3)检查,并接通回油箱。清洗回油路,使之畅通 (3)检查并修复 1)检查滑阀卡住故障,并更换电磁铁 2)检查漏磁原因,更换电磁铁 3)检查并重新焊接 (4)检查、更换或补装 (5)检查并修复,必要时可更换推杆

（续）

故障现象	原因分析	排除方法
换向冲击与噪声	1)控制流量过大,滑阀移动速度太快,产生冲击 2)单向节流阀阀芯与阀孔配合间隙过大,单向阀弹簧漏装,阻尼失效,产生冲击 3)电磁铁的铁心接触面不平或接触不良 4)滑阀时卡时动或局部摩擦力过大 5)固定电磁铁的螺栓松动而产生振动	1)调小单向节流阀节流口,减慢滑阀移动速度 2)检查、修整(修复)到合理间隙,补装弹簧 3)清除异物,并修整电磁铁的铁心 4)研磨修整或更换滑阀 5)紧固螺栓,并加防松垫圈

任务6.3 压力控制阀的使用

任务目标：

掌握压力控制阀的工作原理与分类；掌握溢流阀、减压阀、顺序阀的结构和工作原理；掌握压力继电器的结构和工作原理；掌握压力控制阀常见的故障及排除方法。

任务描述：

拆装直动式和先导式溢流阀、直动式和先导式减压阀，掌握压力控制阀的工作原理、性能特点及应用，能对压力控制阀常见的故障现象进行分析并排除。

知识与技能：

通过控制油液压力的高低或利用压力的变化来实现某种动作的阀通称为压力控制阀。这类阀的共同特点利用阀芯上液体压力与弹簧力相平衡的原理来进行工作。常见的压力控制阀按用途不同可分为溢流阀、减压阀、顺序阀和压力继电器等。

6.3.1 溢流阀

1. 溢流阀的结构和工作原理

溢流阀按结构形式可分为直动式和先导式。溢流阀一般旁接在液压泵的出口，以保证系统压力恒定或限制其最高压力；有时也旁接在执行元件的进口，对执行元件起安全保护作用。一般情况下，直动式溢流阀用于低压系统，先导式溢流阀用于中、高压系统。

（1）直动式溢流阀　图6-17a所示为直动式溢流阀的结构原理图。图6-17b所示为直动式溢流阀的图形符号，也是溢流阀的一般符号。来自进油口P的液压油经阀芯3上的径向孔和阻尼孔a通入阀芯的底部，阀芯的下端便受到压力为p的油液的作用，如果作用面积为A，则压力作用于该面上的力为pA。调压弹簧2作用在阀芯上的预紧力为F_s。当进油口压力p不高时（$pA<F_s$），阀芯3处于下端（如图所示）位置，将进油的阀口P和回油口T隔开，即不溢流。当进口P油压升高到能克服弹簧阻力（即$pA>F_s$）时，便推开锥阀芯上移使阀口打开，油液就从进油口P流入，再从回油口T流回油箱。

拧动调节螺母1改变弹簧预压缩量，便可调整溢流阀的溢流压力。阻尼孔a的作用是增加液阻以减少阀芯的振动。泄油口可将泄漏到弹簧腔的油引到回油口T。这种溢流阀因液压油直接作用于阀芯，故称为直动式溢流阀。直动式溢流阀一般只能用于低压小流量的场合，当控制较高压力或大流量时，需要安装刚度较大的硬弹簧，不但手动调节困难，而且溢流阀口开度略有变化便引起较大的压力变化。直动式溢流阀的最大调整压力为2.5MPa。系统压力较高时就需要采用先导式溢流阀。

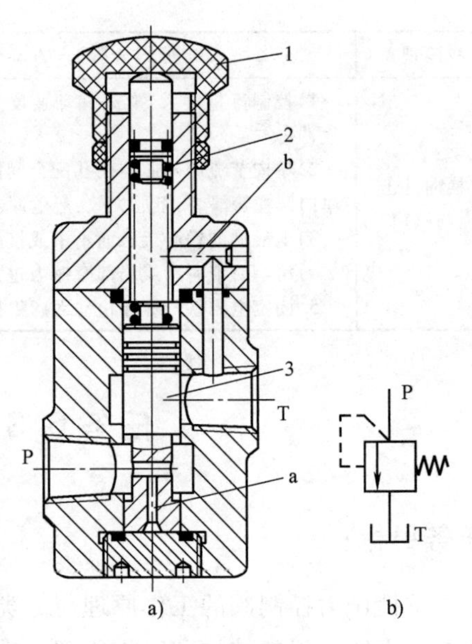

图6-17　直动式溢流阀

a）结构原理图　b）图形符号

1—调节螺母　2—调压弹簧　3—阀芯

（2）先导式溢流阀　图6-18a所示为先导式溢流阀的结构原理。它们由先导阀和主阀两部分组成。液压油从进油口（图中没有表示出来）进入进油腔P后，经主阀芯5的轴向孔f进入主阀芯下端的控制油腔，同时油液又经阻尼孔e进入主阀芯上端的弹簧腔，再经孔c和b作用于先导阀的锥阀芯3上，此时远程控制口K不接通。当系统压力较低时，先导阀关闭，主阀芯两端压力相等，主阀芯在平衡弹簧4的作用下处于最下端（图示位置），主阀溢流口封闭。当系统压力升高时，主阀上腔的液压也随之升高，直至大于先导阀调压弹簧2的调定压力时，先导阀被打开，主阀上腔的液压油经锥阀阀口、小孔a、油腔T流回油箱。由于阻尼孔e的作用，在主阀芯两端形成的一定压力差的作用下，克服平衡弹簧的弹力而上移，主阀的溢流阀口开启，P和T接通实现溢流作用。调节螺母1即可调节调压弹簧2的预压缩量，从而调整系统压力。

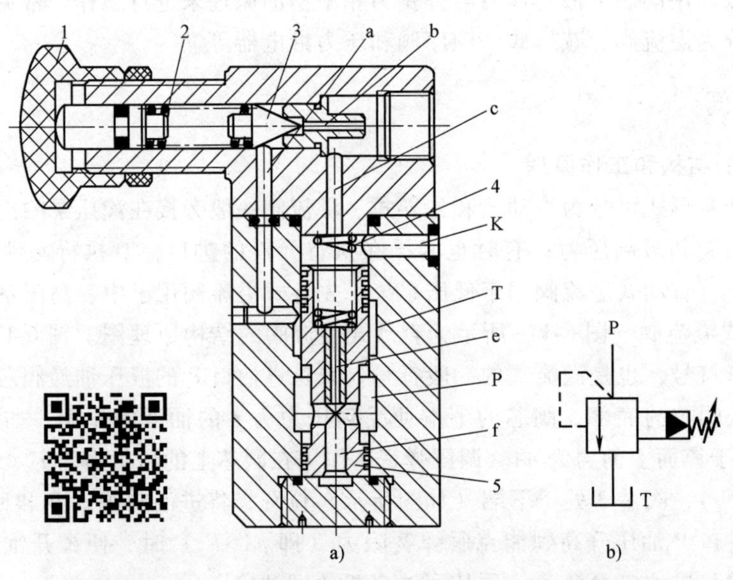

图6-18　先导式溢流阀的结构原理（扫描二维码观看动画）

a）结构原理图　b）图形符号

1—调整螺母　2—调压弹簧　3—锥阀芯　4—平衡弹簧　5—主阀芯

在先导式溢流阀中，先导阀用于控制和调节溢流压力，主阀通过控制溢流口的启闭而稳定压力。由于需要通过先导阀的流量较小，锥阀的阀孔尺寸也较小，调压弹簧的刚度也就不大，因此调压比较轻便。主阀芯因两端均受油液压力的作用，平衡弹簧只需很小的刚度。当溢流量变化而引起主阀平衡弹簧压缩量变化时，溢流阀所控制的压力变化也就较小，故先导式溢流阀稳定性能优于直动式溢流阀。但先导式溢流阀必须在先导阀和主阀都动作后才能起控制压力作用，因此不如直动式溢流阀反应快。远程控制口 K 在一般情况下是不用的，若 K 口接远程调压阀，就可以对主阀进行远程控制。K 口接二位二通阀，通油箱，可使泵卸荷。图 6-18b 所示为先导式溢流阀的图形符号。

2. 溢流阀的应用

（1）调压溢流　在采用定量泵供油的液压系统中，溢流阀通常并联在液压泵的出口处，在其进油路或回油路上设置节流阀或调速阀，使泵油的一部分进入液压缸工作，而多余的油须经溢流阀流回油箱，溢流阀处于其调定压力下的常开状态。调节弹簧的压紧力，也就调节了系统的工作压力。因此，在这种情况下，溢流阀的作用即为调压溢流，如图 6-19a 所示。

（2）安全保护　液压系统采用变量泵供油时，系统内没有多余的油需要溢流，其工作压力由负载决定。这时与泵并联的溢流阀只有在过载时才需要打开，以保障系统的安全。因此，这种系统中的溢流阀又称为安全阀，它是常闭的，如图 6-19b 所示。

（3）使泵卸荷　如图 6-19c 所示，先导型溢流阀对泵起调压溢流作用。当二位二通阀的电磁铁通电后，溢流阀的外控口与油箱接通。此时，由于主阀弹簧很软，主阀芯在进口压力很低的情况下，即可迅速抬起，使泵卸荷，以减少能量消耗。此时，泵接近于空载运转，功耗很小，即处于卸荷状态。这种卸荷方法所用的二位二通阀可以是通径很小的阀。由于在实

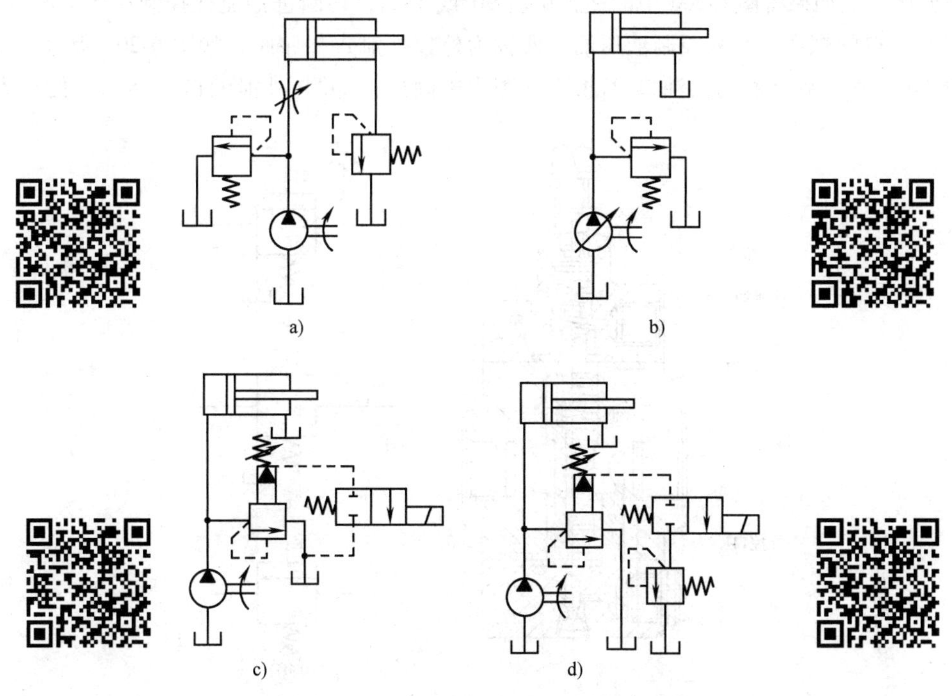

图 6-19　溢流阀的作用（扫描二维码观看动画）

a）调压溢流　b）安全保护　c）使泵卸荷　d）远程调压

用中经常采用这种卸荷方法，为此常将溢流阀和串接在该阀外控口的电磁换向阀组合成一个元件，称为电磁溢流阀。

（4）远程调压　当先导式溢流阀的外控口（远程控制口）与调压较低的溢流阀（或远程调压阀）连通时，其主阀芯上腔的油压只要达到低压阀的调整压力，主阀芯即可抬起溢流（其先导式溢流阀不再起调压作用），即实现远程调压。如图 6-19d 所示，当电磁阀的电磁铁通电时，电磁阀的右位工作，将先导式溢流阀的外控油口与低压调压阀连通，实现远程调压。

6.3.2　顺序阀

顺序阀是利用液压系统中的压力变化来控制油路的通断，从而实现多个液压元件按一定的顺序动作。顺序阀按结构分为直动式和先导式；按控制液压油来源又分为内控式和外控式。

1. 顺序阀的结构和工作原理

顺序阀的工作原理和溢流阀相似，其主要区别是溢流阀的出口接油箱，而顺序阀的出口接执行元件。顺序阀的内泄漏油不能用通道与出油口相连，而必须用专门的泄漏口接通油箱。

图 6-20a 所示为直动式顺序阀。外控口 K 用螺塞堵住，外泄油口 L 通油箱。液压油从进油口 P_1（两个）通入，经阀体上的孔道 a 和端盖上的阻尼孔 b 流到控制活塞底部，当其推力能克服阀芯上调压弹簧的阻力时，阀芯上升，使进、出油口 P_1 和 P_2 连通。经阀芯与阀体间的缝隙进入弹簧腔的泄油从外泄口 L 流入油箱。此种油口连通的情况称为内控外泄顺序阀，其符号如图 6-20b 所示。如果将图 6-20a 中的端盖旋转 90°或 180°，切断进油流往控制活塞下腔的通路，并去除外控口的螺塞，引入控制液压油，便称为外控外泄式顺序阀，如图 6-20c 所示。若将阀盖旋转 90°，可使弹簧腔与出油口 P_2 相连（图中未画出），并将外泄油口 L 堵塞，便成为外控

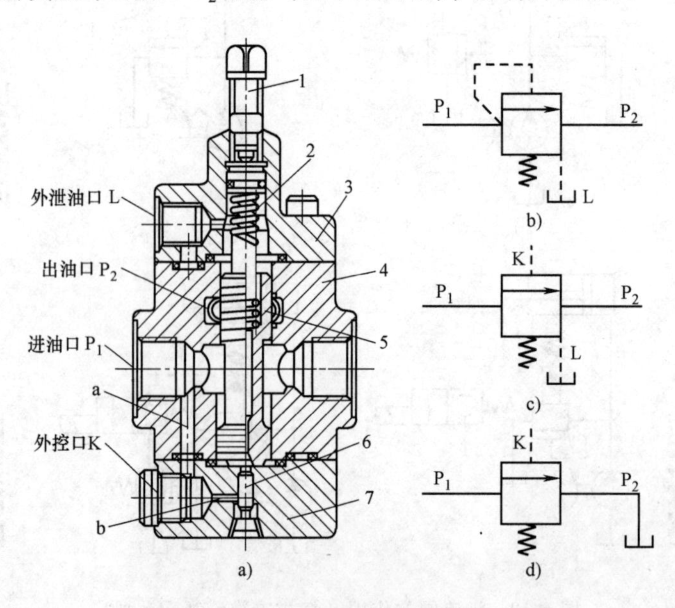

图 6-20　直动式顺序阀及符号

1—调节螺钉　2—弹簧　3—阀盖　4—阀体　5—阀芯　6—控制活塞　7—端盖

内泄式顺序阀，如图 6-20d 所示，它常用于使泵卸荷，故又称为卸荷阀。

直动式顺序阀的最高工作压力可达 14MPa，最高控制压力为 7MPa。对性能要求较高的高压大流量系统，应采用先导式顺序阀。先导式顺序阀的结构与先导式溢流阀大体相似，其工作原理也基本相同，并同样有内控外泄、外控外泄和外控内泄等几种不同的控制泄油方式。

国产 XF 型顺序阀即为图 6-20 所示的结构，威格士系列的 R 型顺序阀的结构也与此相近。

现将顺序阀的特点归纳如下：

1）外泄顺序阀与溢流阀的相同点是阀口常闭，由进口压力控制阀口的开启。它们之间的区别是内控外泄顺序阀靠出口液压油来工作，当负载建立的出口压力高于作用在阀芯上的调定压力时，阀的进口压力等于出口压力，作用在阀芯上的液压力大于弹簧力和液动力，阀口全开；当负载所建立的出口压力低于作用在阀芯上的调定压力时，阀的进口压力等于调定压力，作用在阀芯上的液压力、弹簧力、液动力保持平衡，阀开口的大小一定，满足压力流量方程。因阀的出口压力不等于 0，故弹簧腔的泄漏油需单独引回油箱。

2）内控内泄顺序阀的图形符号和动作原理与溢流阀相同，但实际使用时，内控内泄顺序阀串联在液压系统的回油路中使回油具有一定的压力，而溢流阀则旁接在主油路中，如泵的出口、液压缸的进口。因为它们在性能要求上存在一定的差异，所以二者不能混用。

3）外控内泄顺序阀在功能上等同于液动二位二通阀，其出口接回油箱，因作用在阀芯上的液压力为外力，而且大于阀芯的弹簧力，因此工作时阀口处于全开状态，用于双泵供油回路时可使大泵卸载。

4）外控外泄顺序阀除可作为液动开关阀外，还可用于变重力负载系统中，称为限速锁。

2. 顺序阀的应用

（1）顺序动作回路　图 6-21 所示为机床夹具上用顺序阀实现工件先定位后夹紧的顺序动作回路，当换向阀右位工作时，液压油首先进入定位缸下腔，完成定位动作后，系统压力升高，达到顺序阀调定压力（为保证工作压力可靠，顺序阀的调定压力应比定位缸高 0.5～0.8MPa）时，顺序阀打开，液压油经顺序阀进入夹紧缸下腔，实现液压夹紧。当换向阀左位工作时，液压油同时进入定位缸和夹紧缸上腔，拔出定位销，松开工件，夹紧缸通过单向阀回油。

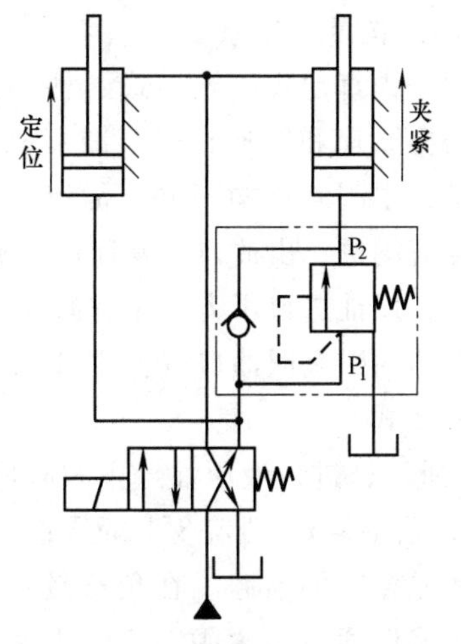

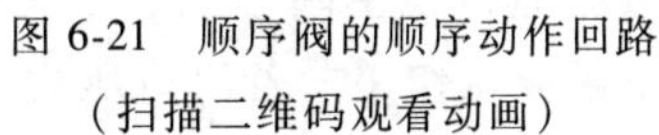
图 6-21　顺序阀的顺序动作回路
（扫描二维码观看动画）

（2）平衡回路　为了保持垂直放置的液压缸不因自重而自行下落，可将单向阀与顺序阀并联构成的单向顺序阀接入油路，图 6-22a所示单向顺序阀又称为平衡阀。这里，顺序阀的开启压力要足以支承运动部件的自重。当换向阀处于中位时，液压缸即可悬停。

回路的特点及应用：顺序阀的压力调定后，若工作负载变小，系统的功率损失将增加；由于顺序阀和换向阀存在泄漏，活塞不可能长时间停在任意位置上。该回路适用于工作负载固定且活塞锁紧精度要求不高的场合。

如图 6-22b 所示为用液控顺序阀的平衡回路。当电磁阀处于左位时，液压油进入液压缸上腔，并进入液控顺序阀的控制口，打开顺序阀使背压消失。当电磁阀处于中位时，液压缸上腔卸压，使液控顺序阀迅速关闭，以防止活塞和工作部件因自重下降，并锁紧。

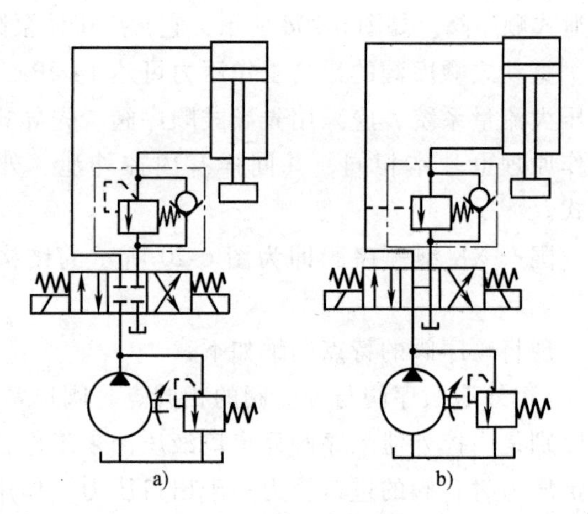

图 6-22 平衡回路

a）用单向顺序阀的平衡回路

b）用液控顺序阀的平衡回路

回路特点及应用：液控顺序阀的启闭取决于控制口的油压，回路的效率较高；当只有液压缸上腔进油时，活塞才下行，比较可靠；活塞下行时平稳性较差，其原因是，当由于运动部件重量作用而下降过快时，系统压力下降，使液控顺序阀关闭，活塞停止下行，使缸上腔油压升高，又打开液控顺序阀，因此液控顺序阀始终工作在启闭的过渡状态，因而影响工作的平稳性。此回路适用于运动部件重量不是很大、停留时间较短的系统。

6.3.3 减压阀

减压阀是一种利用液流流过缝隙，液阻产生的压力损失使出口压力低于进口压力的压力控制阀。按调节要求不同有：用于保证出口压力的定值减压阀；用于保证进、出口压力差不变的定差减压阀；用于保证进、出口压力成比例的定比减压阀。这里只介绍应用最广的定值减压阀。

1. 减压阀的结构及工作原理

定值减压阀分为直动式和先导式两种，其中先导式减压阀应用较广。图 6-23 所示为先导式减压阀的结构原理和图形符号。减压阀的主要组成部分与溢流阀相同，外形也十分相似。其不同点是：主阀芯结构不同，溢流阀主阀芯有两个台肩，而减压阀主阀芯有三个台肩；在常态，溢流阀进、出油口是常闭的，减压阀是常开的；控制阀口开启的油液，溢流阀是来自进口油压，保证进口压力恒定，减压阀来自出口油压，保证出口压力恒定；溢流阀弹簧腔的油液在阀体内引至回油口（内泄式），减压阀其出口油液通执行元件，因此泄漏油单独引回油箱（外泄式）。

如图 6-23a 所示，进口液压油经主阀阀口（减压缝隙）流至出口时，压力为 p_2。与此同时，出口液压油经阀体 6、端盖 8 上的通道进入主阀芯 7 的下腔，然后经主阀芯上的阻尼孔到主阀芯上腔和先导阀的前腔。在负载较小、出口压力 p_2 低于调压压力时，先导阀关闭，主阀芯阻尼孔无液流通过，主阀芯上、下两腔压力相等，主阀芯在弹簧的作用下处于最下端，阀口全开，不起减压作用。若出口压力 p_2 随负载增大超过调压弹簧的调定压力时，先导阀阀口开启，主阀出口液压油经主阀芯阻尼孔到主阀芯上腔、先导阀口，再经泄油回油箱。因阻尼孔的阻尼作用，主阀上、下两腔出现压力差（p_2-p_3），主阀芯在压力差的作用下克服上端弹簧的阻力向上运动，因主阀阀口减小而起到减压作用。当出口压力 p_2 下降到调定值时，先导阀芯和主阀芯同时处于受力平衡状态，出口压力保持稳定不变。通过调节调压弹簧的预压缩量，即调节弹簧力的大小可改变阀的出口压力。

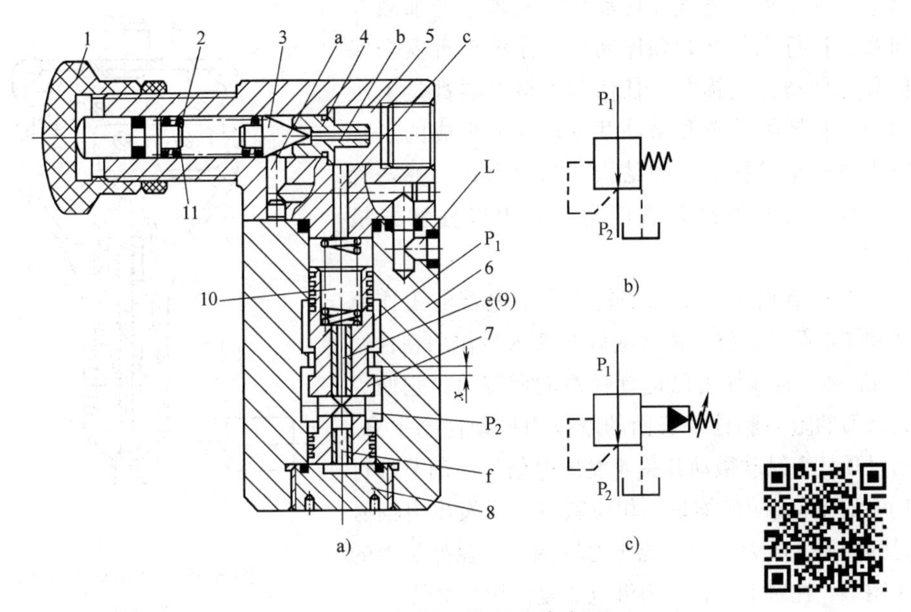

图 6-23 先导式减压阀（扫描二维码观看动画）

a）结构原理图 b）直动式图形符号 c）先导式图形符号

1—调压手轮 2—调节螺钉 3—锥阀 4—锥阀座 5—阀盖 6—阀体 7—主阀芯 8—端盖 9—阻尼孔 10—主阀弹簧 11—调压弹簧

2. 减压阀的应用

减压阀在夹紧油路、控制油路和润滑油路中应用较多。图 6-24 所示为减压阀用于夹紧油路的原理图，液压泵除供给主油路液压油外，还经分支路上的减压阀为夹紧缸提供较泵油压力低的稳定液压油，其夹紧力的大小由减压阀来调节控制。

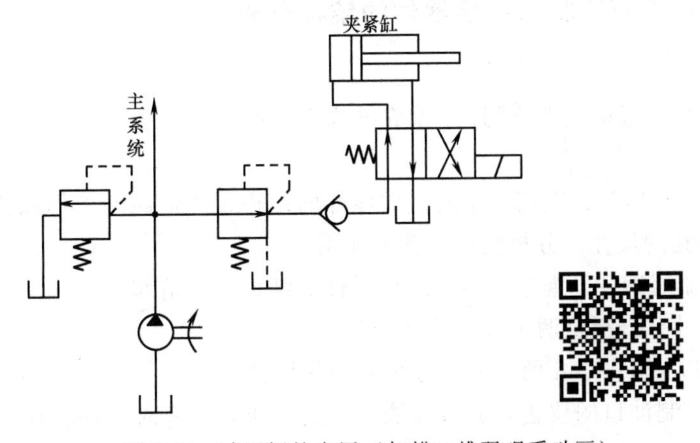

图 6-24 减压阀的应用（扫描二维码观看动画）

6.3.4 压力继电器

压力继电器是一种将油液的压力信号转换为电信号的电-液信号转换元件。当液压油的压力达到压力继电器的调定值时，使电气开关发出电信号来控制电气元件动作，实现泵的加载或卸载、执行元件开始顺序动作、系统出现安全保护和元件动作连锁等。任何压力继电器都是由压力与位移转换装置和微动开关两部分组成的。按压力与位移转换装置的结构分为柱塞式、弹簧管式、膜片式和波纹管式四类，其中以柱塞式最常用。

图 6-25 所示为单柱塞式压力继电器的工作原理和图形符号。液压油从油口 P 通入后作用在柱塞 5 的底部，若其压力已达到弹簧的调定值，它便克服弹簧的阻力和柱塞表面的摩擦力推动柱塞上升，通过顶杆 2 触动微动开关 4 发出电信号。调节螺钉 3 可改变弹簧的压缩量，相应就调节了发出电信号时的控制油压力。当系统压力较低时，在弹簧力的作用下，柱塞下移，压力继电器复位切断电信号。

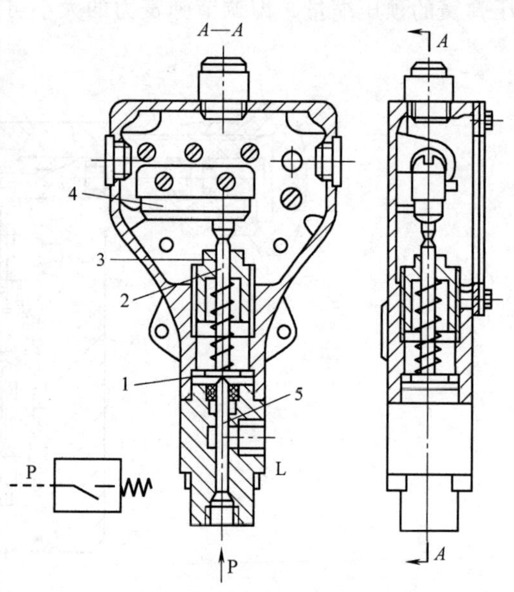

图 6-25 单柱塞式压力继电器的工作原理和图形符号

1—限位挡快 2—顶杆 3—调节螺钉 4—微动开关 5—柱塞

压力继电器发出电信号时的压力称为开启压力，切断电信号时的压力称为闭合压力。开启时，柱塞、顶杆移动时所受到的摩擦力的方向与压力的方向相反；闭合时，柱塞、顶杆移动时所受到的摩擦力的方向与压力的方向相同，故开启压力比闭合压力大。开启压力与闭合压力之差称为通断调节区间。通断调节区间要足够大，否则，系统压力脉动变化时，压力继电器发出的电信号会时断时续。

任务实施：

6.3.5 实训——压力控制阀主要零件的结构分析

1. 溢流阀

溢流阀型号：P 型直动式溢流阀，Y 型先导式溢流阀。

主要零部件分析如下：

1）将 P 型溢流阀拆开，观察其主要组成零件的结构，弄清阀的工作原理。估计弹簧的尺寸及阀芯阻尼小孔的尺寸，分析阻尼小孔的作用。

2）将 Y 型溢流阀拆开，观察其主要组成零件的结构，弄清阀的工作原理。估计主阀弹簧和锥阀弹簧的尺寸，分析这两个弹簧的作用。

3）观察主阀芯上阻尼小孔的尺寸，分析它的作用。

4）观察远程控制油口的位置。分析在液压系统工作时若将阀的远程控制口直接通入油箱，阀进油口处所能达到的油压大小。

5）将阀按原样装好，说明使用时，各油孔与液压系统是怎样连接的。

溢流阀拆装过程中特别要注意的是保证阀芯运动灵活，拆卸后要用金相砂纸抛光除阀芯外圆表面的锈蚀，去除毛刺等；滑阀阻尼孔要清洗干净，以防阻尼孔被堵塞，滑阀不能移动；弹簧软硬应合适，不可断裂或弯曲；液控口要加装螺塞，拧紧密封件防止泄漏；密封件和结合处的纸垫位置要正确；各连接处的螺钉要牢固。

2. 减压阀

减压阀型号：J型先导稳压式减压阀。主要零部件分析如下：

1）将阀拆开，观察其主要组成零件的结构，弄清阀的工作原理，着重理解其能减压并使出口压力稳定的原理。

2）仔细查看主阀芯的结构，分析阀芯上三角槽及阀芯小孔的作用。分析当阀芯上的小孔堵塞时，油路可能产生的故障。

3）观察阀的进、出油口的位置与溢流阀进、出油口的位置有什么不同。如果阀已无标牌，如何判断它是减压阀还是溢流阀？

4）注意观察J型减压阀有无远程控制口。如果有，它起什么作用？

5）将阀按原样装好，说明使用时各油孔与液压系统是怎样连接的。

减压阀拆装过程中特别要注意的是直动式减压阀的顶盖方向要正确，否则会堵塞回油孔；滑阀应移动灵活，防止出现卡死现象；阻尼孔应疏通良好；弹簧软硬应合适，不可断裂或弯曲；阀体和滑阀要清洗干净，泄漏通道要畅通；密封件不能有老化或损坏现象，确保密封效果；紧固各连接处的螺钉。

补充知识：

6.3.6 压力控制阀常见的故障及排除方法

各种压力控制阀的结构和原理十分相似，在结构上仅有局部不同，有的是进出油口连接差异，有的是阀芯结构形状做局部改变。

1. 溢流阀常见的故障及排除方法

溢流阀常见的故障及排除方法见表6-8。

表6-8 溢流阀常见的故障及排除方法

故障现象	产生原因	排除方法
压力上不去，达不到调定压力，溢流阀提前开启	1）主阀芯与滑套配合间隙内有污物或主阀芯卡死在打开位置 2）主阀芯阻尼小孔内有污物堵塞 3）主阀芯弹簧漏装或折断 4）先导阀（针形）与阀座之间有污物粘附，不能密合 5）先导阀（针形）与阀座之间密合处产生磨损；针形阀有拉伤、磨损环状凹坑或阀座呈锯齿状甚至有缺口 6）调压弹簧失效 7）调压弹簧压缩量不够 8）远控口未堵住（对安装在多路阀内的溢流阀，若需要溢流阀卸荷，其远控口是由其他方向阀的阀杆移动堵住的）	1）拆卸清洗；用尼龙刷等清除主阀芯卸荷槽尖棱边的毛刺；保证阀芯与阀套配合间隙在0.008~0.015mm之间内灵活运动 2）清洗主阀芯，并用ϕ0.8mm细钢丝通小孔，或用压缩空气吹通 3）加装主阀芯弹簧或更换主阀芯平衡弹簧 4）清洗先导阀 5）更换针形阀与阀座 6）更换失效弹簧 7）重调弹簧，并拧紧紧固螺母 8）查明原因，保证泵不卸荷，远控口与油箱之间堵死

（续）

故障现象	产生原因	排除方法
当进口压力超过调定压力时，溢流阀也不能开启	1)由于主阀芯与阀套配合间隙内卡有污物或主阀芯有毛刺，使主阀芯卡死在关闭位置上 2)调压弹簧失效 3)主阀芯液压卡紧 4)主阀芯弹簧与调压弹簧装反或主阀芯弹簧误装成较硬弹簧 5)调压弹簧腔的泄油孔通道有污物堵塞	1)拆卸清洗；用尼龙刷等清除主阀芯卸荷槽尖棱边的毛刺；保证阀芯与阀套配合间隙在0.008~0.015mm之间内灵活运动 2)更换调压弹簧 3)恢复主阀精度，补卸荷槽；更换主阀芯 4)检查更正重装弹簧 5)清洗，并用压缩空气吹净。
压力振摆大，噪声大	1)主阀芯弹簧腔内积存空气 2)主阀芯与阀套间有污物，主阀芯有毛刺，配合间隙过大、过小，使主阀芯移动不规则 3)先导阀(针形)与阀座之间密合处产生磨损；针形阀有拉伤、磨损环状凹坑或阀座呈锯齿状甚至有缺口 4)主阀芯阻尼孔时堵时通 5)主阀芯弹簧或调压弹簧失去弹性，使阀芯运动不规则 6)主阀芯弹簧与调压弹簧装反或主阀芯弹簧误装成较硬弹簧 7)二级同心的溢流阀同心度不够	1)使溢流阀在高压下开启、低压关闭，反复数次 2)拆卸清洗；用尼龙刷等清除主阀芯卸荷槽尖棱边的毛刺；保证阀芯与阀套配合间隙在0.008~0.015mm之间灵活运动 3)更换针形阀与阀座 4)清洗，并酌情更换变质的液压油 5)检查更换 6)检查更正重装 7)更换不合格产品

2. 减压阀常见的故障及排除方法

减压阀常见的故障及排除方法见表6-9。

表6-9 减压阀常见的故障及排除方法

故障现象	产生原因	排除方法
不起减压作用，出油口几乎等于进油口压力	1)主阀芯与阀体孔之间的间隙里有污物，主阀芯与阀体孔的几何公差超差，产生液压卡紧；主阀芯或阀体棱边上有毛刺没除去，造成主阀芯卡死在全开位置 2)主阀芯表面或阀孔拉毛、配合间隙过小 3)主阀芯短，阻尼孔堵塞 4)泄油孔油塞未拧出 5)拆修后顶盖方向装错，使输出油孔与泄油孔打通	1)分别拆卸检查清洗；修复达到精度；去毛刺 2)研磨阀孔，再配阀芯；配合间隙一般为0.007~0.015mm 3)清洗阻尼孔，并用钢丝通孔或用压缩空气吹通 4)应拧出泄油塞，使该孔与油箱接通，并保持泄油管畅通 5)检查调整
输出压力达不到调定压力	1)先导锥阀与阀座密合不良 2)调压弹簧疲劳变软或折断 3)主阀和先导阀结合面之间漏油 4)调压手轮(螺钉)螺纹拉伤，不能调压	1)更换或研配 2)更换调压弹簧 3)检查O形密封圈，若失效应更换；拧紧螺钉 4)更换调压螺钉
不稳定，有时噪声也大	1)先导阀与阀座配合不好，或有污物或损伤造成密合不良 2)调压弹簧失效，造成锥阀时开时闭，振荡 3)泄油口或泄油管时堵时通 4)主阀芯阻尼孔时堵时通 5)主阀芯弹簧变形或失效，使主阀芯失去移动调节作用 6)主阀芯与阀孔的圆度超过规定 7)油液中混入空气	1)研磨修配或更换先导阀 2)更换调压弹簧 3)检查清洗泄油口 4)检查疏通阻尼孔；换油 5)更换主阀芯弹簧 6)研磨修配阀孔，修配滑阀 7)采取措施排除空气

任务6.4 流量控制阀的使用

任务目标：

掌握流量控制阀的作用及分类；掌握节流阀、调速阀的工作原理。

任务描述：

拆装节流阀和调速阀，掌握流量控制阀的工作原理、性能特点及应用；了解流量控制阀常见的故障现象及排除方法。

知识与技能：

流量控制阀通过改变阀口通流面积来调节输出流量，从而控制执行元件的运动速度。常用的流量阀有节流阀和调速阀两种。

6.4.1 流量控制阀的特性

1. 节流口的流量特性公式

流量阀的输出流量与节流口的结构形式有关，实用的节流口都介于理想薄壁孔和细长孔之间，故其流量特性可用小孔流量通用公式 $q_v = CA_T\Delta p^{\varphi}$ 来描述。当 C、Δp 和 φ 一定时，只要改变节流口的面积 A_T，就可调节通过节流口的流量 q_v。

如果希望节流阀的阀口面积 A_T 调定以后，通过节流口的流量 q_v 不再发生变化，以使执行元件的速度保持稳定不变，但实际上是做不到的。其主要原因是：液压系统负载一般情况下不为定值，负载发生变化后，执行元件的工作压力也随之变化；与执行元件相连的节流阀，其前后压力差 Δp 发生变化后，流量也发生变化。另外，油温变化时油的黏度也会发生变化，小孔流量通用公式中的系数 C 值就发生变化，从而使流量发生变化。

另外，油液中的杂质及因氧化而产生的胶质和沥青等胶状物质也会堵塞节流口或积聚在节流口上，积聚物有时又会被高速液流冲掉，使节流口面积时常变化而影响流量稳定性。通流面积越大，液力直径越大，节流通道越短，节流口就越不容易堵塞，流量稳定性也就越好。流量控制阀有一个保证正常工作的最小流量限制值，称为最小稳定流量。

2. 节流口的形式

任何一个流量控制阀都有一个节流部分，即节流口。改变节流口通流截面积大小，即可达到调节执行装置运动速度的目的。节流口的形式很多，最常用的如图 6-26 所示。其中，图 6-26a 所示为针阀式节流口，阀芯做轴向移动，便可调节流量。图 6-26b 所示为偏心槽式节流口，转动阀芯来改变通流截面积大小，即可调节流量。这两种节流口结构简单，工艺性好，但流量不够稳定，易堵塞，一般用于对性能要求不高的场合。图 6-26c 所示为轴向三角沟式节流口，轴向移动阀芯，便可调节流量。此种节流口结构简单，容易制造，流量稳定性好，不易堵塞，故应用广泛。图 6-26d 所示为周向缝隙式节流口，阀芯上沿圆周上开有一段狭缝，旋转阀芯可以改变缝隙的通流截面积，使流量得到调节。图 6-26e 所示为轴向缝隙式节流口，在套筒上开有轴向缝隙，轴向移动阀芯就可以改变缝隙的通流截面积大小以调节流

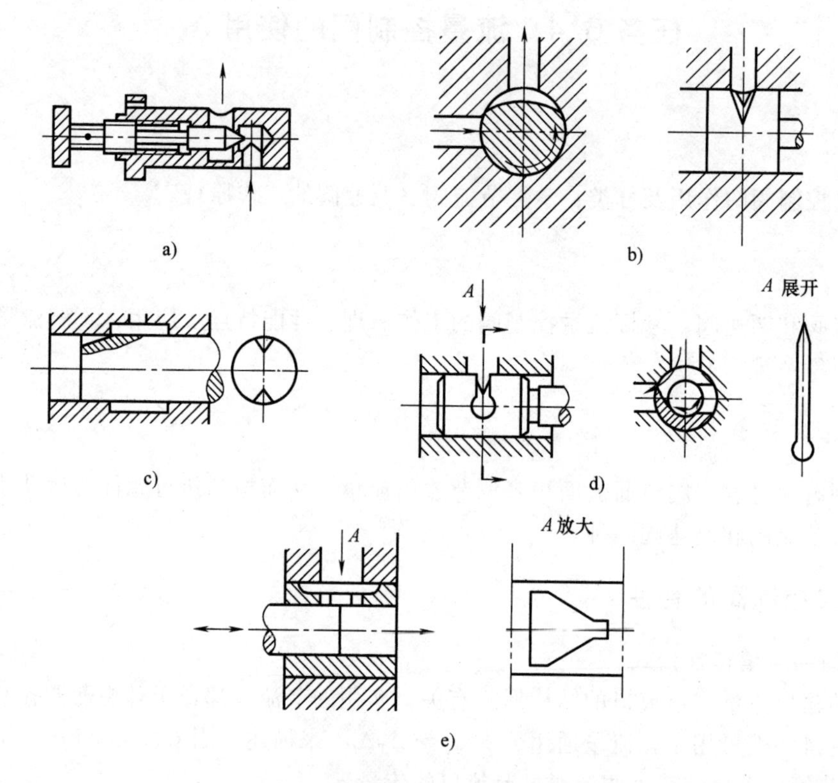

图 6-26 典型节流口的结构形式

a）针阀式节流口 b）偏心槽式节流口 c）轴向三角沟式节流口

d）周向缝隙式节流口 e）轴向缝隙式节流口

量。后两种节流口性能较好，但结构复杂，加工要求较高，故用于流量调节性能要求高的场合。

6.4.2 节流阀的结构及特点

图 6-27 所示为节流阀的结构及图形符号。液压油从进油口 P_1 流入，经孔 a、阀芯 1 左端的轴向三角槽、孔 b 和出油口 P_2 流出。阀芯 1 在弹簧力的作用下始终紧贴在推杆 2 的端部。节流口所在阀芯 1 的锥部通常开有两个或四个三角槽。调节手轮 3，可使推杆沿轴向移动，从而改变进、出油口之间的通流面积，即可调节流量。

节流阀的结构简单、体积小、使用方便、成本低。这种节流阀的阀口调节范围大，流量与阀口前后的压力差呈线性关系，有较小的稳定流量，但流道有一定的长度，流量易受温度和负载的影响。因此，只适用于温度和负载变化不大或速度稳定、要求不高的液压系统。

实验表明，当节流阀在小开口面积下工作时，虽然阀的前后压力差 Δp 和油液黏度 μ 均保持不变，但流经阀的流量 q_v 会出现时多时少的周期性脉动现象，随着开口的逐渐减小，流量脉动变化加剧，甚至出现间歇式断流，使节流阀完全丧失工作能力。上述这种现象称为节流阀的堵塞现象。造成堵塞现象的主要原因是油液中的污物堵塞流口，即污物时堵时而冲走而造成流量脉动变化；另一个原因是油液中的极化分子和金属表面的吸附作用导致节流缝

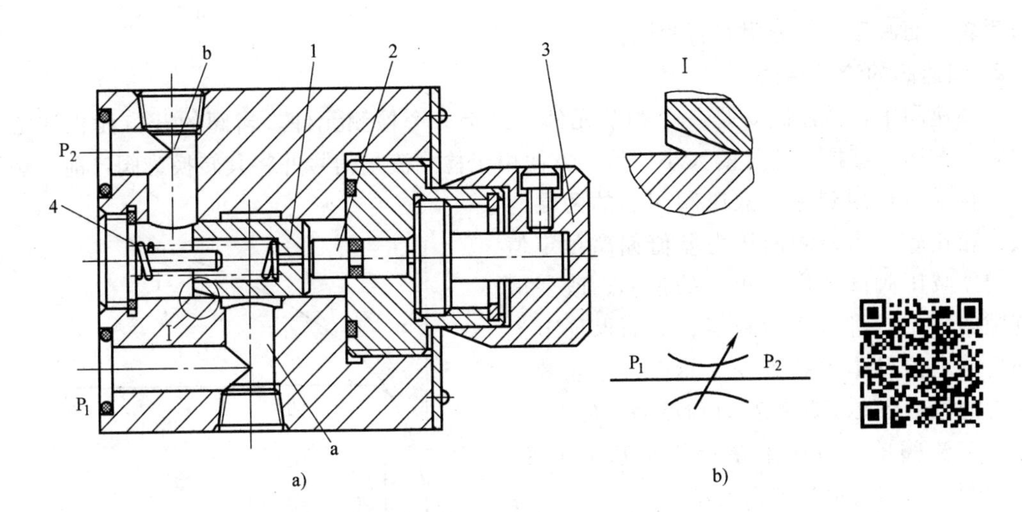

图 6-27 节流阀的结构及图形符号（扫描二维码观看动画）

a）结构原理 b）图形符号

1—阀芯 2—推杆 3—手轮 4—弹簧

隙表面形成吸附层，使节流口的大小和形状发生改变。

节流阀的堵塞现象使节流阀在很小的流量下工作时流量不稳定，导致执行元件出现爬行现象。因此，对节流阀应有一个能正常工作的最小流量限制。这个限制值称为节流阀的最小稳定流量，用于系统则限制了执行元件的最低稳定速度。

6.4.3 调速阀

1. 调速阀的工作原理

调速阀是由定差减压阀与节流阀串联而成的组合阀，其工作原理及图形符号如图 6-28 所示。节流阀用来调节通过的流量，定差减压阀则自动补偿负载变化的影响，使节流阀前后的压力差为定值，以消除负载变化对流量的影响。如图 6-28 所示，定差减压阀 1 与节流阀 2 串联，定差减压阀左右两腔也分别与节流阀前后端沟通。设定差减压阀的进口压力为 p_1，油液经减压后的出口压力为 p_2，通过节流阀又降至 p_3 后进入液压缸。p_3 的大小由液压缸的负载 F 决定。负载 F 变化，则 p_3 和调速阀两端压力差（p_1-p_3）随之变化，但节流阀两端压力差（p_2-p_3）却保持不变。例如，F 增大使 p_3 增大，减压阀阀芯弹簧腔的液压作用力也增大，阀芯左移，减压口开度 x 增大，减压作用减小使 p_2 有所增加，结果压力差（p_2-p_3）保持不变；反之亦然。通过调速阀的流量因此保持恒定不变。在调速阀阀体中，减压阀和节流阀一般为相互垂直安置。节流阀部分设有流量

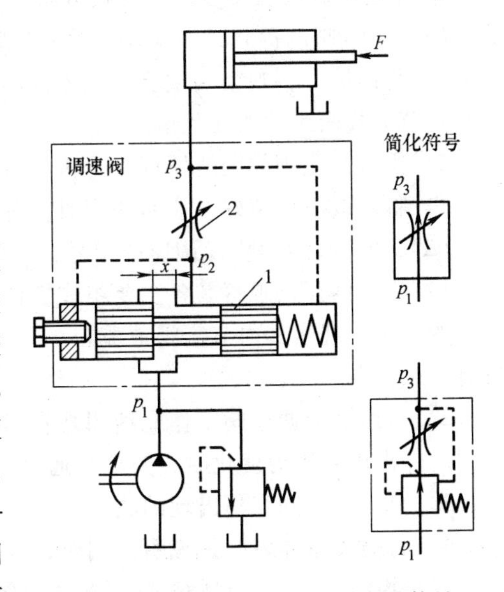

图 6-28 调速阀的工作原理及图形符号

1—定差减压阀 2—节流阀

调节手轮，而减压阀部分附有行程限位器。

2. 调速阀的流量特性

在调速阀中，节流阀既是一个调节元件，又是一个检测元件。当阀的开口面积调定之后，它一方面能够控制流量的大小，另一方面用于检测流量信号并将其转换为阀口前、后压力差，再反馈作用到定差减压阀阀芯的两端与弹簧力相比较。当检测的压力差值偏离预定值时，定差减压阀阀芯产生相应的位移，改变减压缝隙的大小以进行压力补偿，进而保证节流阀前后压力差基本保持不变。然而，定差减压阀阀芯的位移势必引起弹簧力和液动力的波动，因此，节流阀前、后压力差只能是基本不变，即流经调速阀的流量基本稳定。

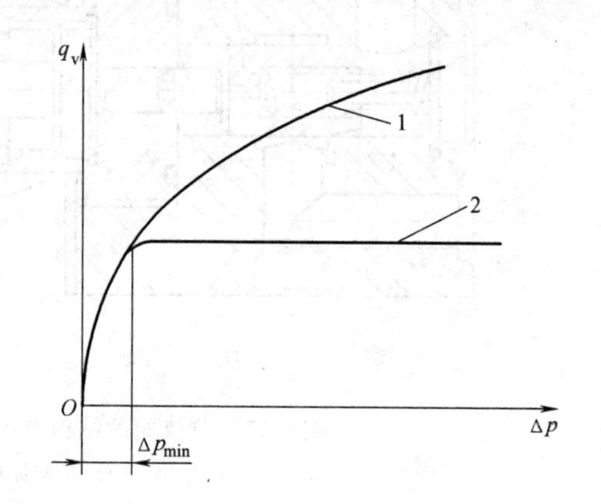

图 6-29 调速阀的流量特性曲线

1—节流阀 2—调速阀

调速阀的流量特性曲线如图 6-29 所示。由图 6-29 可见，当调速阀前、后两端的压力差超过最小值 Δp_{min} 以后，流量是稳定的。而在 Δp_{min} 以内，流量随压力差的变化而变化，其变化规律与节流阀相一致。这是因为当调速阀的压差过低时，将导致其内的定差减压阀阀口全部打开，减压阀处于非工作状态，只剩下节流阀在起作用，故此段曲线和节流阀曲线基本一致。

任务实施：

6.4.4 流量控制阀的结构分析与故障排除

1. 流量控制阀主要零部件结构分析

（1）节流阀的拆装（节流阀型号：L 型节流） 主要零部件分析如下：

1）将阀拆开，观察其主要组成零件的结构，特别注意观察其阀芯上节流口的形式及调速时其节流截面尺寸的变化情况。

2）弄清节流阀的调速原理，分析节流阀调速缺点，分析其容易出现的故障。

3）将阀按原样装好，说明使用时，各油孔与液压系统是怎样连接的。

（2）调速阀的拆装（调速阀型号：Q 型调速阀） 主要零部件分析如下：

1）将阀拆开，观察其各主要组成零件的结构，特别注意其内减压阀与普通 J 型定压减压阀的区别。观察其内节流阀节流口的形式与普通 L 型节流口形式的区别，分析这种节流口有什么优点。

2）对照书上调速阀工作原理图观看实物，弄清调速阀的工作原理，特别应理解当其节流阀进、出口的压力变化时，为什么通过阀的流量可以保持不变。

3）分析调速阀容易出现的故障。

4）将阀按原样装好，说明使用时，各油孔与液压系统是怎样连接的。

流量控制阀拆装过程中，除了要注意阀体和阀芯的配合间隙要合适、弹簧软硬要合适、密封可靠以及连接紧固等问题外，特别要注意阀体和阀芯的清洗，节流阀的节流口不能有污物，以防节流口的堵塞。如果是调速阀，还要注意减压阀中的阻尼小孔要畅通，否则会影响阀芯的动作灵敏程度。

2. 流量控制阀常见的故障及排除方法

表6-10列出了流量控制阀常见的故障及排除方法。

表6-10 流量控制阀常见的故障及排除方法

故障现象	原因分析	排除方法
无流量或流量极小	1)节流口堵塞 2)阀芯与阀孔配合间隙过大,泄漏大	1)检查清洗,更换油液,修复阀芯 2)检查磨损、密封情况,修换阀芯
流量不稳定	1)油中杂质粘附在节流口边缘上,通流截面减少,速度减慢 2)节流阀内、外泄漏大,流量损失大,不能保证运行所需要的流量	1)拆洗节流阀,清除污物,更换过滤器或更换油液 2)检查阀芯与阀体之间的间隙及加工精度,超差零件修复或更换。检查有关连接部位的密封情况或更换密封件

思考与练习

6-1 选择换向阀时应考虑哪些问题?

6-2 分别说明O型、M型、P型和H型三位四通换向阀在中间位置时的性能特点。并指出它们各适用于什么场合。

6-3 溢流阀、减压阀和顺序阀各有什么作用?它们在原理、结构和图形符号上各有何异同?

6-4 先导式溢流阀的阻尼小孔起什么作用?若将其堵塞或加大会出现什么情况?

6-5 在系统中有足够负载的情况下，先导式溢流阀、减压阀及调速阀的进、出油口反接会出现什么现象?

6-6 背压阀的作用是什么?哪些阀可以作为背压阀?

6-7 如图6-30所示，两液压系统中溢流阀的调整压力分别为 $p_A=4MPa$，$p_B=3MPa$，$p_C=3MPa$，当系统的负载为无穷大时，泵的出口压力各为多少?

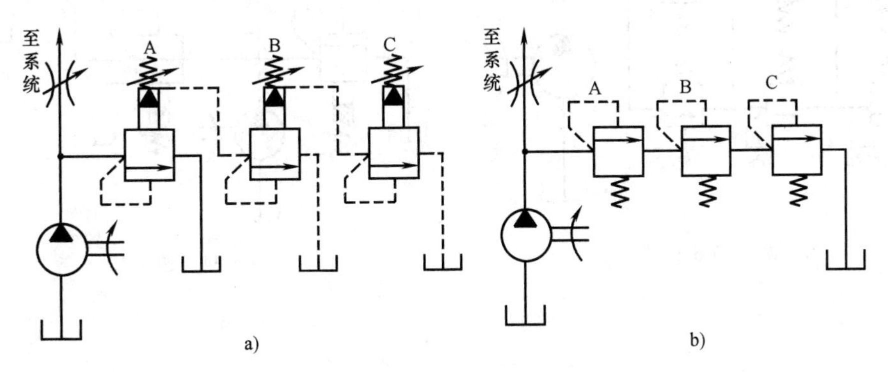

图6-30 题6-7图

6-8 一夹紧回路，如图6-31所示。若溢流阀的调定压力为5MPa，减压阀的调定压力为2.5MPa。试分析活塞快速运动时和工件夹紧后，*A*、*B*两点的压力各为多少?

6-9　什么叫压力继电器的开启压力？什么是闭合压力？什么是调节区间？

6-10　如图 6-32 所示，两个减压阀的调定压力不同，当两阀串联时，出口压力取决于哪个减压阀？当两个阀并联时，出口压力取决于哪个减压阀？为什么？

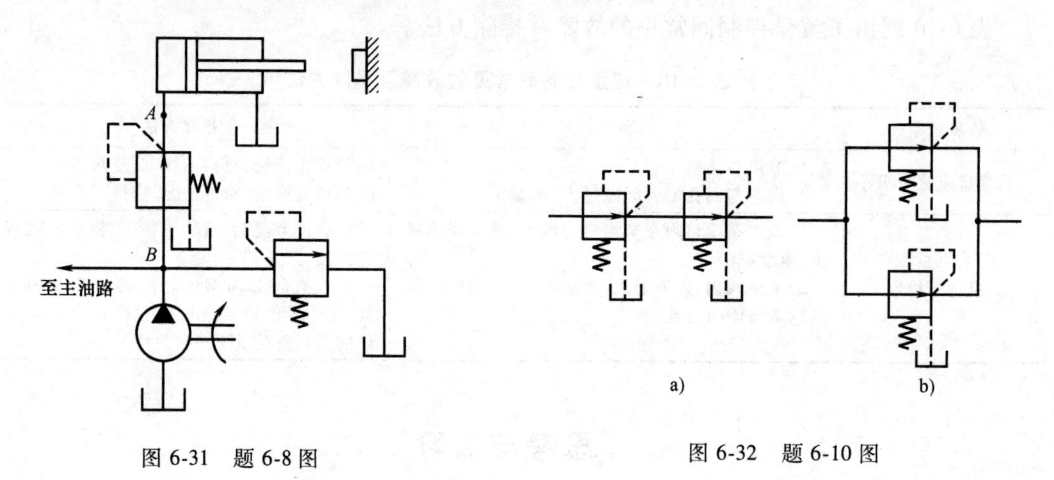

图 6-31　题 6-8 图

图 6-32　题 6-10 图

6-11　三个溢流阀各自的调整压力如图 6-33 所示。试问泵的供油压力有几级？数值各多大？

6-12　如图 6-34 所示液压回路中，已知液压缸有效工作面积 $A_1=A_3=100\text{cm}^2$，$A_2=A_4=50\text{cm}^2$，当最大负载 $F_1=14\text{kN}$、$F_2=4.25\text{kN}$ 时，背压力 $p=0.15\text{MPa}$，节流阀 2 的压差 $\Delta p=0.2\text{MPa}$ 时，问：不计管路损失，A、B、C 各点的压力是多少？阀 1、2、3 至少应选择多大的额定压力？快速进给运动速度 $v_1=200\text{cm/min}$，$v_2=240\text{cm/min}$，各阀应选择多大的流量？

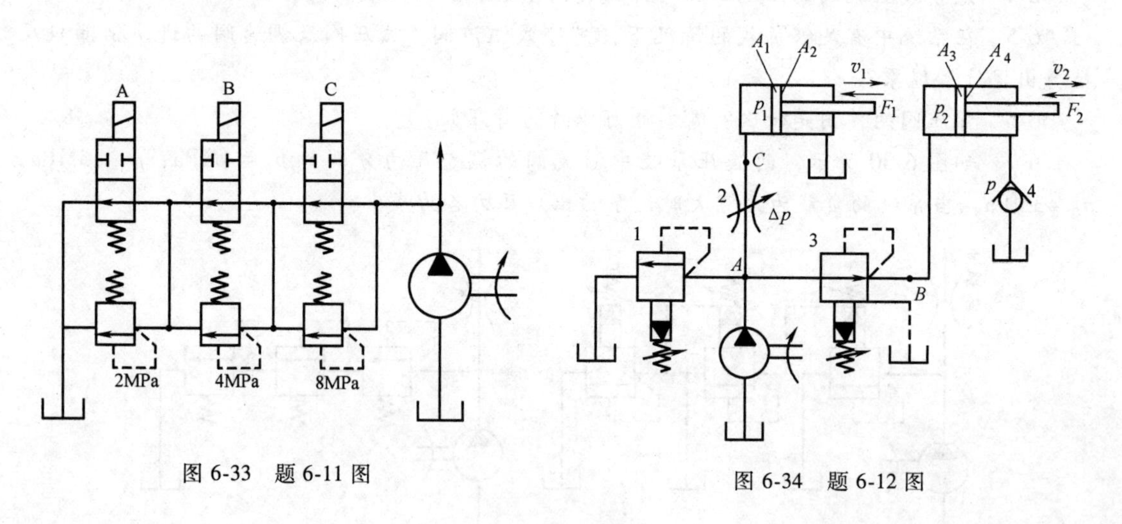

图 6-33　题 6-11 图

图 6-34　题 6-12 图

项目7 液压系统基本回路

【项目要点】

- 能正确组装和调试液压系统基本回路。
- 能正确分析压力控制回路的工作原理和应用。
- 能正确分析快速运动回路和速度转换回路的工作原理及应用。
- 能正确分析节流调速回路的速度负载特性
- 能正确分析多缸动作回路的实现方式。

【知识目标】

- 掌握压力控制基本回路的组成和原理。
- 掌握方向控制基本回路的组成和原理。
- 掌握速度控制基本回路的组成和原理。
- 掌握多缸工作控制基本回路的组成和原理。

【素质目标】

- 培养学生认真负责，追求极致的职业品质。
- 培育学生大国工匠精神。
- 培养学生的国家使命感和民族自豪感。

思政小课堂

雕刻火药的“大国工匠”

任何一种液压传动系统都是由一些基本回路组成的。所谓基本回路，就是用来完成某种特定功能的典型回路。按基本回路的功能可分为压力控制回路、速度控制回路、方向控制回路和多缸工作控制回路等。熟悉和掌握这些基本回路的组成、工作原理和性能，是分析、维护、安装、调试和使用液压系统的重要基础。

任务7.1 压力控制基本回路分析

任务目标：

掌握调压回路的调压原理及其分类；掌握减压回路的减压原理；掌握增压回路的增压方法及其增压原理；掌握常见卸荷回路的卸荷方式；了解平衡回路的工作原理；了解常见保压回路的工作原理。

任务描述：

组装各类压力控制回路，掌握其压力控制原理、回路性能特点及应用。

知识与技能：

利用各种压力阀控制系统或系统某一部分油液压力的回路称为压力控制回路。在系统中用来实现调压、减压、增压、卸荷、平衡等控制，以满足执行元件对力或转矩的要求。这类

回路包括调压、保压、增压、减压、背压、卸荷和平衡等多种基本液压回路。

7.1.1 调压回路

根据系统负载的大小来调节系统工作压力的回路称为调压回路。调压回路的核心元件是溢流阀。

1. 单级调压回路

图 7-1a 所示为由溢流阀组成的单级调压回路，用于定量泵液压系统。液压泵输出油液的流量除满足系统工作用油量和补偿系统泄漏外，还有油液经溢流阀流回油箱。所以这种回路效率较低，一般用于流量不大的场合。

图 7-1b 所示为用远程调压阀的单级调压回路。将远程调压阀 2 接在先导式主溢流阀 1 的远程控制口上，液压泵的压力即由远程调压阀 2 作远程调节。这时，远程调压阀起调节系统压力的作用，绝大部分油液仍从先导式主溢流阀 1 溢流走。回路中，远程调压阀的调定压力应低于溢流阀的调定压力。

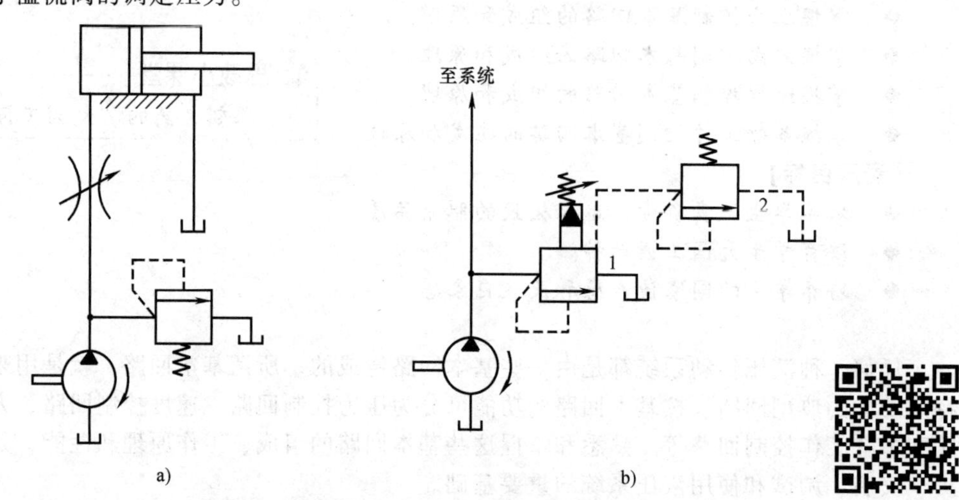

图 7-1 调压回路（扫描二维码观看动画）

a）由溢流阀组成的调压回路 b）用远程调压阀的单级调压回路

1—先导式主溢流阀 2—远程调压阀

2. 多级调压回路

当液压系统在其工作过程中需要两种或两种以上不同的工作压力时，常采用多级调压回路。

图 7-2a 所示为二级调压回路。当换向阀的电磁铁通电时，远程调压阀 2 的出口被换向阀关闭，故液压泵的供油压力由主溢流阀 1 调定；当换向阀的电磁铁断电时，远程调压阀 2 的出口经换向阀与油箱接通，这时液压泵的供油压力由远程调压阀 2 调定，且远程调压阀 2 的调定压力应小于主溢流阀 1 的调定压力。

图 7-2b 所示为三级调压回路。远程调压阀 2 和 3 的进油口经换向阀与主溢流阀 1 的远程控制油口相连。改变三位四通换向阀的阀芯位置，则可使系统有三种压力调定值。换向阀左位工作时，压力由远程调压阀 2 来调定；换向阀右位工作时，系统压力由远程调压阀 3 来调定；而中位时为系统的最高压力，由主溢流阀 1 来调定。在这个回路中，主溢流阀 1 调定的压力必须高于远程调压阀 2 和 3 调定的压力，且远程调压阀 2 和 3 的调定压力不相等。

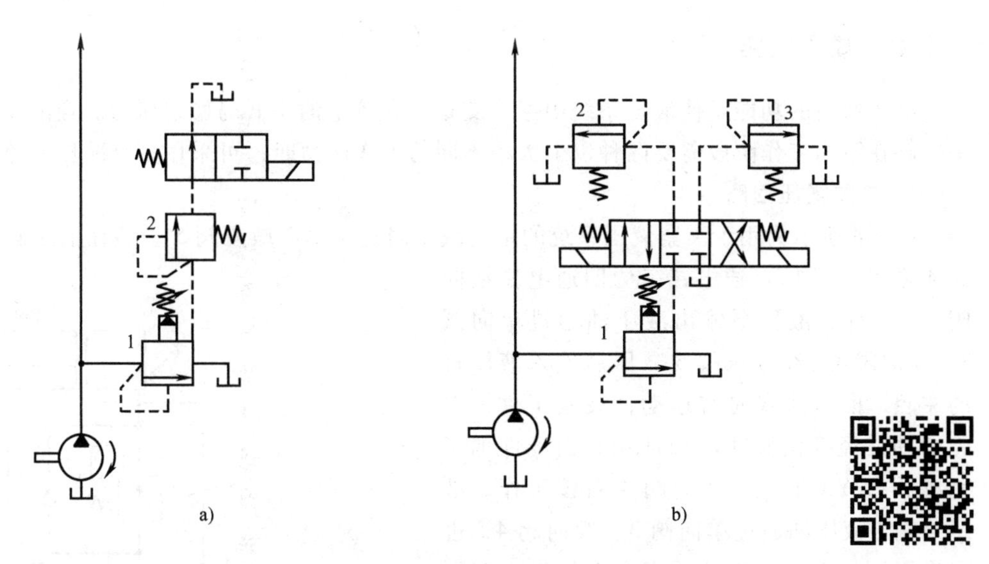

图 7-2 多级调压回路（扫描二维码观看动画）

1—主溢流阀 2、3—远程调压阀

3. 双向调压回路

执行元件正反行程需不同的供油压力时，可采用双向调压回路。当图 7-3a 所示的换向阀在左位工作时，活塞右移为工作行程，液压泵出口由溢流阀 1 调定为较高的压力，液压缸右腔油液经换向阀卸压回油箱，溢流阀 2 关闭不起作用；当换向阀右位工作时，活塞左移实现空程返回，液压泵输出的液压油由溢流阀 2 调定为较低的压力，此时溢流阀 1 因调定压力高而关闭不起作用，液压缸左腔的油液经换向阀回油箱。

图 7-3b 所示的回路在图示位置时，溢流阀 2 的出口被高压油封闭，即溢流阀 1 的远控口被堵塞，故液压泵压力由溢流阀 1 调定为较高的压力；当换向阀在右位工作时，液压缸左腔通油箱，压力为零，溢流阀 2 相当于溢流阀 1 的远程调压阀，液压泵压力被调定为较低的压力。该回路的优点是：溢流阀 2 工作时仅通过少量泄油，故可选用小规格的远程调压阀。

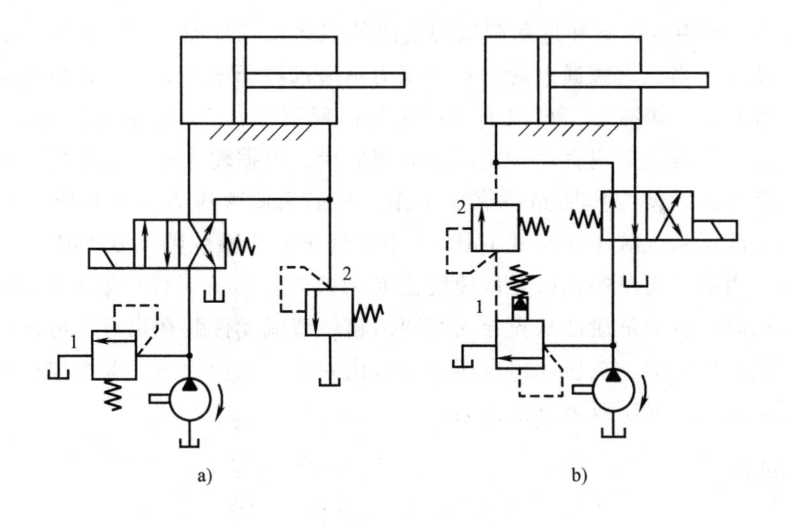

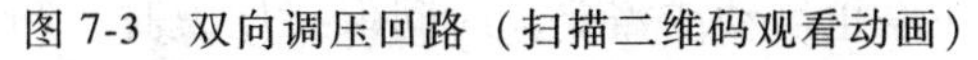
图 7-3 双向调压回路（扫描二维码观看动画）

7.1.2 减压回路

减压回路的功能是使液压系统中某一支路具有较主油路低的稳定压力。当液压系统中某一支路在不同工作阶段需要两种以上大小不同的工作压力时，可采用多级减压回路。

1. 单向减压回路

图 7-4 所示为用于夹紧液压系统的单向减压回路。单向减压阀 5 安装在液压缸 6 与换向阀 4 之间，当 1YA 通电，三位四通电磁换向阀左位工作，液压泵输出液压油通过单向阀 3、换向阀 4，经减压阀 5 减压后输入液压缸的左腔，推动活塞向右运动，夹紧工件，右腔的油液经换向阀 4 流回油箱；当工件加工完成后，2YA 通电，换向阀 4 右位工作，液压泵输出液压油通过单向阀 3、换向阀 4，进入液压缸的右腔，推动活塞向左运动，液压缸 6 左腔的油液经单向减压阀 5 的单向阀、换向阀 4 流回油箱，回程时减压阀不起作用。单向阀 3 在回路中的作用是，当主油路压力低于减压油路的压力时，利用锥阀关闭的严密性，保证减压回路的压力不变，使夹紧缸保持夹紧力不变。还应指出，减压阀 5 的调整压力应低于溢流阀 2 的调整压力，才能保证减压阀正常工作（起减压作用）。例如，MJ-50 型数控车床的液压系统中的卡盘的夹紧与松开、尾座套筒的伸缩运动就是采用减压回路。

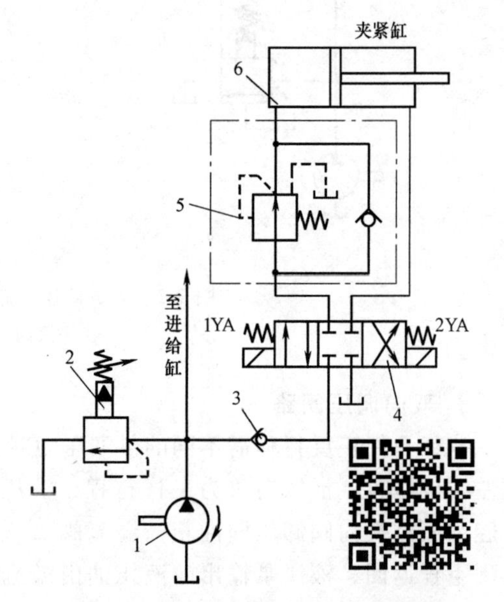

图 7-4 用于夹紧液压系统的单向减压回路（扫描二维码观看动画）

1—液压泵 2—溢流阀 3—单向阀 4—换向阀 5—减压阀 6—液压缸

2. 二级减压回路

图 7-5 所示为一种由减压阀和远程调压阀组成的二级减压回路。图 7-5 所示状态，夹紧压力由减压阀 1 调定，当二通阀通电后，夹紧压力则由远程调压阀 2 决定，故此回路为二级减压回路。若系统只需一级减压，可取消二通阀与远程调压阀 2，堵塞减压阀 1 的外控口。若取消二通阀，远程调压阀 2 用直动式比例溢流阀取代，根据输入信号的变化，便可获得无级或多级的稳定低压。为使减压回路可靠地工作，其最高调整压力应比系统压力低一定数值，例如，中高压液压系统减压阀约低 1MPa（中、低压液压系统约低 0.5MPa），否则减压阀不能正常工作。当减压支路的执行元件速度需要调节时，节流元件应装在减压阀的出口，因为减压阀起作用时，有少量泄油从先导阀流回油箱，节流元件装在出口，可避免泄油对节流元件调定的流量产生影响。减压阀出口压力如果比系统压力低得多，会增加功率损失和系统升温，必要时可用高、低压双泵分别供油。

7.1.3 卸荷回路

当液压系统中的执行元件停止运动或需要长时间保持压力时，卸荷回路可以使液压泵输

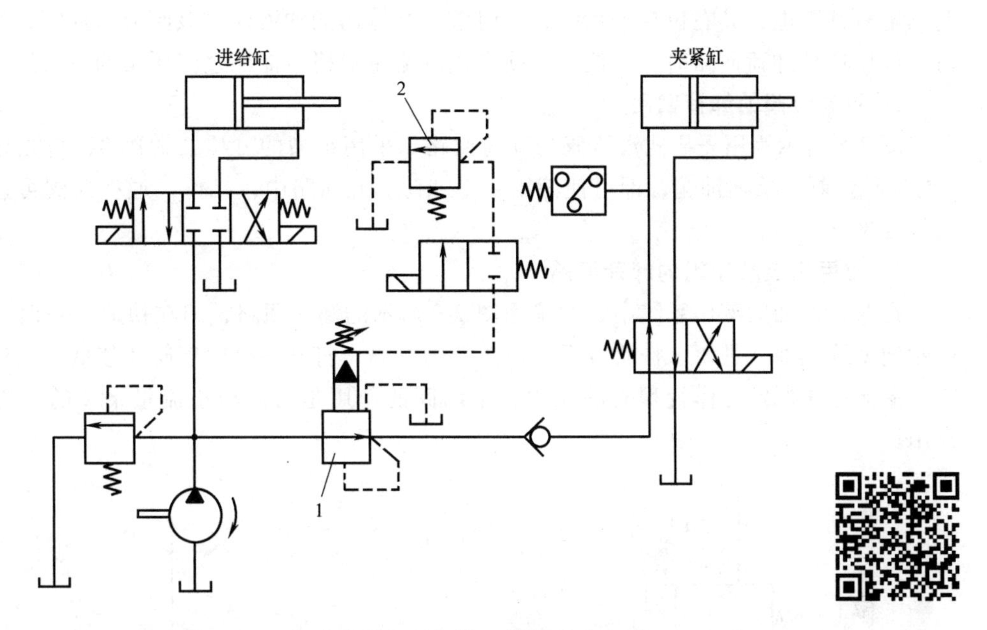

图 7-5　二级减压回路（扫描二维码观看动画）

1—减压阀　2—远程调压阀

出的油液以最小的压力直接流回油箱，以减小液压泵的输出功率，降低驱动液压泵电动机的动力消耗，减小液压系统的发热，从而延长液压泵的使用寿命。下面介绍两种常用的卸荷回路。

1. 采用三位换向阀的卸荷回路

图 7-6 所示为采用三位四通换向阀的 H 型中位滑阀机能实现卸荷的回路。中位时，进口 P 与回油口 T 相连通，液压泵输出的油液可以经换向阀中间通道直接流回油箱，实现液压泵卸荷，M 型中位滑阀机能也有类似的功用。

2. 采用二位二通换向阀的卸荷回路

图 7-7 所示为采用二位二通换向阀的卸荷回路。当执行元件停止运动时，使二位二通换

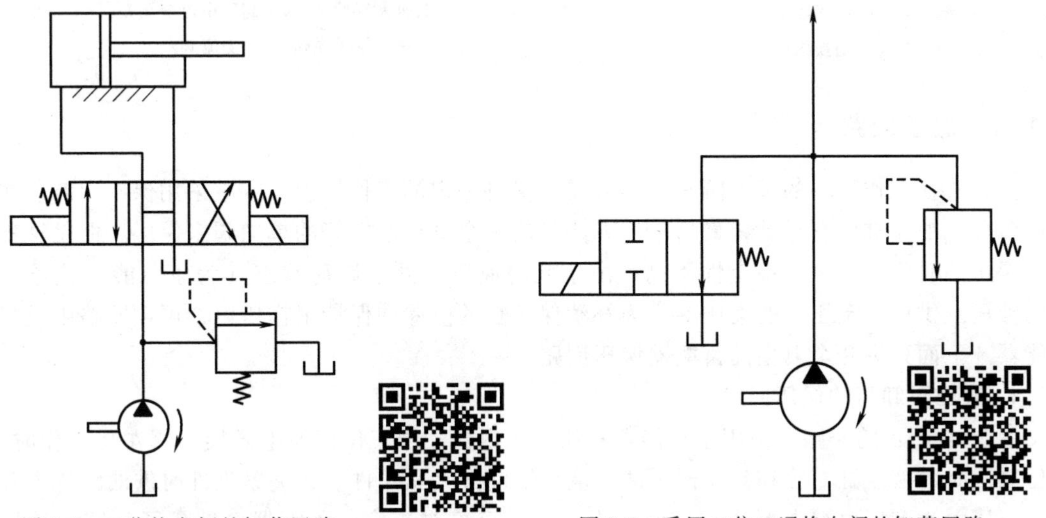

图 7-6　三位换向阀的卸荷回路（扫描二维码观看动画）

图 7-7　采用二位二通换向阀的卸荷回路（扫描二维码观看动画）

向阀电磁铁断电，其右位接入系统，这时液压泵输出的油液通过该阀流回油箱，使液压泵卸荷。应用这种卸荷回路时，二位二通换向阀的流量规格应能流过液压泵的最大流量。

3. 用溢流阀的卸荷回路

图 7-8 所示为用先导式溢流阀的卸荷回路。采用小型的二位二通阀 3，将先导式溢流阀 2 的远程控制口接通油箱，即可使液压泵 1 卸荷。此回路中，二位二通换向阀可选用较小的流量规格。

4. 使用液控顺序阀的卸荷回路

在双泵供油的液压系统中，常采用图 7-9 所示的卸荷回路，即在快速行程时，两液压泵同时向系统供油，进入工作阶段后，由于压力升高，打开液控顺序阀 3 使低压大流量泵 1 卸荷。溢流阀 4 调定工作行程时的压力，单向阀的作用是对高压小流量泵 2 的高压油起止回作用。

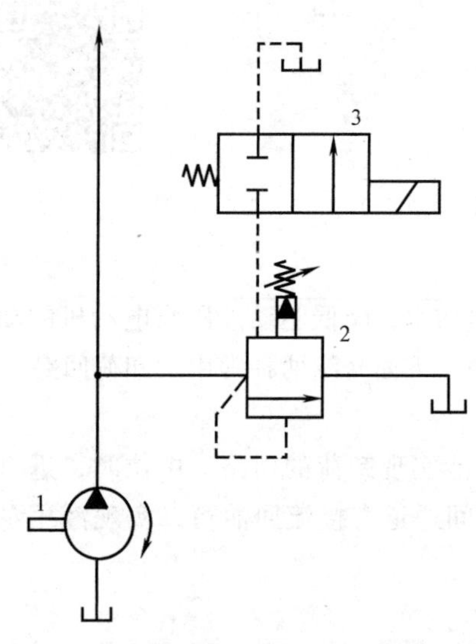

图 7-8 采用先导式溢流阀的卸荷回路

1—液压泵 2—先导式溢流阀

3—二位二通换向阀

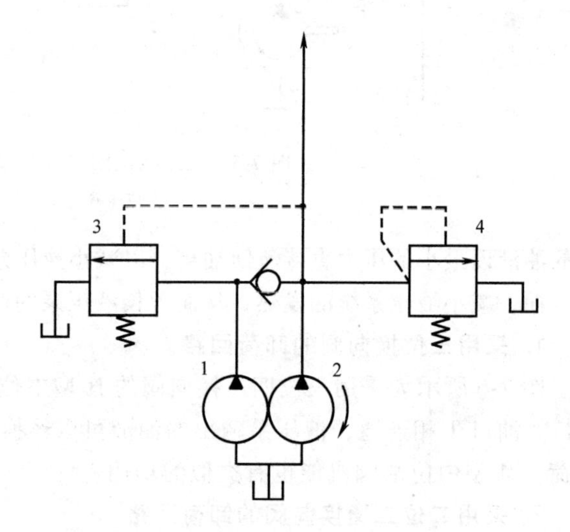

图 7-9 液控顺序阀的卸荷回路

1—低压大流量泵 2—高压小流量泵

3—液控顺序阀 4—溢流阀

7.1.4 保压回路

液压缸在工作循环的某一阶段，如果需要保持一定的工作压力，就应采用保压回路。在保压阶段，液压缸没有运动，最简单的方法是用一个密封性能好的单向阀来保压。但是这种办法保压的时间短，压力稳定性不高。由于此时液压泵处于卸荷状态（为了节能）或给其他的液压缸供应一定压力的液压油，为补偿保压缸的泄漏和保持工作压力，可在回路中设置蓄能器。下面列举几个典型的蓄能器保压回路。

1. 液压泵卸荷的保压回路

图 7-10 所示的回路，采用了蓄能器和压力继电器。当三位四通电磁换向阀左位工作时，液压泵同时向液压缸左腔和蓄能器供油，液压缸前进夹紧工件。在夹紧工件时进油路压力升高，当压力达到压力继电器调定值时，表示工件已经被夹牢，蓄能器已储备了足够的液压油。这时压力继电器发出电信号，同时使二位二通换向阀的电磁铁通电，控制溢流阀使液压

泵卸荷。此时单向阀自动关闭，液压缸若有泄漏，油压下降，则可由蓄能器补油保压。

液压缸压力不足（下降到压力继电器的闭合压力）时，压力继电器复位使液压泵重新工作。保压时间取决于蓄能器的容量，调节压力继电器的通断调节区间，即可调节液压缸压力的最大值和最小值。

2. 多缸系统的保压回路

多缸系统中负载的变化不应影响保压缸内压力的稳定。图 7-11 所示的回路中，进给缸快进时，液压泵 1 的压力下降，当单向阀 3 关闭时，把夹紧油路和进油路隔开。蓄能器 4 用来为夹紧缸保压并补偿泄漏。压力继电器 5 的作用是当夹紧缸压力达到预定值时发出电信号，使进给缸动作。

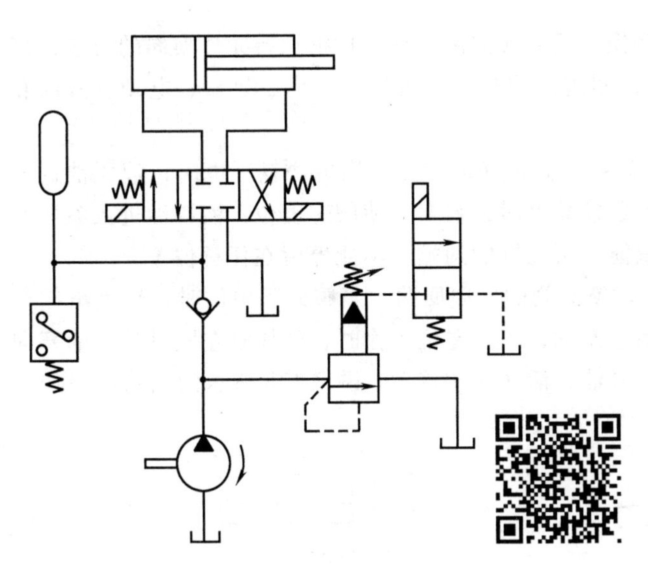

图 7-10　液压泵卸荷的保压回路
（扫描二维码观看动画）

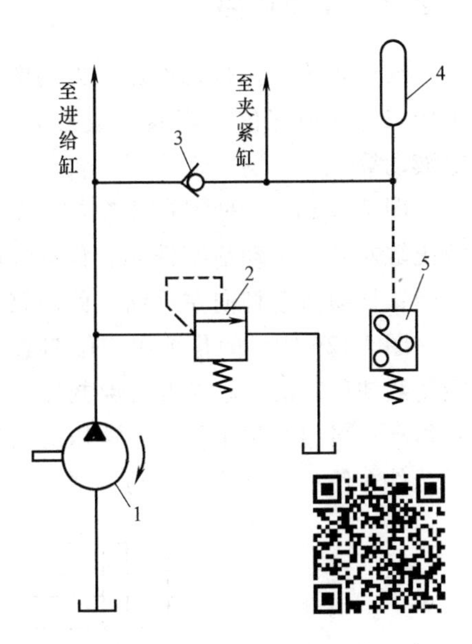

图 7-11　多缸系统一缸保压的回路
（扫描二维码观看动画）
1—液压泵　2—溢流阀　3—单向阀
4—蓄能器　5—压力继电器

任务实施：

选择组装回路所需的元件，在试验台控制面板上布置好各元件大致的位置，按图样组装调压回路、减压回路、增压回路、卸荷回路、平衡回路及保压回路等各类回路。验证其工作原理，了解其性能特点，学习常见故障的诊断及排除方法。

任务 7.2　方向控制基本回路分析

任务目标：

掌握方向控制回路的方法及其换向原理；掌握锁紧回路的工作原理。

任务描述：

分别组装换向回路、锁紧回路，掌握其方向控制原理、回路性能特点及应用，并了解各回路常见的故障现象及排除方法。

知识与技能：

方向控制回路是控制执行元件的起动、停止及换向的回路。这类回路包括换向和锁紧两种基本回路。

7.2.1 换向回路

液压系统中执行元件运动方向的变换一般由换向阀实现，根据执行元件换向的要求，可采用二位（或三位）四通（或五通）控制阀，控制方式可以是人力、机械、电动、液动和电液动等。

图 7-12a 所示的是采用二位四通电磁换向阀的换向回路。当电磁铁通电时，液压油进入液压缸左腔，推动活塞杆向右移动；电磁铁断电时，弹簧力使阀芯复位，液压油进入液压缸右腔，推动活塞杆向左移动。此回路只能停留在缸的两端，不能停留在任意位置上。

图 7-12b 所示的是采用三位四通手动换向阀的换向回路。当阀处于中位时，M 型滑阀机能使泵卸荷，液压缸两腔油路封闭，活塞制动；当阀左位工作时，液压缸左腔进油，活塞向右移动；当阀右位工作时，液压缸右腔进油，活塞向左移动。图 7-12b 所示的回路可以使执行元件在任意位置停止运动。

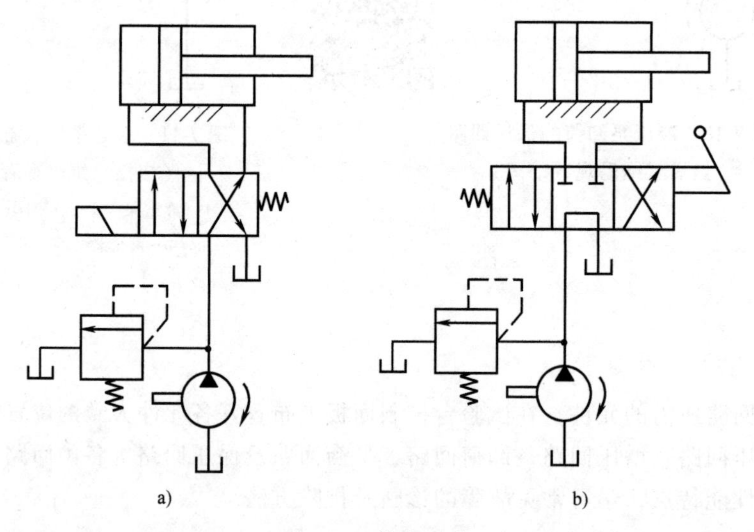

图 7-12 换向回路

图 7-13 所示为利用行程开关控制三位四通电磁换向阀动作的换向回路。按下起动按钮，1YA 通电，换向阀左位工作，液压缸左腔进油，活塞右移；当触动行程开关 2ST 时，1YA 断电，2YA 通电，换向阀右位工作，液压缸右腔进油，活塞左移；当触动行程开关 1ST 时，2YA 断电，1YA 通电，换向阀又要左位工作，液压缸又要左腔进油，活塞又要向右移。这样往复变换换向阀的工作位置，就可以自动改变活塞的移动方向。1YA 和 2YA 都断电时，

活塞停止运动。

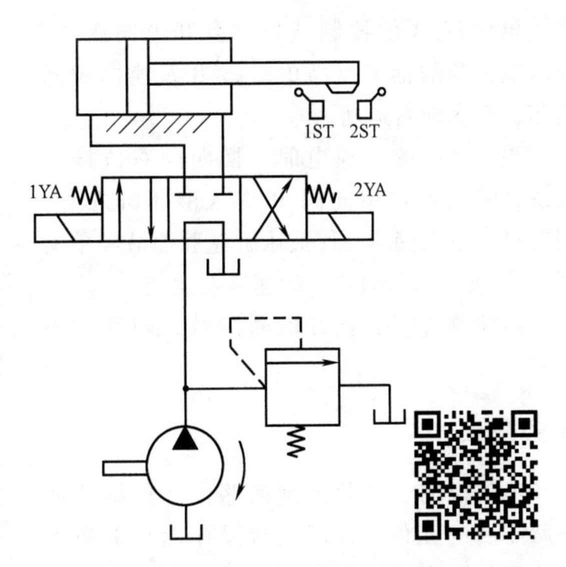

图 7-13 电磁换向阀组成的换向回路
（扫描二维码观看动画）

7.2.2 闭锁回路

闭锁回路又称锁紧回路，用以使执行元件在任意位置上停止，并防止停止后窜动。常用的闭锁回路有以下两种。

1. 采用 O 型或 M 型滑阀机能三位换向阀的闭锁回路

图 7-14a 所示为采用三位四通 O 型滑阀机能换向阀的闭锁回路，当两电磁铁均断电时，弹簧使阀芯处于中间位置，液压缸的两工作油口被封闭。由于液压缸两腔都充满油液，而油液又是不可压缩的，所以向左或向右的外力均不能使活塞移动，活塞被双向锁紧。图 7-14b 所示为三位四通 M 型机能换向阀，具有相同的锁紧功能。两种机能换向阀不同之处在于采用 O 型机能换向阀的液压泵不卸荷，并联的其他执行元件运动不受影响，采用 M 型机能换向阀的液压泵卸荷。

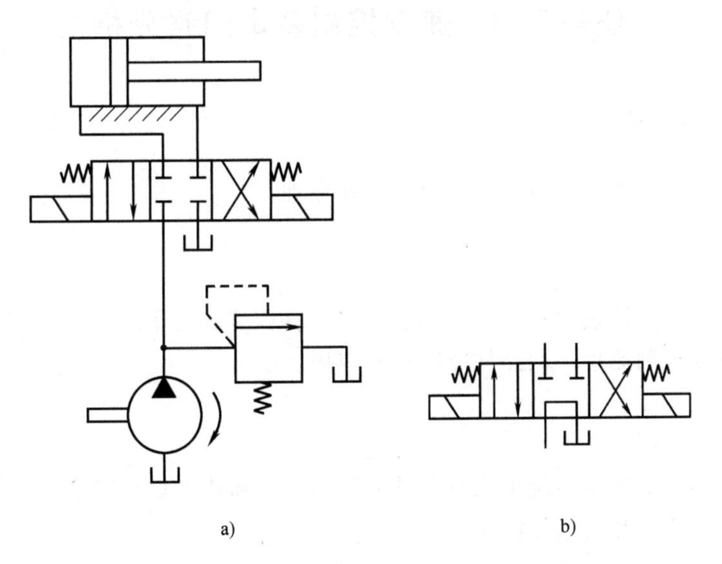

图 7-14 采用换向阀滑阀机能的闭锁回路

这种闭锁回路结构简单，但由于换向阀密封性差，存在泄漏，所以闭锁效果较差。

2. 采用液控单向阀的闭锁回路

图 7-15 所示为采用液控单向阀的闭锁回路。

换向阀处于中间位置时，液压泵卸荷，输出油液经换向阀回油箱，由于系统无压力，液控单向阀 A 和 B 关闭，液压缸左右两腔的油液均不能流动，活塞被双向闭锁。

当左边电磁铁通电，换向阀左位接入系统，液压油经单向阀 A 进入液压缸左腔，同时进入单向阀 B 的控制油口，打开单向阀 B，液压缸右腔的油液可经单向阀 B 及换向阀回油箱，活塞向右运动。

当右边电磁铁通电时，换向阀右位接入系统，液压油经单向阀 B 进入液压缸右腔，同时打开单向阀 A，使液压缸左腔油液经单向阀 A 和换向阀回油箱，活塞向左运动。

液控单向阀有良好的密封性，闭锁效果较好。

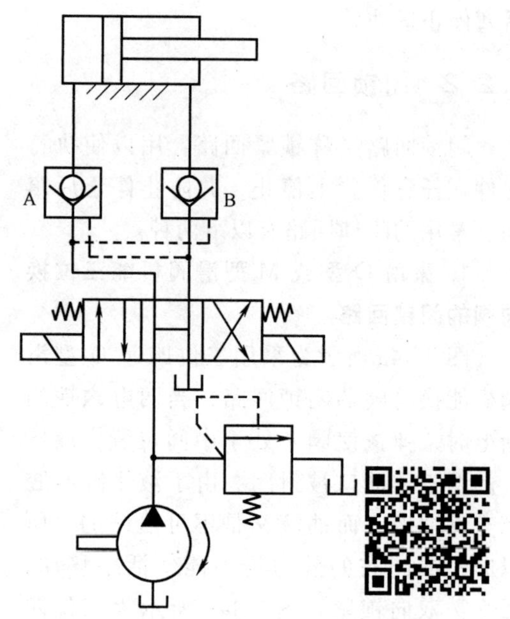

图 7-15 采用液控单向阀的闭锁回路（扫描二维码观看动画）

任务实施：

组装换向、锁紧控制回路，选择组装回路所需要的元件，在试验台操作面板上布置好位置；按照液压回路图组装回路，检查油路连接是否正确；接通主油路，调节好系统工作压力；验证结束后，清理元器件及试验台。

任务 7.3 速度控制基本回路分析

任务目标：

掌握调速回路、快速回路及换速回路的工作原理。

任务描述：

分别组装各类节流调速回路、容积调速回路、容积节流调速回路、快速回路及速度换接回路，掌握其速度控制原理、回路性能特点及应用。

知识与技能：

速度控制回路是对液压系统中执行元件的运动速度和速度切换实现控制的回路。速度控制回路包括调速、快速和换速等回路。

7.3.1 调速回路

调速回路的功能是调定执行元件的工作速度。在不考虑油液的可压缩性和泄漏的情况下，执行元件的速度表达式为

液压缸
$$v=\frac{q}{A} \tag{7-1}$$

液压马达
$$n=\frac{q}{V} \tag{7-2}$$

从式（7-1）和式（7-2）可知，改变输入执行元件的流量、液压缸的有效工作面积或液压马达的排量均可以达到调速的目的，但改变液压缸的有效工作面积往往会受到负载等其他因素的制约，改变排量对于变量液压马达容易实现，但对定量马达则不易实现，而使用最普遍的方法是通过改变输入执行元件的流量来达到调速的目的。目前，液压系统中常用的调速方式有以下三种：

1）节流调速：用定量泵供油，由流量控制阀改变输入执行元件的流量来调节速度。其主要优点是速度稳定性好，主要缺点是节流损失和溢流损失较大、发热多、效率较低。

2）容积调速：通过改变变量泵或（和）变量马达的排量来调节速度。其主要优点是无节流损失和溢流损失、发热较小、效率较高，其主要缺点是速度稳定性较差。

3）容积节流调速：用能够自动改变流量的变量泵与流量控制阀联合来调节速度。其主要优点是无溢流损失、发热量较低、效率较高。

1. 节流调速回路

节流调速回路的优点是结构简单、工作可靠、造价低和使用维护方便，因此在机床液压系统中得到广泛应用。其缺点是能量损失大、效率低、发热多，故一般多用于小功率系统中，如机床的进给系统。按流量控制阀在液压系统中设置位置的不同，节流调速回路可分为进油路节流调速回路、回油路节流调速回路和旁油路节流调速回路三种。

（1）进油路节流调速回路　进油路节流调速回路是将流量控制阀设置在执行元件的进油路上，如图7-16a所示，由于节流阀串接在电磁换向阀前，所以活塞的往复运动均属于进油节流调速过程。也可采用单向节流阀串接在换向阀和液压缸进油腔的油路上，以实现单向进油节流调速。对于进油路节流调速回路，因节流阀和溢流阀是并联的，故通过调节节流阀阀口的大小，便能控制进入液压缸的流量（多余油液经溢流阀回油箱）而达到调速的目的。

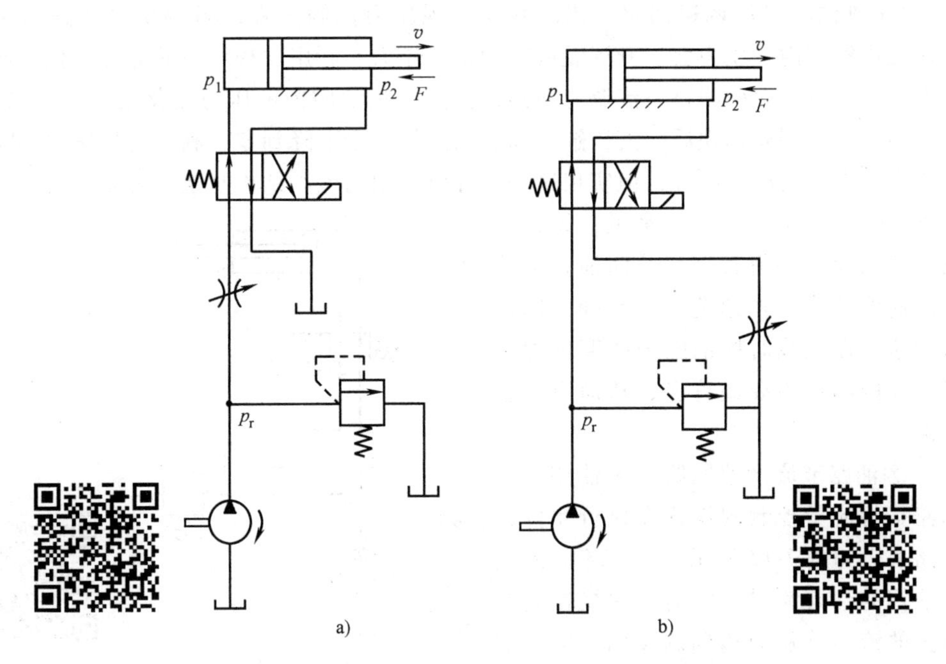

图7-16　进油路、回油路节流调速回路（扫描二维码观看动画）

a）进油路节流调速回路　b）回油路节流调速回路

根据进油路节流阀调速回路的特点，节流阀进油节流调速回路适用于低速、轻载、负载变化不大和对速度稳定性要求不高的场合。

（2）回油路节流调速回路　回油路节流调速回路是将流量控制阀设置在执行元件的回油路上，如图 7-16b 所示。由于节流阀串接在电磁换向阀与油箱之间的回油路上，所以活塞的往复运动都属于回油节流调速过程。通过节流阀调节液压缸的回油流量，从而控制进入液压缸的流量，因此同进油路节流调速回路一样可达到调速的目的。

回油路节流调速回路也具备前述进油路节流调速回路的特点，但这两种调速回路因液压缸的回油腔压力不同存在差异，因此它们之间也存在不同之处。

1）对于回油路节流调速回路，由于液压缸的回油腔中存在一定背压，因而能承受一定的负值负载（即与活塞运动方向相同的负载，如顺铣时的铣削力和垂直运动部件下行时的重力等）；而进油路节流调速回路，在负值负载作用下活塞的运动会因失控而超速前冲。

2）在回油路节流调速回路中，由于液压缸的回油腔中存在背压，且活塞运动速度越快，产生的背压力就越大，故其运动平稳性较好；而进油路节流调速回路中，液压缸的回油腔中则无此背压，因此其运动平稳性较差，若增加背压阀，则运动平稳性也可以得到提高。

3）在回油路节流调速回路中，经过节流阀发热后的油液能够直接流回油箱并得以冷却，对液压缸泄漏的影响较小；而进油路节流调速回路，通过节流阀发热后的油液直接进入液压缸，会引起泄漏的增加。

4）对于回油路节流调速回路，在停车后，液压缸回油腔中的油液会由于泄漏而形成空隙，再次起动时，液压泵输出的流量将不受流量控制阀的限制而全部进入液压缸，使活塞出现较大的起动超速前冲；而对于进油路节流调速回路，因进入液压缸的流量总是受到节流阀的限制，故起动冲击小。

5）对于进油路节流调速回路，比较容易实现压力控制过程，当运动部件碰到死挡铁后，液压缸进油腔内的压力会上升到溢流阀的调定压力，利用这种压力的上升变化可使压力继电器发出电信号；而回油路节流调速回路，液压缸进油腔内的压力变化很小，难以利用，即使在运动部件碰到死挡铁后，液压缸回油腔内的压力会下降到零，利用这种压力下降变化也可使压力继电器发出电信号，但实现这一过程所采用的电路结构复杂，可靠性低。

此外，对单活塞杆液压缸来说，无杆腔进油路节流调速可获得较有杆腔回油路节流调速低的速度和大的调速范围；有杆腔回油路节流调速，在轻载时回油腔内的背压力可能比进油腔内的压力要高许多，从而引起较大的泄漏。

（3）旁油路节流调速回路　旁油路节流调速回路是将流量控制阀设置在执行元件并联的支路上，如图 7-17 所示。用节流阀来调节流回油箱的油液流量，以实现间接控制进入液压缸的流量，从而达到调速的目的。回路中溢流阀处于常闭状态，起到安全保护的作用，故液压泵的供油压力随负载变化而

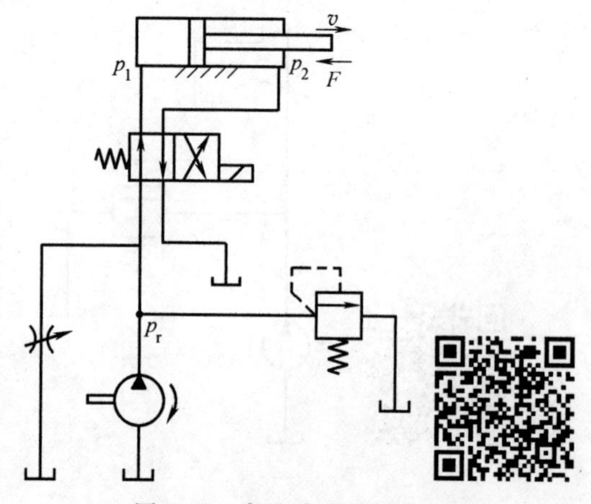

图 7-17　旁油路节流调速回路

（扫描二维码观看动画）

变化。

旁油路节流调速适用于负载变化小和对运动平稳性要求不高的高速大功率场合。应注意的是，在这种调速回路中，液压泵的泄漏对活塞运动的速度有较大的影响，而在进油和回油节流调速回路中，液压泵的泄漏对活塞运动的速度影响则较小，因此这种调速回路的速度稳定性比前两种回路都低。

（4）节流调速回路工作性能的改进 使用节流阀的节流调速回路，其速度稳定性都比较低，在变负载下的运动平稳性也较差，这主要是由于负载变化引起节流阀前、后压力差变化而产生的后果。如果用调速阀代替节流阀，调速阀中的定差减压阀可使节流阀前、后压力差保持基本恒定，可以提高节流调速回路的速度稳定性和运动平稳性，但工作性能的提高是以加大流量控制阀前、后压力差为代价的（调速阀前、后压力差一般最小应有 0.5MPa，高压调速阀应有 1.0MPa），故功率损失较大，效率较低。调速阀节流调速回路在机床及低压小功率系统中已得到广泛应用。

2. 容积调速回路

容积调速回路的特点是液压泵输出的油液都直接进入执行元件，没有溢流和节流损失，因此效率高、发热小，适用于大功率系统，但是这种调速回路需要采用结构较复杂的变量泵或变量马达，故造价较高，维修也较困难。

容积调速回路按油液循环方式不同可分为开式和闭式两种。开式回路的液压泵从油箱中吸油并供给执行元件，执行元件排出的油液直接返回油箱，油液在油箱中可得到很好的冷却并使杂质得以充分沉淀，油箱体积大，空气也容易侵入回路而影响执行元件的运动平稳性。闭式回路的液压泵将油液输入执行元件的进油腔中，又从执行元件的回油腔处吸油，油液不一定都经过油箱，而直接在封闭回路内循环，从而减少了空气侵入的可能性，但为了补偿回路的泄漏和执行元件进、回油腔之间的流量差，必须设置补油装置。

根据液压泵与执行元件组合方式的不同，容积调速回路有三种组合形式：变量泵-定量马达（或缸）、定量泵-变量马达和变量泵-变量马达。

（1）变量泵-定量马达（或缸）容积调速回路 图 7-18a 所示为变量泵-液压缸开式容积调速回路，图 7-18b 所示为变量泵-定量马达闭式容积调速回路。这两种调速回路都是通过改变变量泵的输出流量来调节速度的。

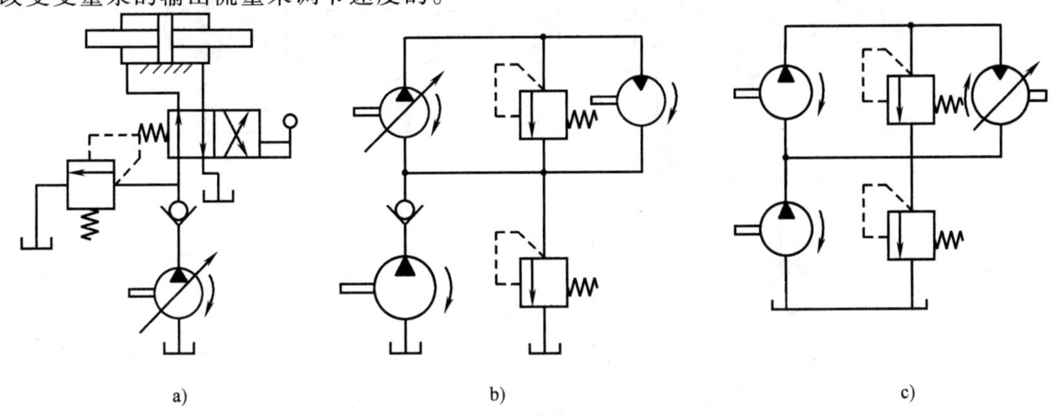

图 7-18 容积调速回路

a）变量泵-液压缸开式 b）变量泵-定量马达闭式 c）定量泵-变量马达式

在图 7-18a 中，溢流阀作安全阀使用，换向阀用来改变活塞的运动方向，活塞运动速度是通过改变泵的输出流量来调节的，单向阀在变量泵停止工作时可以防止系统中的油液流空和空气侵入。

在图 7-18b 中，为补充封闭回路中的泄漏而设置了补油装置。辅助泵（辅助泵的流量一般为变量泵最大流量的 10%~15%）将油箱中经过冷却的油液输入到封闭回路中，同时与油箱相通的溢流阀溢出定量马达排出的多余热油，从而起到稳定低压管路压力和置换热油的作用，由于变量泵的吸油口处具有一定的压力，所以可避免空气侵入和出现空穴现象。封闭回路中的高压管路上连有溢流阀，可起到安全阀的作用，以防止系统过载，单向阀在系统停止工作时可以起到防止封闭回路中的油液流空和空气侵入的作用。马达的转速是通过改变变量泵的输出流量来调节的。

这种容积调速回路，液压泵的转速和液压马达的排量都为常数，液压泵的供油压力随负载增加而升高，其最高压力由安全阀来限制。这种容积调速回路中马达（或缸）的输出速度、输出的最大功率都与变量泵的排量成正比，输出的最大转矩（或推力）恒定不变，故称这种回路为恒转矩（或推力）调速回路，由于其排量可调得很小，因此其调速范围较大。

（2）定量泵-变量马达容积调速回路　将图 7-18b 中的变量泵换成定量泵，定量马达置换成变量马达即构成定量泵-变量马达容积调速回路，如图 7-18c 所示。在这种调速回路中，液压泵的转速和排量都为常数，液压泵的最高供油压力同样由溢流阀来限制。该调速回路中马达能输出的最大转矩与变量马达的排量成正比，马达转速与其排量成反比，能输出的最大功率恒定不变，故称这种回路为恒功率调速回路。马达的排量因受到拖动负载能力和机械强度的限制而不能调得太大，相应其调速范围也较小，且调节起来很不方便，因此这种调速回路目前很少单独使用。

（3）变量泵-变量马达容积调速回路　如图 7-19 所示，回路中元件对称设置，双向变量泵 2 可以实现正反向供油，相应双向变量马达 10 便能实现正反向转动。同样调节泵 2 和马达 10 的排量也可以改变马达的转速。双向变量泵 2 正向供油时，上油管 3 是高压管路，下

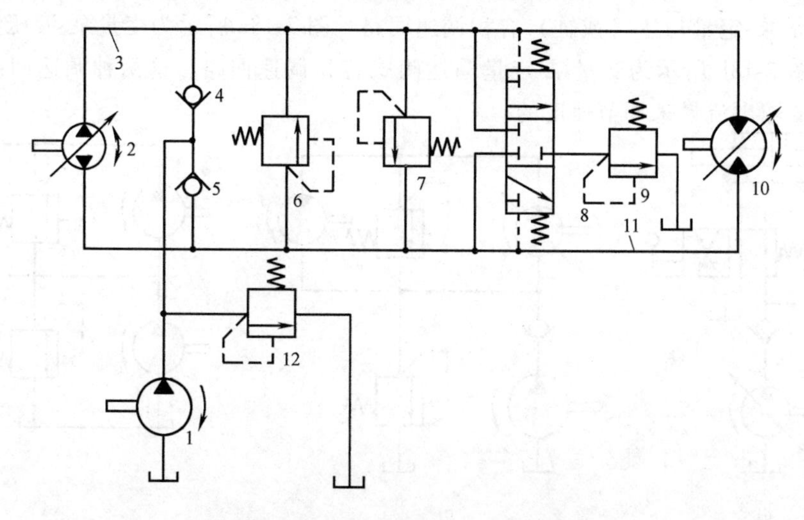

图 7-19　变量泵-变量马达容积调速回路

1—辅助泵　2—双向变量泵　3—上油管　4、5—单向阀　6、7、9、12—溢流阀
8—换向阀　10—双向变量马达　11—下油管

油管 11 是低压管路，双向变量马达 10 正向旋转，溢流阀 7 作为安全阀可以防止马达正向旋转时系统出现过载现象，此时溢流阀 6 不起任何作用，辅助泵 1 经单向阀 5 向低压管路补油，此时另一单向阀 4 则处于关闭状态。液动换向阀 8 在高、低压管路压力差大于一定数值（如 0.5MPa）时，液动换向阀阀芯下移。低压管路与溢流阀 9 接通，则由双向变量马达 10 排出的多余热油经溢流阀 9 溢出（溢流阀 12 的调定压力应比溢流阀 9 高），此时辅助泵 1 供给的冷油置换了热油；当高、低压管路压力差很小（马达的负载小，油液的温升也小）时，换向阀 8 处于中位，辅助泵 1 输出的多余油液则从溢流阀 12 溢回油箱，只补偿封闭回路中存在的泄漏，而不置换热油。此外，溢流阀 9 和 12 也具有保障双向变量泵 2 吸油口处具有一定压力而避免空气侵入和出现空穴现象的功能，单向阀 4 和 5 在系统停止工作时防止封闭回路中的油液流空和空气侵入。

当双向变量泵 2 反向供油时，上油管 3 是低压管路，下油管 11 是高压管路。双向变量马达 10 反向转动，溢流阀 6 作为安全阀使用，其他各元件的作用与上述过程类似。

变量泵-变量马达容积调速回路是恒转矩调速和恒功率调速的组合回路。由于许多设备在低速运行时要求有较大的转矩，而在高速运行时又希望输出功率能基本保持不变，因此调速时通常先将马达的排量调至最大并固定不变（以使马达在低速时能获得最大输出转矩），通过增大泵的排量来提高马达的转速，这时马达能输出的最大转矩恒定不变，属于恒转矩调速；若泵的排量调至最大后，还需要继续提高马达的转速，可以使泵的排量固定在最大值，而采用减小马达排量的办法来实现马达速度的继续升高，这时马达能输出的最大功率恒定不变，属于恒功率调速。这种调速回路具有较大的调速范围，且效率较高，故适用于大功率和调速范围要求较大的场合。

在容积调速回路中，泵的工作压力是随负载变化而变化的。而泵和执行元件的泄漏量随工作压力的升高而增加。由于受到泄漏的影响，这将使液压马达（或液压缸）的速度随着负载的增加而下降，速度稳定性变差。

3. 容积节流调速回路

容积节流调速回路是用变量泵供油，用调速阀或节流阀改变进入液压缸的流量，以实现执行元件速度调节的回路。这种回路无溢流损失，其效率比节流调速回路高。采用流量阀调节进入液压缸的流量，克服了变量泵负载大、压力高时的漏油量大、运动速度不平稳的缺点，因此这种调速回路常用于空载时需快速、承载时需稳定的低速的各种中等功率机械设备的液压系统。例如，组合机床、车床、铣床等的液压系统。

图 7-20a 所示为由限压式变量叶片泵 1 和调速阀 3 等元件组成的定压式容积节流调速回路。电磁换向阀 2 左位工作时，液压油经行程阀 5 进入液压缸左腔，液压缸右腔回油，活塞空载右移。这时因负载小，压力低于变量泵的限定压力，泵的流量最大，故活塞快速右移。当移动部件上的挡块压下行程阀 5 时，液压油只能经调速阀 3 进入缸左腔，缸右腔回油，活塞以调速阀调节的慢速右移，实现工作进给。当换向阀右位工作时，液压油进入缸右腔，缸左腔经单向阀 4 回油，因退回时为空载，液压泵的供油量最大，故快速向左退回。

慢速工作进给时，限压式变量泵的输出流量 q_p 与进入液压缸的流量 q_1 总是相适应的。即当调速阀开口一定时，能通过调速阀的流量 q_1 为定值，若 $q_p>q_1$，则泵出口的油压便上升，使泵的偏心自动减小，q_p 减小，直至 $q_p=q_1$ 为止；若 $q_p<q_1$，则泵出口压力降低，使泵的偏心自动增大，q_p 增大，直至 $q_p=q_1$。调速阀能保证 q_1 为定值，q_p 也为定值，故泵的出口压力 p_p 也为定值。因此这种回路称为定压式容积节流调速回路。

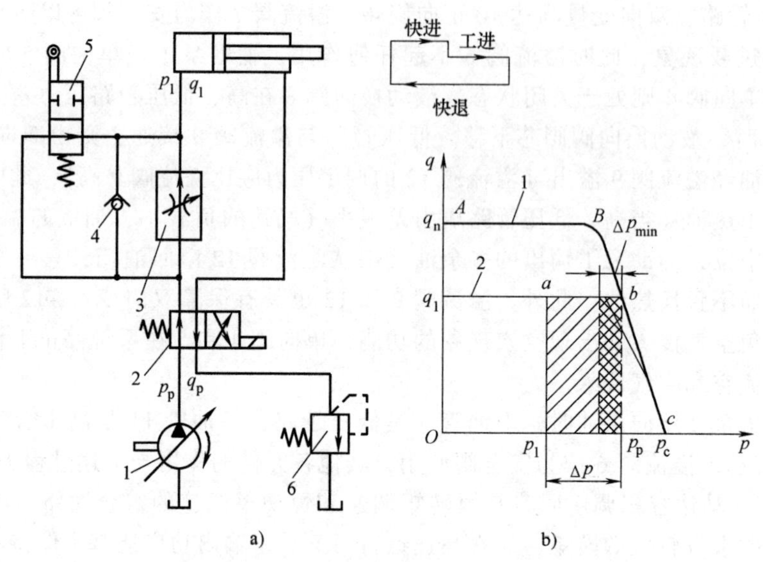

图 7-20 定压式容积节流调速回路

1—变量叶片泵 2—电磁换向阀 3—调速阀 4—单向阀 5—行程阀 6—背压阀

图 7-20b 所示为定压式节流调速回路的调速特性。图中曲线 1 为限压式变量叶片泵的流量-压力特性曲线。曲线 2 为调速阀出口（液压缸进油腔）的流量-压力特性曲线，其左段为水平线，说明当调速阀的开口一定时，液压缸的负载变化引起工作压力 p_1 变化，但通过调速阀进入液压缸的流量 q_1 为定值。该水平线的延长线与曲线 1 的交点 b 即为液压泵出口的工作点，也是调速阀前的工作点，该点的工作压力为 p_p。曲线 2 上的点 a 对应的压力为液压缸的压力 p_1。若液压缸长时间在轻载下工作，缸的工作压力 p_1 小，调速阀两端压力差 Δp 大（$\Delta p=p_p-p_1$），调速阀的功率损失（abp_pp_1 围成的阴影面积）大，效率低。因此，在实际使用时除应调节变量泵的最大偏心距满足液压缸快速运动所需要的流量（即调好特性曲线 1 的 AB 段的上下位置）外，还应调节泵的限压螺钉，改变泵的限定压力（即调节特性曲线 1BC 段的左右位置），使 Δp 稍大于调速阀两端的最小压差 Δp_{min}。显然，当液压缸的负载最大时，使 $\Delta p=\Delta p_{min}$ 是泵特性曲线调整得最佳状态。

7.3.2 快速（增速）回路

快速回路的功能是使执行元件在空行程时获得尽可能大的运动速度，以提高生产率。根据公式 $v=q/A$ 可知，对于液压缸来说，增加进入液压缸的流量就能提高液压缸的运动速度。

1. 差动连接的快速回路

图 7-21 所示为单活塞杆液压缸差动连接的快速回路。二位三通电磁换向阀 3 处于图示位置时，单活塞杆液压缸差动连接液压缸的有效工作面积等效为 A_1-A_2，活塞将快速向右运动；二位三通电磁换向阀 3 通电时，单活塞杆液压缸为非差动连接，其有效工作面积为 A_1。这说明单活塞杆缸差动连接增速的实质是因为缩小了液压缸的有效工作面积。这种回路的特点是结构简单，价格低廉，应用普遍，但只能实现一个方向的增速，且增速受液压缸两腔有效工作面积的限制，增速的同时液压缸的推力会减小。采用此回路时，要注意此回路的阀和管道应按差动连接时的较大流量选用，否则压力损失过大，使溢流阀在快进时也开启，则无法实现

差动。例如，YT4543 型动力滑台液压系统中采用了液压缸的差动连接回路来实现快速运动。

2. 双泵并联的快速回路

图 7-22 所示为双泵并联的快速回路。高压小流量泵 1 的流量按执行元件最大工作进给速度的需要来确定，工作压力的大小由溢流阀 5 调定，低压大流量泵 2 主要起增速作用，它和泵 1 的流量加在一起应满足执行元件快速运动时所需的流量要求。液控顺序阀 3 的调定压力应比快速运动时最高工作压力高 0.5~0.8MPa，快速运动时，由于负载较小，系统压力较低，则阀 3 处于关闭状态，此时泵 2 输出的油液经单向阀 4 与泵 1 汇合在一起进入执行元件，实现快速运动；若需要工作进给运动时，则系统压力升高，阀 3 打开，泵 2 卸荷，阀 4 关闭，此时仅有泵 1 向执行元件供油，实现工作进给运动。这种回路的特点是效率高、功率利用合理，能实现比最大工作进给速度大得多的快速功能。

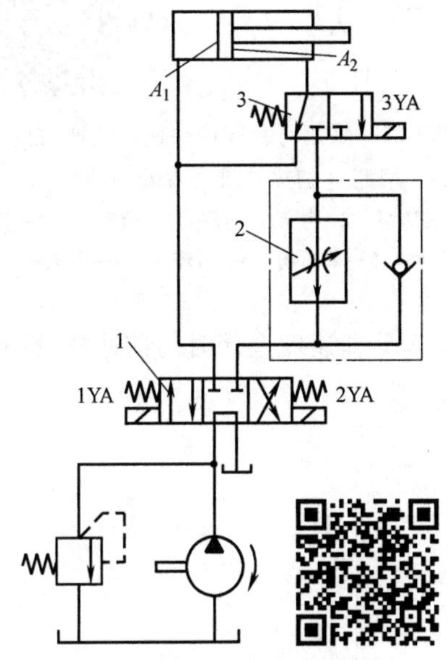

图 7-21 差动连接的快速回路
（扫描二维码观看动画）
1、3—电磁换向阀 2—单向调速阀

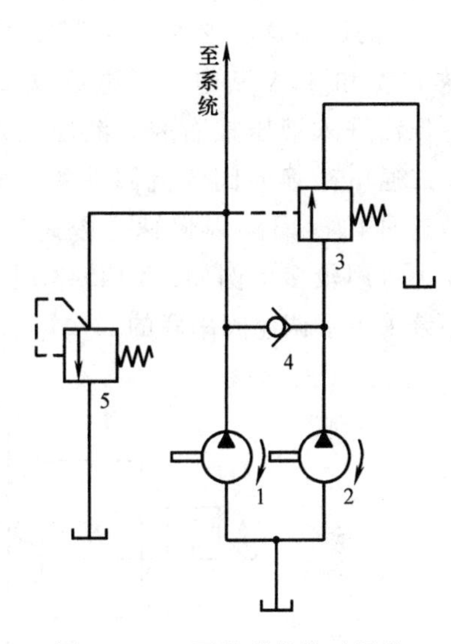

图 7-22 双泵并联的快速回路
1—高压小流量泵 2—低压大流量泵
3—液控顺序阀 4—单向阀 5—溢流阀

7.3.3 换速回路

换速回路是指执行元件实现运动速度切换的回路。根据换速回路切换前后速度相对快慢的不同，可分为快速—慢速和慢速—慢速切换两大类。

1. 快速—慢速切换回路

图 7-23 所示为一种采用行程阀的快速—慢速切换回路。当手动换向阀 2 右位和行程阀 4 下位接入回路（图示状态）时，液压缸活塞将快速向右运动，当活塞移动到使挡块压下行程阀 4 时，行程阀关闭，液压油的回油必须通过节流阀 6，活塞的运动切换成慢速状态；当换向阀 2 左位接入回路，液压油经单向阀 5 进入液压缸右腔时，活塞快速向左运动。这种回路的特点是快速—慢速切换比较平稳，切换点准确，但不能任意布置行程阀的安装位置。

如将图 7-23 中的行程阀改为电磁换向阀，并通过挡块压下电气行程开关来控制电磁换向阀工作，也可实现上述快速—慢速自动切换过程，而且可以灵活地布置电磁换向阀的安装

位置，只是切换的平稳性和切换点的准确性要比采用行程阀时差。

2. 两种慢速的切换回路

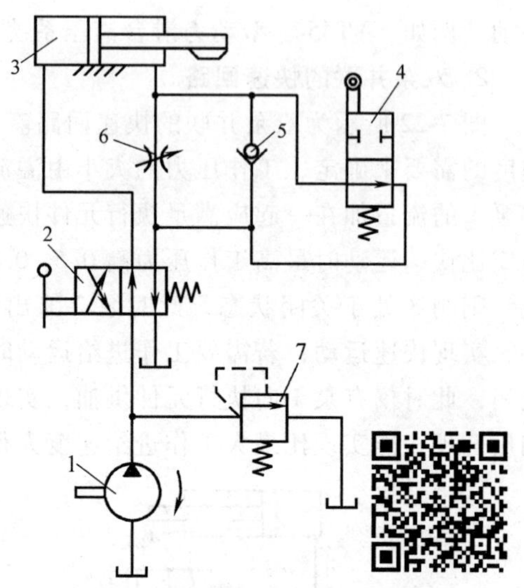

图 7-23 采用行程阀的快速—慢速切换回路（扫描二维码观看动画）

1—液压泵 2—手动换向阀 3—液压缸 4—行程阀 5—单向阀 6—节流阀 7—溢流阀

图 7-24 所示为串联调速阀两种慢速的切换回路。当电磁铁 1YA 和 4YA 通电时，液压油经调速阀 A 和二位二通电磁换向阀 2 进入液压缸左腔，此时调速阀 B 被短接，活塞运动速度可由调速阀 A 来控制，实现第一种慢速；若电磁铁 1YA、4YA 和 3YA 同时通电，则液压油先经调速阀 A，再经调速阀 B 进入液压缸左腔，活塞运动速度由调速阀 B 控制，实现第二种慢速（调速阀 B 的通流面积必须小于调速阀 A）；当电磁铁 1YA 和 4YA 断电，且电磁铁 2YA 通电时，液压油进入液压缸右腔，液压缸左腔油液经二位二通电磁换向阀 3 流回油箱，实现快速退回。这种切换回路因慢速—慢速切换平稳，在机床上应用较多。例如，YT4543 型动力滑台液压系统采用了调速阀串联的二次进给调速方式，可使起动和速度换接时的前冲量较小。

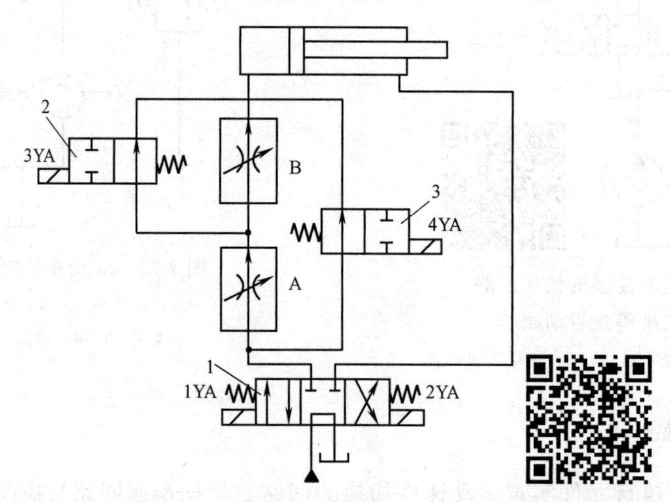

图 7-24 串联调速阀两种慢速的切换回路（扫描二维码观看动画）

1~3—电磁换向阀

图 7-25 所示为并联调速阀两种慢速的切换回路。当电磁铁 1YA、3YA 同时通电时，液压油经换向阀 1 的左位进入调速阀 A 和二位三通电磁换向阀 3 的左位进入液压缸左腔，实现第一种慢速；当电磁铁 1YA、3YA 和 4YA 同时通电时，液压油经调速阀 B 和二位三通电磁铁换向阀 3 的右位进入液压缸左腔，实现第二种慢速。这种切换回路，在调速阀 A 工作时，调速阀 B 的通路被切断，相应调速阀 B 前后两端的压力相等，则调速阀 B 中的定差减压阀口全开，在二位三通电磁换向阀切换瞬间，调速阀 B 前端压力突然下降，在压力减为 0 且阀口还没有关小前，调速阀 B 中节流阀前、后压力差的瞬时值较大，相应瞬时流量也很大，

造成瞬时活塞快速前冲现象。同样，当调速阀 A 由断开接入工作状态时，也会出现上述现象。因此不宜用在工作过程中的速度换接，只可用在速度预选的场合。

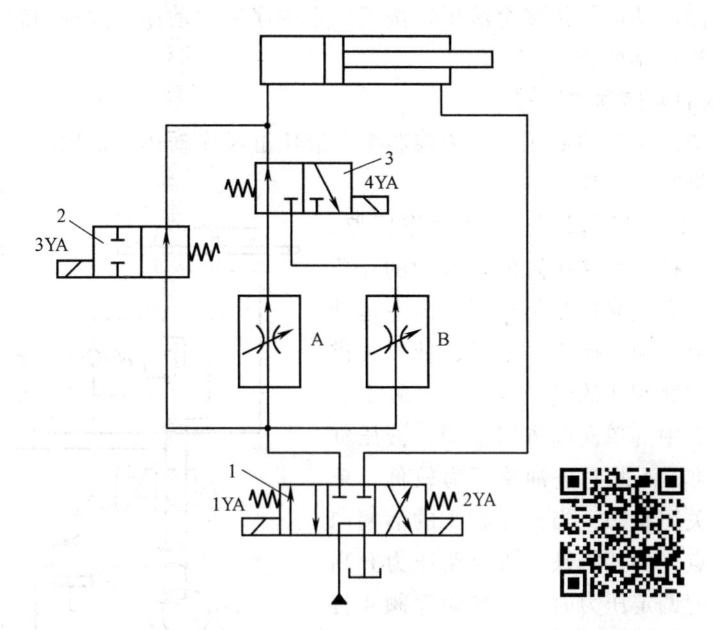

图 7-25 并联调速阀两种慢速的切换回路（扫描二维码观看动画）

1~3—电磁换向阀

任务实施：

组装各类速度控制回路，选择组装回路所需要的元件，在试验台操作面板上布置好位置；按照液压回路图组装回路，检查油路连接是否正确；接通主油路，调节好系统工作压力；验证结束后，清理元器件及试验台。

任务 7.4 多缸工作控制基本回路分析

任务目标：

掌握顺序动作控制回路、同步回路及互不干扰回路的工作原理。

任务描述：

分别组装顺序动作控制、同步及多缸快慢互不干扰回路，掌握多缸工作控制回路的回路性能特点及应用。

知识与技能：

多缸工作控制回路是由一个液压泵驱动多个液压缸配合工作的回路。这类回路常包括顺序动作、同步和互不干扰等回路。

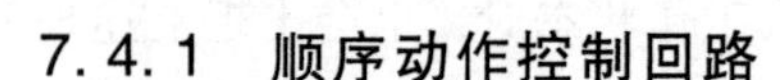

7.4.1 顺序动作控制回路

顺序动作回路的功能是使多个液压缸按照预定顺序依次动作。这种回路常用的控制方式有压力控制和行程控制两类。

1. 压力控制的顺序动作回路

此回路利用油路本身的油压变化来控制多个液压缸顺序动作。常用压力继电器和顺序阀来控制多个液压缸顺序动作。

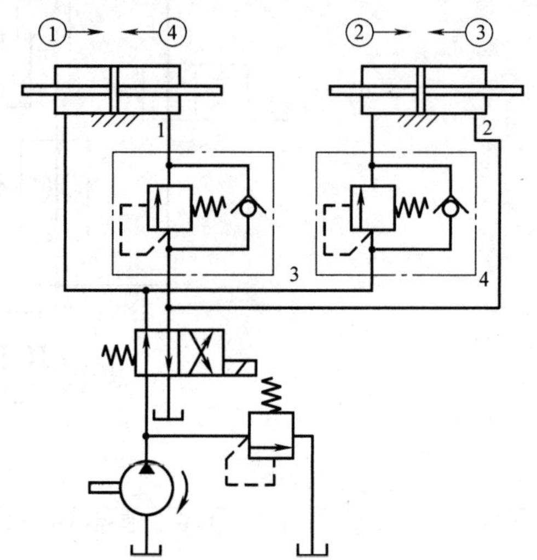

图 7-26 顺序阀控制顺序动作回路

1、2—液压缸 3、4—单向顺序阀

图 7-26 所示为顺序阀控制顺序动作回路。单向顺序阀 4 用来控制两液压缸向右运动的先后次序，单向顺序阀 3 用来控制两液压缸向左运动的先后次序。当电磁换向阀未通电时，液压油进入液压缸 1 的左腔和阀 4 的进油口，液压缸 1 右腔中的油液经阀 3 中的单向阀流回油箱，液压缸 1 的活塞向右运动，而此时进油路压力较低，单向顺序阀 4 处于关闭状态；当液压缸 1 的活塞向右运动到行程终点碰到死挡铁，进油路压力升高到单向顺序阀 4 的调定压力时，单向顺序阀 4 打开，液压油进入液压缸 2 的左腔，液压缸 2 的活塞向右运动；当液压缸 2 的活塞向右运动到行程终点后，其挡铁压下相应的电气行程开关（图中未画出）而发出电信号时，电磁换向阀通电而换向，此时液压油进入液压缸 2 的右腔和单向顺序阀 3 的进油口，液压缸 2 左腔中的油液经单向顺序阀 4 中的单向阀流回油箱，液压缸 2 的活塞向左运动；当液压缸 2 的活塞向左到达行程终点碰到死挡铁后，进油路压力升高到单向顺序阀 3 的调定压力时，单向顺序阀 3 打开，液压缸 1 的活塞向左运动。若液压缸 1 和 2 的活塞向左运动无先后顺序要求，可省去单向顺序阀 3。

图 7-27 所示为用压力继电器控制顺序动作回路。压力继电器 1KP 用于控制两液压缸向右运动的先后顺序，压力继电器 2KP 用于控制两液压缸向左运动的先后顺序。当电磁铁 2YA 通电时，换向阀 3 右位接入回路，液压油进入液压缸 1 左腔并推动活塞向右运动；当液压缸 1 的活塞向右运动到行程终点而碰到死挡铁时，进油路压力升高而使压力继电器 1KP 动作发出电信号，相应电磁铁 4YA 通电，换向阀 4 右位接入回路，液压缸 2 的活塞向右运动；当液压缸 2 的活塞向右运动到行程终点，其挡铁压下相应的电气行程开关而发出电信号时，电磁铁 4YA 断电而 3YA 通电，换向阀 4 换向，液压缸 2 的活塞向左运动；当液压缸 2 的活塞向左运动到终点碰到死挡铁时，进油路压力升高而使压力继电器 2KP 动作发出电信号，相应 2YA 断电而 1YA 通电，换向阀 3 换向，液压缸 1 的活塞向左运动。为了防止压力继电器发出误动作，压力继电器的动作压力应比先动作的液压缸最高工作压力高 0.3～0.5MPa，但应比溢流阀的调定压力低 0.3～0.5MPa。

这种回路适用于液压缸数目不多、负载变化不大和可靠性要求不太高的场合。当运动部件卡住或压力脉动变化较大时，误动作不可避免。

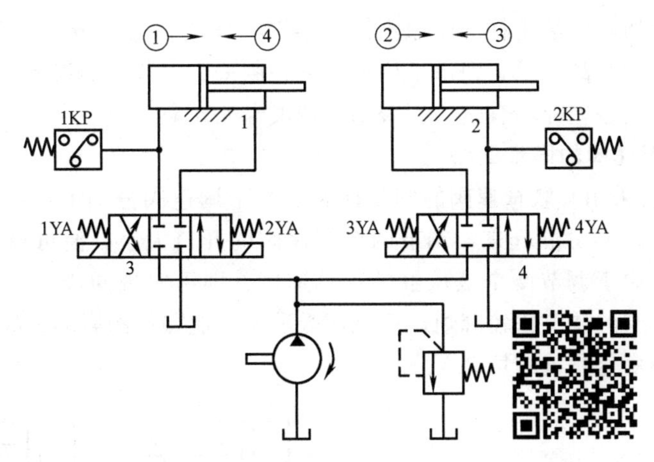

图 7-27 用压力继电器控制顺序动作回路（扫描二维码观看动画）

1、2—液压缸 3、4—换向阀

2. 行程控制的顺序动作回路

行程控制的顺序动作回路是利用运动部件到达一定位置时会发出信号来控制液压缸顺序动作的回路。

图 7-28 所示为用电气行程开关控制顺序动作回路。当电磁铁 1YA 通电时，液压缸 A 的活塞向右运动；当液压缸 A 的挡块随活塞右行到行程终点并触动电气行程开关 1ST 时，电磁铁 2YA 通电，液压缸 B 的活塞向右运动；当液压缸 B 的挡块随活塞右行至行程终点并触动电气行程开关 2ST 时，电磁铁 1YA 断电，换向阀开始换向，液压缸 A 的活塞向左运动；当液压缸 A 的挡块触动电气行程开关 3ST 时，电磁铁 2YA 断电，换向阀换向，液压缸 B 的活塞向左运动。这种顺序动作回路的可靠性取决于电气行程开关和电磁换向阀的质量，变更液压缸的动作行程和顺序都比较方便，且可利用电气互锁来保证动作顺序的可靠性。

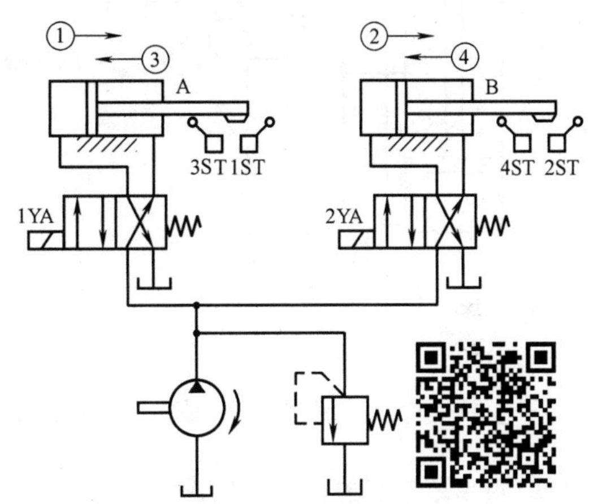

图 7-28 用电气行程开关控制顺序动作回路（扫描二维码观看动画）

7.4.2 同步动作控制回路

在多缸工作的液压系统中，常常会遇到要求两个或两个以上的执行元件同时动作的情况，并要求它们在运动过程中克服负载、摩擦阻力、泄漏、制造精度误差和结构变形上的差异，维持相同的速度或相同的位移，即做同步运动。同步运动包括速度同步和位置同步两类。速度同步是指各执行元件的运动速度相同，而位置同步是指各执行元件在运动中或停止时都保持相同的位移量。同步回路就是用来实现同步运动的回路。

1. 液压缸机械连接的同步回路

图 7-29 所示为液压缸机械连接的同步回路，这种同步回路是用刚性梁、齿轮、齿条等

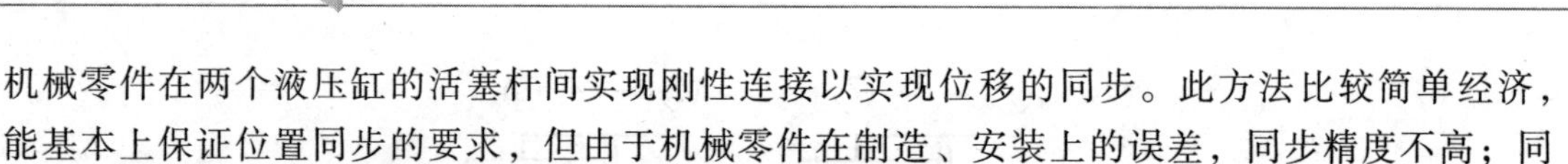

机械零件在两个液压缸的活塞杆间实现刚性连接以实现位移的同步。此方法比较简单经济，能基本上保证位置同步的要求，但由于机械零件在制造、安装上的误差，同步精度不高；同时，两个液压缸的负载差异不宜过大，否则会造成卡死现象。

2. 采用并联调速阀的同步回路

图 7-30 所示是采用并联调速阀的同步回路。两个调速阀分别串接在两个液压缸的回油路（或进油路）上，再并联起来，调节两个调速阀的开口大小，便可控制或调节进入或流出液压缸的流量，用于调节两个液压缸的运动速度，即可实现同步。这种同步回路结构简单，但是两个调速阀的调节比较麻烦，而且还受油温、泄漏等的影响，故同步精度不高，不宜用在偏载或负载变化频繁的场合。

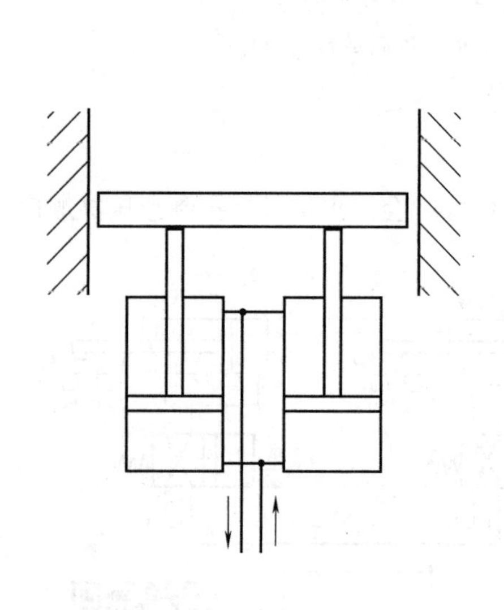

图 7-29 液压缸机械连接的同步回路

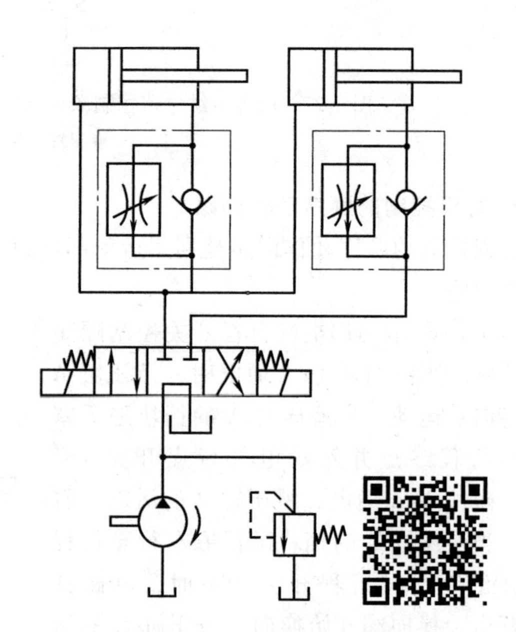

图 7-30 采用并联调速阀的同步回路（扫描二维码观看动画）

3. 用串联液压缸的同步回路

图 7-31 所示为带有补偿装置的两个液压缸串联的同步回路。当两液压缸同时下行时，如果液压缸 5 活塞先到达行程终点，则挡块压下行程开关 S_1，电磁铁 3YA 通电，换向阀 2 左位工作，液压油经换向阀 2 和液控单向阀 3 进入液压缸 4 上腔，进行补油，使其活塞继续下行到达行程端点。

如果液压缸 4 活塞先到达终点，行程开关 S_2 使电磁铁 4YA 通电，换向阀 2 右位工作，液压油进入液控单向阀控制腔，打开单向阀 3，液压缸 5 下腔与油箱接通，使其活塞继续下行到达行程终点，从而消除累积误差。

这种回路允许有较大偏载，偏载所造成的压差不影响流量的改变，只会导致微小的压缩和泄漏，因此同步精度较高，回路效率也较高。

4. 用同步马达的同步回路

图 7-32 所示为采用相同结构、相同排量的两个液压马达作为等流量分流装置的同步回路。两个马达轴刚性连接，把等量的油分别输入两个尺寸相同的液压缸中，使两液压缸实现同步。图 7-32 中的节流阀用于消除行程终点两缸的位置误差。

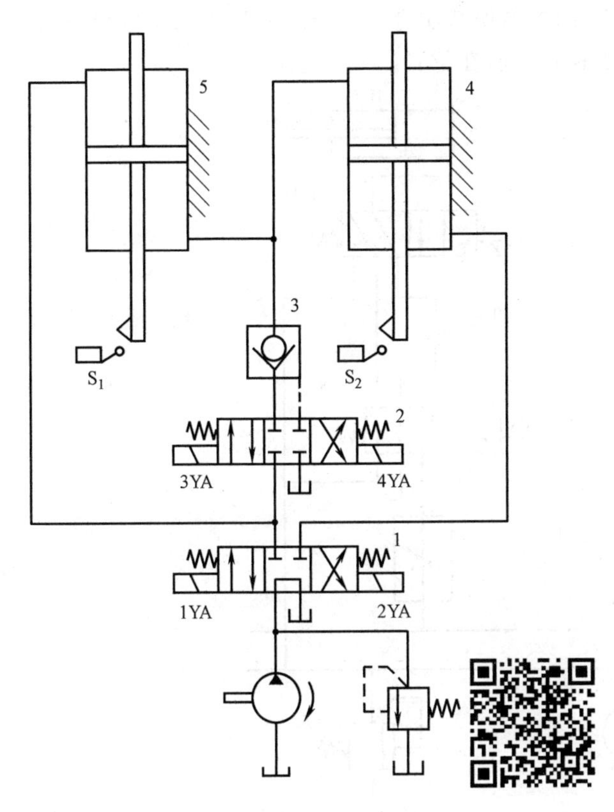

图 7-31　带有补偿装置的两个液压缸串联的同步回路（扫描二维码观看动画）

1、2—换向阀　3—单向阀　4、5—液压缸

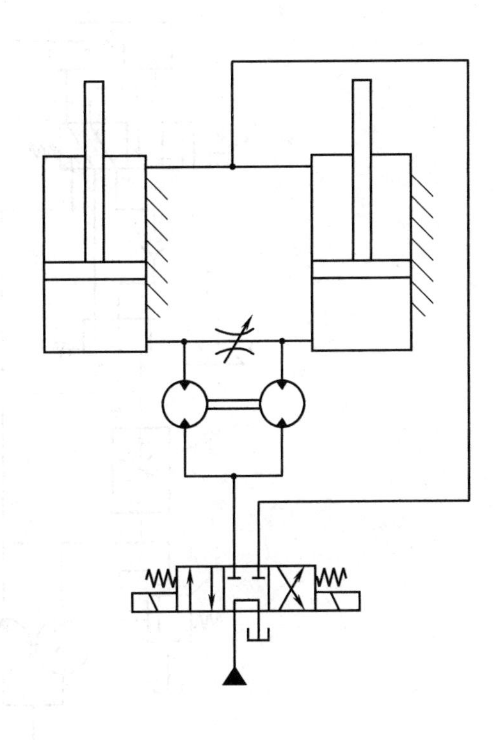

图 7-32　用同步马达的同步回路

影响这种回路同步精度的主要因素有：马达由于制造上的误差而引起的排量上的差别；作用于液压缸活塞上的负载不同引起的漏油以及摩擦阻力的不同等。

7.4.3　互不干扰控制回路

互不干扰控制回路的功能是使几个液压缸在完成各自的循环动作过程中彼此互不影响。在多缸液压系统中，往往由于其中一个液压缸快速运动，而造成系统压力下降，影响其他液压缸慢速运动的稳定性。因此，对于慢速要求比较稳定的多缸液压系统，需采用互不干扰回路，使各自液压缸的工作压力互不影响。

图 7-33 所示为多缸快慢速互不干扰回路。图中各液压缸（仅示出两个液压缸）分别要完成快进、工进和快退的自动循环。回路采用双泵供油，高压小流量泵 1 提供各缸工进时所需的液压油，低压大流量泵 2 为各缸快进或快退时输送低压油，它们分别由溢流阀 3 和 4 调定供油压力。当电磁铁 3YA、4YA 通电时，液压缸 A（或 B）左右两腔由两位五通电磁换向阀 7、11（或 8、12）连通，由泵 2 供油来实现差动快进过程，此时泵 1 的供油路被阀 7（或 8）切断。设液压缸 A 先完成快进，由行程开关使电磁铁 1YA 通电，3YA 断电，此时泵 2 对液压缸 A 的进油路切断，而泵 1 的进油路打开，液压缸 A 由调速阀 5 调速实现工进，液压缸 B 仍做快进，互不影响。当各缸都转为工进后，它们全由泵 1 供油。此后，若液压缸 A

又率先完成工进，行程开关应使阀 7 和阀 11 的电磁铁都通电，液压缸 A 即由泵 2 供油快退。当各电磁铁都通电时，各缸停止运动，并被锁止于所在位置。

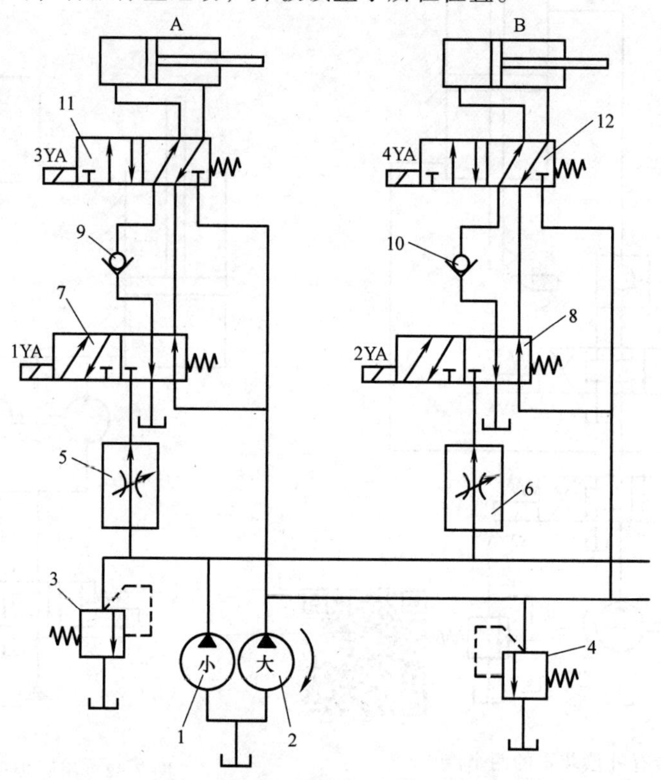

图 7-33 多缸快慢速互不干扰回路

1—高压小流量泵 2—低压大流量泵 3、4—溢流阀 5、6—调速阀

7、8、11、12—电磁换向阀 9、10—单向阀

任务实施：

组装各类多缸控制回路，选择组装回路所需要的元件，在试验台操作面板上布置好位置；按照液压回路图组装回路，检查油路连接是否正确；接通主油路，调节好系统工作压力；验证结束后，清理元器件及试验台。

思考与练习

7-1 在液压系统中，当工作部件停止运动以后，对泵卸荷有什么好处？举例说明几种常用的卸荷方法。

7-2 有些液压系统为什么要有保压回路？它应满足哪些基本要求？

7-3 在液压系统中为什么设置背压回路？背压回路与平衡回路有何区别？

7-4 不同操纵方式的换向阀组合的换向回路各有什么特点？

7-5 闭锁回路中三位换向阀的中位机构是否可以任意选择？为什么？

7-6 如何调节执行元件的运动速度？常用的调速方法有哪些？

7-7 如果一个液压系统要同时控制几个执行元件按规定的顺序动作，应采用何种液压回路？举例说明。

7-8 在液压系统中为什么要设置快速运动回路？执行元件实现快速运动的方法有哪些？

7-9 在图 7-34 所示的油路中，若溢流阀和减压阀的调定压力分别为 5.0MPa 和 2.0MPa，试分析活塞在运动期间和碰到死挡铁后，溢流阀进油口、减压阀出油口处的压力各为多少？（主油路关闭不通，活塞在运动期间液压缸负载为 0，不考虑能量损失）

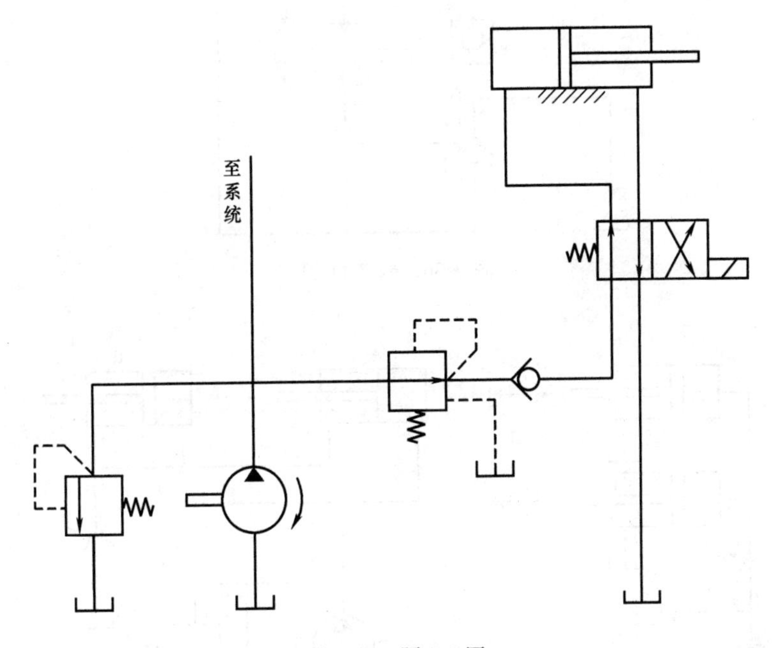

图 7-34 题 7-9 图

7-10 在图 7-35 所示的回路中，顺序阀和溢流阀的调定压力分别为 3.0MPa 与 5.0MPa，问在下列情况下，A、B 两处的压力各等于多少？

（1）液压缸运动时，负载压力为 4.0MPa。

（2）液压缸运动时，负载压力为 1.0MPa。

（3）活塞碰到缸盖时。

7-11 试说明图 7-36 所示容积调速回路中单向阀 A 和 B 的功用。提示：按液压缸的进出流量大小不同来考虑。

7-12 图 7-37 中各缸完全相同，负载 $F_A > F_B$。已知节流阀能调节缸速并不计压力损失。试判断图 7-37a 和图 7-37b 中，哪一个缸先动？哪一个缸速度快？说明原因。

7-13 如图 7-24 所示，串联调速阀实现的慢速—慢速切换方案有什么优缺点？图 7-25 所示的并联调速阀切换回路实现慢速—慢速切换方案有什么优缺点？

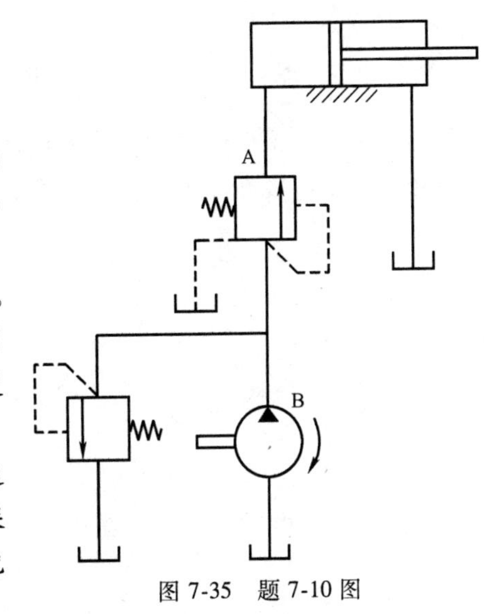

图 7-35 题 7-10 图

7-14　在图7-14所示的液压闭锁回路中，为什么采用H型中位机能的三位换向阀？如果换成M型中位机能的三位换向阀，会出现什么情况？

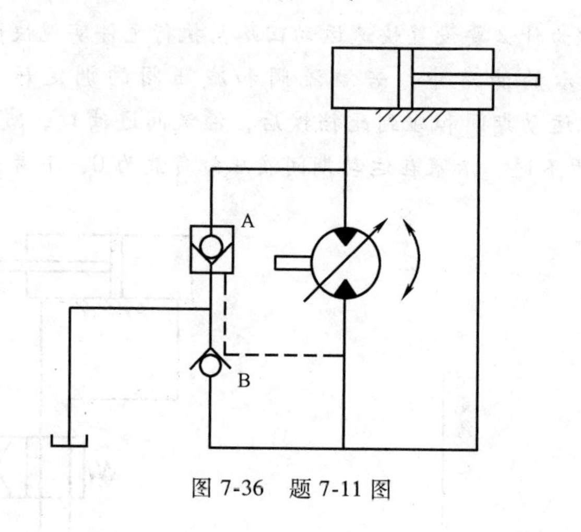

图7-36　题7-11图

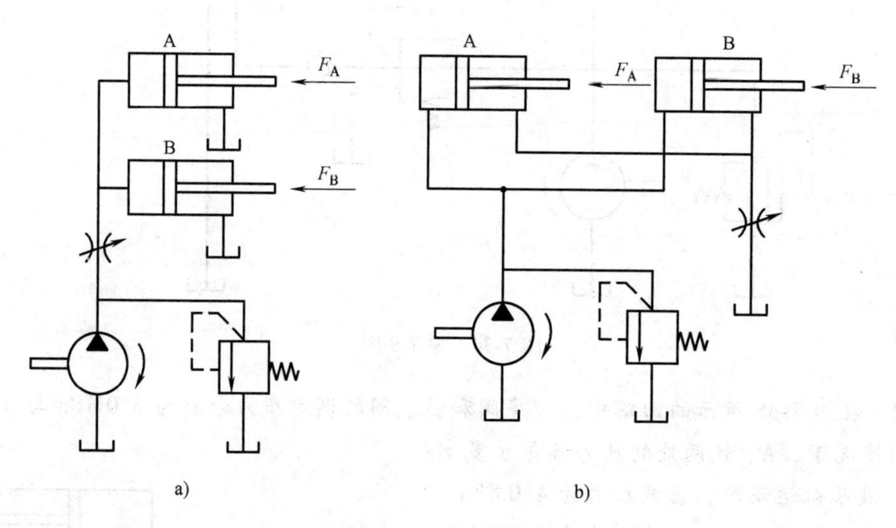

图7-37　题7-12图

7-15　容积节流调速回路的流量阀和变量泵之间是如何实现匹配的？

7-16　调速回路有哪几种？各适用于什么场合？

项目8 典型液压传动系统及故障分析

【项目要点】

◆ 能正确组装、调试和维护液压传动系统。

◆ 能正确绘制液压传动系统工作原理图。

◆ 能正确检测和排除液压传动系统常见的故障。

【知识目标】

◆ 掌握典型液压传动系统的分析步骤和方法。

◆ 掌握组合机床 YT4543 型动力滑台液压传动系统的分析方法。

◆ 掌握 MJ-50 型数控车床液压传动系统的分析方法。

◆ 掌握万能外圆磨床液压传动系统的分析方法。

◆ 掌握汽车起重机液压传动系统的分析方法。

◆ 掌握液压传动系统常见的故障及排除方法。

【素质目标】

◆ 培养学生树立正确的价值观和职业态度。

◆ 培养学生的国家使命感和民族自豪感。

◆ 培养学生了解中国制造的传统印记和中华工匠精神。

思政小课堂

一把弓的技术哲学

液压传动系统在机床、工程机械、冶金石化、航空、船舶等方面均有广泛的应用。液压传动系统是根据液压设备的工作要求，选用各种不同功能的基本回路构成的。液压传动系统一般用图形的方式来表示。液压传动系统图表示了系统内所有各类液压元件的连接情况以及执行元件实现各种运动的工作原理。本项目介绍几个典型的液压传动系统，通过对它们的分析，可以帮助读者了解典型液压系统的基本组成和工作原理，以加深对各种液压元件和基本回路的理解，增强综合应用能力。

对液压系统进行分析，最主要的就是阅读液压传动系统图。阅读一个复杂的液压系统图，大致可以按以下几个步骤进行：

1）了解机械设备的功用、工况及其对液压传动系统的要求，明确液压设备的工作循环。

2）初步阅读液压传动系统图，了解系统中包含哪些元件，根据设备的工况及工作循环，将系统分解为若干个子系统。

3）逐步分析各子系统，了解系统中基本回路的组成情况。分析各元件的功用以及各元件之间的相互关系。根据执行机构的动作要求，参照电磁铁动作顺序表，搞清楚各个行程的动作原理及油路的流动路线。

4）根据系统中对各执行元件间的互锁、同步、防干扰等要求，分析各个子系统之间的联系以及如何实现这些要求。

5）在全面读懂液压传动系统图的基础上，根据系统所使用的基本回路的性能，对系统做出综合分析，归纳总结出整个液压传动系统的特点，以加深对液压系统的理解，为液压系统的调整、维护、使用打下基础。

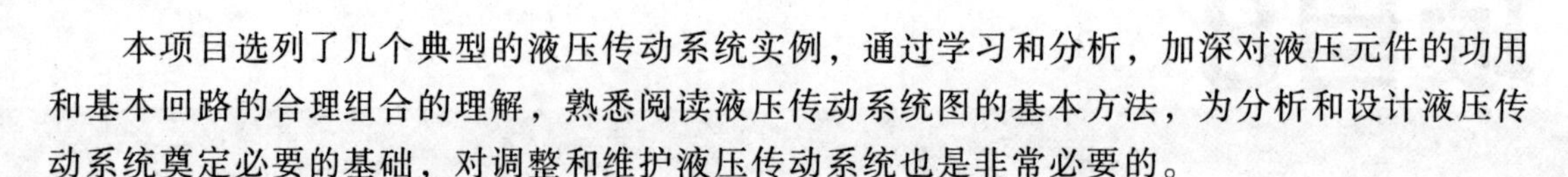

本项目选列了几个典型的液压传动系统实例，通过学习和分析，加深对液压元件的功用和基本回路的合理组合的理解，熟悉阅读液压传动系统图的基本方法，为分析和设计液压传动系统奠定必要的基础，对调整和维护液压传动系统也是非常必要的。

任务 8.1 组合机床动力滑台液压传动系统分析

任务目标：

掌握组合机床动力滑台液压传动系统的工作原理和特点；分析组合机床动力滑台液压传动系统所使用的元件及元件在该系统中的作用；分析组合机床动力滑台液压传动系统所使用的基本回路。

任务描述：

查阅资料，熟悉机床动力滑台液压系统的作用，分析液压系统工作原理图，了解系统性能特点。

知识与技能：

8.1.1 概述

组合机床是一种高效率的专用机床，它由具有一定功能的通用部件（包括机械动力滑台和液压动力滑台）和专用部件组成，加工范围较广，自动化程度较高，多用于大批量生产中。液压动力滑台由液压缸驱动，根据加工需要可在滑台上配置动力头、主轴箱或各种专用的切削头等工作部件，以完成钻、扩、铰、铣、镗、倒角、加工螺纹等加工工序，并可实现多种进给工作循环。

根据组合机床的加工特点，动力滑台液压系统应具备性能要求是：在变负载或断续负载的条件下工作时，能保证动力滑台的进给速度稳定，特别是最小进给速度的稳定性；能承受规定的最大负载，并具有较大的工进调速范围以适应不同工序的需要；能实现快速进给和快速退回；效率高、发热少，并能合理利用能量以解决工进速度和快进速度之间的矛盾；在其他元件的配合下了方便地实现多种工作的循环。

液压动力滑台是系列化产品，不同规格的滑台，其液压系统的组成和工作原理基本相同。现以 YT4543 型动力滑台为例分析其液压系统的工作原理和特点。图 8-1 所示为 YT4543 型液压动力滑台的液压系统。YT4543 型动力滑台要求进给速度范围为 $(0.11\sim10)\times10^{-3}$m/s，最大移动速度为 0.12m/s，最大进给力为 4.5×10^{4}N。该液压系统的动力元件和执行元件为限压式变量泵和单杆活塞式液压缸，系统中有换向回路、速度回路、快速运动回路、速度换接回路、卸荷回路等基本回路。回路的换向由电液换向阀完成，同时其中位机能具有卸荷功能，快速进给由液压缸的差动连接来实现，用限压式变量泵和串联调速阀来实现二次进给速度的调节，用行程阀和电磁阀实现速度的换接，为了保证进给的尺寸精度，采用了止位钉停留来限位。该系统能够实现的自动工作循环为：快进→第一次工进→第二次工进→止位钉停留→快退→原位停止，该系统中电磁铁和行程阀的动作顺序见表 8-1。

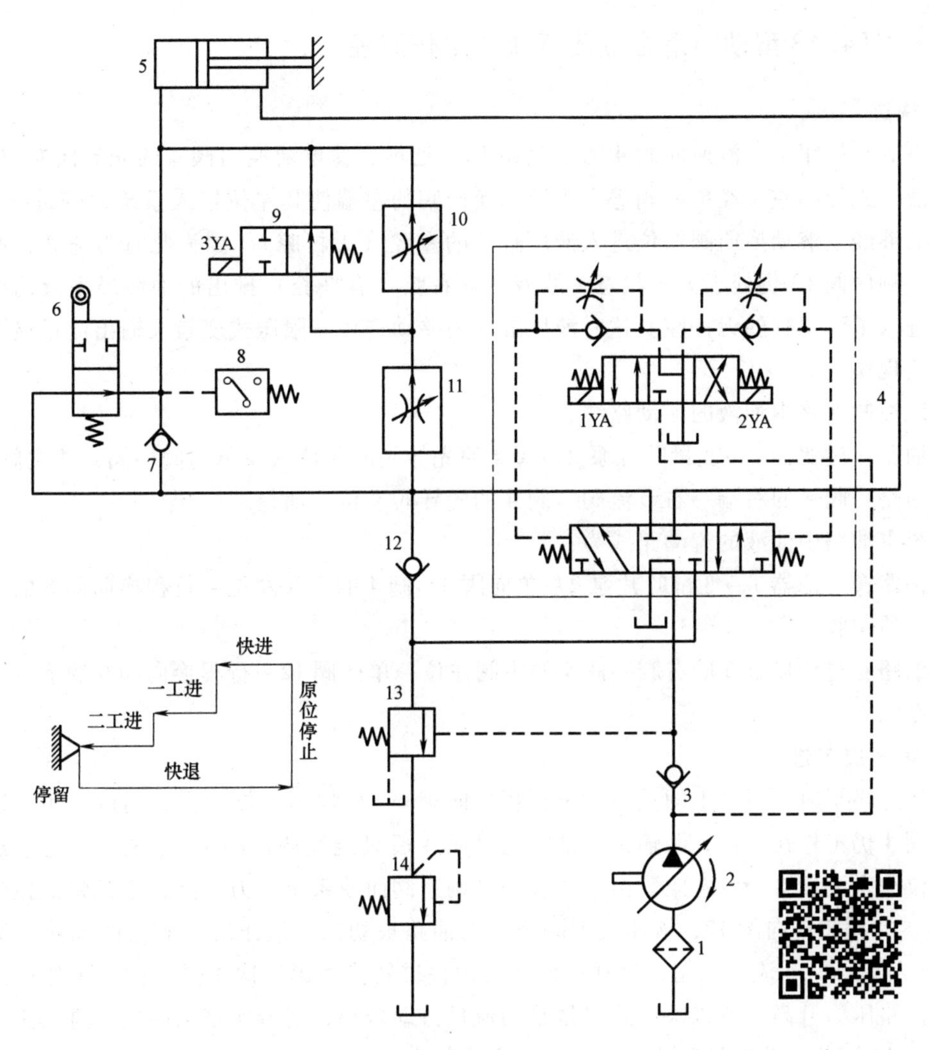

图 8-1　YT4543 型液压动力滑台的液压系统（扫描二维码观看动画）

1—过滤器　2—变量叶片泵　3、7、12—单向阀　4—电液换向阀　5—液压缸　6—行程换向阀　8—压力继电器　9—二位二通电磁换向阀　10、11—调速阀　13—液控顺序阀　14—背压阀

表 8-1　YT4543 型动力滑台液压系统电磁铁和行程阀动作顺序表

工作循环	1YA	2YA	3YA	行程阀
快进	+	−	−	−
一工进	+	−	−	+
二工进	+	−	+	+
止位钉停留	+	−	+	+
快退	−	+	−	+ −
原位停止	−	−	−	−

注：表中“+”表示电磁铁得电或行程阀被压下，“−”表示电磁铁失电或行程阀抬起，后同。

8.1.2 YT4543型动力滑台液压系统的工作原理

1. 快进

按下启动按钮，电液换向阀4的电磁铁1YA通电，使电液换向阀4的先导阀左位工作，控制油液经先导阀左位经单向阀进入主液动换向阀的左端使其左位接入系统，变量叶片泵2输出的油液经主液动换向阀左位进入液压缸5的左腔（无杆腔），因为此时为空载，系统压力不高，顺序阀13仍处于关闭状态，故液压缸右腔（有杆腔）排出的油液经主液动换向阀左位也进入了液压缸的无杆腔。这时液压缸5为差动连接，限压式变量泵输出流量最大，动力滑台实现快进。

系统控制油路中油液的流动路线为：

进油路：过滤器1→变量叶片泵2→阀4的先导阀的左位→左单向阀→阀4的主阀左位。

回油路：阀4的右端→右节流阀→阀4的先导阀左位→油箱。

系统主油路中油液的流动路线为：

进油路：过滤器1→变量叶片泵2→单向阀3→阀4的主阀左位→行程换向阀6的下位→液压缸5的左腔。

回油路：过液压缸5的右腔→阀4的主阀左位→单向阀12→行程换向阀6的下位→液压缸5的左腔。

2. 第一次工进

当快进终了时，滑台上的挡块压下行程换向阀6，行程阀上位工作，阀口关闭，这时电液换向阀4仍工作在左位，泵输出的油液通过阀4后只能经调速阀11和二位二通电磁换向阀9右位进入液压缸5的左腔。由于油液经过调速阀而使系统压力升高，于是将液控顺序阀13打开，并关闭单向阀12，液压缸差动连接的油路被切断，液压缸5右腔的油液只能经顺序阀13、背压阀14流回油箱，这样就使滑台由快进转换为第一次工进。由于工作进给时液压系统油路压力升高，所以限压式变量泵的流量自动减小，滑台实现第一次工进，工进速度由调速阀11调节。此时控制油路不变，其主油路为：

进油路：过滤器1→变量叶片泵2→单向阀3→阀4的主阀左位→调速阀11→换向阀9的右位→液压缸5的左腔。

回油路：液压缸5的右腔→阀4的主阀左位→顺序阀13→背压阀14→油箱。

3. 第二次工进

第二次工进时的控制油路和主油路的回油路与第一次工进时的基本相同，不同之处是当第一次工进结束时，滑台上的挡块压下行程开关，发出电信号使电磁换向阀9的电磁铁3YA通电，阀9左位接入系统，切断了该阀所在的油路，经调速阀11的油液必须通过调速阀10进入液压缸5的左腔。此时顺序阀13仍开启。由于调速阀10的阀口开口量小于调速阀11，系统压力进一步升高，限压式变量泵的流量进一步减小，使得进给速度降低，滑台实现第二次工进。工进速度可由调速阀10调节。其主油路为：

进油路：过滤器1→变量叶片泵2→单向阀3→阀4的主阀左位→调速阀11→调速阀10→液压缸5的左腔。

回油路：液压缸5右腔→阀4的主阀左位→顺序阀13→背压阀14→油箱。

4. 止位钉停留

当滑台完成第二次工进时，动力滑台与止位钉相碰撞，液压缸停止不动。这时液压系统压力进一步升高，当达到压力继电器 8 的调定压力后，压力继电器动作，发出电信号传给时间继电器，由时间继电器延时控制滑台停留时间。在时间继电器延时结束之前，动力滑台将停留在止位钉限定的位置上，且停留期间液压系统的工作状态不变。停留时间可根据工艺要求由时间继电器来调定。设置止位钉的作用是可以提高动力滑台行程的位置精度。这时的油路同第二次工进的油路，但实际上，液压系统内的油液已停止流动，液压泵的流量已降至很小，仅用于补充泄漏油。

5. 快退

动力滑台停留时间结束后，时间继电器发出电信号，使电磁铁 2YA 通电，1YA、3YA 断电。这时阀 4 的先导阀右位接入系统，液动换向阀的主阀也换为右位工作，主油路换向。因滑台返回时为空载，液压系统压力低，变量泵的流量又自动恢复到最大值，故滑台快速退回。

控制油路中油液的流动路线为：

进油路：过滤器 1→变量叶片泵 2→阀 4 的先导阀右位→右单向阀→阀 4 的主阀右端。

回油路：阀 4 的主阀左端→左节流阀→阀 4 的先导阀右位→油箱。

主油路中油液的流动路线为：

进油路：过滤器 1→变量叶片泵 2→单向阀 3→电液换向阀 4 的主阀右位→液压缸 5 的右腔。

回油路：液压缸 5 的左腔→单向阀 7→电液换向阀 4 的主阀右位→油箱。

6. 原位停止

当动力滑台快退到原始位置时，挡块压下行程开关，使电磁铁 2YA 断电，这时电磁铁 1YA、2YA、3YA 都失电，电液换向阀 4 的先导阀及主阀都处于中位，液压缸 5 两腔被封闭，动力滑台停止运动，滑台锁紧在起始位置上。变量叶片泵 2 通过电液换向阀 4 的中位卸荷。

控制油路中油液的流动路线为：

回油路：

阀 4 的主阀左端→左节流阀→阀 4 的先导阀中位→油箱。

阀 4 的主阀右端→右节流阀→阀 4 的先导阀中位→油箱。

主油路中油液的流动路线为：

进油路：过滤器 1→变量叶片泵 2→单向阀 3→阀 4 的先导阀中位→油箱。

回油路：液压缸 5 左腔→阀 7→阀 4 的先导阀中位（堵塞）。

液压缸 5 右腔→阀 4 的先导阀中位（堵塞）。

8.1.3　YT4543 型动力滑台液压系统的特点

通过对 YT4543 型动力滑台液压系统的分析，可知该系统具有如下特点：

1）该系统采用了由限压式变量泵和调速阀组成的进油路容积节流调速回路，这种回路能够使动力滑台得到稳定的低速运动和较好的速度负载特性，而且由于系统无溢流损失，系统效率较高。另外，回路中设置了背压阀，可以改善动力滑台运动的平稳性，并能使滑台承受一定的反向负载。

2）该系统采用了限压式变量泵和液压缸的差动连接回路来实现快速运动，使能量的利用比较经济合理。动力滑台停止运动时，换向阀使液压泵在低压下卸荷，减少了能量损失。

3）系统采用行程阀和液控顺序阀实现快进与工进的速度换接，动作可靠，速度换接平稳。同时，调速阀可起到加载的作用，可在刀具与工件接触之前就能可靠地转入工作进给，因此不会引起刀具和工件的突然碰撞。

4）在行程终点采用了止位钉停留，不仅提高了进给时的位置精度，还扩大了动力滑台的工艺范围，更适合于镗削阶梯孔、刮端面等加工工序。

5）由于采用了调速阀串联的二次进油路节流调速方式，可使起动和速度换接时的前冲量较小，并便于利用压力继电器发出信号进行控制。

任务实施：

查阅资料，理解机床动力滑台液压系统所实现的功能，分析液压系统原理图，运用 FluidSIM 软件模拟系统运行，分析该系统的特点。

任务 8.2 数控车床液压系统分析

任务目标：

掌握数控机床液压系统的工作原理和特点；分析数控机床液压系统所使用的元件及元件在该系统中的作用；分析 MJ-50 型数控车床液压系统所使用的基本回路。

任务描述：

查阅资料，熟悉 MJ-50 型数控车床液压系统的作用，分析液压系统的工作原理图，了解系统的性能特点。

知识与技能：

8.2.1 概述

装有程序控制系统的车床简称数控车床。在数控车床上进行车削加工时，其自动化程度高，能获得较高的加工质量。目前，在数控车床上，大多采用了液压传动技术，下面介绍 MJ-50 型数控车床的液压系统，其原理如图 8-2 所示。

机床中由液压系统实现的动作有：卡盘的夹紧与松开、刀架的夹紧与松开、刀架的正转与反转、尾座套筒的伸出与缩回。液压系统中各电磁阀的电磁铁动作由数控系统的计算机控制实现，各电磁铁动作见表 8-2。

8.2.2 液压系统的工作原理

机床的液压系统采用单向变量泵供油，系统压力调至 4MPa，压力由压力表 15 显示。泵输出的液压油经过单向阀进入系统，其工作原理分析如下。

表 8-2 电磁铁动作顺序表

各种项目			电磁铁							
			1YA	2YA	3YA	4YA	5YA	6YA	7YA	8YA
卡盘正卡	高压	夹紧	+	−	−					
		松开	−	+	−					
	低压	夹紧	+	−	+					
		松开	−	+	+					
卡盘反卡	高压	夹紧	−	+	−					
		松开	+	−	−					
	低压	夹紧	−	+	+					
		松开	+	−	+					
刀架	正转								−	+
	反转								+	−
	松开					+				
	夹紧					−				
尾座	套筒伸出						−	+		
	套筒退回						+	−		

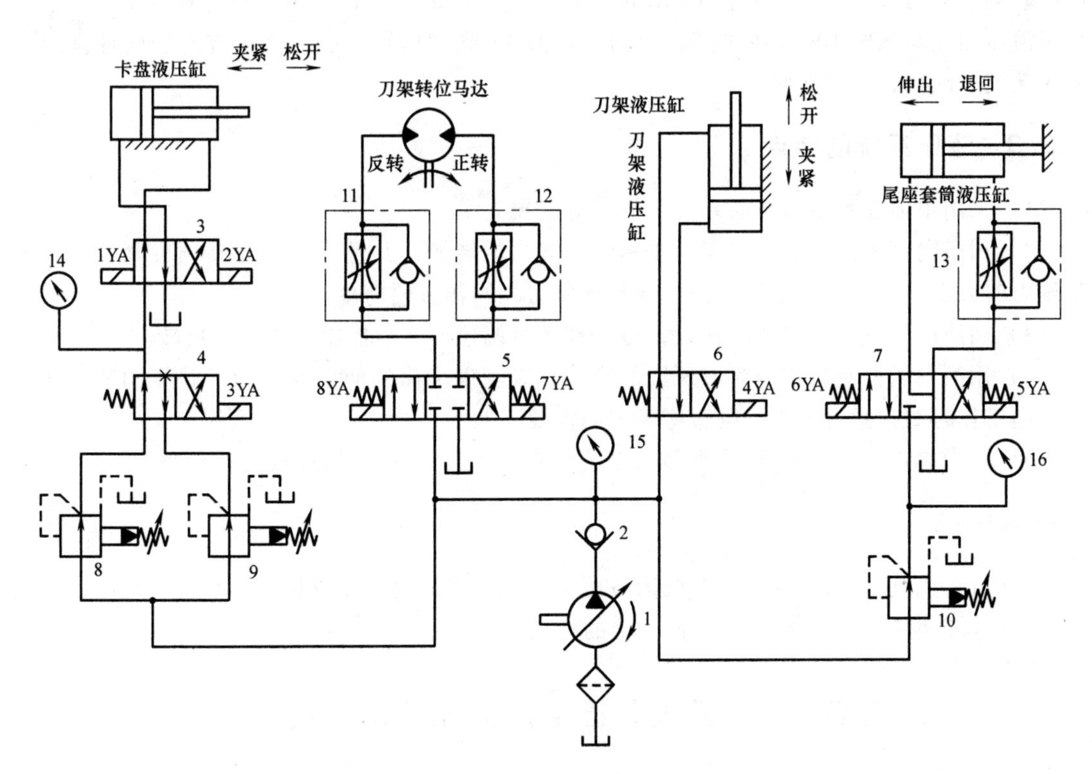

图 8-2 MJ-50 型数控车床的液压系统

1—变量泵 2—单向阀 3、4、5、6、7—换向阀 8、9、10—减压阀

11、12、13—单向调速阀 14、15、16—压力表

1. 卡盘的夹紧与松开

当卡盘处于正卡（或称外卡）且在高压夹紧状态下，夹紧力的大小由减压阀8来调整，夹紧力由压力表14来显示。当1YA通电时，换向阀3左位工作，系统液压油经减压阀8、换向阀4、换向阀3到液压缸右腔，液压缸左腔的油液经换向阀3直接回油箱。这时，活塞杆左移，卡盘夹紧。反之，当2YA通电时，换向阀3右位工作，系统液压油经减压阀8、换向阀4、换向阀3到液压缸左腔，液压缸右腔的油液经换向阀3直接回油箱，活塞杆右移，卡盘松开。

当卡盘处于正卡且在低压夹紧状态下，夹紧力的大小由减压阀9来调整。这时，3YA通电，换向阀4右位工作。换向阀3的工作情况与高压夹紧时相同。卡盘反卡（或称内卡）时的工作情况与正卡相似，这里不再赘述。

2. 回转刀架的回转

回转刀架换刀时，首先使刀架松开，然后刀架转位到指定的位置，最后刀架复位夹紧，当4YA通电时，换向阀6右位工作，刀架松开。当8YA通电时，液压马达带动刀架正转，转速由单向调速阀11控制。当7YA通电时，则液压马达带动刀架反转，转速由单向调速阀12控制。当4YA断电时，换向阀6左位工作，液压缸使刀架夹紧。

3. 尾座套筒的伸缩运动

当6YA通电时，换向阀7左位工作，系统液压油经减压阀10、换向阀7到尾座套筒液压缸的左腔，液压缸右腔油液经单向调速阀13、换向阀7回油箱，缸筒带动尾座套筒伸出，伸出时的预紧力大小通过压力表16显示。反之，当5YA通电时，换向阀7右位工作，液压系统液压油经减压阀10、换向阀7、单向调速阀13到液压缸右腔，液压缸左腔的油液经换向阀7流回油箱，套筒缩回。

8.2.3 液压系统的特点

1）采用单向变量液压泵向系统供油，能量损失小。

2）用换向阀控制卡盘，实现高压和低压夹紧的转换，并且分别调节高压夹紧或低压夹紧压力的大小。这样可根据工作情况调节夹紧力，操作方便简单。

3）用液压马达实现刀架的转位，可实现无级调速，并能控制刀架正、反转。

4）用换向阀控制尾座套筒液压缸的换向，以实现套筒的伸出或缩回，并能调节尾座套筒伸出工作时的预紧力大小，以适应不同的需要。

5）压力表14、15、16可分别显示系统相应的压力，以便于故障诊断和调试。

任务实施：

查阅资料，理解MJ-50型数控机床液压系统所实现的功能，分析液压系统原理图，运用FluidSIM软件模拟系统运行，分析该系统的特点。

任务8.3 万能外圆磨床液压传动系统分析

任务目标：

掌握万能外圆磨床液压传动系统的工作原理和特点；分析万能外圆磨床液压传动系统所

使用的元件及元件在该系统中的作用；分析万能外圆磨床液压传动系统所使用的基本回路。

任务描述：

查阅资料，熟悉万能外圆磨床液压传动系统的作用，分析液压系统的工作原理图，了解系统性能的特点。

知识与技能：

8.3.1 概述

万能外圆磨床是工业生产中应用极为广泛的一种精加工机床。主要用途是磨削各种圆柱面、圆锥面及阶梯轴等零件，采用内圆磨头附件还可以磨削内圆及内锥孔等。为了完成上述零件的加工，磨床必须具有砂轮旋转、工件旋转、工作台带动工件的往复直线运动和砂轮架的周期切入运动等。此外，还要求砂轮架快速进退和尾架顶尖的伸缩等辅助运动。在这些运动中，除砂轮旋转、工件旋转运动由电动机驱动外，其余则采用液压传动方式。根据磨削工艺的结构特点，机床对工作台的往复运动性能要求较高。

对外圆磨床工作台往复运动的要求如下：

1）工作台运动精度能在0.05~4m/min范围内实现无级调速，若在高精度磨床上进行镜面磨削，其修整砂轮的速度为10~30mm/min，并要求运动平稳、无爬行现象。

2）在上述的速度变化范围内能够自动换向，换向过程要平稳，冲击要小，起动、停止要迅速。

3）换向精度要高。同一速度下，换向点变动量（同速换向精度）应小于0.02mm；不同速度下，换向点变动量（异速换向精度）应小于0.2mm。

4）换向前工作台在两端能够停留。因为磨削时砂轮在工件两端一般不越出工件，为了避免工件两端因磨削时间短而引起尺寸偏大，故在换向时要求两端有停留，停留时间能在0~5s内调节。

5）工作台可做微量抖动。切入磨削或磨削工件长度略大于砂轮宽度时，为了提高生产率和改善表面粗糙度，工作台需做短距离（1~3mm）频繁的往复运动，其往复频率为1~3次/s。

8.3.2 外圆磨床工作台换向回路

为了使外圆磨床工作台的运动获得良好的换向性能，提高换向精度，其液压系统选用合适的换向回路。

外圆磨床工作台的换向回路一般分为两类：一类是时间控制制动式换向回路；另一类是行程控制制动式换向回路。在时间控制制动式换向回路中，主换向阀切换油口使工作台制动的时间为一调定数值，因此工作台速度大时，其制动行程的冲击量就大，换向点的位置精度较低。时间控制制动式换向回路一般只适用于换向精度要求不高的机床，如平面磨床等。对于外圆磨床和内圆磨床，为了使工作台获得较高的换向精度，通常采用行程控制制动式换向回路，如图8-3所示。

在图8-3中，换向回路主要由起先导作用的机动先导阀1和液动主换向阀2所组成（二

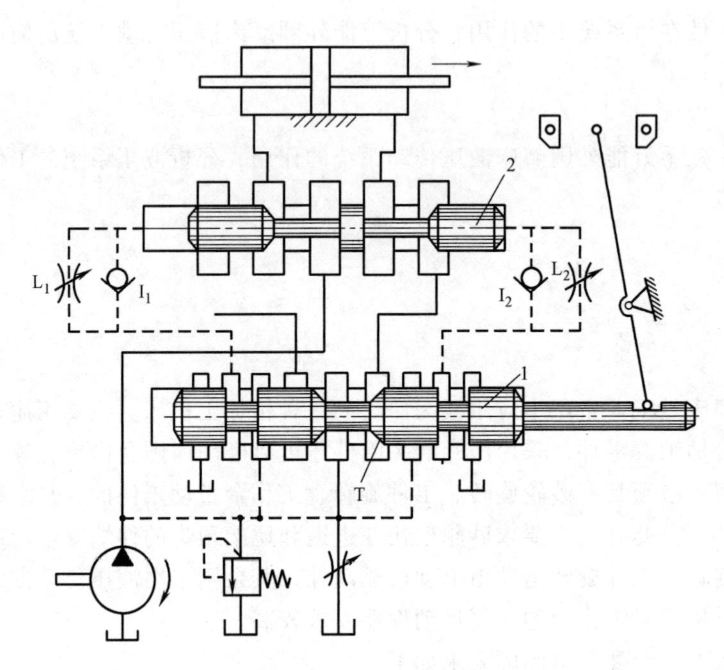

图 8-3 行程控制制动式换向回路
1—机动先导阀 2—液动主换向阀

阀组合成机液动阀)，其特点是先导阀不仅对操纵主阀的控制液压油起控制作用，还直接参与工作台换向制动过程的控制。当图示工作台向右移动的行程即将结束时，挡块拨动先导阀拨杆，使先导阀芯左移，其右边的制动锥 T 便将液压缸右腔回油路的通流面积逐渐关小，对工作台起制动作用，使其速度逐渐减小。当液压缸回油通路接近于封闭（只留下很小一点开口量），工作台速度已变得很小时，主阀的控制油路开始切换，使主阀芯左移，导致工作台停止运动并换向。在此情况下，不论工作台原来的速度快慢如何，总是在先导阀芯移动一定距离，即工作台移动某一确定行程之后，主阀才开始换向，所以称这种换向回路为行程控制制动式换向回路。

行程控制制动式换向的整个过程可分为制动、端点停留和反向起动三个阶段。工作台制动过程又分为预制动和终制动两步：第一步是机动先导阀 1 用制动锥关小液压缸回油通路，使工作台急剧减速，实现预制动；第二步是液动主换向阀 2 在控制液压油作用下移到中间位置，这时液压缸两腔同时通入液压油，工作台停止运动，实现终制动。工作台的制动分两步进行，可避免发生大的换向冲击，实现平稳换向。工作台制动完成之后，在一段时间内，主换向阀使液压缸两腔互通液压油，工作台处于停止的状态，直至主阀芯移动到使液压缸两腔油路隔开，工作台开始反向起动为止，这一阶段称为工作台端点停留阶段。停留时间可以用液动主换向阀 2 两端的节流阀 L_1 或 L_2 调节。

由上述可知，行程控制制动式换向回路能使液压缸获得很高的换向精度，适于外圆磨床加工阶梯轴的需要。

8.3.3 M1432A 型万能外圆磨床液压系统的工作原理

M1432A 型万能外圆磨床主要用来磨削圆柱形（包括阶梯形）或圆锥形外圆柱面，在使用附加内圆磨具时还可磨削圆柱孔和圆锥孔。该机床的液压系统能够完成的主要任务是：工作台的往复运动、砂轮架的横向快速进退运动和周期进给运动、尾座顶尖的退回运动、工作台手动与液压的互锁、砂轮架丝杠螺母间隙的消除及机床的润滑等。

1. 工作台的往复运动

M1432A 型万能外圆磨床工作台的往复运动用 HYY21/3P-25T 型专用液压操纵箱进行控制，该操纵箱主要由开停阀 A、节流阀 B、先导阀 C、换向阀 D 和抖动缸等元件组成，如图 8-4 所示。在此操纵箱中，机动先导阀和液动主换向阀构成行程控制制动式换向回路，它可以提高工作台的换向精度；开停阀的作用是操纵工作台的运动或停止；抖动缸的主要作用是使先导阀快跳，从而消除工作台慢速时的换向迟缓现象，提高换向精度，并使机床具备短距离频繁往复运动（抖动）的性能，以提高切入式磨削的表面加工质量和生产效率。

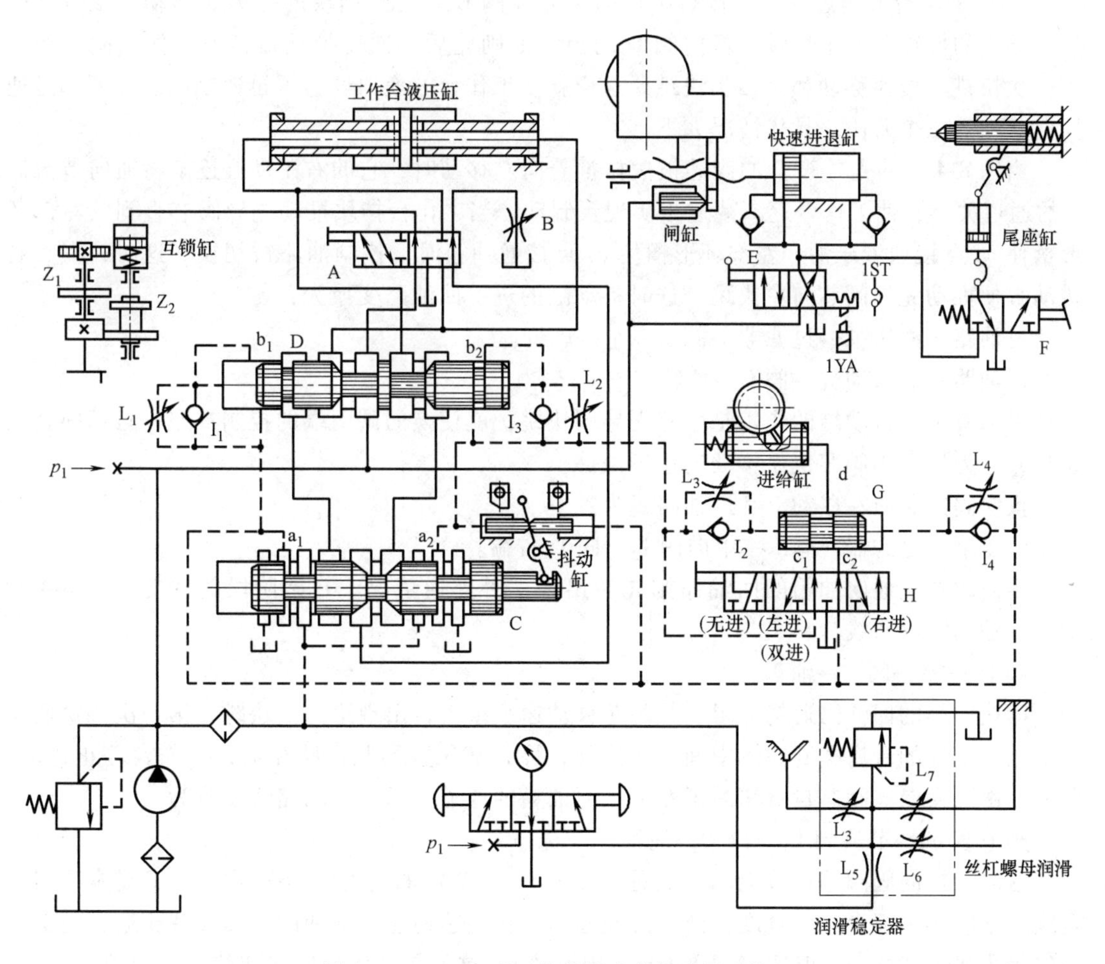

图 8-4 M1432A 型万能外圆磨床的液压系统

工作台往复运动的油路工作原理如下：

（1）往复运动时油流路线　本机床的工作液压缸为活塞杆固定、缸体移动的双杆活塞式液压缸。在图 8-4 所示状态下，开停阀 A 处于右位，先导阀 C 和换向阀 D 都处于右端位置，工作台向右运动，主油路的油流路线为：

进油路：液压泵→阀 D→工作台液压缸右腔。

回油路：工作台液压缸左腔→阀 D→阀 C→阀 A→阀 B→油箱。

当工作台右移到预定位置时，工作台上的左挡块拨动先导阀芯，并使它最终处于左端位置上。这时控制油路 a_2 点接通液压油，a_1 点接通油箱，使换向阀 D 的阀芯也处于左端位置，于是主油路的油流路线变为：

进油路：液压泵→阀 D→工作台液压缸左腔。

回油路：工作台液压缸右腔→阀 D→阀 C→阀 A→阀 B→油箱。

这时，工作台向左运动，并在其右挡块碰上拨杆后发生与上述情况相反的变换，使工作台又改变方向向右运动。如此不停地反复进行下去，直到开停阀 A 拨到左位时才使运动停止下来。

（2）工作台换向过程　工作台换向时，先导阀 C 先受到挡块的操纵而移动，接着又受到抖动缸的操纵而产生快跳；换向阀 D 的控制油则先后三次变换通流情况，使其阀芯产生第一次快跳、慢速移动和第二次快跳。这样就使工作台的换向经历了迅速制动、停留和迅速反向起动的三个阶段。具体情况如下：

当图 8-4 中的先导阀 C 的阀芯被拨杆推着向左移动时，它的右制动锥逐渐将通向节流阀 B 的通道关小，使工作台逐渐减速，实现预制动。当工作台挡块推动先导阀芯直到其右部环形槽使 a_2 点接通液压油，左部环形槽使 a_1 点接通油箱时，控制油路被切换。这时，左、右抖动缸便推动先导阀芯向左快跳，这时抖动缸的进、回油路变换为：

进油路：液压泵→过滤器→阀 C→左抖动缸。

回油路：右抖动缸→阀 C→油箱。

可以看出，抖动缸的作用是引起先导阀快跳；就使换向阀两端的控制油路一旦切换就迅速打开，为换向阀阀芯快速移动创造了条件。

换向阀阀芯向左移动，其进油路线为：

液压泵→过滤器→阀 C→单向阀 I_2→阀 D 右端。

换向阀左端通向油箱的回油路则先后出现三种连通情况。开始阶段的情况如图 8-4 所示，回油的流动路线为：

阀 D 左端→阀 C→油箱。

因换向阀的回油路通畅无阻，其阀芯移动速度很大，出现第一次快跳。第一次快跳使换向阀阀芯中部的台肩移到阀体中间沉割槽处，导致液压缸两腔油路相通，工作台停止运动。此后，由于换向阀阀芯自身切断了左端直通油箱的通道，回油流动路线便改为：

阀 D 左端→节流阀 L_1→阀 C→油箱。

这时，换向阀阀芯按节流阀（又称停留阀）L_1 调定的速度慢速移动。由于阀体沉割槽宽度大于阀芯中部台阶的宽度，液压缸两腔油路在阀芯慢速移动期间继续保持相通，使工作台的停止状态持续一段时间（可在 0~5s 内调整），这就是工作台反向前的端点停留。最后，当阀芯慢速移动到其左部环形槽通道 b_1 和直通油箱的通道连通时，回油流动路线又改变为：

阀 D 左端→通道 b_1→阀芯左部环形槽→阀 C→油箱。

这时，回油路又通畅无阻，换向阀阀芯便第二次快跳到底，主油路迅速切换，工作台迅速反向起动，最终完成全部换向过程。

在反向时，先导阀 C 和换向阀 D 自左向右移动的换向过程与上述相同，但这时 a_2 点接通油箱，而 a_1 点接通液压油。

（3）工作台液动与手动的互锁　此动作是由互锁缸来实现的。当开停阀 A 处于图 8-4 所示位置时，互锁缸通入液压油，推动活塞使齿轮 Z_1 和 Z_2 脱开，工作台运动就不会带动手轮转动。当开停阀 A 的左位接入系统时，互锁缸接通油箱，活塞在弹簧作用下移动，使齿轮 Z_1 和 Z_2 啮合，工作台就可以通过摇动手轮来移动，以调整工件的加工位置。

2. 砂轮架的快速进退运动

这个运动由砂轮架快动阀 E 操纵，由快动缸来实现。在如图 8-4 所示的状态下，快动阀 E 右位接入系统，砂轮架快速前进到最前端位置，此位置是靠活塞与缸盖的接触来保证的。为防止砂轮架在快速运动终点处引起冲击和提高快进终点的重复位置精度，快动缸的两端设置有缓冲装置（图中未画出），并设有抵住砂轮架的闸缸，用以消除丝杠、螺母间的间隙。快动阀 E 的左位接入系统时，砂轮架后退到最后端位置。

砂轮架进退与头架、冷却泵电动机之间可以联动。当将快动阀 E 的手柄扳至图示位置，使砂轮架快进至加工位置时，行程开关 1ST 触头闭合，主轴电动机和冷却泵电动机随即同时起动，使工件旋转，并送出冷却液。

为了保证机床的使用安全，砂轮架快速进退与内圆磨头使用位置之间实现了互锁。当磨削内圆时，将内圆磨头翻下，压住微动开关，使电磁铁 1YA 通电吸合，快动阀 E 的手柄即被锁在快进后的位置上，不允许在磨削内圆时，砂轮架有快退动作而引起事故。

为了确保操作安全，砂轮架快速进退与尾座顶尖的动作之间也实现了互锁。当砂轮架处于快进后的位置时，如果操作者误踏尾座阀 F，则因尾座液压缸无液压油通入，故尾座顶尖不会退回。

3. 砂轮架的周期进给运动

此运动由进给阀 G 操纵，由砂轮架进给缸通过其活塞上的拨爪、棘轮、齿轮、丝杠螺母等传动副来实现。砂轮架的周期进给运动可以在工件左端停留或右端停留时进行，也可以在工件两端停留时进行，还可以无进给运动，这些都由选择阀 H 所在位置决定。进给阀 G 和选择阀 H 组合成周期进给操纵箱，如图 8-4 所示。在图 8-4 所示状态下，选择阀选定的是“双向进给”，进给阀在控制油路的 a_1 和 a_2 点每次相互变换压力时，向左或向右移动一次（因为通道 d 与通道 c_1 和 c_2 各接通一次），于是砂轮架便做一次间歇进给。进给量大小由拨爪棘轮机构调整，进给快慢及平稳性则通过调整节流阀 L_3、L_4 来保证。

4. 液压系统的主要特点

1）采用了活塞杆固定的双杆液压缸，可减小机床占地面积，同时也能保证左右两个方向运动速度一致。

2）系统采用了简单节流阀式调速回路，功率损失小，这对调速范围不需要很大、负载较小且基本恒定的磨床来说是很适宜的。此外，回油节流的形式在液压回油腔中造成的背压力有助于工作台的制动，也有助于防止空气渗入系统。

3）系统采用 HYY21/3P-25T 型快跳式操纵箱，结构紧凑，操纵方便，换向精度和换向平稳性都较高。此外，此操纵箱还能使工作台高频抖动，有利于提高切入磨削时的加工质量。

任务实施：

查阅资料，理解万能外圆磨床液压系统所实现的功能，分析液压系统原理图，运用 FluidSIM 软件模拟系统运行，分析该系统的特点。

任务 8.4 汽车起重机液压系统分析

任务目标：

掌握汽车起重机液压系统的工作原理和特点；分析汽车起重机液压系统所使用的元件及元件在该系统中的作用；分析汽车起重机液压系统所使用的基本回路。

任务描述：

查阅资料，熟悉汽车起重机液压系统作用，分析液压系统工作原理图，了解系统性能特点。

知识与技能：

8.4.1 概述

汽车起重机是一种安装在汽车底盘上的起重运输设备。它主要由起升机构、回转机构、变幅机构、伸缩机构和支腿部分等组成，这些工作机构动作的完成由液压系统来驱动。一般要求输出力大，动作平稳，耐冲击，操作灵活、方便、安全、可靠。

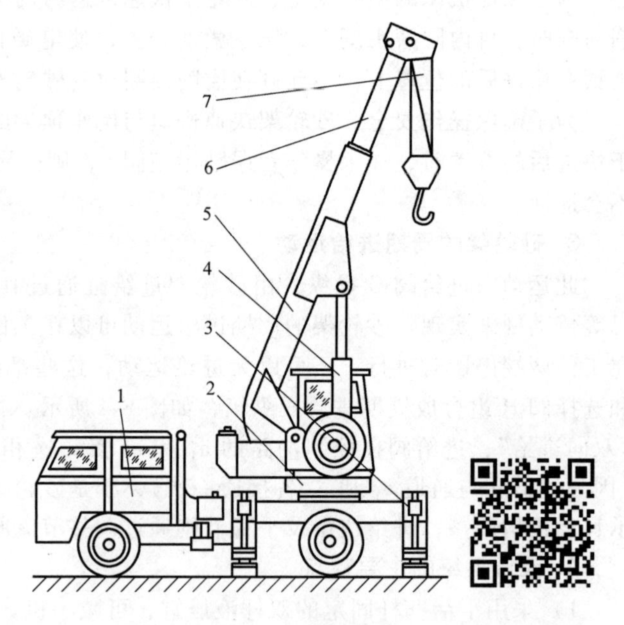

图 8-5 Q2-8 型汽车起重机的外形结构（扫描二维码观看动画）

1—汽车 2—转台 3—支腿 4—吊臂变幅液压缸 5—基本臂 6—吊臂伸缩液压缸 7—起升机构

Q2-8 型汽车起重机的外形结构如图 8-5 所示。它由汽车 1、转台 2、支腿 3、吊臂变幅液压缸 4、基本臂 5、吊臂伸缩液压缸 6 和起升机构 7 等组成。该起重机采用液压传动，最大起重量为 80kN，最大起重高度为 11.5m，起重装置可连续回转。由于起重机具有较高的行走速度和较大的承载能力，所以其调动与使用起来非常灵活，机动性能也很好，并可在有冲击、振动、温度变化较大和环境较差的条件下工作。起重机一般采用中、高压手动控制系统。对于汽车起重机来说，无论在机械方面或是在液压方面，对工作系统的安全和可靠性要求都是特别重要的。

8.4.2 Q2-8 型汽车起重机液压系统的工作原理

Q2-8 型汽车起重机液压系统的工作原理如图 8-6 所示。该系统为中高压系统，动力源采

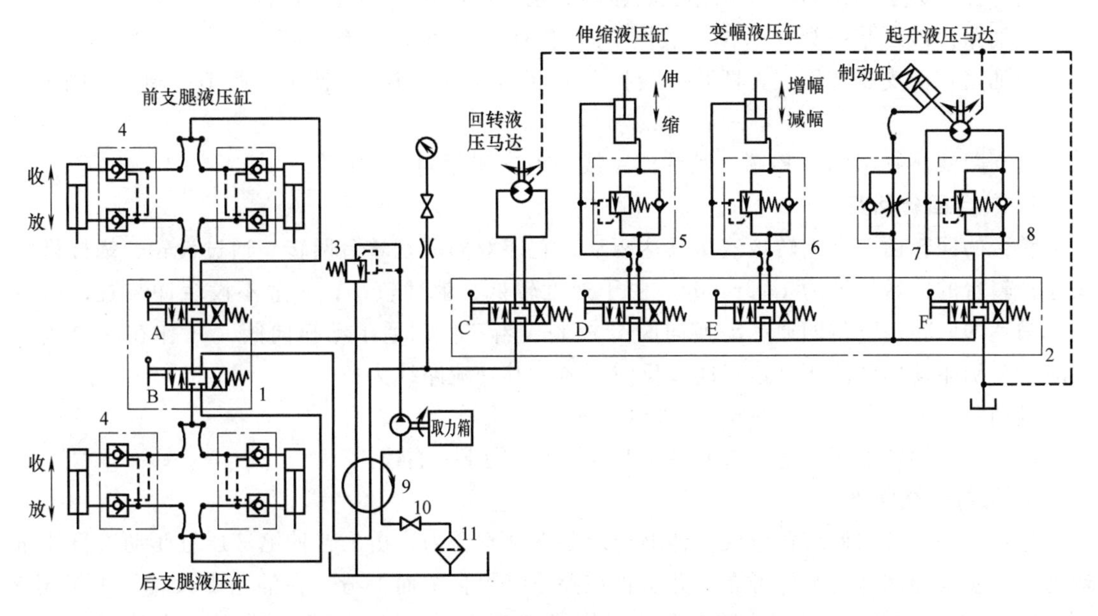

图 8-6　Q2-8 型汽车起重机液压系统的工作原理

1、2—手动阀组　3—溢流阀　4—双向液压锁　5、6、8—平衡阀　7—单向节流阀　9—中心回转接头　10—阀门　11—过滤器

用轴向柱塞泵，由汽车发动机通过汽车底盘变速箱上的取力箱驱动。液压泵的工作压力为21MPa，排量为40mL，转速为1500r/min。液压泵通过中心回转接头从油箱中吸油，输出的液压油经手动阀组1（是由换向阀A和B组成）和手动阀组2（是由换向阀C、D、E、F组成）输送到各个执行元件。整个系统由支腿收放、吊臂变幅、吊臂伸缩、转台回转和吊重起升五个工作回路所组成，且各部分都具有一定的独立性。整个系统分为上、下车两部分，除液压泵、溢流阀、手动阀组1及支腿部分外，其余元件全部装在可回转的上车部分。油箱装在上车部分，兼作配重。上、下车两部分油路通过中心回转接头9连通。支腿收放回路和其他动作回路均采用一个M型中位机能三位四通手动换向阀进行切换。各个手动换向阀相互串联组合，可实现多缸卸荷。根据起重工作的具体要求，操纵各阀不仅可以分别控制各执行元件的运动方向，还可以通过控制阀芯的位移量来实现节流调速。

1. 支腿收放回路

由于汽车车轮胎支承能力有限，且为弹性变形体，作业时不安全，故在起重作业前必须放下前、后支腿，用支腿承重使汽车轮胎架空。在行驶时又必须将支腿收起，轮胎着地。为此，在汽车的前、后两端各设置两条支腿，每条支腿均配置有液压缸。前支腿两个液压缸同时用一个三位四通手动换向阀A控制其收、放动作，而后支腿两个液压缸则用另一个三位四通手动换向阀B控制其收、放动作。为确保支腿能停放在任意位置并能可靠地锁住，在支腿液压缸的控制回路中设置了双向液压锁4。

当三位四通手动换向阀A工作在左位时，前支腿放下，其进、回油路线为：

进油路：液压泵→阀A左位→液控单向阀→前支腿液压缸无杆腔。

回油路：前支腿液压缸有杆腔→液控单向阀→阀A→阀B→阀C→阀D→阀E→阀F→油箱。

当三位四通手动换向阀 A 工作在右位时，前支腿收回，其进、回油路线为：

进油路：液压泵→阀 A 右位→液控单向阀→前支腿液压缸有杆腔。

回油路：前支腿液压缸无杆腔→液控单向阀→阀 A→阀 B→阀 C→阀 D→阀 E→阀 F→油箱。

后支腿液压缸用阀 B 控制，其油流路线与前支腿相同。

2. 转台回转回路

转台的回转由一个大转矩液压马达驱动，它能双向驱动转台回转。通过齿轮、蜗杆机构减速，转台的回转速度为 1~3r/min。由于速度较低，惯性较小，一般不设缓冲装置，回转液压马达的回转由三位四通手动换向阀 C 控制，当三位四通手动换向阀 C 工作在左位或右位时，分别驱动回转液压马达正向或反向回转。其油流路线为：

进油路：液压泵→阀 A→阀 B→阀 C→回转液压马达。

回油路：回转液压马达→阀 C→阀 D→阀 E→阀 F→油箱。

3. 吊臂伸缩回路

吊臂由基本臂和伸缩臂组成，伸缩臂套装在基本臂内，由吊臂伸缩液压缸驱动进行伸缩运动，为使其伸缩运动平稳可靠，并防止在停止时因自重而下滑，在油路中设置了平衡阀 5（外控顺式单向序阀）。吊臂伸缩运动由三位四通手动换向阀 D 控制，使其具有伸出、缩回和停止三种工况。当三位四通手动换向阀 D 工作在左位、右位或中位时，分别驱动伸缩液压缸伸出、缩回或停止。当阀 D 右位时，吊臂伸出，其油流路线为：

进油路：液压泵→阀 A→阀 B→阀 C→阀 D→平衡阀 5 中的单向阀→伸缩液压缸无杆腔。

回油路：伸缩液压缸有杆腔→阀 D→阀 E→阀 F→油箱。

当阀 D 左位时，吊臂缩回，其油流路线为：

进油路：液压泵→阀 A→阀 B→阀 C→阀 D→伸缩液压缸有杆腔。

回油路：伸缩液压缸无杆腔→平衡阀 5 中的顺序阀→阀 D→阀 E→阀 F→油箱。

4. 吊臂变幅回路

吊臂变幅是通过改变吊臂的起落角度来改变作业高度。吊臂的变幅运动由变幅液压缸驱动，变幅要求能带载工作，动作要平稳可靠。为防止吊臂在停止阶段因自重而减幅，在油路中设置了平衡阀 6，提高了变幅运动的稳定性和可靠性。吊臂变幅运动由三位四通手动换向阀 E 控制，在其工作过程中，通过改变手动换向阀 E 开口的大小和工作位，即可调节变幅速度和变幅方向。

吊臂增幅时，三位四通手动换向阀 E 右位工作，其油流路线为：

进油路：液压泵→阀 A→阀 B→阀 C→阀 D→阀 E→阀 6 中的单向阀→变幅液压缸无杆腔。

回油路：变幅液压缸有杆腔→阀 E→阀 F→油箱。

吊臂减幅时，三位四通手动换向阀 E 左位工作，其油流路线为：

进油路：液压泵→阀 A→阀 B→阀 C→阀 D→阀 E→变幅液压缸有杆腔。

回油路：变幅液压缸无杆腔→平衡阀 6 中的顺序阀→阀 E→阀 F→油箱。

5. 吊重起升回路

吊重起升是系统的主要工作回路。吊重的起吊和落下作业由一个大转矩液压马达驱动卷扬机来完成。起升液压马达的正、反转由三位四通手动换向阀 F 控制。马达转速的调节

（即起吊速度）可通过改变发动机转速及手动换向阀 F 的开口来调节。回路中设有平衡阀 8，用以防止重物因自重而下滑。由于液压马达的内泄漏比较大，当重物吊在空中时，尽管回路中设有平衡阀，重物仍会向下缓慢滑落，为此，在液压马达的驱动轴上设置了制动器。当起升机构工作时，在系统油压的作用下，制动器液压缸使闸松开；当液压马达停止转动时，在制动器弹簧的作用下，闸块将轴抱死进行制动。当重物在空中停留的过程中重新起升时，有可能出现在液压马达的进油路还未建立起足够的压力以支撑重物时，制动器便解除了制动，造成重物短时间失控而向下滑落。为避免这种现象的出现，在制动器油路中设置了单向节流阀 7。通过调节该节流阀开口的大小，能使制动器抱闸迅速，而松闸则能缓慢地进行。

8.4.3 Q2-8 型汽车起重机液压系统的特点

Q2-8 型汽车起重机的液压系统有如下特点：

1）该系统为单泵、开式、串联系统，采用了换向阀串联组合，不仅各机构的动作可以独立进行，而且在轻载作业时，可实现起升和回转复合动作，以提高工作效率。

2）系统中采用了平衡回路、锁紧回路和制动回路，保证了起重机的工作可靠，操作安全。

3）采用了三位四通手动换向阀换向，不仅可以灵活、方便地控制换向动作，还可通过手柄操纵来控制流量，实现节流调速。在起升工作中，将此节流调速方法与控制发动机转速的方法结合使用，可以实现各工作部件微速动作。

4）各三位四通手动换向阀均采用了 M 型中位机能，使换向阀处于中位时能使系统卸荷，可减少系统的功率损失，适于起重机进行间歇性工作。

任务实施：

查阅资料，理解汽车起重机液压系统所实现的功能，分析液压系统原理图，运用 FluidSIM 软件模拟系统运行，分析该系统的特点。

任务 8.5 液压系统故障诊断与分析

任务目标：

掌握液压系统故障的诊断方法，能对常见的故障进行分析并排除。

任务描述：

根据常见的故障现象，采取相应的手段排除故障。

知识与技能：

8.5.1 液压系统故障的诊断方法

1. 感观诊断法

（1）看 观察液压系统的工作状态，一般有六看：一看速度，即看执行元件运动速度

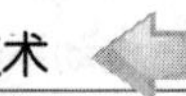

有无变化；二看压力，即看液压系统各测量点的压力有无波动现象；三看油液，即观察油液是否清洁、变质，油量是否满足要求，油的黏度是否合乎要求及表面有无泡沫等；四看泄漏，即看液压系统各接头是否有渗漏、滴漏和出现油垢现象；五看振动，即看活塞杆或工作台等运动部件运行时，有无跳动、冲击等异常现象；六看产品，即从加工出来的产品判断运动机构的工作状态，观察系统压力和流量的稳定性。

(2) 听　用听觉来判断液压系统的工作是否正常，一般有四听：一听噪声，即听液压泵和系统的噪声是否过大，液压阀等元件是否有尖叫声；二听冲击声，即听执行部件换向时冲击声是否过大；三听泄漏声，即听油路板内部有无细微而连续不断的声响；四听敲打声，即听液压泵和管路中是否有敲打撞击声。

(3) 摸　用手摸运动部件的温升和工作状况，一般有四摸：一摸温升，即用手摸泵、油箱和阀体等温度是否过高；二摸振动，即用手摸运动部件和管子有无振动；三摸爬行，即当工作台慢速运行时，用手摸其有无爬行现象；四摸松紧度，即用手拧一拧挡铁、微动开关等的松紧程度。

(4) 闻　闻主要是闻油液是否有变质异味。

(5) 查　查是查阅技术资料及有关故障分析与修理记录和维护保养记录等。

(6) 问　问是询问设备操作者，了解设备的平时工作状况。一般有六问：一问液压系统工作是否正常；二问液压油最近的更换日期，滤网的清洗或更换情况等；三问事故出现前调压阀或调速阀是否调节过，有无不正常现象；四问事故出现之前液压件或密封件是否更换过；五问事故出现前后液压系统的工作差别；六问过去常出现哪类事故及排除经过。

感观检测只是一个定性分析，必要时应对有关元件在实验台上做定量分析测试。

2. 逻辑分析法

对于复杂的液压系统故障，常采用逻辑分析法，即根据故障产生的现象，采取逻辑分析与推理的方法。

采用逻辑分析法诊断液压系统故障通常从两点出发：一是从主机出发，主机故障也就是指液压系统执行机构工作不正常；二是从系统本身的故障出发，有时系统故障在短时间内并不影响主机，如油温的变化、噪声增大等。

逻辑分析法只是定性分析，若将逻辑分析法与专用检测仪器的测试相结合，就可显著地提高故障诊断的效率及准确性。

3. 专用仪器检测法

专用仪器检测法即采用专门的液压系统故障检测仪器来诊断系统故障，该仪器能够对液压系统故障做定量检测。国内外有许多专用的便携式液压系统故障检测仪，用来测量流量、压力和温度，并能测量泵和马达的转速等。

4. 状态监测法

状态监测法用的仪器种类很多，通常主要有压力传感器、流量传感器、位移传感器和油温监测仪等。把测试到的数据输入计算机系统，计算机根据输入的数据提供各种信息及技术参数，由此判别出某个液压元件和液压系统某个部位的工作状况，并可发出报警或自动停机等信号。所以状态监测技术可解决仅靠人的感觉无法解决的疑难故障的诊断，并为预知维修提供了信息。

状态监测法一般适用于下列几种液压设备：

1）发生故障后对整个系统产生影响较大的液压设备和自动线。

2）必须确保其安全性能的液压设备和控制系统。

3）价格昂贵的精密、大型、稀有、关键的液压系统。

4）故障停机修理费用过高或修理时间过长、损失过大的液压设备和液压控制系统。

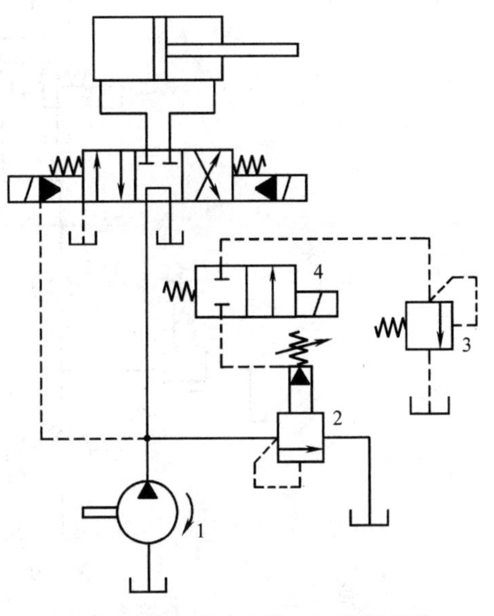

图 8-7　易产生冲击的二级调压回路
1—液压泵　2—溢流阀　3—调压阀　4—二位二通电磁换向阀

8.5.2　液压系统的故障分析

液压系统由于设计与调整不当，在运行中将会产生各种故障。以下是一些典型故障的分析。

1. 产生液压冲击

在图 8-7 所示的二级调压回路中，液压系统循环运行，当二位二通电磁换向阀 4 通电右位工作时，液压系统突然产生较大的液压冲击。该二级调压回路中，当二位二通电磁换向阀 4 断电关闭后，系统压力取决于溢流阀 2 的调定压力 p_1，二位二通电磁换向阀 4 通电切换后，系统压力则由调压阀 3 的调定压力 p_2决定。由于二位二通电磁换向阀 4 与调压阀 3 之间的油路内压力为零，二位二通电磁换向阀 4 右位工作时，溢流阀 2 的远程控制口处的压力由 p_1 几乎下降到零后才又回升到 p_2，系统必然产生较大的压力冲击。

不难看出，故障原因是系统中二级调压回路设计不当造成的。若将其改成如图 8-8 所示的组合形式，即把二位二通电磁换向阀 4 接到远程调压阀 3 的出油口，并与油箱接通，则从溢流阀 2 远程控制口到电磁换向阀 4 的油路中充满接近 p_1 压力的油液，电磁换向阀 4 通电切换后，系统压力从 p_1 直接降到 p_2，不会产生较大的压力冲击。

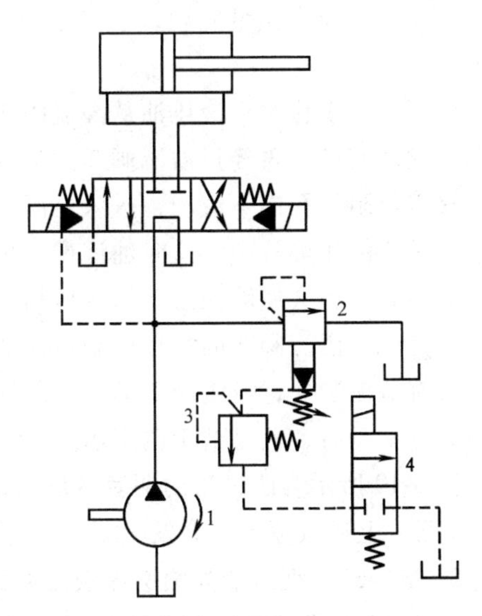

图 8-8　改进后的二级调压回路
1—液压泵　2—溢流阀　3—远程调压阀　4—电磁换向阀

2. 压力上不去

在图 8-9 所示的回路中，因液压设备要求连续运转，不允许停机修理，所以有两套供油系统。当其中一套供油系统出现故障时，可立即起动另一套供油系统，使液压设备正常运行，再修复故障供油系统。

图中两套供油系统的元件性能、规格完全相同，由溢流阀 3 或 4 调定第一级压力，远程调压阀 9 调定第二级压力。

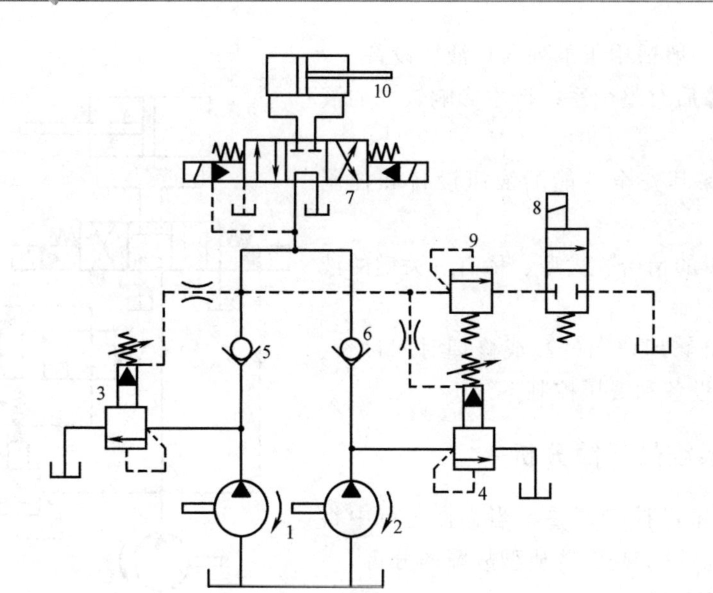

图 8-9 两套供油系统原理图

1、2—液压泵 3、4—溢流阀 5、6—单向阀 7—换向阀

8—电磁换向阀 9—远程调压阀 10—液压缸

当液压泵 2 所属供油系统停止供油，只有液压泵 1 所属系统供油时，系统压力上不去。即使将液压缸的负载增大到足够大，液压泵 1 输出油路仍不能上升到调定的压力值。

调试发现，液压泵 1 压力最高只能达到 12MPa，设计要求应能调到 14MPa，甚至更高。将溢流阀 3 和远程调压阀 9 的调压旋钮全部拧紧，压力仍上不去，当油温为 40℃时，压力值可达 12MPa；油温升到 55℃时，压力只能到 10MPa。检测液压泵及其他元件，均没有发现质量和调整上的问题，各项指标均符合性能要求。

液压元件没有质量问题，组合液压系统压力却上不去，应分析系统中元件组合的相互影响。

液压泵 1 工作时，液压油从溢流阀 3 的进油口进入主阀芯下端，同时经过阻尼孔流入主阀芯上端弹簧腔，再经过溢流阀 3 的远程控制口及外接油管进入溢流阀 4 主阀芯上端的弹簧腔，接着经阻尼孔向下流动，进入主阀芯的下腔，再由溢流阀 4 的进油口反向流入停止运转的液压泵 2 的排油管中，这时油液推开单向阀 6 的可能性不大；当液压油从泵 2 出口进入液压泵 2 中时，将会使液压泵 2 像液压马达一样反向微微转动，或经泵的缝隙流入油箱中。

就是说，溢流阀 3 的远程控制口向油箱中泄漏液压油，导致压力上不去。由于控制油路上设置有节流装置，溢流阀 3 远程控制油路上的油液是在阻尼状况下流回油箱内的，所以压力不是完全没有，只是低于调定压力。

图 8-10 所示为改进后的两套液压系统，系统中设置了单向阀 11 和 12，切断进入液压泵 2 的油路，上述故障就不会发生了。

3. M1432A 型万能外圆磨床液压系统

M1432A 型万能外圆磨床液压系统图及工作原理如图 8-4 所示。该液压系统常见故障、产生原因及排除方法如下：

（1）工作台换向时，砂轮架有微量抖动 产生原因和排除方法如下：

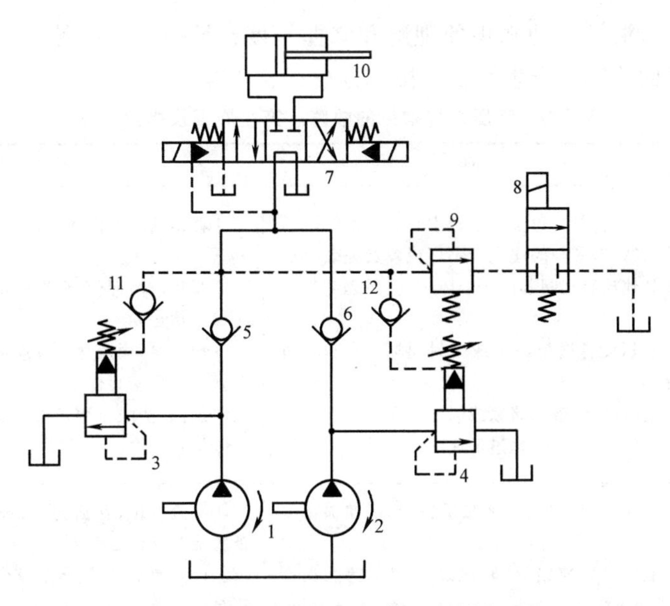

图 8-10　改进后的两套液压系统原理图

1、2—液压泵　3、4—溢流阀　5、6、11、12—单向阀　7—换向阀

8—电磁换向阀　9—远程调压阀　10—液压缸

1）系统压力波动大，特别是在换向时，使砂轮架向前微动，在磨削换向时，磨削火花突然增多。应立即停机进行清洗和调整溢流阀，同时在闸缸和快进、快退液压缸的回油路上增设背压阀。

2）系统压力调得过高。系统的工作压力应调整在 0.9~1.1MPa 之间。

3）系统中存在大量空气。应打开排气阀，排除系统中的全部空气。

（2）工作台快跳不稳定　产生原因和排除方法如下：

1）换向阀两端的节流阀调整不当，当节流口开得太小，导致换向阀移动速度减慢。应适当开大节流口，加快换向阀的移动速度。

2）当先导阀的换向杠杆被工作台左、右行程挡块撞在中间位置时，回油开口量太小，影响工作台换向后的起步速度，致使工作台抖动频率太低，甚至不抖动。可修磨先导阀制动锥，适当加长制动锥长度（锥角不变）。在修磨时要注意修磨量不宜太大，否则影响工作台的换向精度。

（3）节流阀关闭后，工作台仍有微动　产生原因和排除方法如下：

1）操纵箱的节流阀阀芯与阀体孔的圆度超差。应研磨阀体孔，重新配作节流阀芯，使圆度误差保持在 0.002~0.004mm。

2）节流阀芯与阀体孔配合间隙太大引起泄漏。配合间隙应在 0.008~0.012mm。

3）油液不清洁，杂质污染物阻塞节流阀口，致使阀口关闭不严。应对液压油进行精细过滤或更换新油。

任务实施：

液压传动是在封闭的情况下进行的，无法从外部直接观察到系统内部，因此，当系统出现故障时，要寻找故障产生的原因往往有一定的难度。能否分析出故障产生的原因并排除故

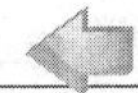

障，一方面取决于对液压传动知识的理解和掌握程度，另一方面有赖于实践经验的不断积累。液压系统常见的故障、产生原因及排除方法见表 8-3。

表 8-3 液压系统常见的故障、产生原因及排除方法

故障现象	产生原因	排除方法
系统无压力或压力不足	①溢流阀开启，由于阀芯被卡住，不能关闭，阻尼孔堵塞，阀芯与阀座配合不好或弹簧失效 ②其他控制阀阀芯由于故障卡住，引起卸荷 ③液压元件磨损严重或密封损坏，造成内、外泄漏。 ④液位过低，吸油堵塞或油温过高 ⑤泵转向错误，转速过低或动力不足	①修研阀芯与阀体，清洗阻尼孔，更换弹簧 ②找出故障部位，清洗或研修，使阀芯在阀体内能够灵活运动 ③检查泵、阀及管路各连接处的密封性，修理或更换零件和密封件 ④加油，清洗吸油管路或冷却系统 ⑤检查动力源
流量不足	①油箱液位过低，油液黏度较大，过滤器堵塞引起吸油阻力过大 ②液压泵转向错误，转速过低或空转磨损严重，性能下降 ③管路密封不严，空气进入 ④蓄能器漏气，压力及流量供应不足 ⑤其他液压元件及密封件损坏引起泄漏 ⑥控制阀动作不灵	①检查液位，补油，更换黏度适宜的液压油，保证吸油管直径足够大 ②检查原动机、液压泵及变量机构，必要时换液压泵 ③检查管路连接及密封是否正确可靠 ④检修蓄能器 ⑤修理或更换 ⑥调整或更换
泄漏	①接头松动，密封损坏 ②阀与阀板之间的连接不好或密封件损坏 ③系统压力长时间大于液压元件或附近的额定工作压力，使密封件损坏 ④相对运动零件磨损严重，间隙过大	①拧紧接头，更换密封 ②改善阀与阀板之间的连接，更换密封 ③限定系统压力，或更换许用压力较高的密封件 ④更换磨损零件，减小配合间隙
油温过高	①冷却器通过能力下降或出现故障 ②油箱容量小或散热性差 ③压力调整不当，长期在高压下工作 ④管路过细且弯曲，造成压力损失增大，引起发热 ⑤环境温度较高	①排除故障或更换冷却器 ②增大油箱容量，增设冷却装置 ③限定系统压力，必要时改进设计 ④加大管径，缩短管路，使油液流动通畅 ⑤改善环境，隔绝热源
振动	①液压泵：密封不严吸入空气，安装位置过高，吸油阻力大，齿轮几何精度不够，叶片卡死断裂，柱塞卡死移动不灵活，零件磨损使间隙过大 ②液压油：液位太低，吸油管插入液面深度不够，油液黏度太大，过滤器堵塞 ③溢流阀：阻尼孔堵塞，阀芯与阀体配合间隙过大，弹簧失效 ④其他阀芯移动不灵活 ⑤管道：管道细长，没有固定装置，互相碰撞，吸油管与回油管相距太近 ⑥电磁铁：电磁铁焊接不良，弹簧过硬或损坏，阀芯在阀体内卡住 ⑦机械：液压泵与电动机联轴器不同轴或松动，运动部件停止时有冲击，换向时无阻尼，电动机振动	①更换吸油口密封，吸油管口至泵进油口高度要小于 500mm，保证吸油管直径，修复或更换损坏的零件 ②加油，增加吸油管长度到规定液面深度，更换合适黏度的液压油，清洗过滤器 ③清洗阻尼孔，修配阀芯与阀体的间隙，更换弹簧 ④清洗，去毛刺 ⑤设置固定装置，扩大管道间距及吸油管和回油管间距离 ⑥重新焊接，更换弹簧，清洗及研配阀芯和阀体 ⑦保持泵与电动机轴的同心度不大于 0.1mm，采用弹性联轴器，紧固螺钉，设置阻尼或缓冲装置，电动机做平衡处理

（续）

故障现象	产生原因	排除方法
冲击	①蓄能器充气压力不够 ②工作压力过高 ③先导阀、换向阀制动不灵及节流缓冲慢 ④液压缸端部无缓冲装置 ⑤溢流阀故障使压力突然升高 ⑥系统中有大量空气	①给蓄能器充气 ②调整压力至规定值 ③减少制动锥倾斜角或增加制动锥长度，修复节流缓冲装置 ④增设缓冲装置或背压阀 ⑤修理或更换 ⑥排除空气

思考与练习

8-1 如图 8-1 所示的 YT4543 型动力滑台液压系统是由哪些基本液压回路组成的？如何实现差动连接？采用止位钉停留有何作用？

8-2 万能外圆磨床液压系统为什么要采用行程控制制动式换向回路？万能外圆磨床工作台换向过程分为哪几个阶段？试根据图 8-4 所示的 M1432A 型外圆磨床液压系统说明工作台的换向过程。

8-3 在图 8-6 所示的 Q2-8 型汽车起重机液压系统中，为什么采用弹簧复位式手动换向阀控制各执行元件动作？

8-4 用所学的液压元件组成一个能完成“快进→工进→二工进→快退”动作循环的液压系统，并画出电磁铁动作表，指出该系统的特点。

8-5 试分析将图 8-1 所示的 YT4543 型动力滑台液压系统由限压式变量泵供油，改为双联泵和单定量泵供油时，系统的不同点。

8-6 在图 8-1 所示的 YT4543 型动力滑台液压系统中，单向阀 3、7、12 在油路中起什么作用？

8-7 一般液压系统无压力或压力不足产生的原因有哪些？如何解决？

8-8 造成液压油温度过高的原因有哪些？如何解决？

8-9 图 8-11 所示的液压系统是怎样工作的？试按其动作循环表中的提示进行阅读，并将表 8-4 填写完整。

表 8-4 电器元件动作循环表

动作名称	电器元件							附 注
	1YA	2YA	3YA	4YA	5YA	6YA	KP	
定位夹紧								（1）Ⅰ、Ⅱ两回路各自进行独立循环动作，互不制约 （2）4YA、6YA 中任何一个通电时，1YA 便通电；4YA、6YA 均断电时，1YA 才断电快进
快进								
工进卸荷（低）								
快退								
松开按钮								
原位卸荷								

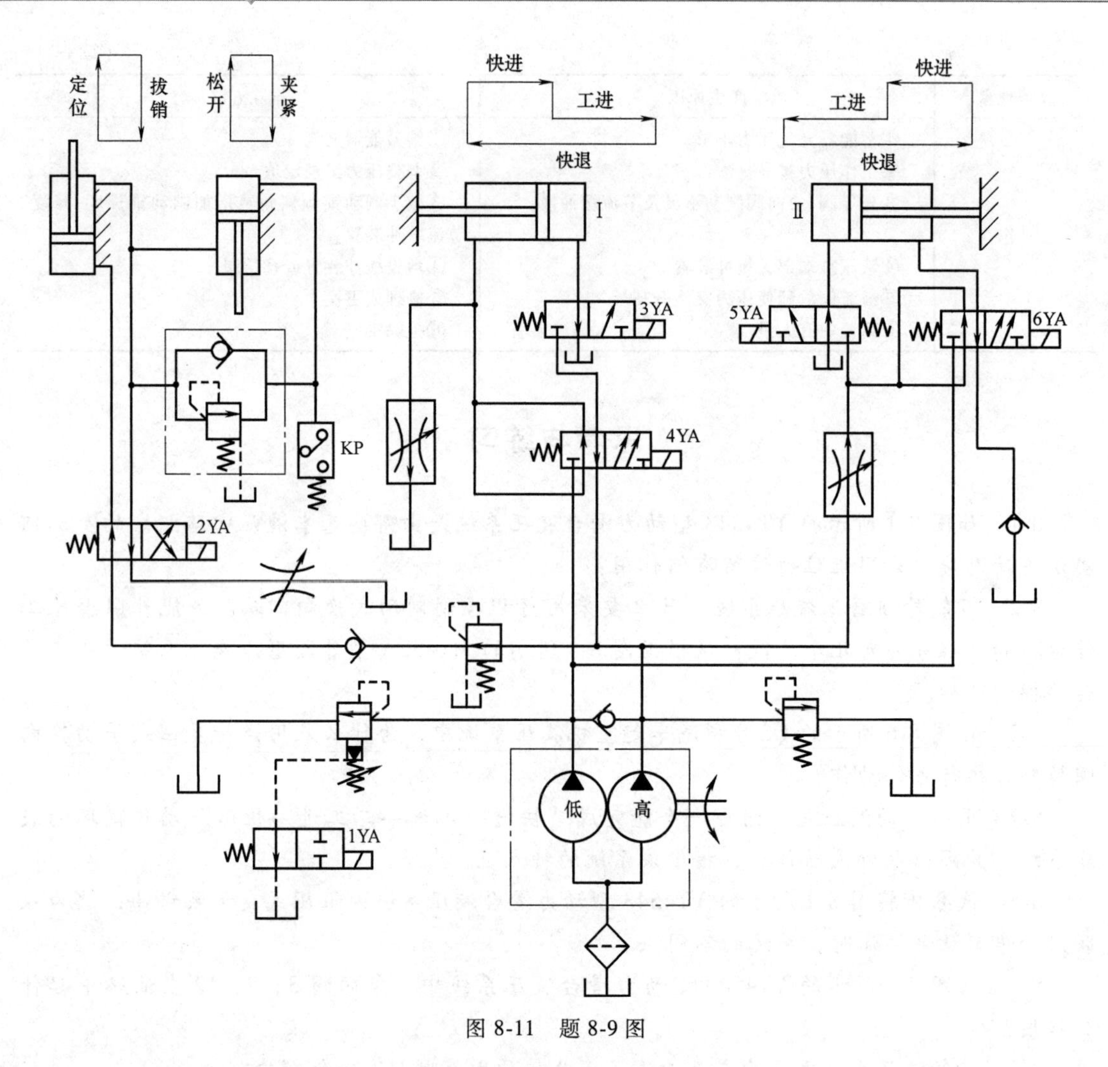

图 8-11　题 8-9 图

※项目9 液压系统的设计与计算

【项目要点】

◆ 能根据工作要求，拟定液压系统图。

◆ 能计算液压系统的工作参数。

◆ 能合理选择液压元件。

◆ 液压 CAD 系统的组成及应用。

【知识目标】

◆ 掌握拟定液压系统图的方法。

◆ 掌握计算液压系统的工作参数的方法。

◆ 掌握选择液压元件的方法。

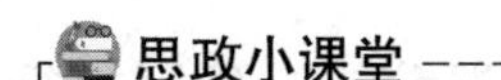
思政小课堂

制造丝绸的含蓄和呵护

【素质目标】

◆ 培养学生树立正确的价值观和职业态度。

◆ 培养学生的国家使命感和民族自豪感。

◆ 培养学生了解中国制造的传统印记和中华工匠的精神。

液压传动系统的设计是机器整体设计的一个组成部分。它的任务是根据整机的用途、特点和要求，明确整机对液压系统设计的要求；进行工况分析，确定液压系统的主要参数；拟定出合理的液压系统原理图；计算和选择液压元件的规格；验算液压系统的性能；绘制工作图、编制技术文件。本项目通过一个典型的液压系统的设计实例，说明液压系统设计的基本方法。

任务9.1 液压系统的设计步骤和方法

任务目标：

能根据任务明确液压传动系统设计的要求，依照工作条件合理选用液压系统工作元件，拟定液压系统图。

任务描述：

初步掌握液压系统的设计步骤和方法。

知识与技能：

液压系统的设计是整机设计的一部分。设计过程中，除了要满足主机在动作和性能等方面的要求外，还必须满足体积小、重量轻、成本低、效率高、结构简单、工作可靠、使用和维修方便等要求。液压系统设计的步骤如下。

9.1.1 明确设计要求

液压系统的设计任务中规定的各项要求是液压系统设计的依据，设计时必须要明确的要求包括以下几点：

1. 液压系统的动作要求

液压系统的动作要求有液压系统的运动方式、行程大小、速度范围、工作循环和动作周期以及同步、互锁和配合要求等。

2. 液压系统的性能要求

液压系统的性能要求有负载条件、运动平稳性和精度、工作可靠性等。

3. 液压系统的工作环境要求

液压系统的工作环境要求有环境温度、湿度、尘埃、通风情况以及易燃易爆、振动、安装空间等。

9.1.2 进行工况分析，确定执行元件的主要参数

液压系统的工况分析是指对液压系统执行元件的工作情况进行分析，以了解工作过程中执行元件在各个工作阶段中的流量、压力和功率的变化规律，并将其用曲线表示出来，作为确定液压系统主要参数，拟定液压系统方案的依据。

1. 运动分析

按工作要求和执行元件的运动规律，绘制出执行元件的工作循环图和速度-时间（或位移）曲线图，即速度循环图。图 9-1 所示为某组合机床动力滑台的运动分析图。图 9-1a 所示为动力滑台的动作循环图，图 9-1b 所示为速度循环图，图 9-1c 所示为负载循环图。

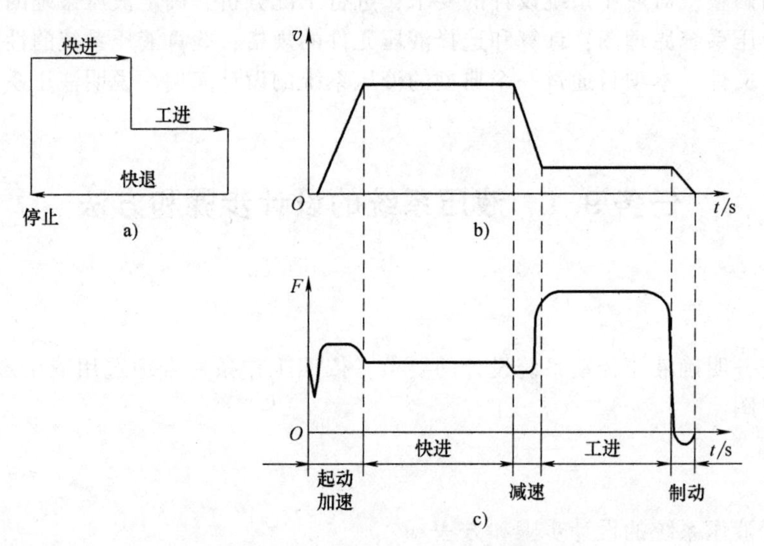

图 9-1 组合机床动力滑台的运动分析图

a）动作循环图 b）速度循环图 c）负载循环图

2. 负载分析

根据执行元件在运动过程中负载的变化情况，作出其负载-时间（或位移）曲线图，即负载循环图。图 9-1c 所示为某组合机床动力滑台的负载循环图。当执行元件为液压缸时，

在往复直线运动时所承受的负载包括：工作负载 F_L、摩擦阻力负载 F_f、惯性负载 F_a、重力负载 F_G、密封阻力负载 F_m、背压负载 F_b 等，其总负载为所有负载之和，即

$$F=F_L+F_f+F_a+F_G+F_m+F_b \tag{9-1}$$

（1）工作负载 F_L　工作负载 F_L 的大小与设备的工作情况有关，对于切削机床来说，沿液压缸轴线方向的切削力为工作负载。工作负载与液压缸运动方向相反时为正值，相同时为负值。工作负载可以是恒定的，也可以是变化的，其大小要根据具体情况进行计算，或由样机实测确定。

（2）摩擦阻力负载 F_f　摩擦阻力负载 F_f 是指运动部件与支承面间的摩擦力。对切削机床来说，它与导轨的类型、支承面的形状、放置方式、润滑状况及运动状态等有关。对于平导轨，摩擦力负载 F_f 的表达式为

$$F_f=fF_N \tag{9-2}$$

对于 V 形导轨，摩擦力负载 F_f 的表达式为

$$F_f=\frac{fF_N}{\sin(\alpha/2)} \tag{9-3}$$

式中　F_N——运动部件及外负载对支承面的正压力，单位为 N；

f——摩擦系数，分为静摩擦系数（f_s 为 0.2～0.3）和动摩擦系数（f_d 为 0.05～0.1），起动时按静摩擦系数，其余按动摩擦系数；

α——V 形导轨的夹角，一般 $\alpha=90°$。

（3）惯性负载 F_a　惯性负载 F_a 是指运动部件在起动加速或制动减速以及在运动速度变化的过程中所产生的惯性力。可根据牛顿第二定律来确定，即

$$F_a=ma=\frac{G\Delta v}{g\Delta t} \tag{9-4}$$

式中　m——运动部件的质量，单位为 kg；

a——运动部件的加速度，单位为 m/s^2；

G——运动部件的重力，单位为 N；

g——重力加速度，单位为 m/s^2；

Δv——Δt 时间内速度的变化量，单位为 m/s；

Δt——在起动、制动或速度变化时所需时间，单位为 s，可取 $\Delta t=0.01～0.5s$，轻载低速时取较小值。

（4）重力负载 F_G　垂直或倾斜放置的运动部件，在没有平衡的情况下，其自重也成为一种负载。倾斜放置时，只计算重力在运动方向上的分力。当执行机构向上运动时重力负载为正值，向下运动时重力负载则为负值。

（5）密封阻力负载 F_m　密封阻力负载 F_m 为液压缸密封装置所产生的摩擦阻力。在未完成液压系统设计之前，不知道密封装置的参数，其值无法计算，一般通过液压缸的机械效率加以考虑，常取液压缸的机械效率为 $\eta_{cm}=0.90～0.97$。

（6）背压负载 F_b　背压负载 F_b 为液压缸回油腔的背压所产生阻力，在相同方案及液压缸结构尚未确定之前也无法计算，因此在负载计算时可暂不考虑。

液压缸在不同的工作阶段，应根据液压缸的具体工作情况来确定液压缸负载的大小：

起动时

$$F=(F_{f_s}\pm F_G)/\eta_{cm} \tag{9-5}$$

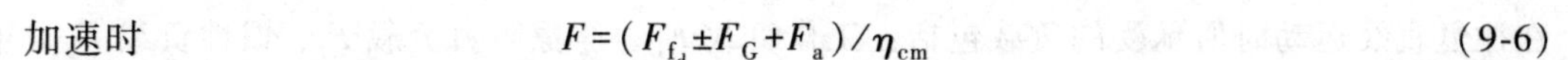

加速时 $$F=(F_{f_d} \pm F_G + F_a)/\eta_{cm} \tag{9-6}$$

快进时 $$F=(F_{f_d} \pm F_G)/\eta_{cm} \tag{9-7}$$

工进时 $$F=(F_L + F_{f_d} \pm F_G)/\eta_{cm} \tag{9-8}$$

快退时 $$F=(F_{f_d} \pm F_G)/\eta_{cm} \tag{9-9}$$

若执行元件为液压马达，其负载力矩的计算方法与液压缸类似。

9.1.3 执行元件主要参数的确定

液压系统的参数主要是压力和流量。这些参数主要由执行元件的需要来确定。因此，确定液压系统的主要参数实际上就是确定执行元件的工作压力、流量及其结构尺寸。

1. 选定工作压力

当负载确定后，工作压力就决定了系统的经济性和合理性。工作压力低，则执行元件的尺寸和体积都较大，完成给定速度所需流量也大。若工作压力过高，则密封性要求就很高，元件的制造精度也高，成本也高。因此，应根据实际情况选取适当的工作压力。执行元件的工作压力可根据总负载或主机设备类型进行选取，见表 9-1 和表 9-2。

表 9-1 按负载选择执行元件的工作压力

负载 F/kN	<5	5~10	10~20	20~30	30~50	>50
工作压力 p/MPa	<0.8~1.0	1.5~2.0	2.5~3.0	3.0~4.0	4.0~5.0	>5.0~7.0

表 9-2 各类液压设备常用工作压力

设备类型	粗加工机床	组合机床	粗加工或重型机床	农业机械、小型工程机械	液压压力机、重型机械、大中型挖掘机、起重运输机
工作压力 p/MPa	0.8~2.0	3.0~5.0	5.0~10.0	10.0~16.0	20.0~32.0

2. 确定中型元件的几何参数

当中型元件为液压缸时，它的几何参数为活塞的有效工作面积 A，可由下式计算：

$$A=\frac{F_{max}}{p\eta_{cm}} \tag{9-10}$$

式中 F_{max}——液压缸的最大外负载，单位为 N；

p——液压缸的工作压力，单位为 Pa；

η_{cm}——液压缸的机械效率。

由式（9-10）计算出来的有效工作面积，还必须按液压缸所要求的最低稳定速度 v_{min} 来验算，即

$$A \geqslant \frac{q_{min}}{v_{min}} \tag{9-11}$$

式中 q_{min}——流量阀的最小稳定流量，单位为 m^3/s，可由产品样本查出；

v_{min}——液压缸所要求的最低稳定速度，单位为 m/s。

根据计算的液压缸有效工作面积 A，可以确定液压缸缸筒的内径 D、活塞杆的直径 d 以及工作压力 p。

若执行元件为液压马达，它的几何参数为排量 V。其排量可按下式计算：

$$V=\frac{2\pi T}{p\eta_{Mm}} \tag{9-12}$$

式中 T——液压马达的总负载转矩，单位为 N·m；

p——液压马达的工作压力，单位为 Pa；

η_{Mm}——液压马达的机械效率。

同样，式（9-12）所求排量也必须满足液压马达的最低稳定转速 n_{min} 要求，即

$$V \geqslant \frac{q_{min}}{n_{min}} \tag{9-13}$$

式中 q_{min}——液压马达的最小稳定流量，单位为 m^3/s；

n_{min}——液压马达所要求的最低稳定转速，单位为 r/min。

排量确定后，可以在产品样本中选择液压马达的型号。

3. **绘制液压执行元件的工况图**

液压执行元件的工况图指的是压力循环图、流量循环图和功率循环图。图 9-2 所示为组合机床执行元件工况图，其中图 9-2a 所示为压力循环图，图 9-2b所示为流量循环图，图 9-2c 所示为功率循环图。

采用工况图可以直观、方便地找出最大工作压力、最大流量和最大功率，根据这些参数即可选择液压泵及其驱动电动机，同时对系统中所有液压元件的选择也具有指导意义。另外，通过分析工况图，有助于设计者选择合理的基本回路，还可以对阶段的参数进行鉴定，分析其合理性，在必要时进行调整。

a)

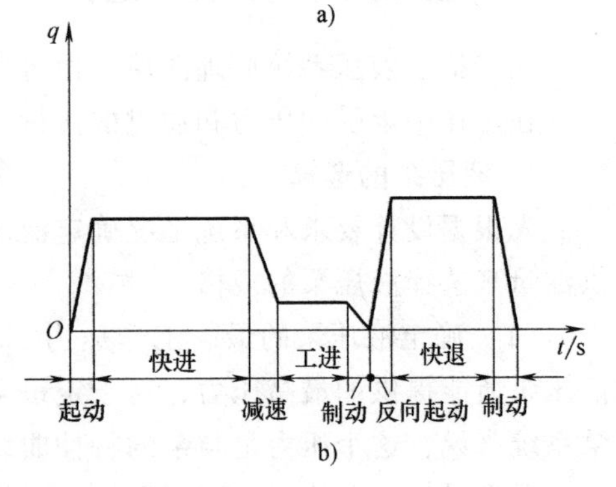

b)

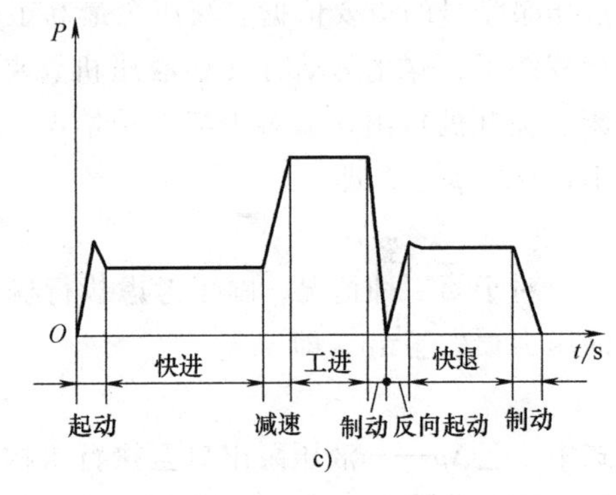

c)

图 9-2 组合机床执行元件工况图

a）压力循环图 b）流量循环图 c）功率循环图

9.1.4 拟定液压系统原理图

拟定液压系统原理图是设计液压系统的关键一步，它对系统的性能及设计方案的合理性、经济性具有决定性的影响。

拟定液压系统原理图的主要任务是根据主机的动作和性能要求来选择和拟定基本回路，然后再将各基本回路组合成一个完整的液压系统。

1. **确定回路的类型**

一般有较大空间可以存放油箱的系统，都采用开式回路；相反，可采用闭式回路。通常节流调速系统采用开式回路，容积调速系统采用闭式回路。

2. **选择基本回路**

在拟定液压系统原理图时，应根据各类主机的工作特点和性能要求，首先确定对主机主要性能起决定性影响的主要回路。例如机床液压系统的调速和速度换接回路、液压压力机系

统的调压回路。然后，再考虑其他辅助回路，例如对有垂直运动部件的系统要考虑平衡回路，有多个这些元件的系统要考虑顺序动作、同步或互不干扰回路，有空载运行要求的系统要考虑卸荷回路等。

3. 液压回路的综合

将选择的回路综合起来，构成一个完整的液压系统。在综合基本回路时，在满足工作机构运动要求及生产率的前提下，应力求系统简单，工作安全可靠，动作平稳、效率高，调整和维护保养方便。

9.1.5 液压元件的计算和选择

初步拟定液压系统原理图后，便可进行液压元件的计算和选择，也就是通过计算各液压元件在工作中承受的压力和通过的流量，来确定各元件的规格和型号。

1. 液压泵的选择

先根据设计要求和系统工况确定液压泵的类型，然后根据液压泵的最高供油压力和最大供油量来选择液压泵的规格。

（1）确定液压泵的最高工作压力 p_P　液压泵的最高工作压力就是在系统正常工作时，液压泵所能提供的最高压力，对于定量泵系统来说，这个压力是由溢流阀调定的，对于变量泵系统来说，这个压力是与泵的特性曲线上的流量相对应的。液压泵的最高工作压力是选择液压泵型号的重要依据。液压泵最高工作压力的出现分为两种情况：其一是执行元件在运动行程终了，停止运动时（如液压机、夹紧缸）出现；其二是执行元件在运动行程中（如机床、提升机）出现。对于第一种情况，泵的最高工作压力也就是执行元件机构所需的最大工作压力 p_{max}，即

$$p_P \geqslant p_{max} \tag{9-14}$$

对于第二种情况，除了考虑执行机构的压力外还要考虑油液在管路系统流动时产生的总的压力损失 $\sum \Delta p$，即

$$p_P \geqslant p_{max} + \sum \Delta p \tag{9-15}$$

式中　$\sum \Delta p$——液压泵出口至执行机构进口之间总的压力损失。

初步估算时，一般节流调速和管路简单的系统取 $\sum \Delta p = 0.2 \sim 0.5\text{MPa}$，有调速阀和管路较复杂的系统取 $\sum \Delta p = 0.5 \sim 1.5\text{MPa}$。

（2）确定液压泵的最大供油量 q_P　液压泵的最大供油量 q_P 按执行元件工况图上的最大工作流量及回路系统中的泄漏量来确定，即

$$q_P \geqslant K \sum q_{max} \tag{9-16}$$

式中　K——考虑系统中存在泄漏等因素的修正系数，一般取 $K = 1.1 \sim 1.3$，小流量取大值，大流量取小值；

$\sum q_{max}$——同时工作的执行元件流量之和的最大值。

若系统中采用了蓄能器，泵的流量按一个工作循环中的平均流量来选取，即

$$q_P \geqslant \frac{K}{T} \sum_{i=1}^{n} q_i \Delta t_i \tag{9-17}$$

式中　T——工作循环的周期时间；

q_i——工作循环中第 i 个阶段所需的流量；

Δt_i——工作循环中第 i 阶段持续的时间；

n——循环中的阶段数。

（3）选择液压泵的规格　根据泵的最高工作压力 p_P 和泵的最大供油量 q_P，从产品样本中选择液压泵的型号和规格。为了使液压泵工作安全可靠，液压泵应有一定的压力储备量。通常泵的额定压力 p_n 应比泵的最高工作压力 p_P 高 25%～60%，泵的额定流量 q_n 则宜与 q_P 相当。

（4）确定液压泵的驱动功率 P　系统使用定量泵时，工况不同其驱动功率的计算也不同。在整个工作循环中，液压泵的功率变化较小时，可按下式计算液压泵所需的驱动功率：

$$P=\frac{p_P q_P}{\eta_P} \tag{9-18}$$

式中　η_P——液压泵的总效率。

在整个工作循环中，液压泵的功率变化较大，且在功率循环中最高功率的持续时间很短，则可按式（9-18）分别计算出工作循环各个阶段的功率 P_i，然后用下式计算其所需的平均驱动功率

$$P=\sqrt{\frac{\sum_{i=1}^{n} P_i^2 t_i}{\sum_{i=1}^{n} t_i}} \tag{9-19}$$

式中　t_i——一个工作循环中第 i 阶段持续的时间。

求出平均功率后，要验算每个阶段电动机的超载量是否在允许范围内，一般电动机允许短时超载量为 25%。如果在允许超载范围内，即可根据平均功率 P 与泵的转速 n 从产品样本中选取电动机。

使用限压式变量泵时，可按式（9-18）分别计算快进与工进两种工况时所需的驱动功率，取两者较大值作为选择电动机规格的依据。由于限压式变量泵在快进与工进的转换过程中，必须经过泵的压力流量特性曲线的最大功率 P_{max} 点（拐点），为了使所选择的电动机在经过 P_{max} 点时有足够的功率，需按下式进行验算：

$$P_{max}=\frac{p_B q_B}{\eta_P} \leqslant 2P_n \tag{9-20}$$

式中　p_B——限压式变量泵调定的拐点压力；

q_B——限压式变量泵的拐点流量；

P_n——所选电动机的额定功率；

η_P——限压式变量泵的效率。

在计算过程中要注意，在限压式变量泵输出流量较小时，其效率 η_P 将急剧下降，一般当其输出流量为 0.2～1L/min 时，η_P = 0.03～0.14，流量大者取大值。

2. 阀类元件的选择

阀类元件的选择是根据阀的最大工作压力和流经阀的最大流量确定的。所选用的阀类元件的额定压力和额定流量要大于系统的最高工作压力和实际通过阀的最大流量。对于换向阀，有时允许短时间通过阀的实际流量略大于该阀的额定流量，但不得超过 20%。流量阀按系统中流量调节范围来选取，其最小稳定流量应能满足最低稳定速度的要求。压力阀的选

择还应考虑调压范围。

3. **液压辅助元件的选择**

前文已经介绍了管接头、蓄能器、过滤器等辅助元件的选择原则。液压系统对各辅助元件的要求，可按前文有关原则来选取。

9.1.6 液压系统的性能验算

液压系统性能验算的目的在于检验设计质量，以便于调整设计参数及方案，确定最佳设计方案。液压系统的性能验算是一个复杂的问题，验算项目因主机的工作要求而异，常见的有系统压力损失验算和发热温升验算。

1. **液压系统压力损失的验算**

前面初步确定了管路的总压力损失$\sum \Delta p$，仅是估算而已。当液压系统的元件型号、管路布置等确定后，需要对管路的压力进行验算，并借此较准确地确定泵的工作压力，较准确地调节变量泵和压力阀的调整压力，保证系统的工作性能。若计算结果与初步确定的值相差较大时，则可对原设计进行修正，其修正方法如下：

（1）当执行元件为液压缸时　泵的最高工作压力p_P应按下式验算

$$p_P \geqslant \frac{F}{A_1 \eta_{cm}} + \frac{A_2}{A_1} \Delta p_2 + \Delta p_1 \tag{9-21}$$

式中　F——作用在液压缸上的外负载，单位为N；

A_1、A_2——液压缸进、回油腔的有效作用面积，单位为m^2；

Δp_1、Δp_2——进、回油路总的压力损失，单位为Pa；

η_{cm}——液压缸的机械效率。

计算时应注意，快速运动时液压缸上的外负载小，管路中流量大，压力损失也大。工进时外负载大，流量小，压力损失也小，所以应分别予以计算。计算出系统压力p_P应小于泵额定压力的75%；否则应重选额定压力较高的液压泵，或者采用其他方法降低系统压力，如增大液压缸的直径等方法。

（2）当执行元件为液压马达时　泵的最高工作压力p_P应按下式验算：

$$p_P \geqslant \frac{2\pi T}{V \eta_{Mm}} + \Delta p_2 + \Delta p_1 \tag{9-22}$$

式中　V——液压马达的排量，单位为m^3/r；

T——液压马达的输出转矩，单位为N·m；

Δp_1、Δp_2——进、回油路总的压力损失，单位为Pa；

η_{Mm}——液压马达的机械效率。

2. **液压系统发热温升的验算**

液压系统在工作时由于存在着一定的机械损伤、压力损失和流量损失，这些大都变为热能，使系统发热，油温升高。为了使液压系统能够正常工作，应使油温保持在允许的范围之内。

系统中产生热量的元件主要有液压缸、液压泵、溢流阀和节流阀等，散热的元件主要是油箱。系统工作一段时间后，发热与散热会相等，即达到热平衡，不同的设备在不同的情况下，达到热平衡的温度也不一样，所以必须进行验算。

（1）系统发热量的计算　在单位时间内液压系统的发热量可按下式计算：

$$H=P(1-\eta) \tag{9-23}$$

式中　P——液压泵的输入功率，单位为kW；

η——液压系统的总效率。

如果在工作循环中泵输出的功率不同，那么，可以求出系统单位时间内的平均发热量，即

$$H=\frac{1}{T}\sum_{i=1}^{n}P_i(1-\eta_i)t_i \tag{9-24}$$

式中　T——工作循环周期时间，单位为s；

t_i——第i阶段所持续的时间，单位为s；

P_i——第i阶段泵的输入功率，单位为kW；

η_i——第i阶段液压系统的总效率。

（2）系统散热量的计算　在单位时间内油箱的散热量可用下式计算：

$$H_0=hA\Delta t \tag{9-25}$$

式中　A——油箱的散热面积，单位为m^2；

Δt——系统的温升，单位为℃；

h——散热系数，单位为$kW/(m^2\cdot ℃)$。

当周围通风较差时，取$h=(8\sim9)\times10^{-3}kW/(m^2\cdot ℃)$；当自然通风良好时，取$h=15\times10^{-3}kW/(m^2\cdot ℃)$；用风扇冷却时，取$h=23\times10^{-3}kW/(m^2\cdot ℃)$；用循环水冷却时，取$h=(110\sim170)\times10^{-3}kW/(m^2\cdot ℃)$。

（3）系统热平衡温度的验算　当系统达到热平衡时有：$H=H_0$，即

$$\Delta t=\frac{H}{hA} \tag{9-26}$$

当油箱的三个边长之比在1∶1∶1～1∶2∶3范围内，且油位是油箱高度的0.8倍时，其散热面积可近似计算为

$$A=0.065\sqrt[3]{V^2} \tag{9-27}$$

式中　V——油箱有效容积，单位为L；

A——油箱的散热面积，单位为m^2。

由式（9-26）计算出来的Δt与环境温度之和应不超过油液所允许的温度，否则，必须采取进一步的散热措施。

9.1.7　绘制工作图，编写技术文件

所设计的液压系统经验算后，即可对初步的液压系统进行修改和完善，并绘制工作图和编写技术文件。

1. 绘制工作图

（1）液压系统原理图　图上除画出整个系统的回路外，还应注明各元件的规格、型号、压力调整值，并给出各执行元件的工作循环图，列出电磁铁及压力继电器的动作顺序表。

（2）液压系统装配图　液压系统装配图包括泵站装配图、集成油路装配图及管路装配图。

泵站装配图是将集成油路装置、液压泵、电动机与油箱组合在一起画成的装配图，它表明了各自之间的相互位置、安装尺寸及总体外形。

管路装配图应表示出油管的走向、注明管道的直径及长度、各种管接头的规格、管夹的安装位置和装配技术要求等。

画集成油路装配图时，若选用油路板，应将各元件画在油路板上，便于装配。若采用集成块或叠加阀，因有通用件，设计者只需选用即可，最后将选用的产品组合起来绘制成装配图。

（3）非标准件的装配图和零件图

（4）电气线路装配图　表示出电动机的控制线路、电磁阀的控制线路、压力继电器和行程开关等。

2. 编写技术文件

技术文件一般包括液压系统设计计算说明书，液压系统原理图，液压系统工作原理说明书和操作使用及维护说明书，部件目录表，标准件、通用件及外购件汇总表等。

任务实施：

根据实际工况要求确定液压系统初步工作方案；选用该系统所需要的液压系统元件；绘制液压系统工况图及液压系统原理图。

任务 9.2　卧式单面多轴钻孔组合机床液压系统设计

任务目标：

能够确定液压传动系统中执行元件所需的压力和流量；能够合理确定液压系统参数。

任务描述：

设计一台卧式单面多轴钻孔组合机床动力滑台液压系统。该系统的工作循环为：快速前进→工作进给→快速退回→原位停止。最大切削力 $F_L = 30500N$；运动部件自重 $F_G = 9800N$；工作台快进、快退速度相等 $v_1 = 0.1m/s$，工件进给速度 $v_2 = 0.88mm/s$，快进行程长度 $L_1 = 100mm$，工进行程长度 $L_2 = 50mm$；导轨形式为平导轨，其静摩擦系数为 $f_s = 0.2$，动摩擦系数为 $f_d = 0.1$，往复运动的加速、减速时间为 $\Delta t = 0.2s$。

该系统采用液压与电气配合，实现自动工作循环。液压系统的执行元件使用单杆液压缸。

任务实施：

9.2.1　明确液压系统设计要求

根据加工需要，该系统的工作循环为：快速前进→工作进给→快速退回→原位停止。

最大切削力 $F_L = 30500N$；运动部件自重 $F_G = 9800N$；工作台快进、快退速度相等 $v_1 = 0.1m/s$，工件进给速度 $v_2 = 0.88mm/s$，快进行程长度 $L_1 = 100mm$，工进行程长度 $L_2 =$

50mm；导轨形式为平导轨，其静摩擦系数为$f_s=0.2$，动摩擦系数为$f_d=0.1$，往复运动的加速、减速时间为$\Delta t=0.2s$。

9.2.2 液压系统的工况分析

1. 运动分析

绘制动力滑台的工作循环图和速度循环图，图 9-3a 所示为工作循环图，图 9-3c 所示为速度循环图。快进、工进和快退的时间可由下式分析求出。

快进
$$t_1=\frac{L_1}{v_1}=\frac{100\times10^{-3}}{0.1}s=1s$$

工进
$$t_2=\frac{L_2}{v_2}=\frac{50\times10^{-3}}{0.88\times10^{-3}}s=56.8s$$

快退
$$t_3=\frac{L_1+L_2}{v_1}=\frac{(100+50)\times10^{-3}}{0.1}s=1.5s$$

2. 负载分析

（1）工作负载

工作负载：$F_L=30500N$

（2）摩擦阻力

静摩擦阻力：$F_{f_s}=f_sF_G=0.2\times9800N=1960N$

动摩擦阻力：$F_{f_d}=f_dF_G=0.1\times9800N=980N$

（3）惯性阻力

惯性阻力：$F_a=\frac{F_G}{g}\frac{\Delta v}{\Delta t}=\frac{9800}{9.8}\times\frac{0.1}{0.2}N=500N$

根据以上分析，计算液压缸各阶段工作负载列于表 9-3，绘制负载循环图如图 9-3b 所示。

表 9-3 液压缸各阶段工作负载计算

工况	计算公式	液压缸负载/N	液压缸推力 $F/N\cdot\eta_{cm}$
起动	$F=F_{f_s}$	1960	2178
加速	$F=F_{f_d}+F_a$	1480	1644
快进	$F=F_{f_d}$	980	1089
工进	$F=F_L+F_{f_d}$	31480	34978
反向起动	$F=F_{f_s}$	1960	2178
加速	$F=F_{f_d}+F_a$	1480	1644
快退	$F=F_{f_d}$	980	1089
制动	$F=F_{f_d}-F_a$	480	533

注：液压缸的机械效率$\eta_{cm}=0.9$。

9.2.3 确定主要参数

1. 确定液压缸工作压力

参考表 9-1、表 9-2，初选液压缸工作压力$p_1=40\times10^5Pa$。

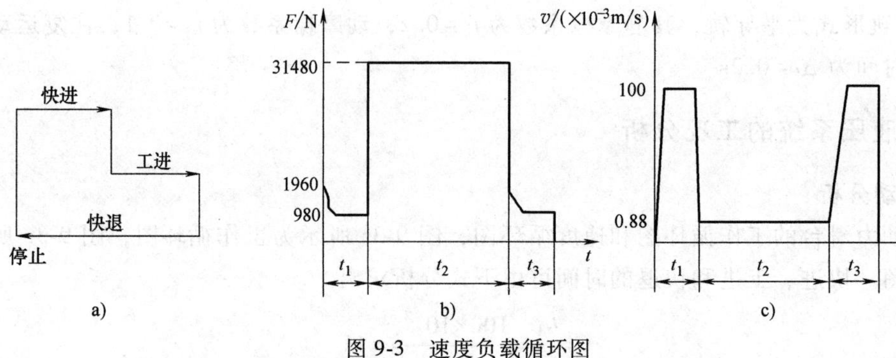

图 9-3 速度负载循环图

a）工作循环图 b）负载循环图 c）速度循环图

2. 计算液压缸主要结构参数

液压缸有效面积由式（9-10）计算，由于机床要求快进与快退的速度相同，为减少液压泵的供油量，故选用 $A_1=2A_2$ 的差动液压缸。

钻孔时，为防止钻通时滑台发生前冲现象，液压缸回油腔应设有背压，参考液压手册可取背压 $p_b=0.6\text{MPa}$，并初定快进、快退时回油压力损失 $\Delta p_2=0.7\text{MPa}$。

$$A_1=\frac{F_{max}}{\left(p_1-\frac{1}{2}p_2\right)\eta_{cm}}=\frac{34978}{\left(4-\frac{0.6}{2}\right)\times10^6}\text{m}^2=9.45\times10^{-4}\text{m}^2=94.5\text{cm}^2$$

液压缸内径为 $$D=\sqrt{\frac{4A_1}{\pi}}=\sqrt{\frac{4\times94.5}{3.14}}\text{cm}=10.97\text{cm}$$

圆整取标准直径 $D=110\text{mm}$，为了实现快进与快退速度相等，采用液压缸差动连接，则 $d=0.707D$，所以，$d=0.707\times110\text{mm}=77.8\text{mm}$，圆整取标准直径 80mm。

计算液压缸有效面积：

$$A_1=\frac{\pi}{4}D^2=\left(\frac{\pi}{4}\times11^2\right)\text{cm}^2=95\text{cm}^2$$

$$A_2=\frac{\pi}{4}(D^2-d^2)=\frac{\pi}{4}(11^2-8^2)\text{cm}^2=44.77\text{cm}^2$$

3. 计算液压缸在工作循环中各阶段的压力、流量和功率的实际使用值

计算液压缸各工况所需压力、流量和功率的结果见表 9-4。

表 9-4 液压缸各工况所需压力、流量和功率

工况		负载 F/N	回油腔压力 $p_2(\Delta p_2)/10^5\text{Pa}$	进油腔压力 $p_1/10^5\text{Pa}$	输入流量 $q/(L/\text{min})$	输入功率 P/kW	计算公式
快进	起动	2178	$\Delta p_2=0$	4.3	—	—	$p_1=\frac{F+\Delta p_2A_2}{A_1-A_2}$ $q=(A_1-A_2)v_1$ $P=p_1q\times10^{-3}$
	加速	1644	$\Delta p_2=7$	9.5		—	
	快速	1089	$\Delta p_2=7$	8.4	30	0.42	
工进		34978	$\Delta p_b=6$	40	0.5	0.034	$p_1=\frac{F+p_2A_2}{A_1}$ $q=A_1v_2$ $P=p_1q\times10^{-3}$

（续）

工况		负载 F/N	回油腔压力 $p_2(\Delta p_2)/10^5$Pa	进油腔压力 $p_1/10^5$Pa	输入流量 $q/(L/min)$	输入功率 P/kW	计算公式
快退	起动	2178	$\Delta p_2=0$	4.9	—	—	$p_1=\frac{F+p_2A_1}{A_2}$ $q=A_2v_2$ $P=p_1q\times10^{-3}$
	加速	1644	$\Delta p_2=7$	18.6	—	—	
	快退	1089	$\Delta p_2=7$	17.3	27	0.78	
	制动	533	$\Delta p_2=7$	16	—	—	

4. 绘制液压缸工况图

根据表9-4可绘制出液压缸的工况图，如图9-4所示。

9.2.4　拟定液压系统图

1. 液压泵型号的选择

由图9-4所示的工况图可知，系统循环主要由低压大流量和高压小流量两个阶段组成，而且是顺序进行的。最大流量与最小流量之比$\frac{q_{max}}{q_{min}}=\frac{30}{0.5}=60$；其相应的时间之比$\frac{t_2}{t_1}=\frac{56.8}{1}=56.8$。从提高系统考虑，选用限压式变量叶片或双联叶片泵较适宜。本例拟选用双联叶片泵。

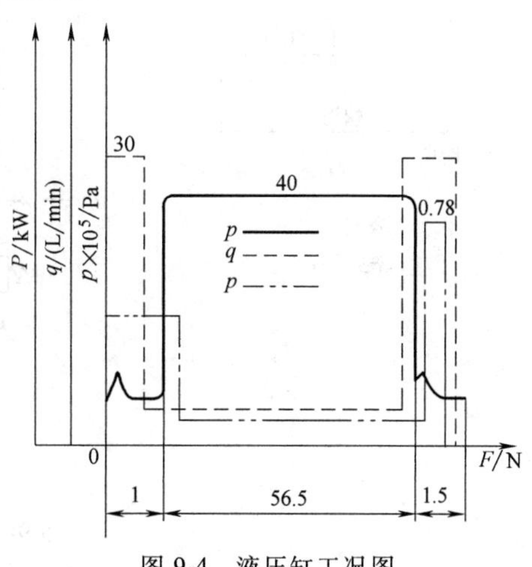

图9-4　液压缸工况图

2. 选择液压回路

（1）调速回路的选择　由工况图可知，该液压系统功率较小，工作负载变化不大，故可选用节流调速方式，由于钻孔属于连续切削而且是正负载，故采用进口节流调速为好。为防止工件钻通时，工作负载突然消失而引起前冲现象，在回油路上加背压阀。

（2）快速运动回路与速度换接回路的选择　采用液压缸差动连接，实现快进和快退速度相等。由快进转工进时，系统流量变化较大，故选用行程阀，使其速度换接平稳。从工进转快退时，回路中通过的流量很大，为了保证换向平稳，选用电液换向阀的换接回路。由于这一回路要实现液压缸的差动连接，换向阀必须是三位五通阀。

（3）压力控制回路的选择　由于采用双泵供油回路，故用液控顺序阀实现低压大流量泵卸荷，用溢流阀调整高压小流量泵的供油压力。为了观察调整压力，在液压泵的出口处、背压阀和液压缸无杆腔进口处设置测压点。

3. 液压系统的合成

在所选定的基本回路的基础上，再综合考虑一些其他因素和要求：

1）为了解决滑台工进时图中进油路、回油相互接通，无法建立压力的问题，必须在液动换向回路中串入一个单向阀6，将工进时的进油路、回油路隔断。

2）为了解决滑台快速前进时，回油路接通油箱，无法实现液压缸差动连接的问题，必须在回油路上串接一个液控顺序阀7，以阻止油液在快进阶段返回油箱。

3）为了解决机床停止工作时系统中的油液流回油箱，导致空气进入系统，影响滑台运动平稳性的问题，必须在电液换向阀的出口处增设一个单向阀13。

4）为了便于系统自动发出快速退回信号，在调速阀出口须增设一个压力继电器 14。

5）为观察和调整系统压力，设置一个多点压力表开关 12。经过整理后，使之可组成一个完整的液压系统，图 9-5 所示电磁铁和行程阀动作顺序表见表 9-5。

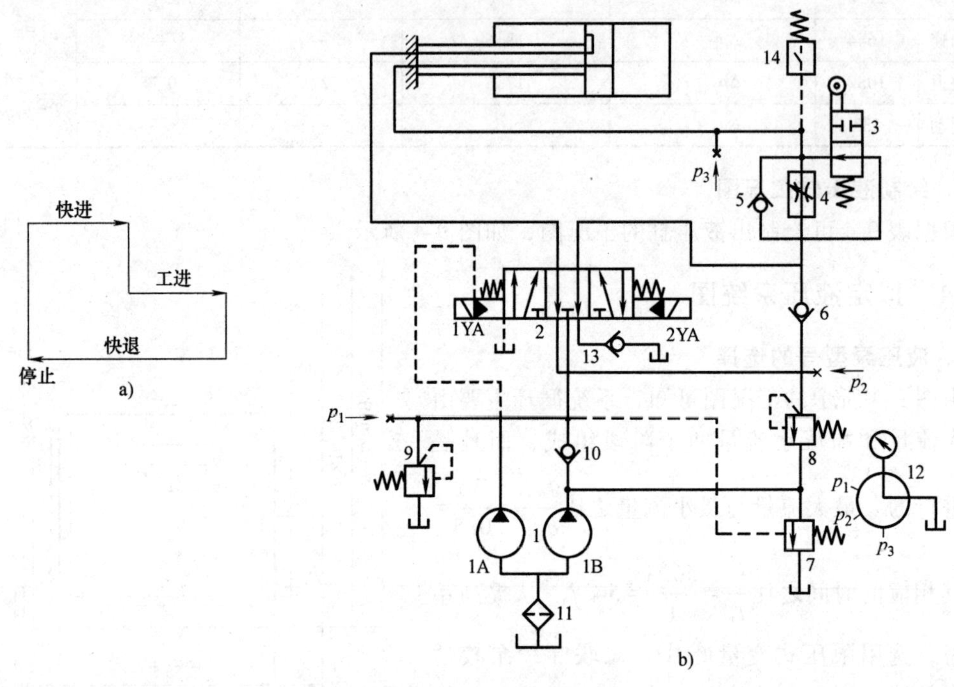

图 9-5 液压系统原理图

1—双联叶片泵 2—三位五通电液阀 3—行程阀 4—调速阀 5、6、10、13—单向阀 7—液控顺序阀 8—背压阀 9—溢流阀 11—过滤器 12—压力表开关 14—压力继电器

表 9-5 电磁铁和行程阀动作顺序表

工 况	元 件			
	1YA	2YA	行程阀	压力继电器
快 进	+	—	—	—
工 进	+	—	+	+
快 退	—	+	±	—
停 止	—	—	—	—

9.2.5 液压元件的选择

1. 确定液压泵的规格和电动机功率

（1）液压泵工作压力的计算 已确定液压缸最大工作压力为 40×10^5Pa。在调速阀进口节流调速回路中，工作时进油管路较复杂，取进油路上的压力损失 $\Delta p_1=10\times10^5$Pa，则小流量泵的最高工作压力为

$$p_{p_1}=(40\times10^5+10\times10^5)\text{Pa}=50\times10^5\text{Pa}$$

大流量液压泵只在快速时向液压缸供油，由工况图可知，液压缸快退时的进油路比较简单，取其压力损失为 4×10^5Pa，则大流量泵的最高工作压力为

$$p_{p_2}=17.3\times10^5\text{Pa}+4\times10^5\text{Pa}=21.3\times10^5\text{Pa}$$

（2）液压泵流量的计算　由工况图可知，油源向液压缸输入的最大流量在快进时为30L/min，油源向液压缸输入最小流量在工进时为 $0.84\times10^{-5}\text{m}^3/\text{s}$（0.5L/min），若取系统泄漏系数 $K=1.2$，则液压系统最大流量按（9-16）式计算

$$q_P=(1.2\times30)\text{L/min}=36\text{L/min}$$

由于溢流阀的最小稳定流量为3L/min。工进时的流量为0.5L/min。所以小流量泵的流量最小为3.5L/min。

（3）液压泵规格的确定　根据以上计算数据，查阅产品目录，选用相近规格YYB-AA36/6B型双联叶片泵。

（4）液压泵电动机功率的确定　由工况图可知，液压缸的最大输出功率出现在快退工况，其值为0.78kW。此时，泵站的输出压力应为 $p_{p_2}=21.3\times10^5\text{Pa}$；流量为 $q_P=q_1+q_2=(36+6)\text{L/min}=42\text{L/min}$。

取泵的总效率 $\eta_P=0.75$，则电动机所需功率按（9-20）式计算：

$$P_P=\frac{p_{p_2}q_P}{\eta_P}=\frac{21.3\times10^5\times42\times10^{-3}}{0.75\times60}\text{W}=1988\text{W}=1.988\text{kW}$$

根据以上计算选额定功率为2.2kW的标准型号电动机。

2. 阀类元件和辅助元件的选择

根据系统的工作压力和通过阀的实际流量就可选择各个阀类元件和辅助元件，其型号可查阅有关液压手册，由于液压元件的不断更新，本例只列出系统所用元件的名称和技术数据，型号从略，所选用液压元件的说明见表9-6。

表9-6　所选用液压元件的说明

序号	元件名称	估计通过流量/(L/min)	技术参数	
			公称流量/(L/min)	公称压力/(10^5Pa)
1	双联叶片泵		36/6	63
2	三位五通电液阀	84	100	63
3	行程阀	84	100	63
4	调速阀	≤1	6	63
5	单向阀	84	100	63
6	单向阀	36	63	63
7	液控顺序阀	36	63	63
8	背压阀	≤0.5	10	63
9	溢流阀	6	10	63
10	单向阀	36	63	63
11	过滤器	42		
12	压力表开关			
13	单向阀	84	100	63
14	压力继电器			

注：表中序号与图9-5的元件标号相同。

由于液压泵选定之后，液压缸在各个阶段的进出流量与原定数值不同，所以要重新计算，列于表9-7中。

表 9-7 液压缸的进出口流量

项目	快进	工进	快退
输入流量/(L/min)	$q_1=(A_1q_P)/(A_1-A_2)$ $=(95×42)/(95-44.77)$ $=79.43$	$q_1=0.5$	$q_1=q_P=42$
排出流量/(L/min)	$q_2=(A_2q_1)/A_1$ $=(44.77×79.43)/95$ $=37.43$	$q_2=(A_2q_1)/A_1$ $=44.77×0.5/95$ $=0.24$	$q_2=(A_1q_1)/A_2$ $=95×42/44.77$ $=89.12$
运动速度/(m/s)	$v_1=q_P/(A_1-A_2)$ $=(42×10)/(95-44.77)$ $=8.36$	$v_2=q_1/A_1$ $=(0.5×10)/95$ $=0.053$	$v_3=q_1/A_2$ $=(42×10)/44.77$ $=9.38$

3. 确定管道尺寸

各元件连接管道的规格按元件接口处决定，由于本系统液压缸差动连接时，油管通油量较大，其实际流量 q 约为 $1.33\text{m}^3/\text{s}$（79.43L/min），取允许流速 $v=3\text{m/s}$。主压力油管 d 用如下公式计算：

$$d=2\sqrt{\frac{q}{\pi v}}=1.13\sqrt{\frac{q}{v}}=1.13\sqrt{\frac{1.33\times10^{-3}}{3}}\text{mm}=21.5\text{mm}$$

圆整后取 $d=20\text{mm}$。

经查液压传动手册，选用内径 20mm、外径 28mm 的无缝钢管。

4. 确定油箱容量

按经验公式 $V=(5\sim7)q_P$，选取油箱容量，取油箱容积：

$$V=6q_P=6\times42\text{L}=252\text{L}$$

9.2.6 液压系统性能检验

1. 回路压力损失

由于本系统具体管路尚未确定，故整个回路的压力损失无法验算。但是控制阀处压力损失的影响是可计算的。从产品样本上查得，顺序阀、换向阀和行程阀的压力损失都是 $3\times10^5\text{Pa}$，单向阀的压力损失是 $2\times10^5\text{Pa}$，为此可作如下估算：

（1）快进时的压力损失　进油路上通过单向阀 10 的流量是 36L/min、通过换向阀 2 的流量是 42L/min、通过行程阀 3 的流量是 79.4L/min，因此总的压力损失为

$$\sum\Delta p_1=\left[2\times10^5\times\left(\frac{36}{63}\right)^2+3\times10^5\times\left(\frac{42}{100}\right)^2+3\times10^5\times\left(\frac{79.4}{100}\right)^2\right]\text{Pa}=3.07\times10^5\text{Pa}$$

回路上通过换向阀 2 和单向阀 6 的流量都是 37.43L/min，通过行程阀 3 的流量是 79.43L/min，因此总的压力损失为

$$\sum\Delta p_2=\left[3\times10^5\left(\frac{37.43}{100}\right)^2+2\times10^5\times\left(\frac{37.43}{100}\right)^2+3\times10^5\left(\frac{79.43}{100}\right)^2\right]\text{Pa}$$
$$=2.59\times10^5\text{Pa}$$

将回油路上的压力损失折算到进油路上去，就可求出快进时整个回路中阀类元件所造成的压力损失

$$\begin{aligned}\sum \Delta p &= \sum \Delta p_1 + \sum \Delta p_2 \left(\frac{A_2}{A_1 - A_2}\right) \\ &= \left[3.07\times10^5 + 2.59\times10^5\left(\frac{44.77}{95-44.77}\right)\right] \text{Pa} \\ &= 5.38\times10^5 \text{Pa}\end{aligned}$$

（2）工进时的回路压力损失　为了保证工进时速度稳定，应使进油路的调速阀上有 5×10^5Pa 的压差，回油路上背压阀的压力损失为 6×10^5Pa，顺序阀处通过 37.43L/min 流量的压力损失，因此这时整个回路因阀类元件造成的压力损失为

$$\sum \Delta p = 5\times10^5 + \left[6\times10^5 + 3\times10^5 \left(\frac{37.43}{63}\right)^2\right]\times\left(\frac{44.77}{95}\right) \text{Pa} = 8.33\times10^5 \text{Pa}$$

高压小流量泵在工作时的工作压力为

$$p_{p_1} = (40\times10^5 + 8.33\times10^5)\text{Pa} = 48.33\times10^5 \text{Pa}$$

此值可作为溢流阀 9 调压时的重要参考依据。

（3）快退时的回路压力损失　进油路上通过单向阀 10 的流量为 36L/min、通过换向阀 2 的流量为 42L/min，回路上通过单向阀 5、换向阀 2 和单向阀 13 的流量都是 89.12L/min，因此这时回路总压力损失为

$$\begin{aligned}\sum \Delta p &= \left[2\times10^5\times\left(\frac{36}{63}\right)^2 + 3\times10^5\left(\frac{42}{100}\right)^2 + (2\times10^5 + 3\times10^5 + 2\times10^5)\times\left(\frac{9.12}{100}\right)^2\times\left(\frac{95}{4.77}\right)\right] \text{Pa} \\ &= 12.98\times10^5 \text{Pa}\end{aligned}$$

低压大流量泵以快退时的压力最高，其值为

$$p_{p_2} = (17.3\times10^5 + 12.98\times10^5)\text{Pa} = 30.28\times10^5 \text{Pa}$$

此值可作为液控顺序阀 7 调压时的重要参考数据。

2. 液压系统的发热与温升的验算

通过运动分析可知，在整个工作循环中，工进时间为 56.8s，快进时间为 1s，快退时间为 1.5s。工进所占比重达 96%，所以系统的发热和油温升可用工进时的情况来计算。

工进时，液压缸负载 $F=31480$N，移动速度 $v=0.88\times10^{-3}$m/s，故输出功率为

$$P_0 = Fv = (31480\times0.88\times10^{-3})\text{W} = 27.7\text{W} = 0.0277\text{kW}$$

液压泵的输入功率为

$$P_i = \frac{p_{p_1}q_{p_1} + p_{p_2}q_{p_2}}{\eta_p}$$

式中　p_{p_1}、p_{p_2}——小流量泵 1 和大流量泵 2 的工作压力，其中 $p_{p_1}=50\times10^5$Pa，$p_{p_2}=3\times10^5\times(36/63)^2$Pa（这是大流量泵通过顺序阀 7 卸荷时的压力损失）；

q_{p_1}、q_{p_2}——小流量泵 1A 和大流量泵 1B 的输出流量，其中 $q_{p_1}=6$L/min，$q_{p_2}=36$L/min；

η_p——油泵总效率，$\eta_p=0.75$。

故

$$P_i = \frac{1}{0.75}\left[50\times10^5\times\frac{6\times10^{-3}}{60} + 3\times10^5\left(\frac{36}{63}\right)^2\times\frac{36\times10^{-3}}{60}\right]\text{W} = 745\text{W} = 0.75\text{kW}$$

由此得液压系统的发热量为

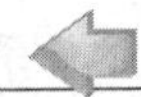

$$H=P_i-P_0=(0.75-0.0277)\text{kW}=0.72\text{kW}$$

只考虑油箱的散热，其中油箱散热面积 A 按式（9-27）估算

$$A=0.065\sqrt[3]{V^2}$$

式中 V——油箱有效容积，$V=252\text{L}$，所以 $A=0.065\sqrt[3]{252^2}\text{m}^2=2.59\text{m}^2$。

取油箱散热系数 $K=13$，可得液压系统的温升为

$$\Delta T=\frac{860H}{KA}=\frac{860\times0.72}{13\times2.59}℃=18.4℃$$

油液温升值没有超过允许值。

思考与练习

9-1 什么是速度循环图、负载循环图、压力循环图、流量循环图？它们之间有无联系？根据速度循环图和负载循环图可以作出功率循环图，根据压力循环图和流量循环图也可以作出功率循环图，两者之间有什么区别？

9-2 已知某液压系统的总效率 $\eta=0.6$，该系统液压泵的流量 $q_p=70\text{L/min}$，压力 $p_P=49\times10^5\text{MPa}$，泵的总效率 $\eta_P=0.7$，假定油液最高允许温度 $T_{max}=65℃$，周围环境温度 $T=20℃$，且通风良好，试确定油箱的有效容积及其边长（1∶1∶1 型）。

9-3 设计一台卧式钻、镗组合机床液压系统。该机床用于加工铸铁箱体零件的孔系，运动部件总重量 $G=10000\text{N}$，液压缸机械效率为 0.9，加工时最大切削力为 12000N，工作循环为：快进→工进→止位铁停留→快退→原位停止。快进行程长度为 0.4m，工进行程为 0.1m。快进和快退速度为 0.1m/s，工进速度为 $3\times10^{-4}\sim5\times10^{-3}\text{m/s}$，采用平导轨，起动时间为 0.2s，要求动力部件可以手动调整，快进转工进平稳、可靠。

项目10

气压传动系统的认知

【项目要点】

- ◆ 能正确认知气动技术目前的应用状况及气动元件发展动向。
- ◆ 能认知气压传动与其他传动方式比较的优缺点。
- ◆ 能认知气动系统的组成和分类。
- ◆ 能认知气压传动系统的工作原理。

思政小课堂

与“核”共舞的大国工匠

【知识目标】

- ◆ 掌握气动系统的组成和分类。
- ◆ 掌握气压传动系统的工作原理。
- ◆ 认识气压传动与其他传动方式比较的优缺点。
- ◆ 了解气动技术目前的应用状况及气动元件发展动向。

【素质目标】

- ◆ 培养学生树立正确的价值观和职业态度。
- ◆ 培养学生的国家使命感和民族自豪感。

气压传动是以压缩空气为工作介质传递运动和动力的一门技术，由于气压传动具有防火、防爆、节能、高效、无污染等优点，因此应用较为广泛。气压传动简称为气动。

气压传动像液压传动一样，都是利用流体作为工作介质来实现传动的，气压传动与液压传动在基本工作原理、系统组成、元件结构及图形符号等方面有很多相似之处，所以在学习这部分内容时，前述的液压传动的知识有很大的参考和借鉴作用。

任务 10.1　气压传动系统的认知训练

任务目标：

了解气压传动系统的工作原理和基本组成，掌握气压传动系统的优点与缺点。

任务描述：

通过实验，了解气压基本回路的基本组成，了解各元件在气动系统中的具体作用。

知识与技能：

10.1.1　气压传动系统的工作原理

现以剪切机为例，介绍气压传动的工作原理。图 10-1a 所示为气动剪切机的工作原理图，图示位置为剪切机剪切前的情况。空气压缩机 1 产生的压缩空气经空气冷却器 2、分水排水器 3、储气罐 4、空气过滤器 5、减压阀 6、油雾器 7 到达换向阀 9，部分气体经节流通路 a 进入换向阀 9 的下腔，使上腔弹簧压缩，换向阀阀芯位于上端；大部分压缩空气经换向阀 9 后由 b 路进入气缸 10 的上腔，而气缸下腔经 c 路、换向阀与大气相通，故气缸活塞处于最下端位置。当上料装置把工料 11 送入剪切机并到达规定位置时，工料压下行程阀 8，此时换向阀芯下腔压缩空气经 d 路、行程阀排入大气，在弹簧的推动下，换向阀阀芯向下运动至下端；压缩空气则经换向阀后由 c 路进入气缸下腔，上腔经 b 路、换向阀与大气相通，气缸活塞向上运动，剪刃随之上行剪断工料。工料剪下后，即与行程阀脱开，行程阀阀芯在弹簧作用下复位，d 路堵死，换向阀阀芯上移，气缸活塞向下运动，又恢复到剪断前的状态。

由以上分析可知，剪刃克服阻力剪断工料的机械能来自于压缩空气的压力能，提供压缩空气的是空气压缩机；气路中的换向阀、行程阀起改变气体流动方向、控制气缸活塞运动方向的作用。图 10-1b 所示为用图形符号（又称职能符号）绘制的气动剪切机系统原理图。

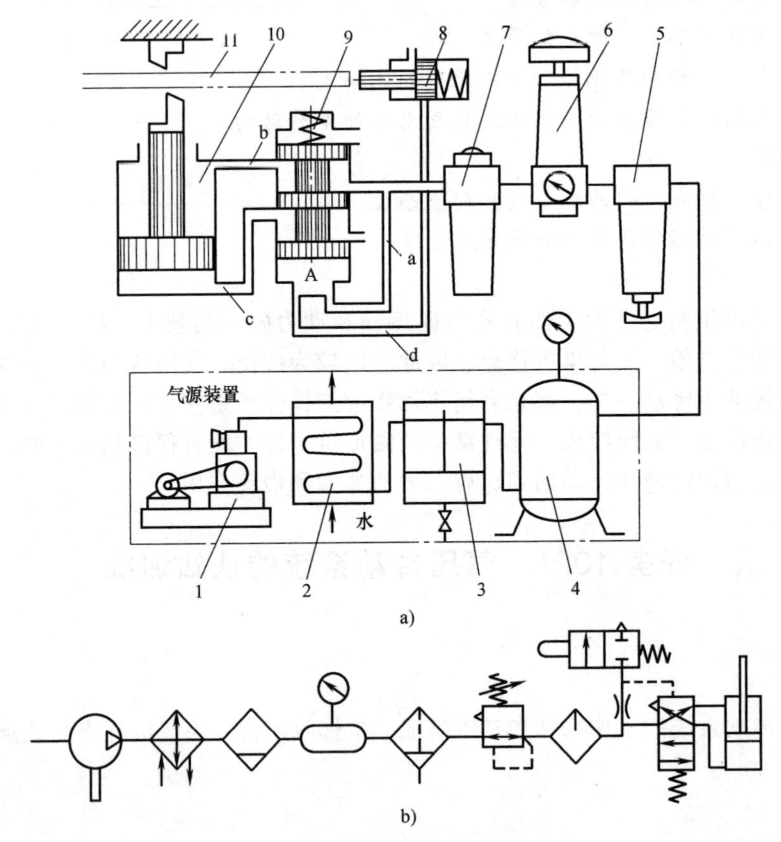

图 10-1 气动剪切机的工作原理图

a）结构原理 b）图形符号

1—空气压缩机 2—空气冷却器 3—分水排水器 4—储气罐 5—空气过滤器 6—减压阀 7—油雾器 8—行程阀 9—换向阀 10—气缸 11—工料

10.1.2 气压传动系统的组成

根据气动元件和装置的不同功能，可将气压传动系统分成以下五部分：

1. 气源装置

气源装置的功能是将原动机供给的机械能转换成气体的压力能，作为传动与控制的动力源。包括空气压缩机、后冷却器和气罐等。

2. 执行元件

执行元件把空气的压力能转化为机械能，以驱动执行机构做往复或旋转运动。执行元件包括气缸、摆动气缸、气动马达、气爪和复合气缸等。

3. 控制元件

控制元件用于控制和调节压缩空气的压力、流速和流动方向，以保证气动执行元件按预定的程序正常进行工作。控制元件包括压力阀、流量阀、方向阀和比例阀等。

4. 辅助元件

辅助元件用于解决元件内部润滑、排气噪声、元件间的连接以及信号转换、显示、放大、检测等所需要的各种气动元件。辅助元件包括空气过滤器、干燥器、油雾器、消声器、压力开关、管接头及连接管、气液转换器、气动显示器、气动传感器和液压缓冲器等。

5. 工作介质

工作介质在气压传动中起传递运动、动力及信号的作用。气压传动的工作介质为压缩空气。

10.1.3 气压传动的优点与缺点

1. 气压传动的优点

1）空气随处可取，取之不尽，节省了购买、储存、运输介质的费用和麻烦；用后的空气直接排入大气，对环境无污染，处理方便，不必设置回收管路，因而也不存在介质变质、补充和更换等问题。

2）因空气黏度小（约为液压油的万分之一），在管内流动阻力小，压力损失小，便于集中供气和远距离输送。即使有泄漏，空气也不会像液压油一样污染环境。

3）与液压相比，气动反应快，动作迅速，维护简单，管路不易堵塞。

4）气动元件结构简单，制造容易，适于标准化、系列化、通用化。

5）气动系统对工作环境适应性好，特别在易燃、易爆、多尘埃、强磁、辐射、振动等恶劣工作环境中工作时，安全可靠性优于液压、电子和电气系统。

6）空气具有可压缩性，使气动系统能够实现过载自动保护，也便于储气罐储存能量，以备急需。

7）排气时气体因膨胀而温度降低，因而气动设备可以自动降温，长期运行也不会发生过热现象。

2. 气压传动的缺点

1）空气具有可压缩性，当载荷变化时，气动系统的动作稳定性差，但可以采用气液联动装置解决此问题。

2）工作压力较低（一般为 0.4～0.8MPa），又因结构尺寸不宜过大，因而输出功率较小。

3）气信号传递的速度比光、电子速度慢，故不宜用于要求高传递速度的复杂回路中，但对一般机械设备，气动信号的传递速度是能够满足要求的。

4）排气噪声大，需加消声器。

气压传动系统一般由气源装置及辅助元件、执行机构、控制元件和工作介质组成。

气压元件是气压传动系统的最小单元，分为动力元件（气源装置）、气动控制元件、气动执行元件、气动辅助元件四大类型。

任务实施：

1）依据本实验的要求选择所需的气动元件（单作用气缸［弹簧回位］、单向节流阀、二位三通单电磁换向阀、三联件、长度合适的连接软管）；并检验元器件的实用性能是否正常。

2）在看懂图 10-2 所示单作用气缸工作原理的情况下，按照原理图搭接实验回路。

3）将二位三通单电磁换向阀的电源输入口插入相应的电器控制面板输出口。

4）确认连接安装正确稳妥，把三联件的调压旋钮旋松，通电，开启气泵。待泵工作正常，再次调节三联件的调压旋钮，使回路中的压力在系统工作压力以内。

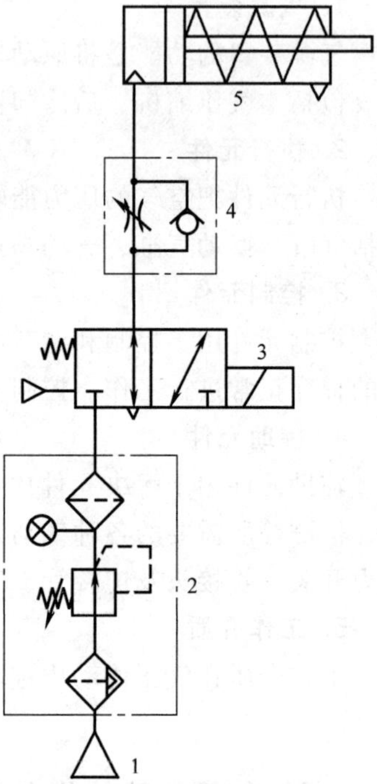

图 10-2 单作用气缸工作原理图

1—气源 2—三联件 3—二位三通电磁阀 4—单向节流阀 5—单作用气缸

5）当二位三通电磁换向阀通电时，右位接入，气缸左腔进气，气缸伸出，失电时气缸靠弹簧的弹力回位（在缸的伸缩过程中通过调节回路中的单向节流阀控制气缸动作的快慢）。

6）实验完毕后，关闭泵，切断电源，待回路压力为零时，拆卸回路，清理元器件并放回规定的位置。

任务 10.2 气动技术的应用与发展

任务目标：

了解气动技术目前的应用状况以及气动元件今后的发展动向。

任务描述：

了解气动技术目前的应用状况以及气动元件今后的发展动向。

知识与技能：

10.2.1 气动技术的应用

人们利用空气的能量完成各种工作的历史可以追溯到远古，但气动技术的应用，大约开始于 1776 年 John Wilkinson 发明的能产生一个大气压左右压力的空气压缩机。1880 年，人们第一次利用气缸做成气动制动装置，将它成功地应用到火车的制动上。进入20世纪60年代，气动主要用于比较繁重的作业领域作为辅助传动。如用于矿山、钢铁、机床和汽车制造等行业。70年代后期，开始用于自动装配、包装、检测等轻巧的作业领域，以减轻繁重的体力劳动。80年代以来，随着与电子技术的结合，气动技术的应用领域得到迅速拓宽，尤其是在各种自动化生产线上得到广泛的应用。电气可编程序控制系统的发展，使整个系统的自动化程度更高，控制方式更灵活，性能更加可靠。气动机械手、柔性自动生产线的迅速发展，对气动技术提出了更多、更高的要求。微电子技术、现代控制理论与气动技术相结合，促进了电-气比例伺服技术的发展，以不断提高控制精度。气动技术已成为实现现代化传动与控制的关键技术之一。

10.2.2 气动元件的发展动向

从各国的行业统计资料来看，近20多年来气动行业发展很快。20世纪70年代，液压与气动元件的产值比约为9∶1，90年代，工业技术发达的欧美等国家该比例已达6∶4，有的甚至接近5∶5。由于气动元件的单价比液压元件便宜，在相同产值的情况下，气动元件的使用量及应用范围已远远超过了液压元件。我国自改革开放以来，气动行业发展非常快。纵观世界气动行业的发展趋势，气动元件的发展有以下一些趋势。

1. 电气一体化

一方面，微电子技术与气动元件相结合，组成了计算机—接口—小型阀—气缸的电气一体化的气动系统。另一方面，与电子技术相结合的自适应控制气动元件已经问世，如压力比例阀、流量比例阀、数字控制气缸，使气动技术从以往的开关控制进入到高精度的反馈控制，使定位精度提高到±0.01~0.1mm。电气一体化已不只用于机械手和机器人这样一些典型产品上，而且渗透到工厂本身的加工、装配、检测这些生产领域。

2. 小型化和轻量化

为了让气动元件与电子元件一起安装在印制线路板上，构成各种功能的控制回路组件，气动元件必须小型化和轻量化。气动技术应用于半导体工业、工业机械手和机器人等方面，要求气动元件实现超轻、超薄、超小的目标。如缸径为2.5mm的单作用气缸、缸径为4mm的双作用气缸、4g重的低功率电磁阀、M3的管接头和内径为2mm的连接管，材料采用了铝合金和塑料等，零件进行了等强度设计，使重量大为减轻。电磁阀由直动型向先导型变换，除了降低功耗外，也实现了小型化和轻量化。

3. 复合集成化

为了减少配管、节省空间、简化装拆、提高效率，多功能复合化和集成化的元件相继出现。阀的集成化是将所需数目的配气装置安装在集成板上，一端是电接头，另一端是气管接头。将转向阀、调速阀和气缸组成一体的带阀气缸，能实现换向、调速及气缸所承担的功能。气动机器人是能连续完成夹紧、举起、旋转、放下、松开等一系列动作的气动集成体。

4. 无油化

为适应食品、医药、生物工程、电子、纺织、精密仪器等行业的无污染要求，预先添加润滑脂的不供油润滑技术已大量问世。正在开发构造特殊、用自润滑材料制造、不用添加润滑脂仍旧能工作的无油润滑元件。不供油润滑元件组成的系统，不仅节省了大量的润滑油，而且不污染环境，系统简单、维护方便、润滑性能稳定、成本低和寿命长。

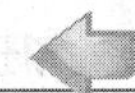

5. 低功耗

为了与计算机、可编程序控制器直接连接和节能，电磁阀的功耗最低可降至0.1W。

6. 高精度

位置控制精度已由过去的毫米级提高到现在的1/10毫米级。为了提高气动系统的可靠性，对压缩空气的质量提出了更高的要求。过滤器的标准过滤精度从过去的70μm提高到5μm，并有0.01μm的精密滤芯，除尘率可达99.9%~99.9999%，除油率可达0.1×10^{-6}。

7. 高质量

由于新材料及材料处理技术的发展，加工工艺水平的提高，电磁阀的寿命均在3000万次以上，个别小型阀的寿命可达1亿次，气缸行程的耐久性已达2000~6000km。

8. 高速度

提高电磁阀的工作频率和气缸的速度，对气动装置生产效率的提高有着重要意义。电磁阀工作频率可达25Hz，气缸速度从1m/s提高到3m/s，冲击气缸的速度可达11m/s。

9. 高出力

采用杠杆式增力机构或气液增压器，可使输出力增大几倍甚至几十倍。为了发挥气动控制快速的优点，冶金设备用重型气缸缸径可达700mm。

任务实施：

通过资料的查询了解气动技术目前的应用状况以及气动元件今后发展动向。

思考与练习

10-1　简述气动剪切机的工作原理。

10-2　气压传动由哪几部分组成？

10-3　简述气压传动的优、缺点。

10-4　气压传动与液压传动有什么不同？

10-5　举例说明气动技术有何应用。

10-6　气动元件的发展前景如何？

项目11

气动元件

【项目要点】

- ◆ 能正确识别气压系统的基本元件。
- ◆ 能够正确使用和维护气压元件。
- ◆ 能掌握气压基本元件的作用。

【知识目标】

- ◆ 能掌握气源装置的组成和工作原理。
- ◆ 能掌握气动控制元件的种类和工作原理。
- ◆ 能掌握逻辑元件的工作原理。
- ◆ 能掌握气缸与气动马达的结构和工作原理。

【素质目标】

- ◆ 培养学生树立正确的价值观和职业态度。
- ◆ 培养学生不畏艰难、勇于创新的精神。

思政小课堂

"工人发明家"是这样炼成的

气压元件是气压传动系统的最小单元，分为动力元件（气源装置）、气动控制元件、气动执行元件、气动辅助元件四大类型。

任务 11.1　气源装置的使用

任务目标：

了解气源装置各组成部分的作用及工作原理，能够正确使用气源装置。

任务描述：

根据空气的成分以及系统对压缩空气的要求理解气源装置的组成，通过实验台来操作设备，掌握基本的操作要领。

知识与技能：

11.1.1　气源装置的作用和工作原理

气源系统就是由气源设备组成的系统，气源设备是产生、处理和储存压缩空气的设备，图 11-1 所示的是典型的气源系统的组成。

通过电动机 6 驱动的空气压缩机 1，将大气压力状态下的空气压缩到较高的压力状态，输送到气动系统。压力开关 7 是根据压力的大小来控制电动机的起动和停止。当小气罐 4 内压力上升到调定的最高压力时，压力开关发出信号使电动机停止工作；当气罐内压力降至调

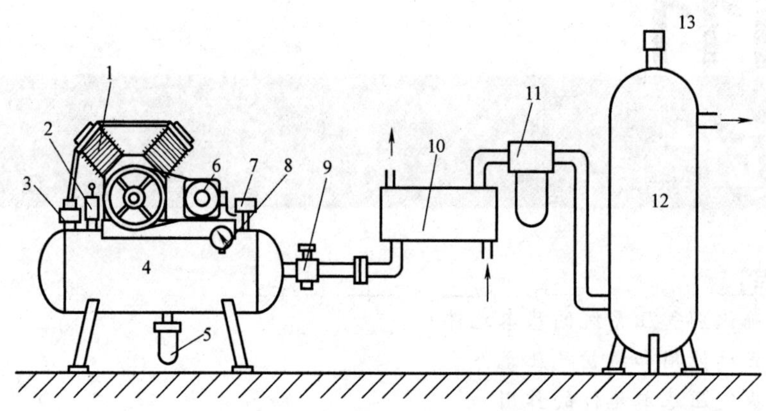

图 11-1 典型的气源系统的组成

1—空气压缩机 2—安全阀 3—单向阀 4—小气罐 5—自动排水器 6—电动机 7—压力开关 8—压力表 9—截止阀 10—后冷却器 11—油水分离器 12—大气罐 13—安全阀

定的最低压力时，压力开关又发出信号使电动机重新工作。当小气罐 4 内压力超过允许限度时，安全阀 2 自动打开向外排气，以保证空气压缩机的安全。当大气罐 12 内压力超过允许限度时，安全阀 13 自动打开向外排气，以保证大气罐的安全。单向阀 3 是在空气压缩机不工作时，用于阻止压缩空气反向流动。后冷却器 10 是通过降低压缩空气的温度，将水蒸气及污油雾冷凝成液态水滴和油滴。油水分离器 11 用于进一步将压缩空气中的油、水等污染物分离出来。在后冷却器、油水分离器、空气压缩机和气罐等的最低处，都需设有手动或自动排水器，以便于排除各处冷凝的液态油水等污染物。

11.1.2 空气压缩机

1. 空气压缩机的作用与分类

空气压缩机是气动系统的动力源，它把电动机输出的机械能转换成压缩空气的压力能输送给气动系统。

空气压缩机的种类很多，按压力高低可分为低压型（0.2~1.0MPa）、中压型（1.0~10MPa）和高压型（>10MPa）；按排气量可分为微型压缩机（$V<1\text{m}^3/\text{min}$）、小型压缩机（$V=1\sim10\text{m}^3/\text{min}$）、中型压缩机（$V=10\sim100\text{m}^3/\text{min}$）和大型压缩机（$V>100\text{m}^3/\text{min}$）；若按工作原理可分为容积型和速度型（也称透平型或涡轮型）两类。

在容积型压缩机中，气体压力的提高是由于压缩机内部的工作容积被缩小，使单位体积内气体的分子密度增加而形成的。而在速度型压缩机中，气体压力的提高是由于气体分子在高速流动时突然受阻而停滞下来，使动能转化为压力能而达到的。

容积型压缩机按结构不同又可分为活塞式、膜片式和螺杆式等。速度型压缩机按结构不同分为离心式和轴流式等。目前，使用最广泛的是活塞式压缩机。

2. 空气压缩机的工作原理

常用的活塞式空气压缩机有卧式和立式两种结构形式。卧式空气压缩机的工作原理如图 11-2 所示。曲柄 8 做回转运动，通过连杆 7 和活塞杆 4，带动气缸活塞 3 做往复直线运动。当活塞 3 向右运动时，气缸容积增大而形成局部真空，吸气阀 9 打开，空气在大气压的作用下由吸气阀 9 进入气缸腔内，此过程称为吸气过程；当活塞 3 向左运动时，吸气阀 9 关闭，随着活塞的左移，缸内空气受到压缩而使压力升高，在压力达到足够高时，排气阀1即被打开，压缩空气进入排气管内，此过程为排气过程。图示为单缸活塞式空气压缩机，大多数空气压缩机是多活塞式的组合。

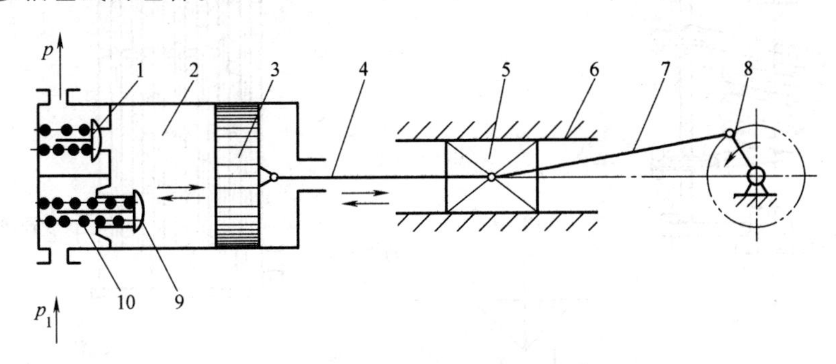

图 11-2 活塞式空气压缩机的工作原理图
1—排气阀 2—气缸 3—气缸活塞 4—活塞杆 5、6—十字头和滑道
7—连杆 8—曲柄 9—吸气阀 10—弹簧

3. 空气压缩机的选用

空气压缩机的选用应以气压传动系统所需要的工作压力和流量两个参数为依据。在选择空气压缩机时，其额定压力应等于或略高于所需要的工作压力。一般气动系统需要的工作压力为0.5~0.8MPa，因此选用额定压力为0.7~1MPa的低压空气压缩机。此外还有中压空气压缩机，额定压力为1MPa；高压空气压缩机，额定压力为10MPa；超高压空气压缩机，额定压力为100MPa。空气压缩机的流量以气动设备最大耗气量为基础，并考虑管路、阀门泄漏以及各种气动设备是否同时连续用气等因素。

11.1.3 压缩空气净化装置

在气压传动中使用的低压空气压缩机多采用油润滑，由于它排出的压缩空气温度一般在140~170℃之间，使空气中的水分和部分润滑油变成气态，再与吸入的灰尘混合，便形成了水气、油气和灰尘等的混合气体。如果将含有这些杂质的压缩空气直接输送给气动设备使用，就会给整个系统带来不良影响。因此，在气压传动系统中，设置除水、除油、除尘和干燥等气源净化装置，对保证气压传动系统正常工作是十分必要的。在某些特殊场合，压缩空气还需要经过多次净化后方能使用。常用净化装置有：后冷却器、油水分离器、干燥器、空气过滤器、储气罐等。

1. 后冷却器

后冷却器安装在压缩机的出口处。它的作用是将压缩机排出的压缩气体温度由140~170℃降至40~50℃，使其中的水气、油雾凝结成水滴，经除油水分离器排出。

后冷却器常采用水冷式的换热装置，其结构形式有：列管式、散热片式、套管式、蛇管式和板式等。其中，蛇管式冷却器最为常用，其结构如图11-3a所示。图11-3b所示为列管式的结构示意图。热的压缩空气由管内流过，冷却水在管外的水套中流动进行冷却。为了提高降温效果，在安装使用时要特别注意冷却水与压缩空气的流动方向（图中箭头所示方向）。

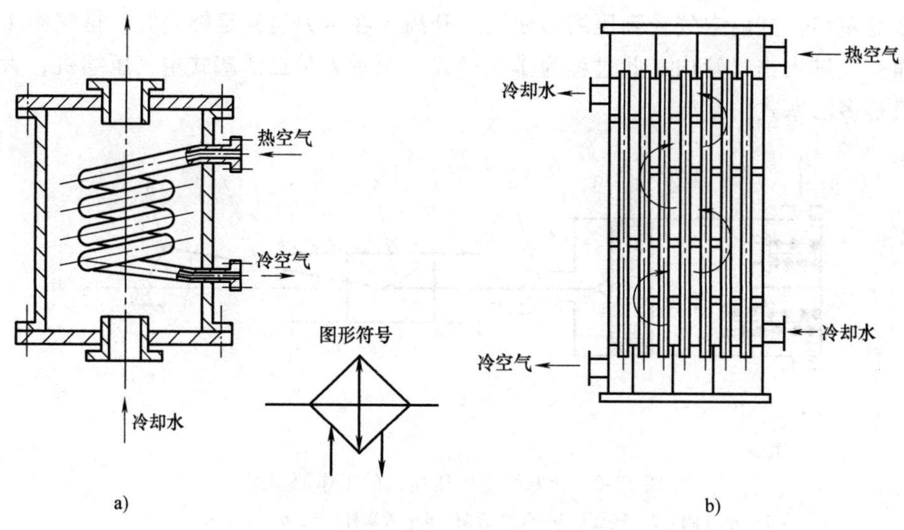

图 11-3 后冷却器结构示意图

a）蛇管式 b）列管式

2. 除油器

除油器也称油水分离器，其作用是将压缩空气中凝聚的水分和油分等杂质分离出来，使压缩空气得到初步净化。油水分离器通常安装在后冷却器后的管道上，其结构形式有：环形回转式、撞击折回式、离心旋转式、水浴式以及以上形式的组合使用等。

（1）撞击折回式除油器 撞击折回式除油器的结构原理如图 11-4 所示，当压缩空气由进气管进入分离器壳体以后，气流先受到隔板的阻挡，产生流向和速度的急剧变化（流向如图中箭头所示），而在压缩空气中凝聚的水滴、油滴等杂质受到惯性作用而分离出来，沉降于壳体底部，由下部的排污阀排出。

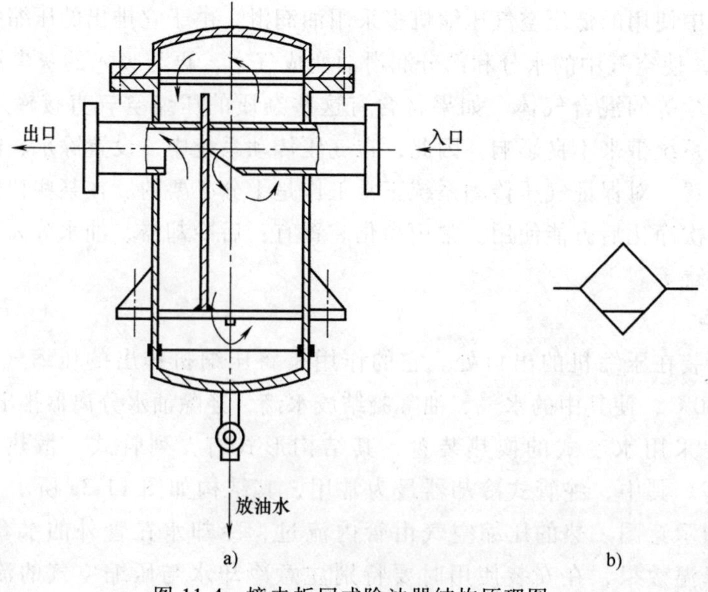

图 11-4 撞击折回式除油器结构原理图

a）结构 b）图形符号

为了提高油水分离的效果，气流回转后的上升速度越小越好，则分离器的内径就会做得越大。一般上升速度控制在1m/s左右，油水分离器的高度与内径之比为3.5~4。

（2）水浴式除油器 水浴式除油器的结构如图11-5a所示。压缩空气从管道进入除油器底部以后，经水洗和过滤后从出口输出。其优点是可清除压缩空气中大量的油分等杂质；其缺点是当工作时间稍长时，液面会漂浮一层油污，需经常清洗和排除。

（3）旋转离心式除油器 旋转离心式除油器的结构如图11-5b所示。压缩空气从切向进入除油器后，产生强烈的旋转，使压缩空气中的水滴、油滴等杂质，在惯性力的作用下被分离出来而沉降到容器底部，再由排污阀定期排出。

在要求净化程度高的气动系统中，可将水浴式与旋转离心式除油器串联组合使用，其结构如图11-5所示。这样可以显著增强净化效果。

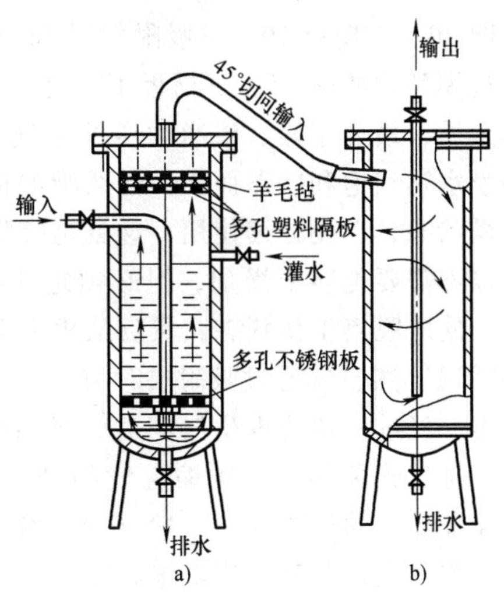

图11-5 水浴式与旋转离心式除油器串联组合结构
a）水浴式除油器 b）旋转离心式除油器

3. 干燥器

干燥器的作用是满足精密气动装置用气的需要，把已初步净化的压缩空气进一步净化，吸收和排出其中的水分、油分及杂质，使湿空气变成干空气。

干燥器的形式有机械式、离心式、吸附式、加热式和冷冻式等几种。目前应用最广泛的是吸附式和冷冻式。冷冻式是利用制冷设备使空气冷却到一定的露点温度，析出空气中的多余水分，从而达到所需要的干燥程度。这种方法适用于处理低压、大流量并对于干燥程度要求不高的压缩空气。压缩空气的冷却，除用制冷设备外，也可以直接蒸发或用冷却液间接冷却的方法。

吸附式是利用硅胶、活性氧化铝、焦炭或分子筛等具有吸附性能的干燥剂来吸附压缩空气中的水分，而使其达到干燥的目的，吸附式的除水效果最好。

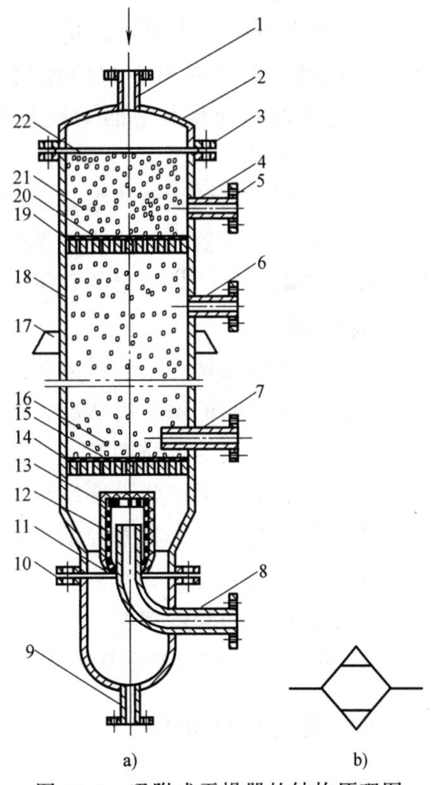

图11-6 吸附式干燥器的结构原理图
1—湿空气进气管 2—顶盖 3、5、10—法兰 4、6—再生空气排气管 7—再生空气进气管 8—干燥空气输出管 9—排水管 11、22—密封垫 12、15、20—铜丝过滤网 13—毛毡层 14—下栅板 16、21—吸附剂层 17—支承板 18—外壳 19—上栅板

图11-6所示为吸附式干燥器的结构原理图。它的外壳为一个金属圆筒，里面分层设置有栅板、吸附剂、滤网等。其工作原理为：湿空气从进气管1进入干燥器内，通过上吸附剂层21、铜丝过

滤网 20、上栅板 19、下吸附剂层 16 之后，湿空气中的水分被吸附剂吸收而干燥，然后再经过铜丝过滤网 15、下栅板 14、毛毡层 13、铜丝过滤网 12 过滤气流中的灰尘和其他固体杂质，最后干燥、洁净的压缩空气从输出管 8 输出。当干燥器使用一段时间后，吸附剂吸水达到饱和状态而失去继续吸湿能力，因此需设法除去吸附剂中的水分，使其恢复干燥状态，以便继续使用，这就是吸附剂的再生。由于水分和干燥剂之间没有化学反应，所以不需要更换干燥剂，但必须定期再生干燥。其过程是：先将干燥器的进、出气管关闭，使之脱离工作状态，然后从再生空气进气管 7 输入干燥的热空气（温度一般为 180~200℃）。热空气通过吸附层时将其所含水分蒸发成水蒸气并一起由再生空气排气管 4、6 排出。经过一定的再生时间后，吸附剂被干燥并恢复了吸湿能力。这时，将再生空气的进、排气管关闭，将压缩空气的进、出气管打开，干燥器便继续进入工作状态。因此，为保证供气的连续性，一般气源系统设置两套干燥器，一套用于空气干燥，另一套用于吸附剂再生，两套交替工作。

4. 空气过滤器

空气过滤器的作用是滤除压缩空气中的水分、油滴及杂质，以达到气动系统所要求的净化程度。它的基本结构如图 11-7 所示。压缩空气从输入口进入后，被引入旋风叶片 1，旋风叶片上有很多小缺口，迫使空气沿旋风叶片的切线方向强烈旋转，夹杂在空气中的水滴、油滴和杂质在离心力的作用下被分离出来，沉积在存水杯 3 的杯底，而气体经过中间滤芯 2 时，又将其中的微粒杂质和雾状水分滤下，使沿挡水板 4 流入杯底，洁净空气便可经出口输出。

选取空气过滤器的主要依据是系统所需要的流量、过滤精度和容许压力等参数，空气过滤器与减压阀、油雾器一起构成气源的调节装置（气动三联件）。空气过滤器通常垂直安装在气动设备的入口处，进、出气孔不得装反，使用中要注意定期放水、清洗或更换滤芯。

5. 储气罐

储气罐的作用是储存空气压缩机排出的压缩空气，减少压力波动；调节压缩机的输出气量与用户耗气量之间的不平衡状况，保证连续、稳定的流量输出；进一步沉淀分离压缩空气中的水分、油分和其他杂质颗粒。

储气罐一般采用圆筒状焊接结构，有立式和卧式两种，通常以立式居多，如图 11-8a 所示。立式储气罐的高度为其直径的 2~3 倍，同时应设置进气管在下，出气管在上，并尽可能加大两气管之间的距离，以利于进一步分离空气中的油和水。同时，气罐上应配置安全阀、压力表、排水阀和清理检查用的孔口等。

图 11-8b 所示为储气罐的图形符号。

11.1.4 其他辅助元件

1. 油雾器

油雾器是气压系统中一个特殊的注油装置，其作用是把润滑油雾化后，经压缩空气携带进入系统中需要润滑的部件，以满足润滑的需要。

油雾器的基本结构如图 11-9 所示。压缩空气从输入口 1 进入油雾器后，绝大部分从气流输出口 4 流出，只有一小部分压缩空气通过小孔 2 进入特殊单向阀 10 的上方，此时特殊单向阀在上方压缩空气的作用下克服弹簧的作用力推开钢球（由于弹簧的刚度较大和储油

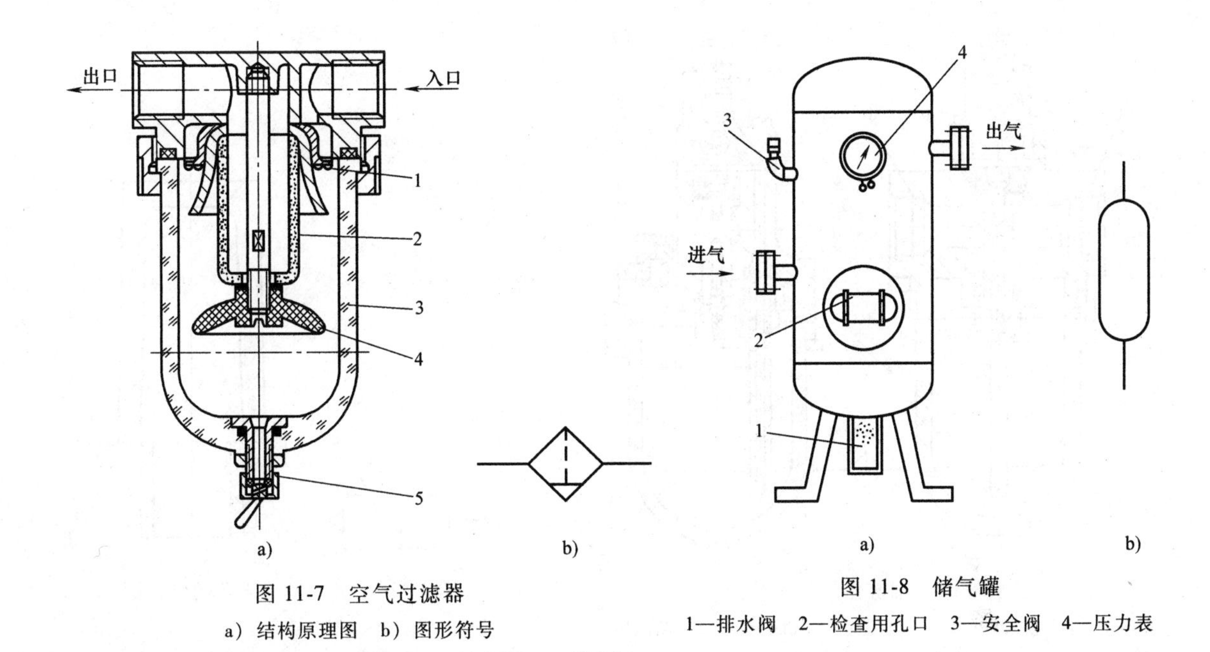

图 11-7 空气过滤器

a）结构原理图 b）图形符号

1—旋风叶片 2—滤芯 3—存水杯 4—挡水板 5—排水阀

图 11-8 储气罐

1—排水阀 2—检查用孔口 3—安全阀 4—压力表

杯内气压对钢球的作用，钢球悬浮于单向阀中间位置），特殊单向阀处于打开状态，所以压缩空气进入储油杯 5 上腔 A，使油液受压后经吸油管 11、单向阀 6 和可调节流阀 7 滴入透明的视油器 8 内，然后再滴入喷嘴小孔 3，被主气道通过的气流从小孔 3 中引射出来，进入气流中的油滴被高速气流击碎并雾化后随气流由出口 4 输出。视油器 8 可以观察滴油量，滴油量可用可调节流阀 7 调节，使滴油量可在 0~200 滴/min 范围内变化。当需要不停气加油时，打开油塞 9，储油杯内的压力降为大气压，压缩空气克服特殊单向阀的弹簧力把钢球压到下限位置，特殊单向阀处于反向关闭状态，封住了油杯的进气道，同时由于单向阀 6 的作用，压缩空气也不可能从吸油管倒流回油杯，即可保证在不停气的情况下从加油孔加油，而不至于油液因高压气体流入而从加油孔喷出。加油完成，旋紧油塞 9 后，由于特殊单向阀有少许漏气，油杯 A 腔的气压逐渐上升，油雾又可重新正常工作。

2. 消声器

气压传动系统一般不设排气管道，用后的压缩空气直接排入大气。这样因气体的体积急剧膨胀，会产生刺耳的噪声。排气的速度和功率越大，噪声也越大，一般可达 100~120dB。这种噪声使工作环境恶化，危害人身健康。一般来说，噪声高达 85dB 都要设法降低，为此需要在换向阀的排气口安装消声器来降低噪声。

图 11-10 所示为吸收型消声器的结构图。当气流通过由聚苯乙烯颗粒或铜珠烧结而成的消声罩时，气流与消声材料的细孔相摩擦，声能量被部分吸收转化为热能，从而降低了噪声强度。这种消声器可良好地消除中、高频噪声。

任务实施：

根据实验室安全操作规程，按照实验要求起动气源装置；调整气动系统工作压力，观察气压表；对压缩机进行保养。

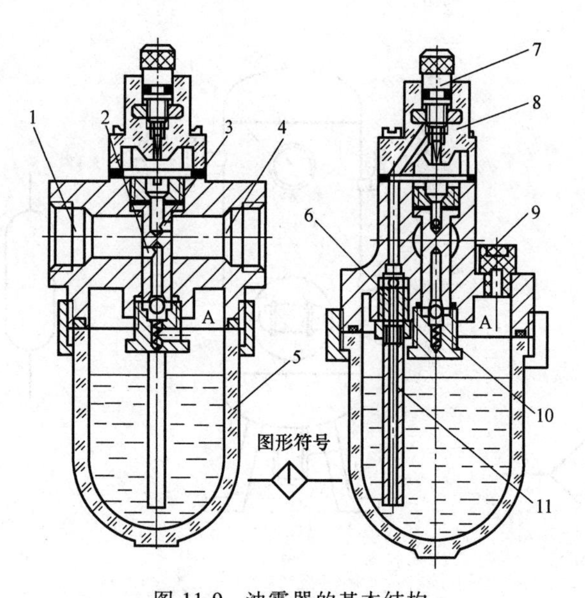

图 11-9 油雾器的基本结构

1—空气输入口 2、3—小孔 4—气流出口 5—储油杯
6、10—单向阀 7—节流阀 8—视油器 9—油塞 11—吸油管

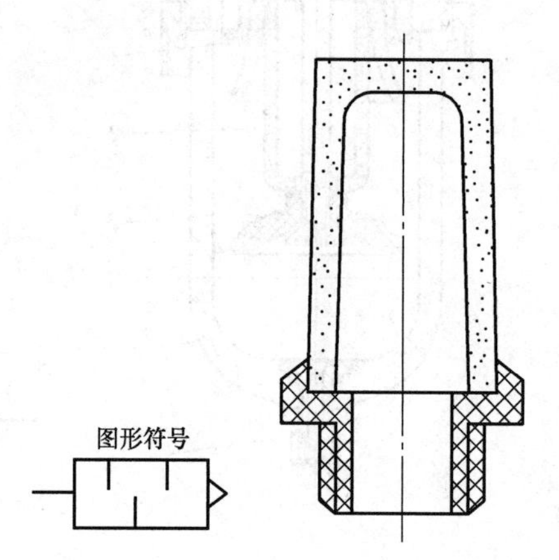

图 11-10 吸收型消声器的结构图

任务 11.2 气动控制元件的使用

任务目标：

能按照要求选用气动控制元件；能够熟悉各控制元件的作用及种类；能够正确连接控制元件并实现工作要求。

任务描述：

根据气动控制元件的作用及种类，正确使用压力控制阀、方向控制阀和流量控制阀。

知识与技能：

气动控制元件是气压传动系统中用于控制和调节压缩空气的压力、流量、流动方向和发送信号的重要元件。按其作用和功能可分为压力控制阀、流量控制阀和方向控制阀三类。

11.2.1 压力控制阀

压力控制阀主要用来控制系统中压缩气体的压力或依靠空气压力来控制执行元件动作顺序。以满足系统对不同压力的需要及执行元件工作顺序的不同要求。压力控制阀是利用压缩空气作用在阀芯上的力和弹簧力相平衡的原理来进行工作的。压力控制阀主要有减压阀、溢流阀和顺序阀。

1. 减压阀

减压阀又称调压阀，它可以将较高的空气压力降低且调节到符合使用要求的压力，并保持调后的压力稳定。其他减压装置（如节流阀）虽能降压，但无稳压能力。

减压阀按压力调节方式，可分成直动型和先导型。

（1）直动型减压阀　图11-11所示为一种常用的直动型减压阀的结构。此阀可利用手柄直接调节调压弹簧来改变阀的输出压力。

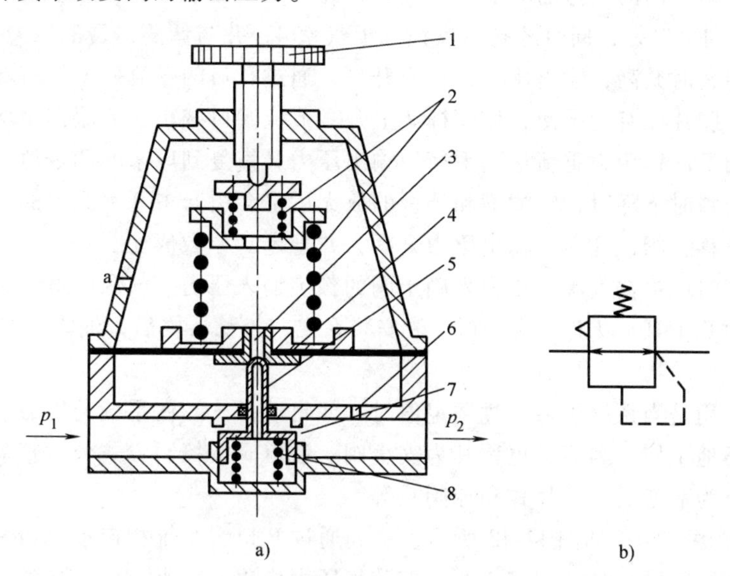

图11-11　直动型减压阀的结构图

a）结构图　b）图形符号

1—手柄　2—调压弹簧　3—溢流口　4—膜片　5—阀芯　6—反馈导管　7—阀口　8—复位弹簧

顺时针旋转手柄1，则压缩调压弹簧2，推动膜片4下移，膜片又推动阀芯5下移，阀口7被打开，气流通过阀口后压力降低；与此同时，部分输出气流经反馈导管6进入膜片气室，在膜片上产生一个向上的推力，当此推力与弹簧力相平衡时，输出压力便稳定在一定的值。

若输入压力发生波动，例如压力p_1瞬时升高，则输出压力p_2也随之升高，作用在膜片上的推力增大，膜片上移，向上压缩弹簧，从溢流口3有瞬时溢流，并靠复位弹簧8及气压力的作用，使阀杆上移，阀门开度减小，节流作用增大，使输出压力p_2回降，直到新的平衡为止。重新平衡后的输出压力又基本上恢复至原值。反之，若输入压力瞬时下降，则输出压力也相应下降，膜片下移，阀门开度增大，节流作用减小，输出压力又基本上回升至原值。

如输入压力不变，输出流量变化，使输出压力发生波动（增高或降低）时，依靠溢流口的溢流作用和膜片上力的平衡作用推动阀杆，仍能起稳压作用。

逆时针旋转手柄时，压缩弹簧力不断减小，膜片气室中的压缩空气经溢流口不断从排气孔a排出，进气阀芯逐渐关闭，直至最后输出压力降为零。

先导型减压阀是使用预先调整好压力的空气来代替直动型调压弹簧进行调压的。其调节原理和主阀部分的结构与直动型减压阀相同。先导型减压阀的调压空气一般是由小型的直动型减压阀供给的。若将这种直动型减压阀装在主阀内部，则称为内部先导型减压阀；若将它装在主阀外部，则称外部先导型或远程控制减压阀。

（2）先导型减压阀　先导型减压阀的结构如图11-12所示。它由先导阀和主阀两部分组成。当气流从左端流入阀体后，一部分经进气阀口9流向输出口，另一部分经固定节流口1

进入中气室 5，经喷嘴 2、挡板 3 及孔道反馈至下气室 6，再经阀杆 7 的中心孔排至大气中。

若把手柄旋到某一固定位置，使喷嘴与挡板间的距离在工作范围内，减压阀就开始进入工作状态。中气室 5 内的压力随喷嘴与挡板间距离的减小而增大，于是推动阀芯打开进气阀口 9，则气流流到出口处，同时经孔道反馈到上气室 4，并与调压弹簧的压力保持平衡。

若输入压力瞬时升高，输出压力也相应升高，通过孔口的气流使下气室 6 内的压力也升高，于是破坏了膜片原有的平衡，使阀杆 7 上升，节流阀口减小，节流作用增强，输出压力下降，使膜片两端的作用力重新达到平衡，输出压力又恢复到原来的调定值。

当输出压力瞬时下降时，经喷嘴和挡板的放大后也会引起中气室 5 内的压力有明显的升高，而使阀芯下移，阀口开大，输出压力升高，并稳定到原数值上。

选择减压阀时应根据气源的压力来确定阀的额定输入压力，气源的最低压力应高于减压阀最高输出压力 0.1MPa 以上。减压阀一般安装在空气过滤器之后，油雾器之前。

2. 溢流阀

溢流阀的作用是当系统压力超过调定值时，便自动排气，使系统的压力下降，以保证系统能够安全可靠地工作，因而，也称其为安全阀。溢流阀按控制方式分为直动型和先导型两种；按其结构分为活塞式、膜片式和球阀式等。

（1）直动型溢流阀　如图 11-13 所示，将阀通过 P 口与系统相连接，当系统中空气压力升高大于溢流阀调定压力时，阀芯 3 便在下腔气压力作用下克服上面的弹簧力抬起，阀口开启，使部分气体经阀口排至大气，使系统压力稳定在调定值，确保系统安全可靠。当系统压力低于调定值时，在弹簧的作用下阀口处于关闭状态。开启压力的大小与调整弹簧的预压缩量有关。

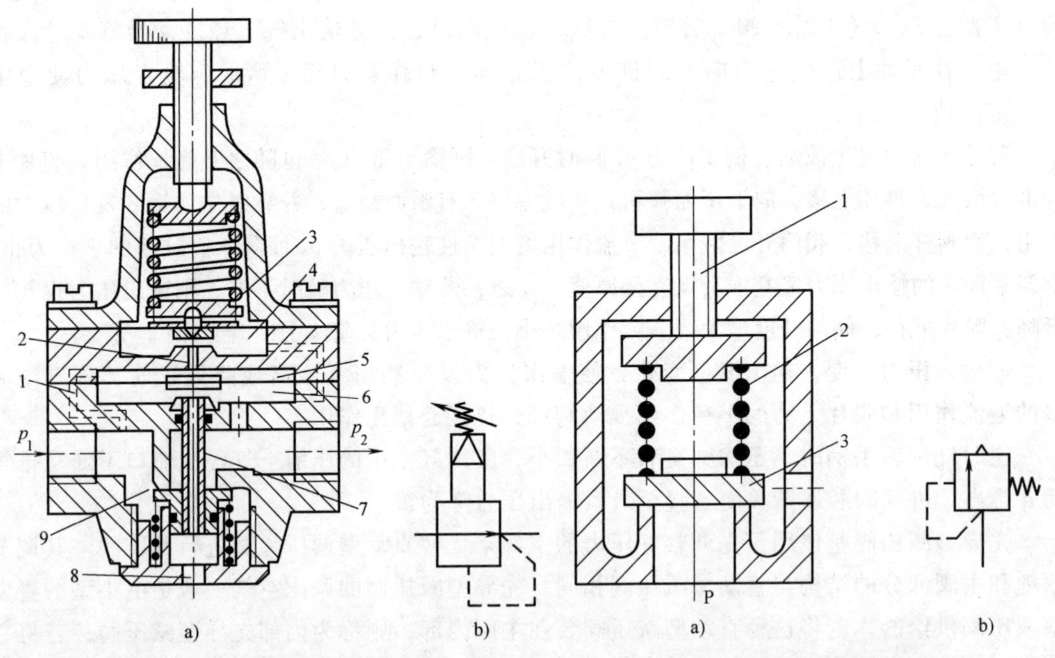

图 11-12　先导型减压阀的结构

1—固定节流口　2—喷嘴　3—挡板　4—上气室　5—中气室　6—下气室　7—阀杆　8—排气孔　9—进气阀口

图 11-13　直动型溢流阀

a）结构原理图　b）图形符号

1—调节杆　2—弹簧　3—阀芯

（2）先导型溢流阀 如图 11-14 所示，溢流阀的先导阀为减压阀，经它减压后的空气从上部 K 口进入阀内，以代替直动型溢流阀中的弹簧来控制溢流阀。先导型溢流阀适用于管路通径较大及实施远距离控制的场合。选用溢流阀时，其最高工作压力应略高于所需的控制压力。

（3）溢流阀的应用 如图 11-15 所示回路中，因气缸行程较长，运动速度较快，如仅靠减压阀的溢流孔排气作用，很难保持气缸右腔压力的恒定。为此，在回路中装设一个溢流阀，使减压阀的调定压力低于溢流阀的设定压力，缸的右腔在行程中由减压阀供给减压后的压缩空气，左腔经换向阀排气。通过溢流阀与减压阀配合使用，可以控制并保持缸内压力的恒定。

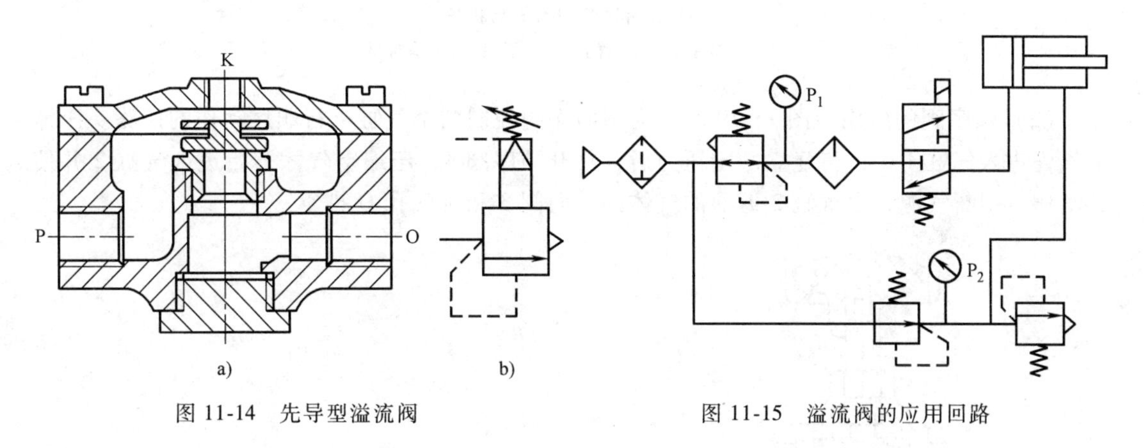

图 11-14 先导型溢流阀　　图 11-15 溢流阀的应用回路

3. 顺序阀

顺序阀是依靠气路中压力的作用来控制执行元件按顺序动作的压力控制阀，其工作原理如图 11-16 所示。它是根据弹簧的预压缩量来控制其开启压力。当输入压力达到或超过开启压力时，克服弹簧力，活塞上移，于是 A 才有输出；反之 A 无输出。

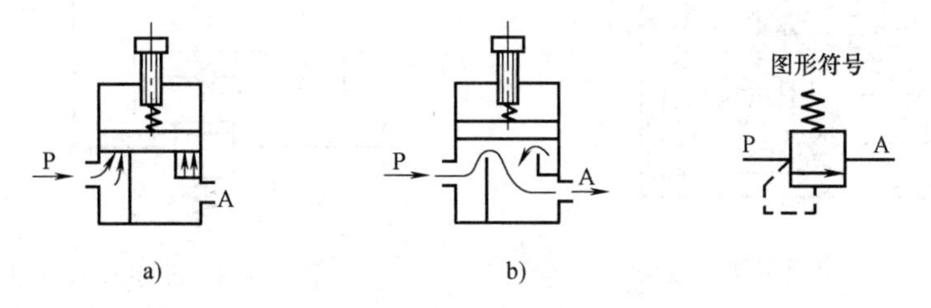

图 11-16 顺序阀的工作原理

a）关闭状态 b）开启状态

顺序阀一般很少单独使用，往往与单向阀配合在一起，构成单向顺序阀。

（1）单向顺序阀 图 11-17 所示为单向顺序阀的工作原理，当压缩空气由 P 口进入阀左腔后，如图 11-17 所示，作用在活塞 3 上的压力小于弹簧 2 的作用力时，阀处于关闭状态。而当作用于活塞上的压力大于弹簧的作用力时，活塞被顶起，压缩空气则经过阀左腔流入右腔并经 A 口流出，然后进入其他控制元件或执行元件，此时单向阀关闭。当切换气源时，如图 11-17b 所示，左腔内的压力迅速下降，顺序阀关闭，此时右腔内的压力高于左腔内的压力，在该气体压力差的作用下，单向阀被打开，压缩空气则由右腔经单向阀 4 流入左腔并向外排出。单向顺序阀的结构如图 11-18 所示。

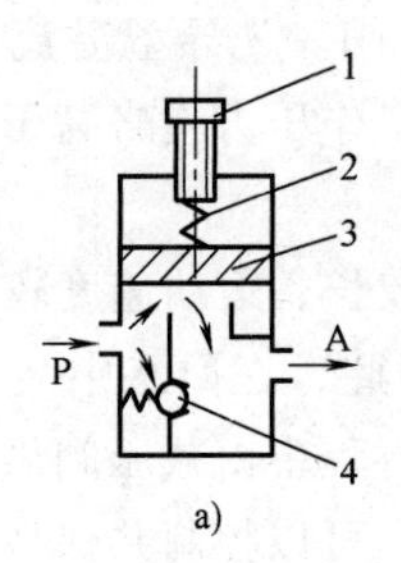

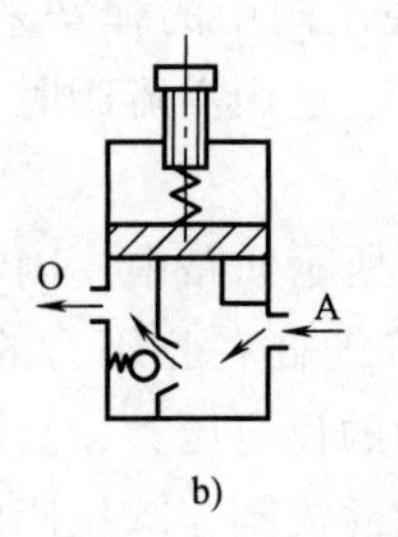

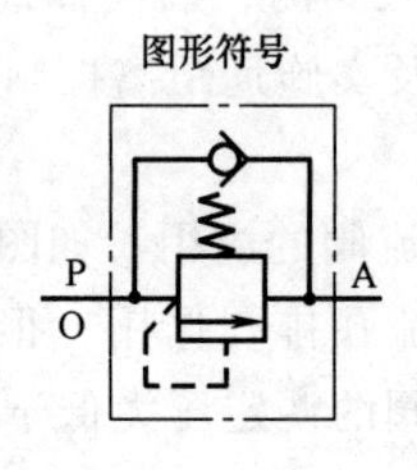

图 11-17 单向顺序阀的工作原理

a）关闭状态 b）开启状态

1—调节手柄 2—弹簧 3—活塞 4—单向阀

（2）顺序阀的应用 图 11-19 所示为用顺序阀控制两个气缸进行顺序动作的回路。压缩空气先进入气缸 1 中，待建立一定压力后，打开顺序阀 4，压缩空气才开始进入气缸 2 并使其动作。切断气源，由气缸 2 返回的气体经单向阀 3 和排气孔 O 排空。

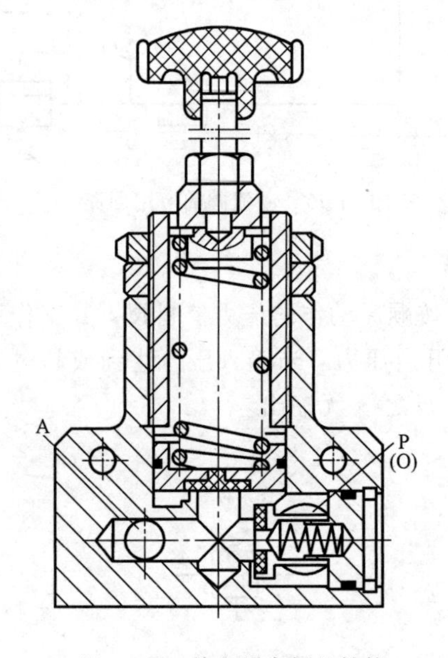

图 11-18 单向顺序阀的结构

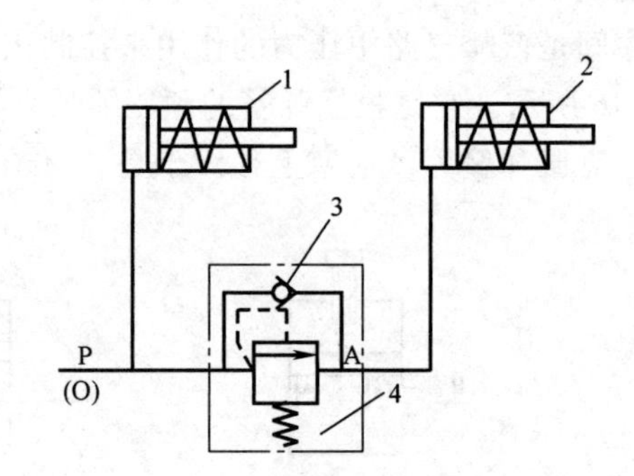

图 11-19 顺序阀的应用

1、2—气缸 3—单向阀 4—顺序阀

11.2.2 流量控制阀

流量控制阀的作用是通过改变阀的通气面积来调节压缩空气的流量，控制执行元件的运动速度。它主要包括节流阀、单向节流阀和排气节流阀。

1. 节流阀

节流阀的作用是通过改变阀的通流面积来调节流量的大小。图 11-20 所示为节流阀的基本结构原理和图形符号。气体由输入口 P 进入阀内，经阀座与阀芯间的节流通道从输出口 A 流出，通过节流螺杆可使阀芯上下移动，而改变节流口的通流面积，实现流量的调节。由于这种节流阀结构简单、体积小，故应用范围较广。

2. 单向节流阀

单向节流阀是由单向阀和节流阀并联组合而成的组合式控制阀。图 11-21 所示为单向节流阀的工作原理，当气流由 P 至 A 正向流动时，单向阀在弹簧和气压作用下处于关闭状态，气流经节流阀节流后流出；而当气流由 A 至 P 反向流动时，单向阀打开，不起节流作用。单向节流阀的基本结构和图形符号如图 11-22 所示。

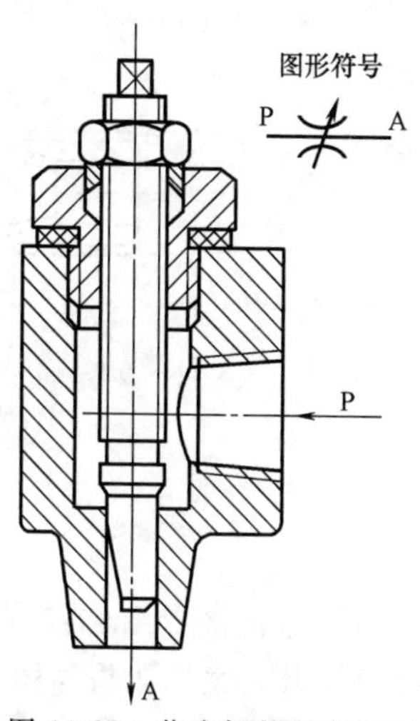

图 11-20 节流阀的基本结构原理和图形符号

3. 排气节流阀

图 11-23 所示为排气节流阀的工作原理和图形符号。排气节流阀的节流原理和节流阀的一样，也是靠调节通流面积来调节流量的。由于节流口后有消声器件，所以它必须安装在执行元件的排气口处，用来控制执行元件排入大气中气体的流量，从而控制执行元件的运动速度，同时还可以降低排气噪声。从图 11-23 中可以看出，气流从 A 口进入阀内，由节流口 1 节流后经消声材料制成的消声套排出。调节手轮 3，即可调节通过的流量。

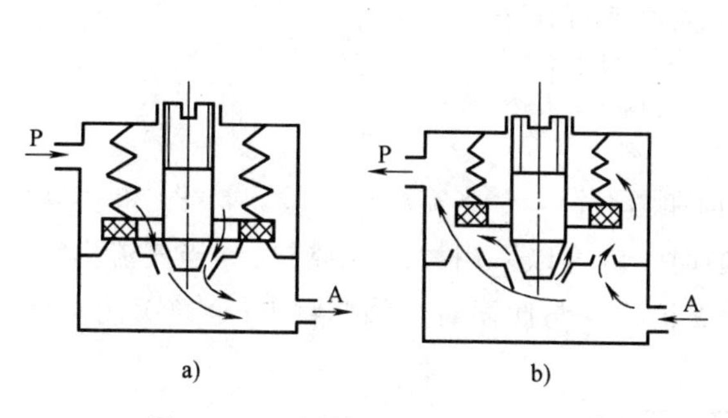

图 11-21 单向节流阀的工作原理

a）P—A 状态 b）A—P 状态

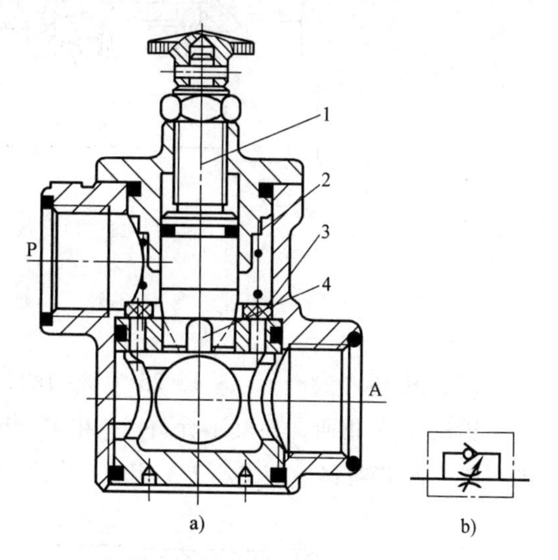

图 11-22 单向节流阀的基本结构和图形符号

a）结构原理图 b）图形符号

1—调节杆 2—弹簧 3—单向阀 4—节流口

11.2.3 方向控制阀

方向控制阀的作用是控制压缩空气的流动方向和气流的通断。方向控制阀的种类很多，也有与液压方向阀相似的多种分类方法，故不再重复。

1. 单向型方向控制阀

单向型方向控制阀的作用是只允许气流向一个方向流动。它包括单向阀、梭阀、双压阀和快速排气阀等。

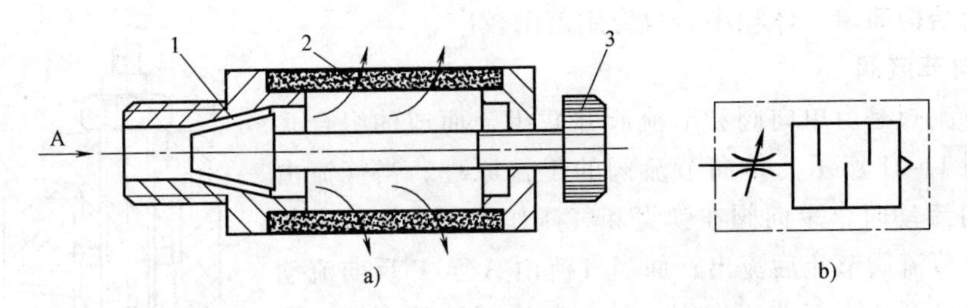

图 11-23 排气节流阀的工作原理和图形符号

a）结构原理图 b）图形符号

1—节流口 2—消声套 3—手轮

（1）单向阀 图 11-24 为单向阀的结构原理和图形符号。当气流从 P 口进入时，气压力克服弹簧力和阀芯 2 与阀体 4 之间的摩擦力，使阀芯左移，阀口打开，气流正向通过。为保证气流稳定流动，P 腔与 A 腔应保持一定的压力差，使阀芯保持开启状态。当气流反向进入 A 腔时，阀口关闭，气流反向不通。

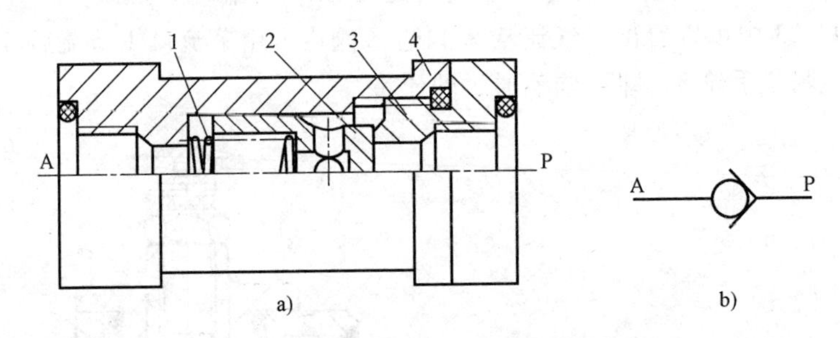

图 11-24 单向阀的结构原理和图形符号

a）结构原理图 b）图形符号

1—弹簧 2—阀芯 3—阀座 4—阀体

（2）梭阀（或门） 图 11-25 为梭阀的结构和图形符号。当需要两个输入口 P_1 和 P_2 均能与输出口 A 相通，而又不允许 P_1 和 P_2 相通时，就可以采用梭阀（或门）。当气流由 P_1 进入时，阀芯右移，使 P_1 与 A 相通，气流由 A 流出。与此同时，阀芯将 P_2 通路关闭。反

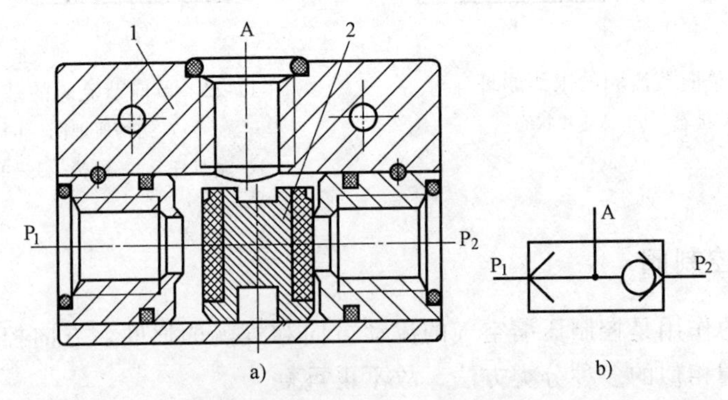

图 11-25 梭阀（或门）的结构和图形符号

a）结构原理图 b）图形符号

1—阀体 2—阀芯

之，P_2 与 A 相通，P_1 通路关闭。若 P_1 和 P_2 同时进气，哪端压力高，A 就与哪端相通，另一端自动关闭。

（3）快速排气阀 图 11-26 所示为快速排气阀的结构原理及图形符号。当压缩空气进入进气口 P 时，使膜片 1 向下变形，打开 P 与 A 的通路，同时关闭排气口 O。当进气口 P 没有压缩空气进入时，在 A 口与 P 口压差的作用下，膜片向上复位，关闭 P 口，使 A 口通过 O 口排气。

快速排气阀通常安装在换向阀与气缸之间，使气缸的排气过程不需要通过换向阀就能够快速完成，从而加快了气缸往复运动的速度。

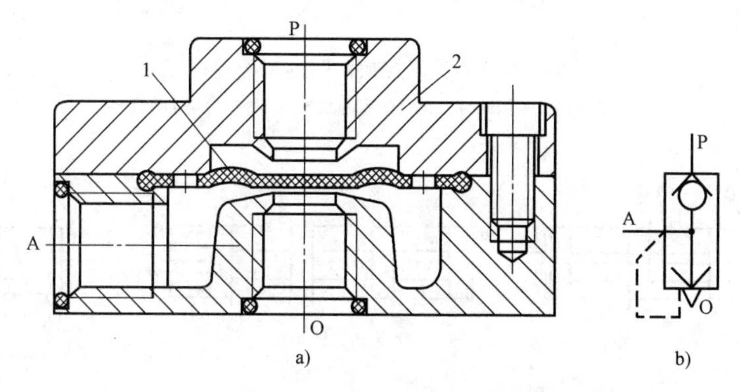

图 11-26 快速排气阀的结构原理及图形符号

a）结构原理图 b）图形符号

1—膜片 2—阀体

2. 换向型方向控制阀

换向型方向控制阀是指可以改变气流流动方向的控制阀。按控制方式可分为气压控制、电磁控制、人力控制和机械控制。按阀芯结构可分为截止式、滑阀式和膜片式等。

（1）气压控制换向阀 气压控制换向阀利用气体压力使主阀芯运动而使气流改变方向。在易燃、易爆、潮湿、粉尘大、强磁场、高温等恶劣工作环境下，用气压力控制阀芯动作比用电磁力控制要安全可靠。气压控制可分成加压控制、泄压控制、差压控制、时间控制等方式。

1）加压控制。加压控制是指加在阀芯上的控制信号压力值是逐渐上升的控制方式，当气压增加到阀芯的动作压力时，主阀芯换向。它有单气控和双气控两种。

图 11-27 所示为单气控换向阀的工作原理，它是截止式二位三通换向阀。图 11-27a 所示为无控制信号 K 时的状态，阀芯在弹簧与 P 腔气压作用下，P、A 断开，A、O 接通，阀处于排气状态；图 11-27b 所示为有加压控制信号 K 时的状态，阀芯在控制信号 K 的作用下向下运动，A、O 断开，P、A 接通，阀处于工作状态。

图 11-28 所示为双气控换向阀的工作原理，它是滑阀式二位五通换向阀。图 11-28a 所示为控制信号 K_1 存在，信号 K_2 不存在时的状态，阀芯停在右端，P、B 接通，A、O_1 接通；图 11-28b 所示为信号 K_2 存在，信号 K_1 不存在时的状态，阀芯停在左端，P、A 接通，B、O_2 接通。

2）泄压控制。泄压控制是指加在阀芯上的控制信号的压力值是渐降的控制方式，当压

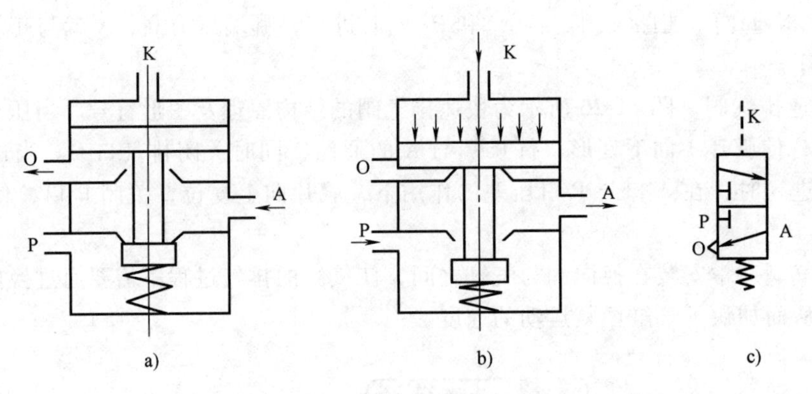

图 11-27 单气控换向阀的工作原理

a）无控制信号 K 时 b）有控制信号 K 时 c）图形符号

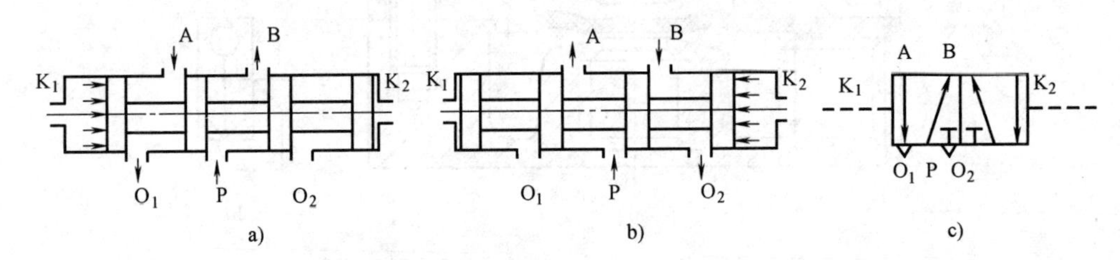

图 11-28 双气控换向阀的工作原理

a）控制信号 K_1 存在时 b）控制信号 K_2 存在时 c）图形符号

力降至某一值时阀便被切换。泄压控制阀的切换性能不如加压控制阀好。

3）差压控制。差压控制是利用阀芯两端受气压作用的有效面积不等，在气压作用力差值的作用下，使阀芯动作而换向的控制方式。

图 11-29 所示为二位五通差压控制换向阀的图形符号，当 K 无控制信号时，P 与 A 相通，B 与 O_2 相通；当 K 有控制信号时，P 与 B 相通，A 与 O_1 相通。差压控制的阀芯靠气压复位，不需要复位弹簧。

4）延时控制。延时控制的工作原理是利用气流经过小孔或缝隙被节流后，再向气室内充气，经过一定的时间，当气室内压力升至一定值后，再推动阀芯动作而换向，从而达到信号延迟的目的。

图 11-30 所示为二位三通延时控制换向阀，它由延时部分和换向部分组成。其工作原理是：当 K 无控制信号时，P 与 A 断开，A 与 O 相通，A 腔排气；当 K 有控制信号时，控制

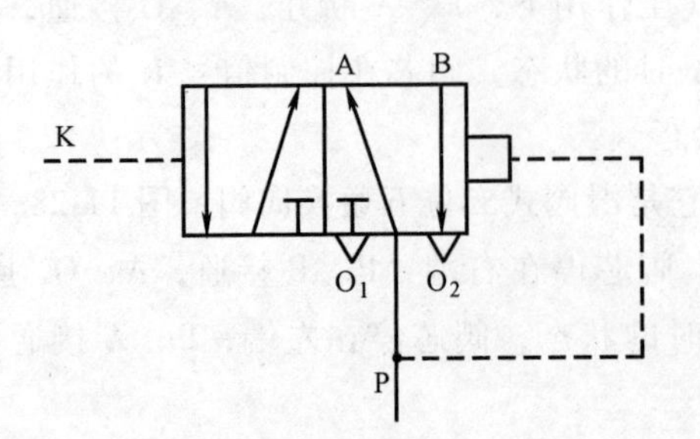

图 11-29 二位五通差压控制换向阀的图形符号

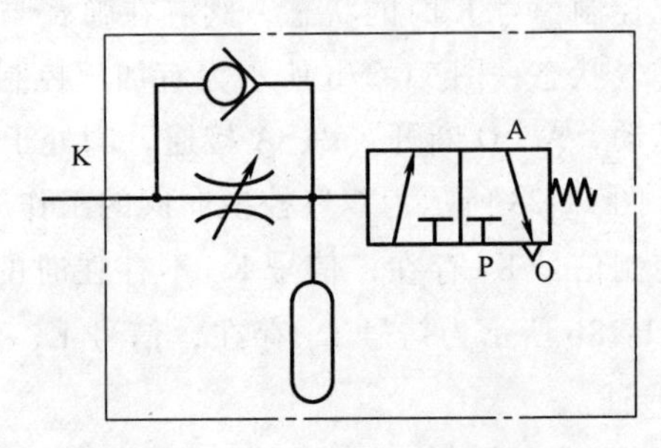

图 11-30 二位三通延时控制换向阀

气流先经可调节流阀，再到气容。由于节流后的气流量较小，气容中气体压力增长缓慢，经过一定时间后，当气容中气体压力上升到某一值时，阀芯换位，使P与A相通，A腔有输出。当气控信号消除后，气容中的气体经单向阀迅速排空。调节节流阀开口大小，可调节延时时间的长短。这种阀的延时时间在0~20s范围内，常用于易燃、易爆等不允许使用时间继电器的场合。

(2) 电磁控制换向阀　电磁控制换向阀是由电磁铁通电对衔铁产生吸力，利用电磁力实现阀的切换以改变气流方向的阀。这种阀易于实现电、气联合控制，能实现远距离操作，故得到了广泛的应用。

电磁控制换向阀可分成直动式电磁换向阀和先导式电磁换向阀。

1) 直动式电磁换向阀。由电磁铁的衔铁直接推动阀芯换向的气动换向阀称为直动式电磁换向阀。直动式电磁换向阀有单电控和双电控两种。

图11-31所示为单电控直动式电磁换向阀的动作原理，它是二位三通电磁阀。图11-31a所示为电磁铁断电时的状态，阀芯靠弹簧力复位，使P、A断开，A、O接通，阀处于排气状态。图11-31b所示为电磁铁通电时的状态，电磁铁推动阀芯向下移动，使P、A接通，阀处于进气状态。图11-31c所示为该阀的图形符号。

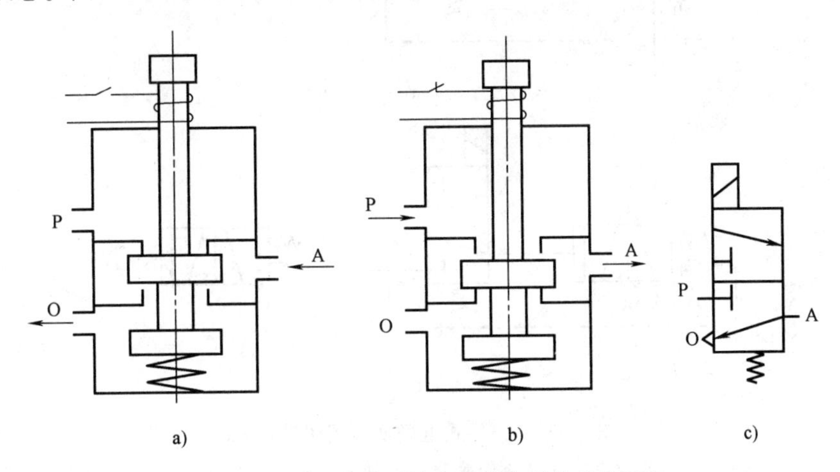

图11-31　单电控直动式电磁换向阀的动作原理

a）电磁铁断电时的状态　b）电磁铁通电时的状态　c）图形符号

图11-32所示为双电控直动式电磁换向阀的动作原理，它是二位五通电磁换向阀。如图11-32a所示，电磁铁1通电，电磁铁2断电时，阀芯3被推到右位，A口有输出，B口排气；电磁铁1断电，阀芯位置不变，即具有记忆能力。如图11-32b所示，电磁铁2通电，电磁铁1断电时，阀芯被推到左位，B口有输出，A口排气；若电磁铁2断电，空气通路不变。图11-32c为该阀的图形符号。这种阀的两个电磁铁只能交替得电工作，不能同时得电，否则会产生误动作。

2) 先导式电磁换向阀。先导式电磁换向阀由电磁先导阀和主阀两部分组成，电磁先导阀输出先导压力，此先导压力再推动主阀阀芯使阀换向。当阀的通径较大时，若采用直动式，则所需电磁铁较大，体积和电耗都大，为克服这些弱点，宜采用先导式电磁阀。

先导式电磁换向阀按控制方式可分为单电控和双电控两种方式。按先导压力来源分为内

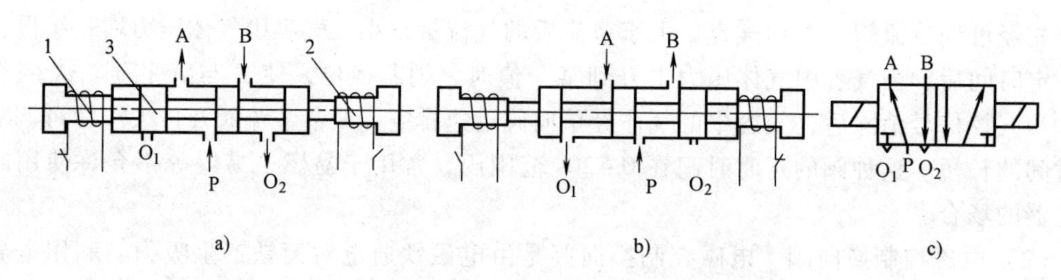

图 11-32 双电控直动式电磁换向阀的动作原理

a）电磁铁 1 通电，电磁铁 2 断电 b）电磁铁 2 通电，电磁铁 1 断电 c）图形符号

1—电磁铁 1 2—电磁铁 2 3—阀芯

部先导式和外部先导式，它们的图形符号如图 11-33 所示。

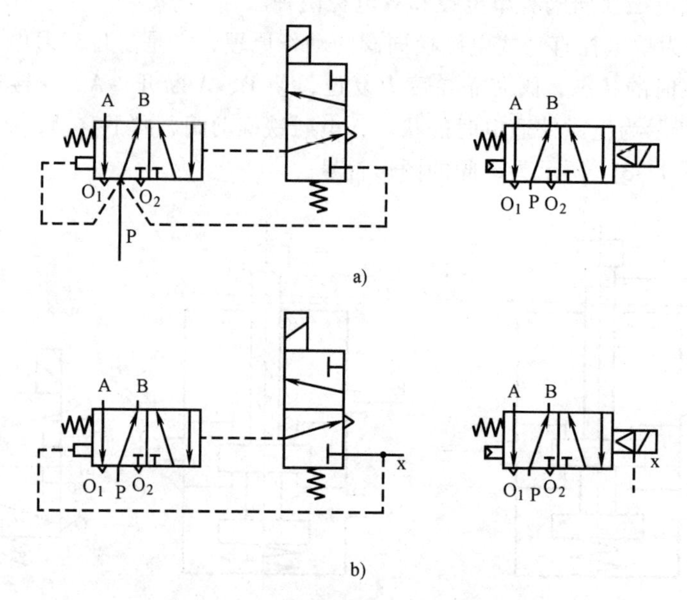

图 11-33 先导式电磁换向阀图形符号

a）内部先导式 b）外部先导式

（3）人力控制换向阀 人力控制换向阀与其他控制方式相比，使用频率较低、动作速度较慢。因操作力不大，故阀的通径小、操作灵活，可按人的意志随时改变控制对象的状态，可实现远距离控制。人力控制阀在手动、半自动和自动控制系统中得到了广泛的应用。在手动气动系统中，一般直接操纵气动执行机构。在半自动和自动系统中多作为信号阀使用。

人力控制换向阀的主体部分与气控阀类似，按其操纵方式可分为手动阀和脚踏阀两类。

（4）机械控制换向阀 机械控制换向阀是利用执行机构或其他机构的运动部件，借助凸轮、滚轮、杠杆和撞块等机械外力推动阀芯，实现换向的阀。

任务实施：

根据实验室安全操作规程，对照气压系统图，按照实验要求找出所需的气压控制元件进行安装，起动系统观察实验情况。

任务 11.3　逻辑元件的使用

任务目标:

能够按照工作要求选用合适的逻辑元件；能够熟悉逻辑元件的作用；能够正确使用逻辑元件。

任务描述:

根据气压系统原理图，使用不同的逻辑元件，能够对气压系统进行正确操作。

知识与技能:

现代气动系统中的逻辑控制，大多通过采用 PLC 来实现，但是，在有防爆、防火要求特别高的场合，常用到一些气动逻辑元件。气动逻辑元件是一种以压缩空气为工作介质，通过元件内部可动部件（如膜片、阀芯）的动作，改变气流流动的方向，从而实现一定逻辑功能的气体控制元件。气动逻辑元件按工作压力分为高压（0.2~0.8MPa）、低压（0.05~0.2MPa）和微压（0.005~0.05MPa）三种。按结构形式不同可分为截止式、膜片式、滑阀式和球阀式等几种类型。本任务主要学习高压截止式逻辑元件。

11.3.1　气动逻辑元件的特点

1）元件孔径较大，抗污染能力较强，对气源的净化程度要求较低。

2）元件在完成切换动作后，能切断气源和排气孔之间的通道，即具有关断能力，元件耗气量较低。

3）负载能力强，可带多个同类型元件。

4）在组成系统时，元件间的连接方便，调试简单。

5）适应能力较强，可在各种恶劣环境下工作。响应时间一般在 10ms 以内。

6）在强冲击振动下，有可能使元件产生误动作。

11.3.2　高压截止式逻辑元件

1. “是门”和“与门”元件

图 11-34 所示为“是门”元件与“与门”元件的结构图。图 11-34 中，P 为气源口，a 为信号输入口，S 为输出口。当 a 无信号时，阀片 6 在弹簧及气源压力作用下上移，关闭阀口，封住 P→S 通路，S 无输出。当 a 有信号，膜片在输入信号作用下，推动阀芯下移，封住 S 与排气孔通道，同时接通 P→S 通路，S 有输出。即元件的输入和输出始

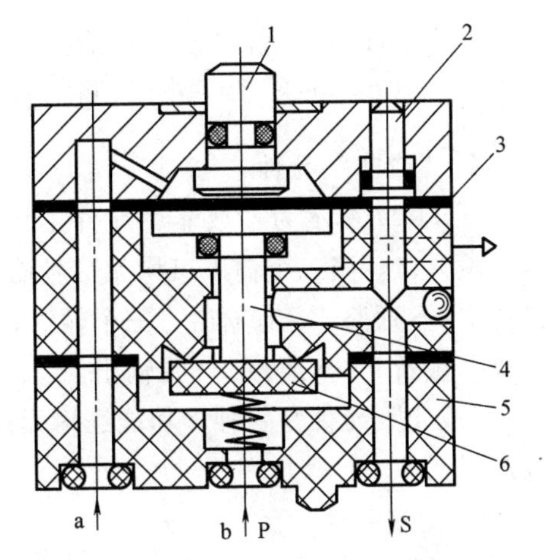

图 11-34　“是门”和“与门”元件的结构图
1—手动按钮　2—显示活塞　3—膜片
4—阀芯　5—阀体　6—阀片

终保持相同的状态。

当气源口 P 改为信号口 B 时，则成“与门”元件，即只有当 a 和 b 同时有输入信号时，S 才有输出，否则 S 无输出。

2. “或门”元件

图 11-35 所示为“或门”元件的结构图。当只有 a 信号输入时，阀片 3 被推动下移，打开上阀口，接通 a→S 通路，S 有输出。类似地，当只有 b 信号输入时，b→S 接通，S 也有输出。显然，当 a、b 均有信号输入时，S 一定有输出。活塞 1 用于显示输出的状态。

3. “非门”和“禁门”元件

图 11-36 为“非门”及“禁门”元件的结构图。图 11-36 中，a 为信号输入孔，S 为信号输出孔，P 为气源孔。在 a 无信号输入时，阀片 1 在气源压力作用下上移，开启下阀口，关闭上阀口，接通 P→S 通路，S 有输出。当 a 有信号输入时，膜片 6 在输入信号作用下，推动阀杆 3 及阀片 1 下移，开启上阀口，关闭下阀口，S 无输出。显然此时为“非门”元件。若将气源口 P 改为信号 b 口，该元件就成为“禁门”元件。在 a、b 均有输入信号时，阀片 1 及阀杆 3 在 a 输入信号作用下封住 b 孔，S 无输出；在 a 无信号输入，而 b 有输入信号时，S 就有输出，即 a 输入信号对 b 输入信号起“禁止”作用。

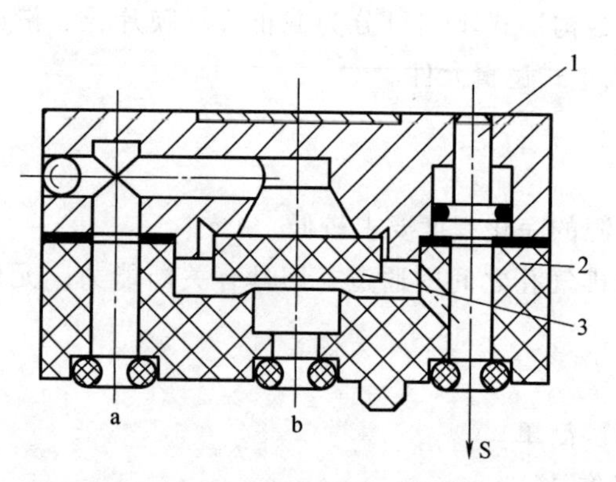

图 11-35 “或门”元件的结构图

1—显示活塞 2—阀体 3—阀片

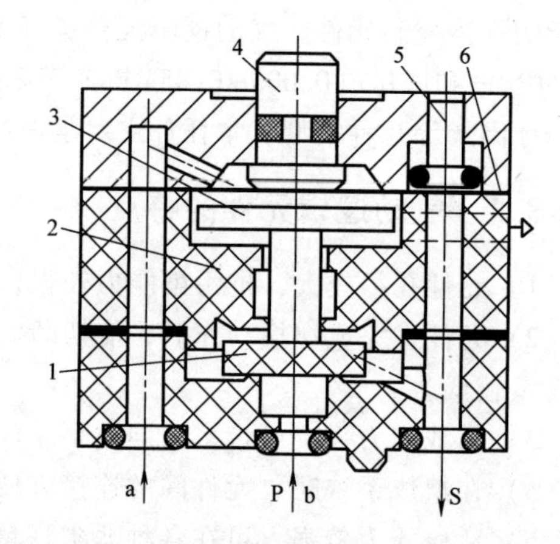

图 11-36 “非门”及“禁门”元件的结构图

1—阀片 2—阀体 3—阀杆 4—阀芯 5—活塞 6—膜片

4. “或非”元件

图 11-37 所示为“或非”元件工作原理图。P 为气源口，S 为输出口，a、b、c 为三个信号输入口。当三个输入口均无信号输入时，阀芯 3 在气源压力作用下上移，开启下阀口，接通 P→S 通路，S 有输出。三个输入口只要有一个口有信号输入，都会使阀芯下移关闭下阀口，截断 P→S 通路，S 无输出。

“或非”元件是一种多功能逻辑元件，用它可以组成“与门”“或门”“非门”“双稳”等逻辑元件。

5. 记忆元件

记忆元件分为单输出和双输出两种。双输出记忆元件称为双稳元件，单输出记忆元件称为单记忆元件。

图 11-38 所示为“双稳”元件原理图。当 a 有控制信号输入时，阀芯 2 带动滑块 4 右

移，接通 P→S_1 通路，S_1 有输出，而 S_2 与排气孔 O 相通，无输出。此时“双稳”处于“1”状态，在 b 输入信号到来之前，a 信号虽消失，阀芯 2 仍总是保持在右端位置。当 b 有输入信号时，则 P→S_2 相通，S_2 有输出，S_1→O 相通，此时元件置“0”状态，b 信号消失后，a 信号未到来前，元件一直保持此状态。

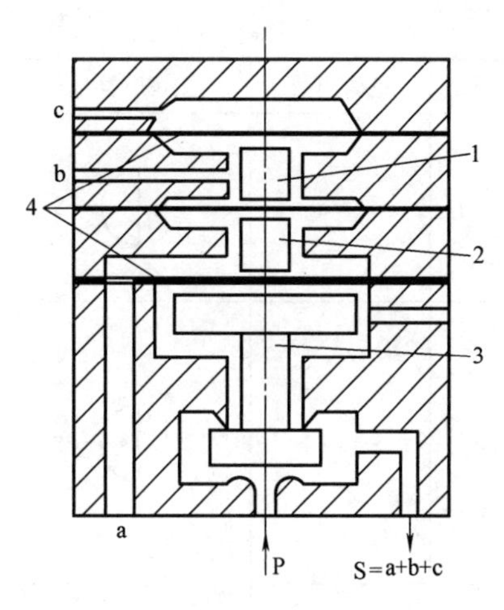

图 11-37 “或非”元件工作原理图

1、2—阀柱 3—阀芯 4—膜片

图 11-39 所示为单记忆元件的工作原理图。当 b 有信号输入时，膜片 1 使阀芯 2 上移，将小活塞 4 顶起，打开气源通道，关闭排气口，使 S 有输出。如 b 信号撤销，膜片 1 复原，阀芯 2 在输出端压力作用下仍能保持在上面位置，S 仍有输出，对 b 置“1”信号起记忆作用。当 a 有信号输入时，阀芯 2 下移，打开排气通道，活塞 4 下移，切断气源，S 无输出。

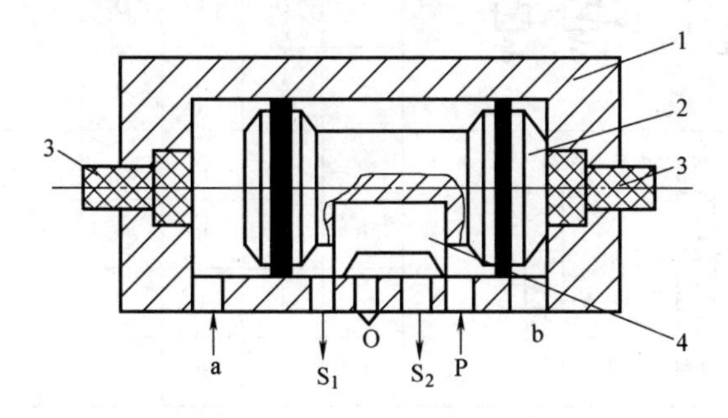

图 11-38 “双稳”元件原理图

1—阀体 2—阀芯 3—手动按钮 4—滑块

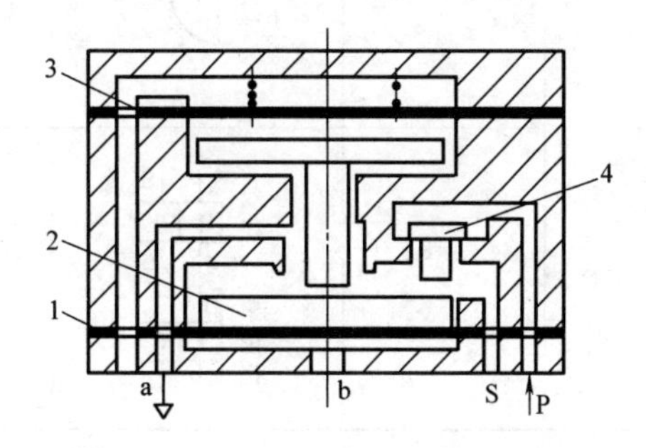

图 11-39 单记忆元件的工作原理图

1—膜片 2—阀芯 3—膜片 4—小活塞

各种逻辑元件的表达方式见表 11-1。

表 11-1 各种逻辑元件的表达方式

<table>
<tr><th>元件</th><th>逻辑函数</th><th>逻辑符号</th><th>气动元件回路</th><th colspan="5">真值表</th></tr>
<tr><td rowspan="3">与门</td><td rowspan="3">S=a · b</td><td rowspan="3">a, b, S</td><td rowspan="3">S a b 无源　a b S 有源</td><td>a</td><td>0</td><td>0</td><td>1</td><td>1</td></tr>
<tr><td>b</td><td>0</td><td>1</td><td>0</td><td>1</td></tr>
<tr><td>S</td><td>0</td><td>0</td><td>0</td><td>1</td></tr>
<tr><td rowspan="3">或门</td><td rowspan="3">S=a+b</td><td rowspan="3">a, b, S</td><td rowspan="3">S a b 无源　a b S 有源</td><td>a</td><td>0</td><td>0</td><td>1</td><td>1</td></tr>
<tr><td>b</td><td>0</td><td>1</td><td>0</td><td>1</td></tr>
<tr><td>S</td><td>0</td><td>1</td><td>1</td><td>1</td></tr>
<tr><td rowspan="2">非门</td><td rowspan="2">S=$\bar{a}$</td><td rowspan="2">a, S</td><td rowspan="2">S a</td><td>a</td><td colspan="2">0</td><td colspan="2">1</td></tr>
<tr><td>S</td><td colspan="2">1</td><td colspan="2">0</td></tr>
</table>

（续）

元件	逻辑函数	逻辑符号	气动元件回路	真值表				
是门	$S=a$	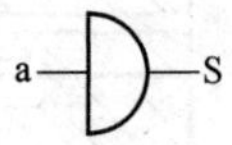	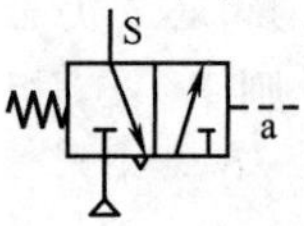	a	0	1		
				S	0	1		
禁门	$S=\overline{a}\cdot b$	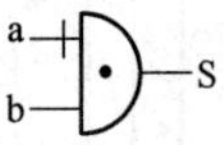	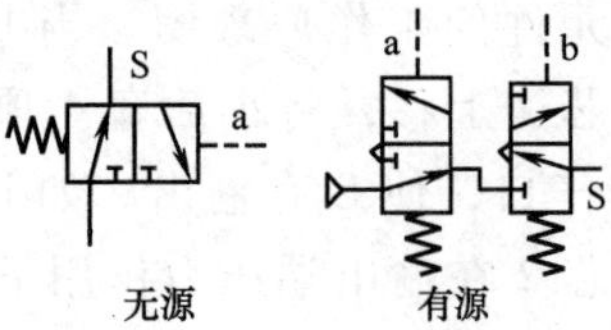 无源　有源	a	0	0	1	1
				b	0	1	0	1
				S	0	1	0	0
或非门	$S=\overline{a+b}S_1S_2$	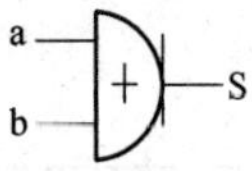	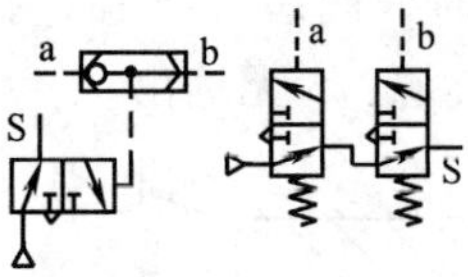	a	0	0	1	1
				b	0	1	0	1
				S	1	0	0	0
记忆	$S_1=K_b^a$ $S_2=K_a^b$	 双稳 单记忆	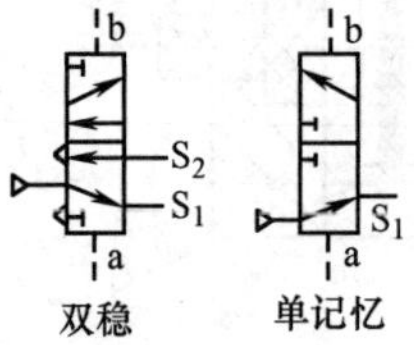 双稳　单记忆	a	1	0	0	0
				b	0	0	1	0
				S_1	1	1	0	0
				S_2	0	0	1	1

11.3.3 逻辑元件的应用举例

1. “或门”元件控制线路

图 11-40 所示为采用梭阀作“或门”元件的控制线路图。当信号 a 及 b 均无输入时（图示状态），气缸处于原始位置。当信号 a 或 b 有输入时，梭阀 S 有输出，使二位四通阀克服弹簧力作用切换至上方位置，压缩空气即通过二位四通阀进入气缸下腔，活塞上移。当信号 a 或 b 解除后，二位三通阀在弹簧作用下复位，S 无输出，二位四通阀也在弹簧作用下复位，压缩空气进入气缸上腔，使气缸复位。

2. 双手操作安全回路

图 11-41 所示为用二位三通按钮式换向阀和逻辑“禁门”元件组成的安全回路。当两个按钮阀同时按下时，“或门”的输出信号 S_1 要经过单向节流阀 3 进入气容 4，经一定时间的延时后才能经逻辑“禁门”5 输出，而“与门”的输出信号 S_2 是直接输入到“禁门”6 上的。因此 S_2 比 S_1 早到达“禁门”6，“禁门”6 有输出。输出信号 S_4 一方面推动主控阀 8 换向使气缸 7 前进，另一方面又作为“禁门”5 的一个输入信号，由于此信号比 S_1 早到达“禁门”5，故“禁门”5 无输出。如果先按下阀 1，后按下阀 2，且按下的时间间隔大于回路中延时时间 t，那么，“或门”的输出信号 S_1 先到达“禁门”5，“禁门”5 有输出信号 S_3 输出，而输出信号 S_3 是作为“禁门”6 的一个输入信号的，由于 S_3 比 S_2 早到达“禁门”6，故“禁门”6 元输出，主控阀不能切换，气缸 7 不能动作。若先按下阀 2，后按下阀 1，

则其效果与同时按下两个阀的效果相同。但若只按下其中任一个阀，则主控阀 8 不能换向。

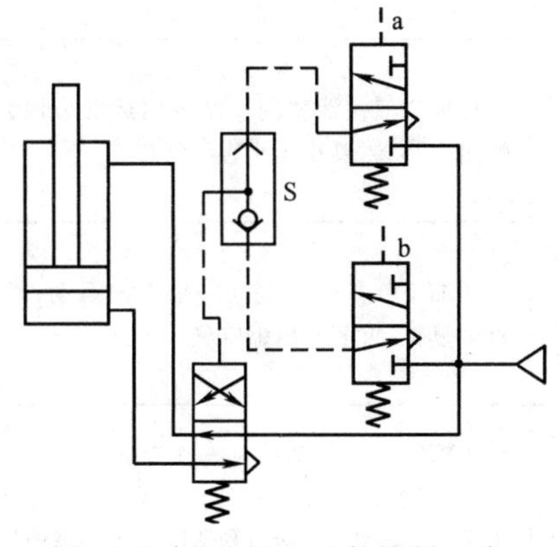

图 11-40　“或门”元件控制回路

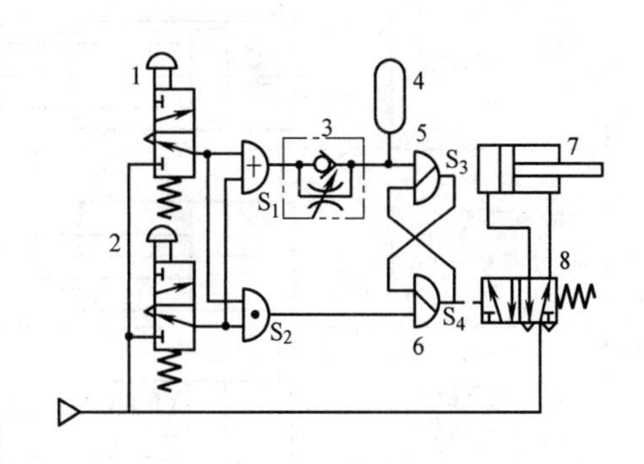

图 11-41　双手操作安全回路

1、2—换向阀　3—单向节流阀　4—气容

5、6—禁门　7—气缸　8—主控阀

任务实施：

根据实验室安全操作规程，对照气压系统图，按照实验要求找出所需的气压逻辑元件进行安装，起动系统观察实验情况。

任务 11.4　执行元件的使用

任务目标：

能够按照工作要求选用合适的执行元件；能够熟悉气缸、气动马达等的作用；能够正确使用气缸、气动马达等执行元件。

任务描述：

根据气压系统原理图，正确使用执行元件，并对执行元件进行正确维护。

知识与技能：

气动系统常用的执行元件有气缸和气动马达。它们是将气体的压力能转化为机械能的元件，气缸用于实现直线往复运动，输出力和直线位移；气动马达用于实现连续回转运动，输出力矩和角位移。

11.4.1　气缸的分类及特点

气缸是气动系统中使用最广泛的一种执行元件。根据使用条件、场合的不同，其结构、形状和功能也不一样，种类很多。气缸根据作用在活塞上力的方向、结构特征、功能及安装方式来分类。常用气缸的分类、简图及其特点见表 11-2。

表 11-2 常用气缸的分类、简图及其特点

类别	名称	简图	特点
单向作用气缸	柱塞式气缸	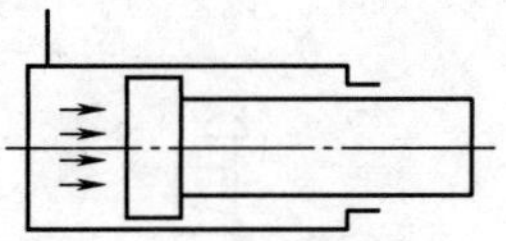	压缩空气使活塞向一个方向运动(外力复位)。输出力小,主要用于小直径气缸
	活塞式气缸(外力复位)	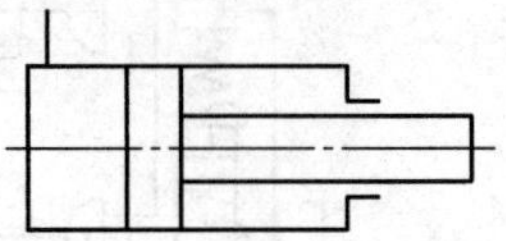	压缩空气只使活塞向一个方向运动,靠外力或重力复位,可节省压缩空气
	活塞式气缸(弹簧复位)	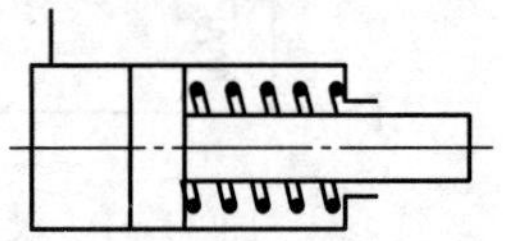	压缩空气只使活塞向一个方向运动,靠弹簧复位。结构简单、耗气量小,弹簧起背压缓冲作用。用于行程较小、对推力和速度要求不高的地方
	膜片式气缸	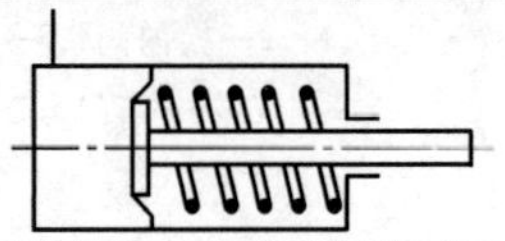	压缩空气只使膜片向一个方向运动,靠弹簧复位。密封性好,但运动件行程短
双向作用气缸	无缓冲气缸(普通气缸)	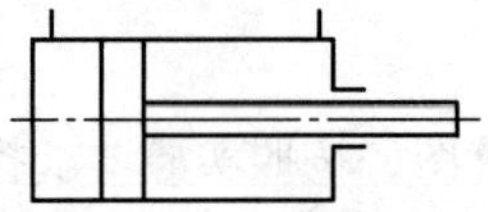	利用压缩空气使活塞向两个方向运动,活塞行程可根据需要选定。它是气缸中最普通的一种,应用广泛
	双活塞杆气缸	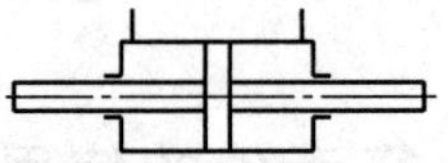	活塞左右运动速度和行程均相等。通常活塞杆固定,缸体运动,适合于长行程
	回转气缸	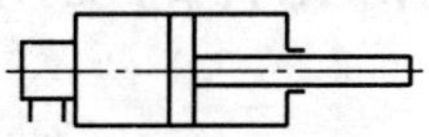	进、排气导管和气缸本体可相对转动,可用于车床的气动回转夹具上
	缓冲气缸(不可调)	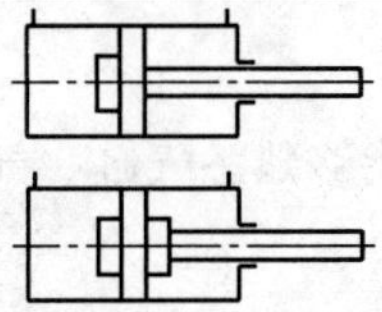	活塞运动到接近行程终点时,减速制动。减速值不可调整,上图为一端缓冲,下图为两端缓冲
	缓冲气缸(可调)	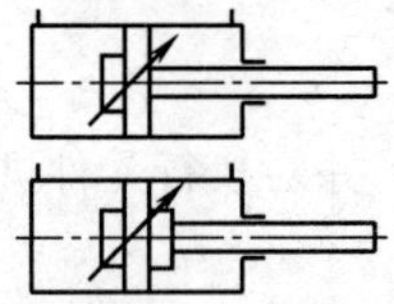	活塞运动到接近行程终点时,减速制动,减速值可根据需要调整
	差动气缸	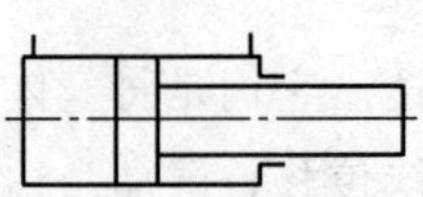	气缸活塞两端有效作用面积差较大,利用压力差使活塞做往复运动(活塞杆侧始终供气)。活塞杆伸出时,因有背压,运动较为平稳,其推力和速度均较小
	双活塞气缸	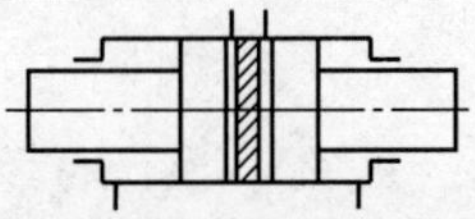	两个活塞可以同时向相反方向运动
	多位气缸	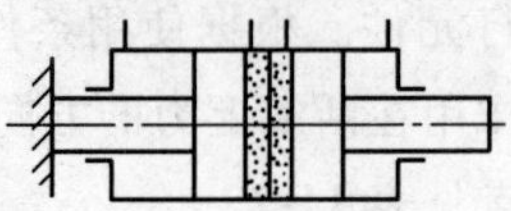	活塞杆沿行程长度有四个位置。当气缸的任一空腔与气源相通时,活塞杆到达四个位置中的一个

（续）

类别	名称	简　图	特　点
双向作用气缸	串联式气缸	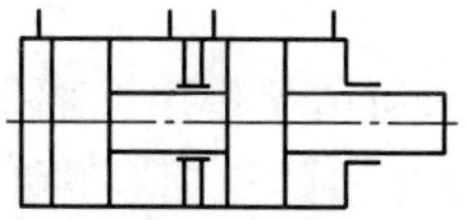	两个活塞串联在一起，当活塞直径相同时，活塞杆的输出力可增大一倍
	冲击气缸	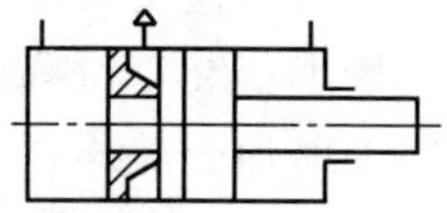	利用突然大量供气和快速排气相结合的方法，得到活塞杆的冲击运动。用于冲孔、切断、锻造等
	膜片气缸	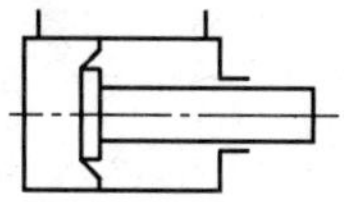	密封性好，加工简单，但运动件行程短
组合气缸	增压气缸	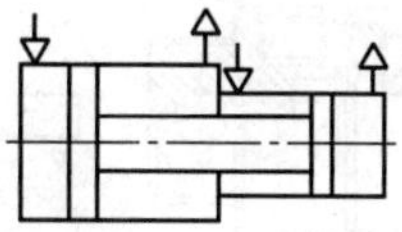	两端活塞面积不等，利用压力与面积的乘积不变的原理，使小活塞侧输出压力增大
	气液增压缸	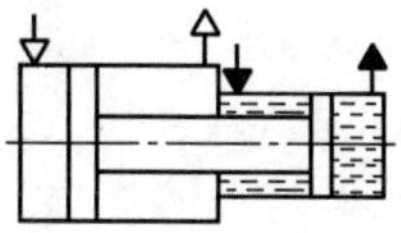	根据液体不可压缩和力的平衡原理，利用两个活塞的面积不等，由压缩空气驱动大活塞，使小活塞侧输出高压液体
	气液阻尼缸	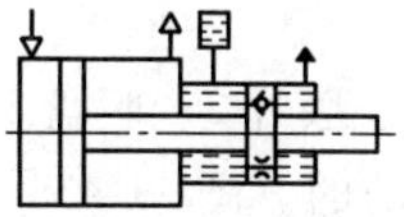	利用液体不可压缩的性能和液体排量易于控制的优点，获得活塞杆的稳速运动
	齿轮齿条式气缸	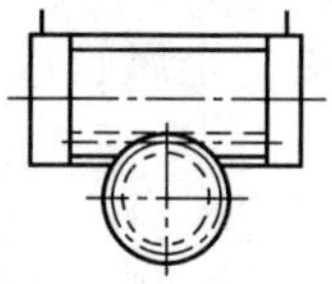	利用齿条齿轮传动，将活塞杆的直线往复运动变为输出轴的旋转运动，并输出力矩
	步进气缸	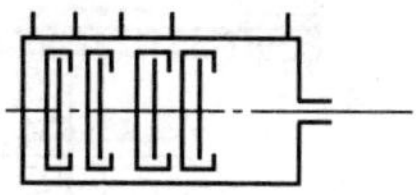	将若干个活塞，轴向依次装在一起，各个活塞的行程由小到大，按几何级数增加，可根据对行程的要求，使若干个活塞同时向前运动
	摆动式气缸（单叶片式）	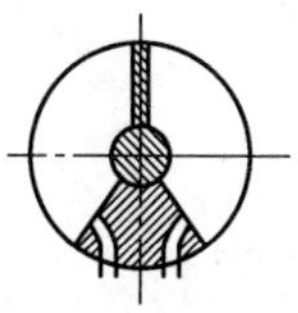	直接利用压缩空气的能量，使输出轴产生旋转运动，旋转角小于360°
	摆动式气缸（双叶片式）	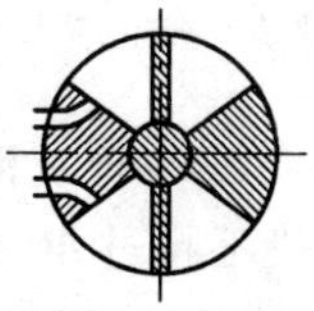	直接利用压缩空气的能量，使输出轴产生旋运动（但旋转角小于180°），并输出力矩

11.4.2 几种常用气缸的工作原理和用途

1. 单作用气缸

图 11-42 所示为单作用气缸的结构原理图。所谓单作用气缸是指压缩空气仅在气缸的一端进气并推动活塞（或柱塞）运动，而活塞或柱塞的返回是借助其他外力，如弹簧力、重力等。单作用气缸多用于短行程及对活塞杆推力、运动速度要求不高的场合。这种气缸的特点是：①结构简单；由于只需向一端供气，耗气量小；②复位弹簧的反作用力随压缩行程的增大而增大，因此活塞的输出力随活塞运动的行程增加而减小；③缸体内安装弹簧，增加了缸筒长度，缩短了活塞的有效行程。这种气缸一般多用于行程短、对输出力和运动速度要求不高的场合。

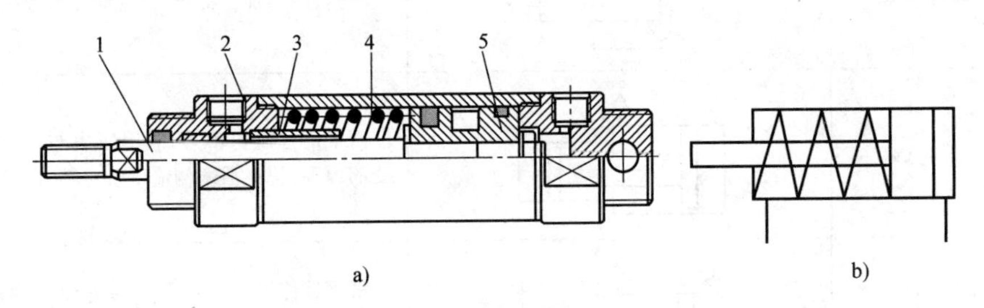

图 11-42 单作用气缸

1—活塞杆 2—过滤片 3—止动套 4—弹簧 5—活塞

2. 薄膜式气缸

如图 11-43 所示，薄膜式气缸主要由缸体 1、膜片 2、膜盘 3 和活塞杆 4 等组成，它是利用压缩空气通过膜片推动活塞杆做往复直线运动的。图 11-43a 所示为单作用式，需借弹簧力回程；图 11-43b 所示为双作用式，靠气压回程。膜片的形状有盘形和平形两种，材料是橡胶、钢片或磷青铜片。第一种材料的膜片较常见，金属膜片只用于行程较小的气缸中。

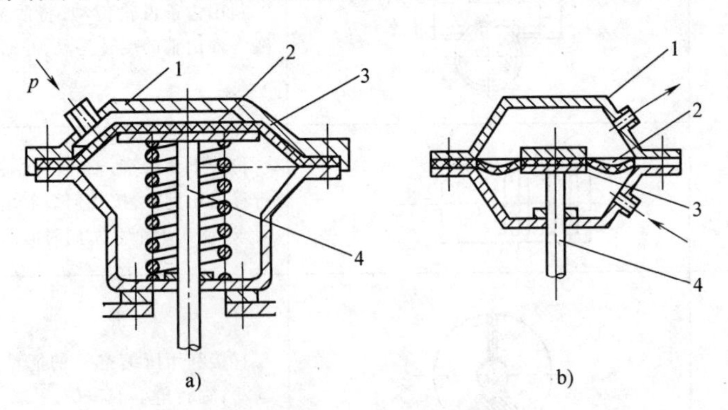

图 11-43 薄膜式气缸

a）单作用式 b）双作用式

1—缸体 2—膜片 3—膜盘 4—活塞杆

薄膜式气缸具有结构紧凑和简单、制造容易、成本低、泄漏少、寿命长、效率高等优点，但是膜片的变形量有限，故其行程较短，一般不超过 40~50mm。若为平膜片，有时其行程仅为几毫米。此外，这种气缸活塞杆的输出力随气缸行程的增大而减小。薄膜式气缸常应用在汽车制动装置、调节阀和夹具上等。

3. 回转式气缸

图 11-44 所示为回转式气缸的工作原理。回转式气缸由导气头体、缸体、活塞、活塞杆等组成。这种气缸的缸体连同缸盖及导气头芯 6 可被携带回转，活塞 4 及活塞杆 1 只能做往复直线运动，导气头体 9 外接管路，固定不动。

4. 冲击气缸

冲击气缸是一种较新型的气动执行元件。它能在瞬间产生很大的冲击能量而做功，因而能应用于打印、铆接、锻造、冲孔、下料、锤击等加工中。常用的冲击气缸有普通型冲击气缸、快排型冲击气缸、压紧活塞式冲击气缸。下面介绍普通型冲击气缸。

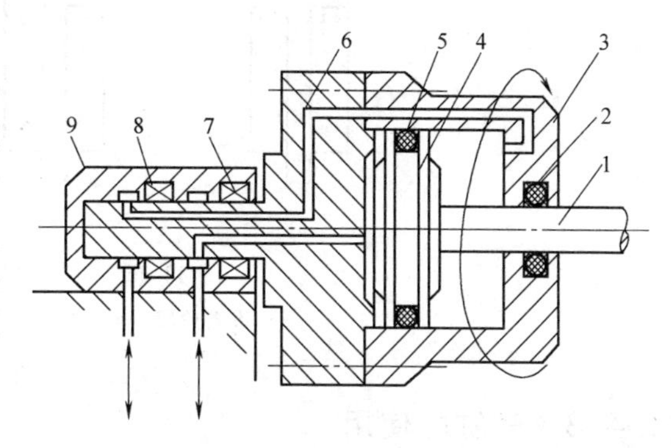

图 11-44 回转式气缸的工作原理

1—活塞杆 2、5—密封装置 3—缸体 4—活塞

6—缸盖及导气头芯 7、8—轴承 9—导气头体

图 11-45 所示为普通型冲击气缸的结构示意图。冲击气缸与普通气缸相比较增加了蓄能腔和具有排气小孔的中盖 2，中盖 2 与缸体 1 固接在一起，它与活塞 6 把气缸分隔成蓄能腔、活塞腔和活塞杆腔三部分，中盖 2 中心开有一个喷气口。

冲击气缸结构简单、成本低、耗气功率小，且能产生相当大的冲击力，应用十分广泛。它可完成下料、冲孔、弯曲、打印、铆接、模锻和破碎等多种作业。为了有效地应用冲击气缸，应注意正确地选择工具，并正确地确定冲击气缸的尺寸，选用适用的控制回路。冲击气缸的工作原理如图 11-46 所示，分为三个阶段。

第一阶段是准备阶段，如图 11-46a 所示。气动回路（图中未画出）中的气缸控制阀处于原始状态，压缩空气由 A 孔进入冲击气缸有杆腔，储能腔与无杆腔通大气，活塞处于上限位置，活塞上安有密封垫片，封住中盖上的喷嘴口，中盖与活塞间的环形空间（即此时的无杆腔）经小孔与大气相通。

第二阶段是蓄能阶段，如图 11-46b 所示。控制阀接收信号被切换后，储能腔进气，作用在与中盖喷嘴口接触的活塞的一小部分面积上（通常设计为约占整个活塞面积的 1/9）的压力 p_1 逐渐增大，进行充气蓄能。与此同时，有杆腔排气，压力 p_2 逐渐降低，使作用在有杆腔侧活塞面上的作用力逐渐减小。

第三阶段是冲击做功阶段，如图 11-46c 所示。当活塞上下两边不能保持平衡时，活塞即离开喷嘴向下运动，在活塞离开喷嘴的瞬间，储能腔内的气体压力突然加到无杆腔的整个活塞面上，于是活塞

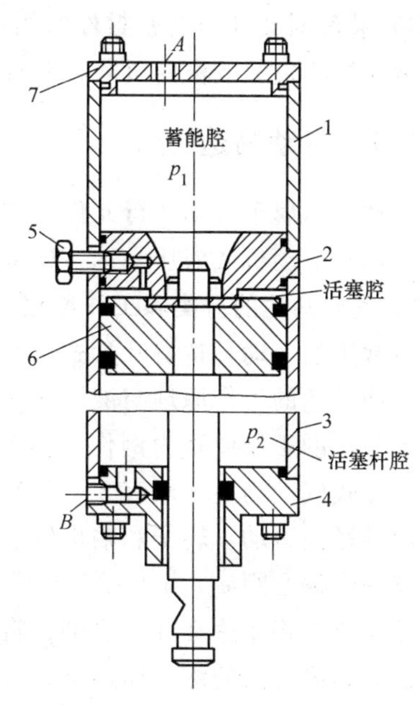

图 11-45 普通型冲击气缸的结构示意图

1、3—缸体 2—中盖 4、7—端盖

5—排气塞 6—活塞

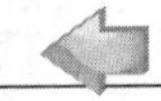

在较大的气体压力的作用下加速向下运动，瞬间以很高的速度（约为同样条件下普通气缸速度的5~10倍），即以很高的动能冲击工件做功。

经过上述三个阶段后，控制阀复位，冲击气缸又开始另一个循环。

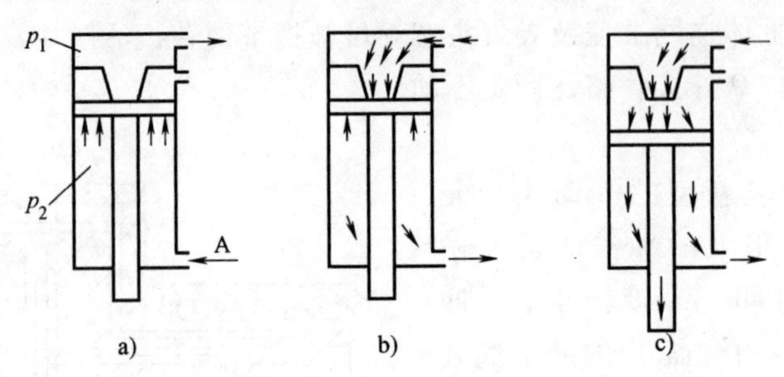

图 11-46 冲击气缸的工作原理

a）准备阶段 b）蓄能阶段 c）冲击做功阶段

11.4.3 气缸的使用

使用气缸时应注意以下几点：

1）根据工作任务的要求，选择气缸的结构形式、安装方式并确定活塞杆的推力和拉力。

2）为避免活塞与缸盖之间产生频繁冲击，一般不使用满行程，而使其行程余量为30~100mm。

3）气缸工作时的推荐速度为0.5~1m/s，工作压力为0.4~0.6MPa，环境温度在5~60℃范围内。低温时，需要采取必要的防冻措施，以防止系统中的水分出现冻结现象。

4）装配时要在所有密封件的相对运动工作表面涂上润滑脂；注意动作方向，活塞杆不允许承受偏心负载或横向负载，并且气缸在1.5倍的压力下进行试验时不应出现漏气现象。

11.4.4 气动马达

气动马达属于气动执行元件，它是把压缩空气的压力能转换为机械能的转换装置。它的作用相当于电动机或液压马达，即输出力矩，驱动机构做旋转运动。

1. 气动马达的分类和工作原理

最常用的气动马达有叶片式、活塞式和薄膜式三种。

气动马达的工作原理与液压马达相似。这里仅以叶片式气动马达的工作原理为例作一简要说明。如图 11-47 所示，叶片式气动马达一般有3~10个叶片，它们可以在转子槽内做径向运动。转子和输出轴被固联在一起，并与定子间有一个偏心距 e。当压缩空气从A口进入定子内腔以后，压缩空气将作用在叶片底部，将叶片推出，使叶片在气压推力和离心力的综合作用下，抵在定子内壁上，形成一个密封工作腔。此时，压缩空气作用在叶片的外伸部分而产生一定力矩。由于各叶片向外伸出的面积不等，所以转子在不平衡力矩作用下将逆时针方向旋转。做功后的气

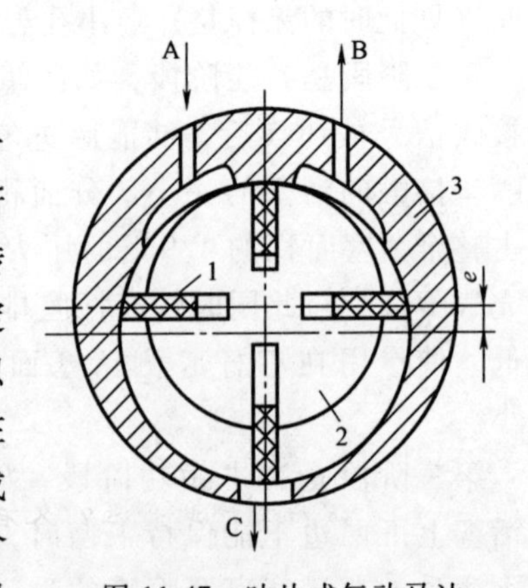

图 11-47 叶片式气动马达

1—叶片 2—转子 3—定子

体由定子孔 C 排出，剩余的残余气体经孔 B 排出。改变压缩空气输入进气孔（即改为由 B 孔进气），马达将反向旋转。

2. 气动马达的特点

气动马达的优点是：

1）工作安全，可以在易燃、易爆、高温、振动、潮湿、灰尘等恶劣环境下工作，同时不受高温及振动的影响。

2）具有过载保护作用。可长时间满载工作，而温升较小，过载时马达只是降低转速或停车，当过载解除后，可立即重新正常运转。

3）可以实现无级调速。通过控制调节节流阀的开度来控制进入气动马达的压缩空气的流量，就能控制调节气动马达的转速。

4）具有较高的起动转矩，可以直接带负载起动，起动、停止迅速。

5）功率范围及转速范围均较宽。功率小至几百瓦，大至几万瓦；转速可从每分钟几转到上万转。

6）结构简单、操作方便、可正反转，维修容易、成本低。

气动马达的缺点是：速度稳定性较差、输出功率小、耗气量大、效率低、噪声大。

任务实施：

根据实验室安全操作规程，按照气压系统图，按照实验要求找出所需的气缸、气动马达等执行元件进行安装，起动气动系统观察实验情况。

思考与练习

11-1 简述活塞式空气压缩机的工作原理。

11-2 简述气压传动系统的结构及各组成部分的作用。

11-3 气源为什么要净化？气源装置主要由哪些元件组成？

11-4 油雾器有什么作用？它是怎样工作的？

11-5 储气罐的作用是什么？

11-6 什么叫气源调节装置（气动三联件），每个元件起什么作用？它们的安装顺序如何？

11-7 气动方向阀有哪几种类型？各自的功能是什么？

11-8 减压阀是如何实现调压的？

11-9 简述常见气缸的类型、功能和用途。

11-10 快速排气阀为什么能快速排气？

11-11 在气动元件中，哪些元件具有记忆功能？

11-12 简述冲击气缸的工作原理。

11-13 简述气动马达的特点和应用。

11-14 单杆双作用气缸的内径 $D=125$mm，活塞杆的直径 $d=36$mm，工作压力 $p=0.5$MPa，气缸负载的效率为 $\eta=0.5$，求气缸的拉力和推力各是多少？

11-15 气缸有哪些种类？各有哪些特点？

11-16 换向型方向控制阀有哪几种控制方式？简述其主要特点。

11-17 梭阀的作用是什么？一般应用在什么场合？

项目12

气压传动基本回路及应用实例分析

【项目要点】

◆ 掌握气压传动基本回路的工作原理和特点。

◆ 掌握气压传动系统的控制原理。

◆ 能够正确绘制气压系统图。

【知识目标】

◆ 掌握方向控制基本回路的组成及特点。

◆ 掌握压力控制基本回路的组成及特点。

◆ 掌握速度控制基本回路的组成及特点。

【素质目标】

◆ 培养学生树立正确的价值观和职业态度。

◆ 培养学生精益求精、一丝不苟的精神。

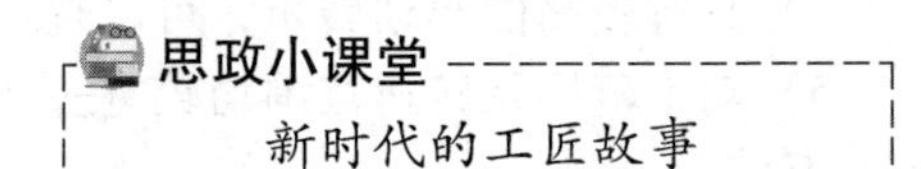

本项目主要介绍气压传动基本回路的工作原理及其应用特点；通过介绍气压传动的实例，进一步学会阅读和分析气压传动系统的步骤和方法。主要包括气压基本回路、气压传动系统应用实例。

任务12.1 气压传动基本回路的分析

任务目标：

能够熟悉气压传动基本回路的基本组成和工作原理；能够正确连接气动元件，实现气压传动基本回路的工作要求。

任务描述：

对气压基本回路进行认知，通过实训，掌握气压传动基本回路的基本组成和工作原理。

知识与技能：

12.1.1 概述

气动基本回路是由相关气动元件组成的，用来完成某种特定功能的典型管路结构。它是气压传动系统中的基本组成单元，一般按其功能分类：用来控制执行元件运动方向的回路称为方向控制回路；用来控制系统或某支路压力的回路称为压力控制回路；用来控制执行元件速度的回路称为调速回路；用来控制多缸运动的回路称为多缸运动回路。实际上任何复杂的气动控制回路均由以上这些基本回路组成。由于这些回路的功能与相应的液压基本回路的功能相似，因此这里不再重复表述。这里仅对这些回路的原理及特点简单加以说明。

12.1.2 方向控制基本回路

1. 单作用气缸换向回路

图 12-1 所示为采用电控二位三通换向阀的控制回路，其中图 12-1a 所示为采用单电控换向阀的控制回路，此回路如果气缸在伸出时突然断电，则单电控阀将立即复位，气缸返回。图 12-1b 所示为采用双电控换向阀的控制回路，双电控阀为双稳态阀，具有记忆功能，当气缸在伸出时突然断电，气缸仍将保持原来的状态。如果回路需要考虑失电保护控制，则宜选用双电控阀，双电控阀应水平安装。

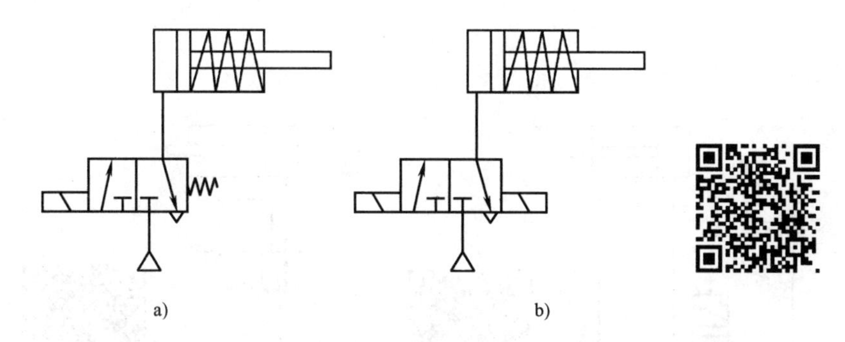

图 12-1 采用电控二位三通换向阀的控制回路（扫描二维码观看动画）

图 12-2 所示为采用三位三通阀的换向控制回路，能实现活塞杆在行程中途的任意位置停留。不过由于空气的可压缩性原因，其定位精度较差。二位二通和二位三通气控联合控制的换向回路如图 12-3 所示。

图 12-4 所示为采用二位二通换向阀的控制回路，对于该回路应注意的问题是两个电磁阀不能同时通电。

图 12-2 采用三位三通阀的换向回路（扫描二维码观看动画）

图 12-3 二位二通和二位三通气控联合控制的换向回路

2. 双作用气缸换向回路

图 12-5a 所示为小通径的手动换向阀，控制二位五通主阀操纵气缸换向；图 12-5b 所示为二位五通双电控阀，控制气缸换向；图 12-5c 所示为两个小通径的手动阀，控制二位五通主阀操纵气缸换向；图 12-5d 所示为三位五通阀控制气缸换向。双作用气缸换向回路有中停

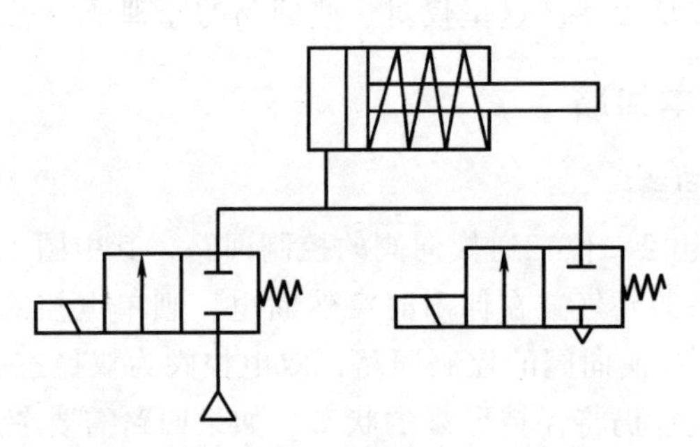

图 12-4 采用二位二通阀换向阀的控制回路

功能，但定位精度不高。

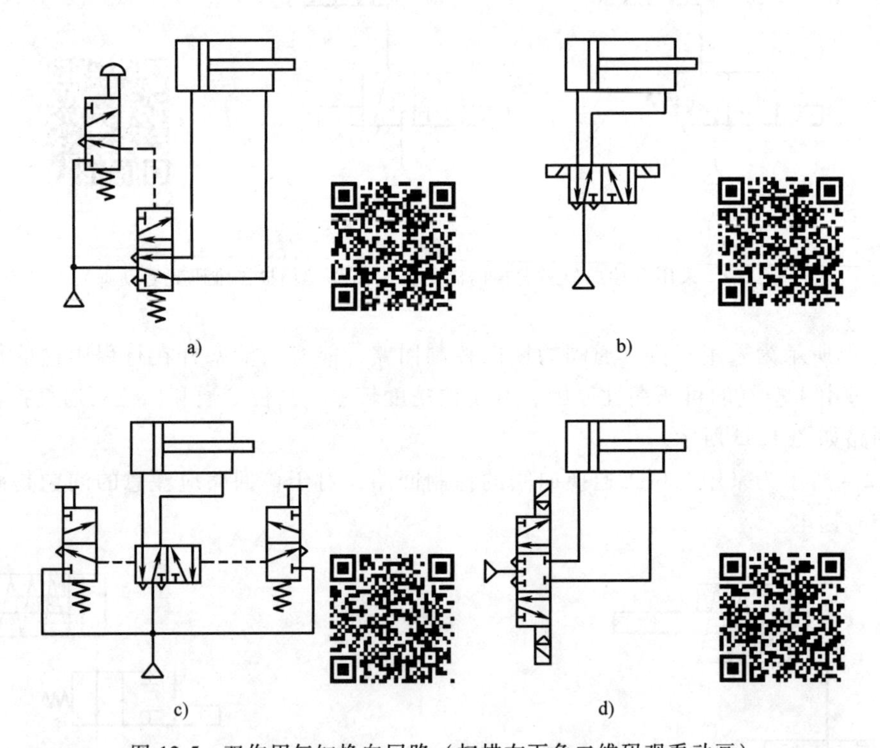

图 12-5 双作用气缸换向回路（扫描右下角二维码观看动画）

a）小通径的手动换向阀 b）二位五通双电控阀 c）两个小通径的手动阀 d）三位五通控制气缸换向

3. 差动回路

差动回路是指气缸的两个运动方向采用不同的压力供气，从而利用差压进行工作的回路。图 12-6 所示为差压式控制回路，活塞上侧有低压 p_2，活塞下侧有高压 p_1。采用不同压力的目的是减小气缸运动的撞击（如气缸垂直安装）或减少耗气量。

4. 气动马达换向回路

图 12-7a 所示为气动马达单方向旋转的回路，采用了二位二通电磁阀来实现转停控制，马达的转速用节流阀来调整。图 12-7b 和图 12-7c 分别为采用两个二位三通阀和一个三位五通阀来控制气动马达正反转的回路。

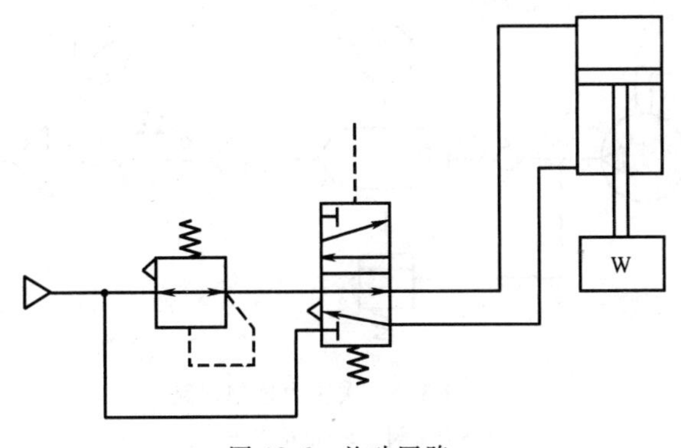

图 12-6 差动回路

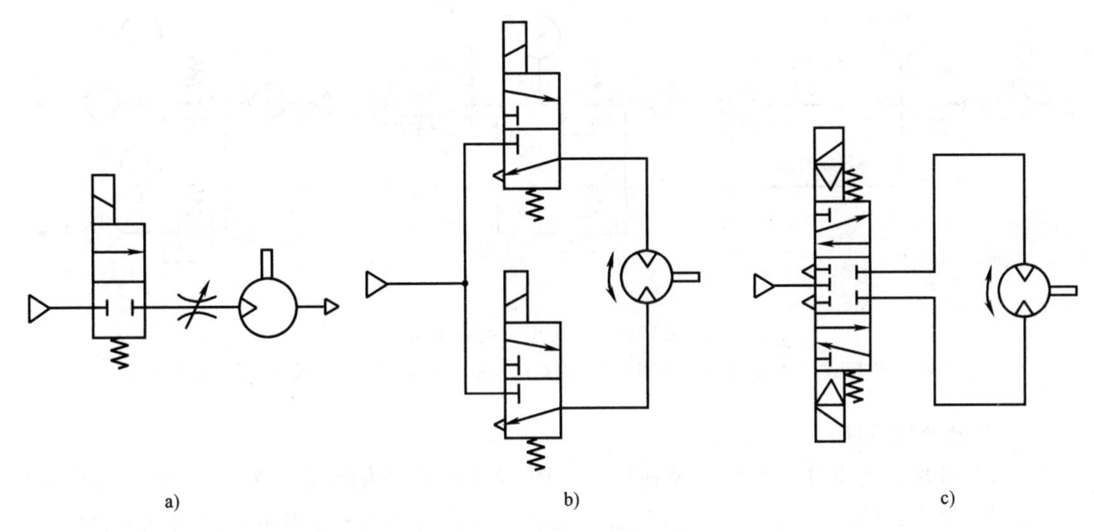

图 12-7 气动马达换向回路

12.1.3 压力控制基本回路

压力控制回路的功用是使系统保持在某一规定的压力范围内。常用的有一次压力控制回路、二次压力控制回路和高低压转换回路。

1. 一次压力控制回路

图 12-8 所示为一次压力控制回路。此回路用于控制储气罐的压力，使之不超过规定的压力值。常用外控溢流阀 1 或用电接点压力表 2 来控制空气压缩机的转、停，使储气罐内压力保持在规定的范围内。

2. 二次压力控制回路

图 12-9 所示为二次压力控制回路，图 12-9a 是由气动三大件组成的，主要由溢流减压阀来实现压力控制；图 12-9b 是由减压阀和换向阀构成的，对同一系统实现输出高、低压力 p_1、p_2的控制；图 12-9c 是由减压阀来实现对不同系统输出不同压力 p_1、p_2的控制。

12.1.4 速度控制基本回路

气动系统因使用的功率都不大，所以主要的调速方法是节流调速。

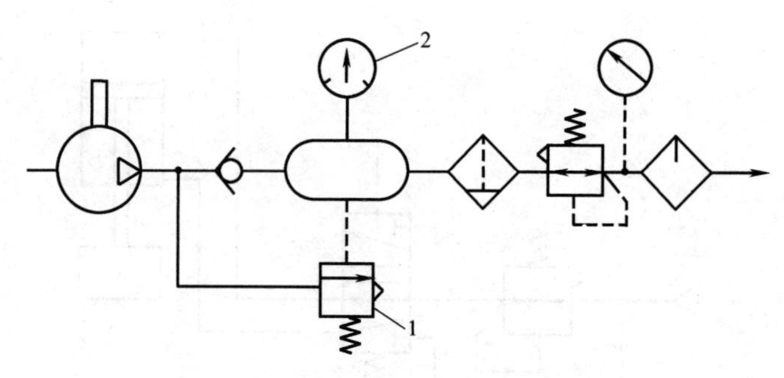

图 12-8 一次压力控制回路

1—溢流阀 2—电接点压力表

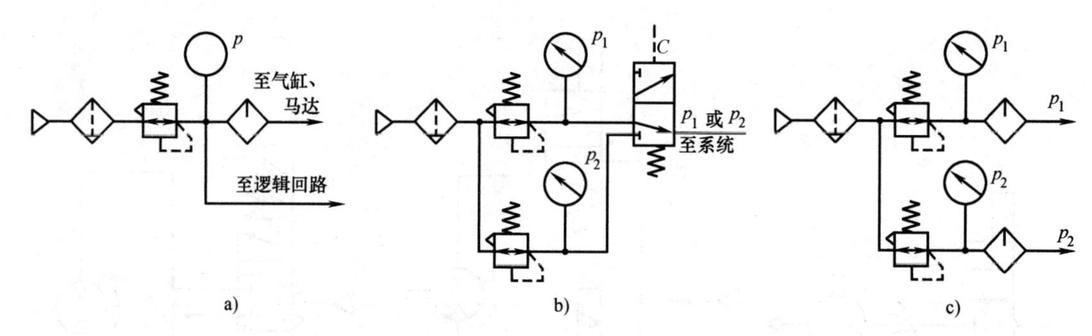

图 12-9 二次压力控制回路

a）由溢流减压阀控制压力 b）由减压阀和换向阀控制高低压力 c）由减压阀控制高低压力

1. 单向调速回路

图 12-10 所示为双作用缸单向调速回路。图 12-10a 所示为供气节流调速回路。在图示位置时，当气控换向阀不换向时，进入气缸 A 腔的气流流经节流阀，B 腔排出的气体直接经换向阀快排。当节流阀开度较小时，由于进入 A 腔的流量较小，压力上升缓慢。当气压达到能克服负载时，活塞前进，此时 A 腔容积增大，结果使压缩空气膨胀，压力下降，使作用在活塞上的力小于负载，因而活塞就停止前进。待压力再次上升时，活塞才再次前进。这种

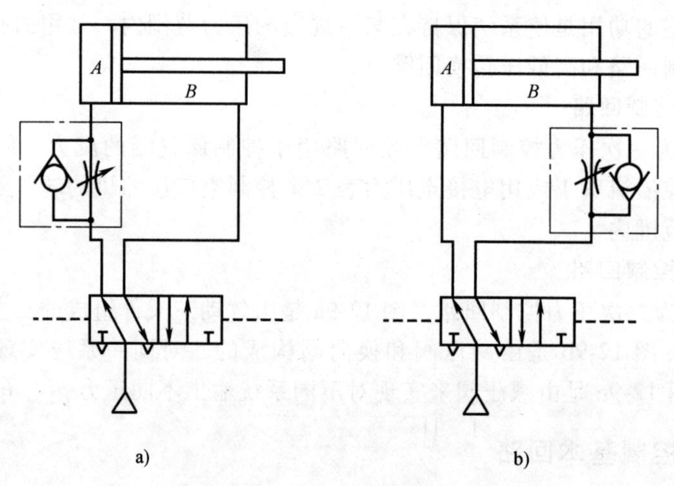

图 12-10 双作用缸单向调速回路

由于负载及供气的原因使活塞忽走忽停的现象，称气缸的“爬行”。节流供气多用于垂直安装的气缸的供气回路中，在水平安装的气缸供气回路中一般采用图 12-10b 所示的节流排气回路。

排气节流调速回路具有以下特点：

1）气缸速度随负载变化较小，运动较平稳。

2）能承受与活塞运动方向相同的负载（反向负载）。

2. 双向调速回路

图 12-11 所示为双向调速回路。图 12-11a 所示为采用单向节流阀式的双向节流调速回路。图 12-11b 所示为采用排气节流阀的双向节流调速回路。它们都是采用排气节流调速方式，当外负载变化不大时，进气阻力小，负载变化对速度影响小，比进气节流调速效果要好。

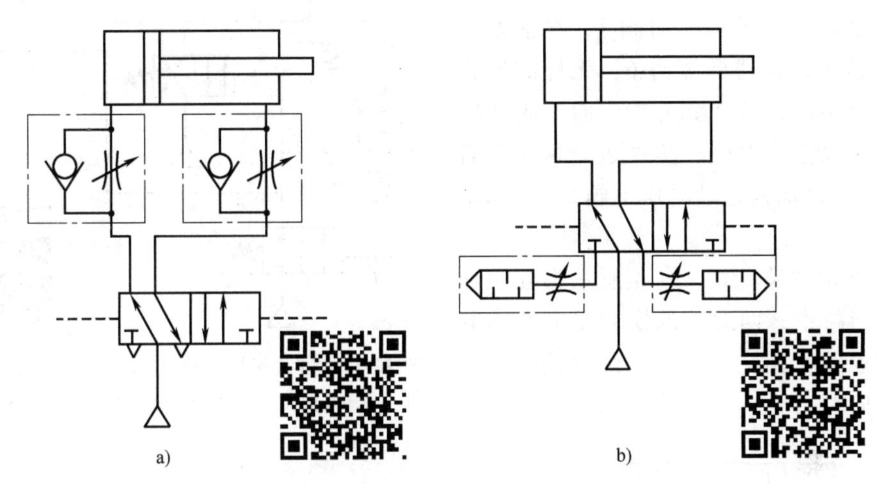

图 12-11　双向调速回路（扫描右下角二维码观看动画）

3. 气-液调速回路

图 12-12 所示为采用气-液转换器的调速回路。当电磁阀处于下位接通时，气压作用在

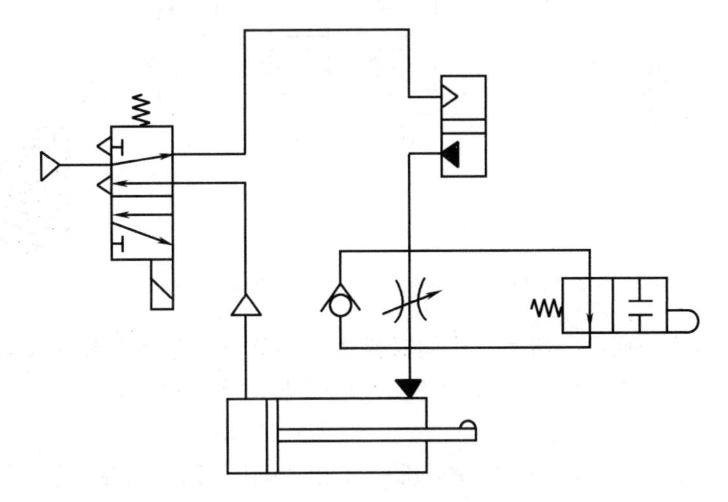

图 12-12　采用气-液转换器的调速回路

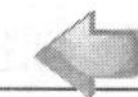

气缸无杆腔活塞上，有杆腔内的液压油经机控换向阀进入气-液转换器，活塞杆快速伸出。当活塞杆压下机控换向阀时，有杆腔油液只能通过节流阀到气-液转换器，从而使活塞杆伸出速度减慢，而当电磁阀处于上位时，活塞杆快速返回。此回路可实现快进、工进、快退工况。

12.1.5 其他回路

1. 安全保护回路

气动机构过载、气压的突然降低以及气动执行机构的快速动作等都可能危及操作人员或设备的安全，因此在气动回路中，常常要加入安全回路。下面介绍几种常用的安全保护回路。

（1）过载保护回路　图 12-13 所示为过载保护回路。按下手动换向阀 1，在活塞杆伸出的过程中，若遇到障碍 6，无杆腔压力升高，打开顺序阀 3，使阀 2 换向，阀 4 随即复位，活塞立即退回，实现过载保护。若无障碍 6，气缸向前运动时压下阀 5，活塞即刻返回。

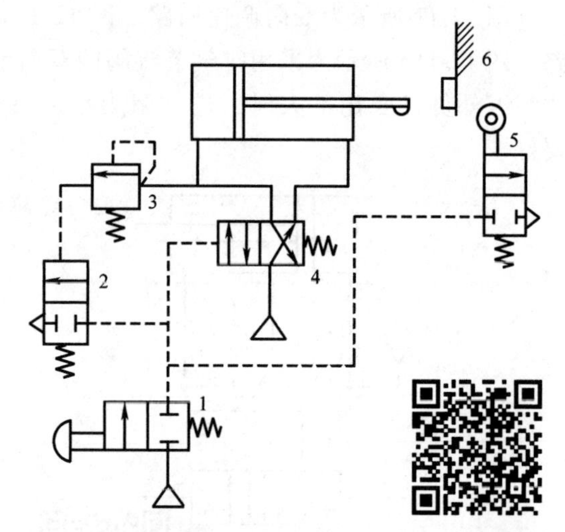

图 12-13　过载保护回路（扫描二维码观看动画）
1—手动换向阀　2、4、5—阀　3—顺序阀　6—障碍

（2）互锁回路　图 12-14 所示为互锁回路。在该回路中，四通阀的换向受三个串联的机动三通阀控制，只有三个阀都接通，主阀才能换向。

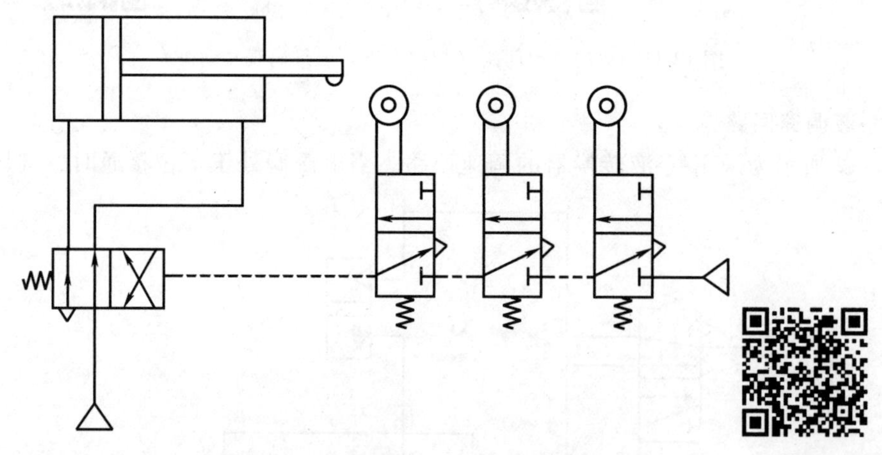
图 12-14　互锁回路（扫描二维码观看动画）

（3）双手同时操作回路　所谓双手同时操作回路就是使用两个起动阀的手动阀，只有同时按住两个阀才动作的回路。图 12-15 所示为双手同时操作回路。

2. 延时回路

图 12-16 所示为延时回路。图 12-16a 所示为延时输出回路，当控制信号切换阀 4 后，压缩空气经单向节流阀 3 向储气罐 2 充气。当充气压力经过延时升高使阀 1 换位时，阀 1 就有

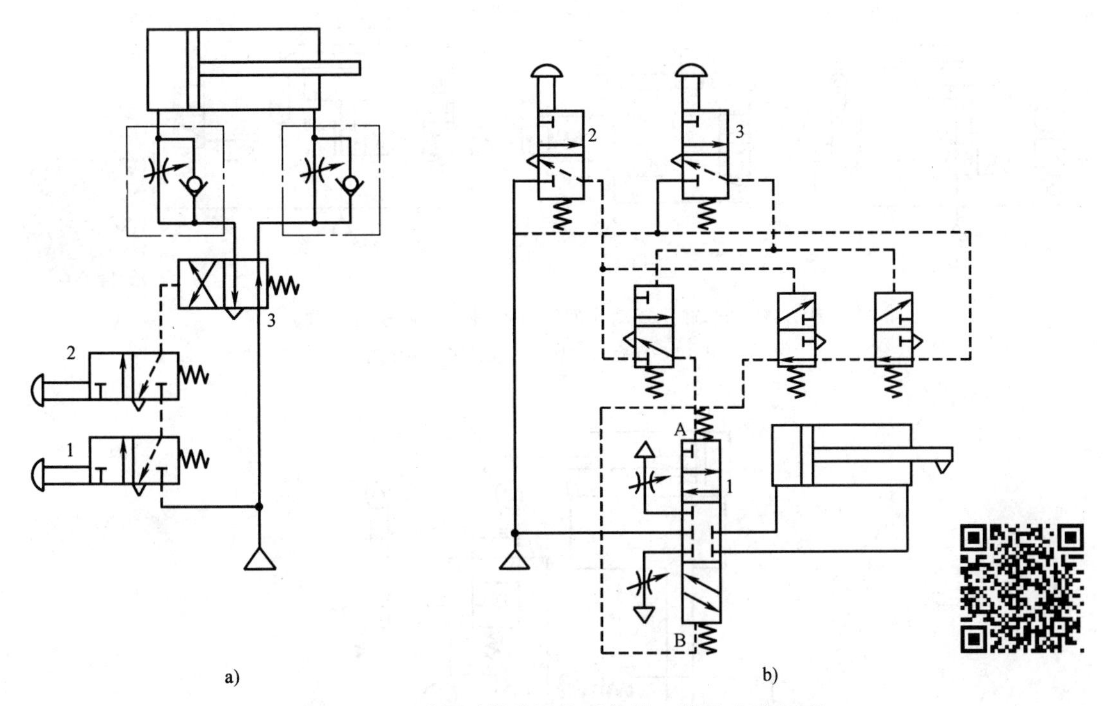

图 12-15 双手同时操作回路（扫描二维码观看动画）

输出。图 12-16b 所示为延时接通回路，按下阀 8，则气缸向外伸出，当气缸在伸出行程中压下阀 5 后，压缩空气经节流阀到储气罐 6，延时后才将阀 7 切换，气缸退回。

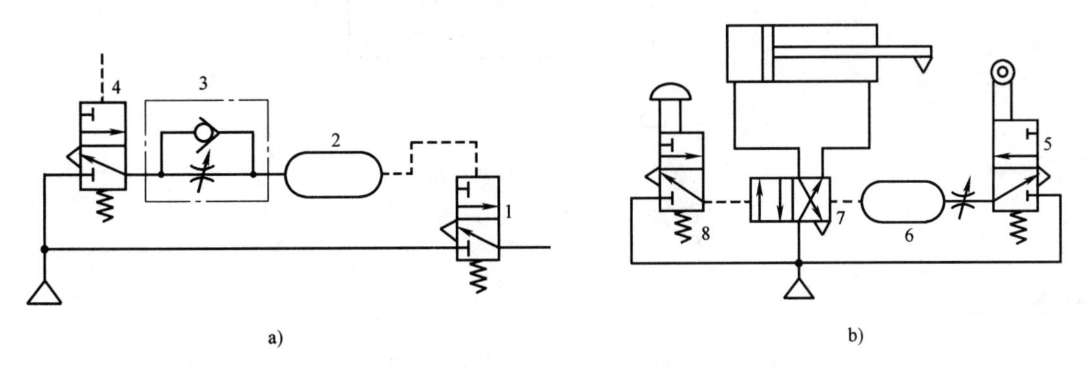

图 12-16 延时回路

1、4、5、7、8—阀 2、6—储气罐 3—单向节流阀

3. 顺序动作回路

顺序动作是指在气动回路中，各个气缸按一定顺序完成各自的动作。

（1）单缸往复动作回路 图 12-17 所示为三种单往复动作回路。图 12-17a 所示为行程阀控制的单往复回路；图 12-17b 所示为压力控制的往复动作回路；图 12-17c 所示为利用阻容回路形成的时间控制单往复动作回路。

由以上可知，在单往复动作回路中，每按下一次按钮，气缸就完成一次往复动作。

（2）连续往复动作回路 图 12-18 所示为连续往复动作回路。它能完成连续的动作循环。

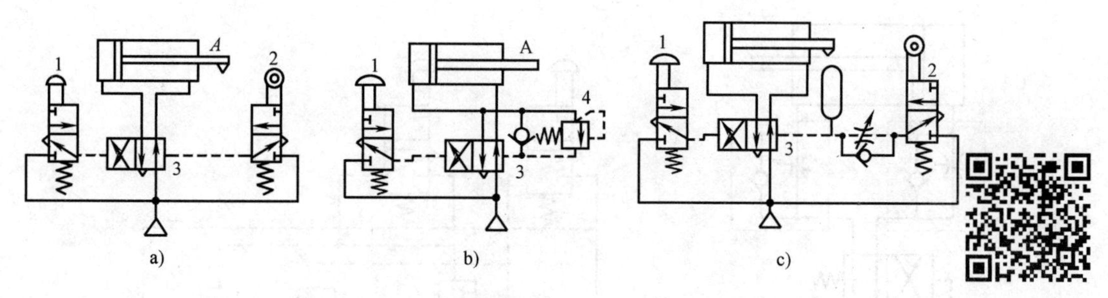

图 12-17 单缸往复动作回路（扫描二维码观看动画）

1—阀 2—行程阀 3—换向阀 4—顺序阀

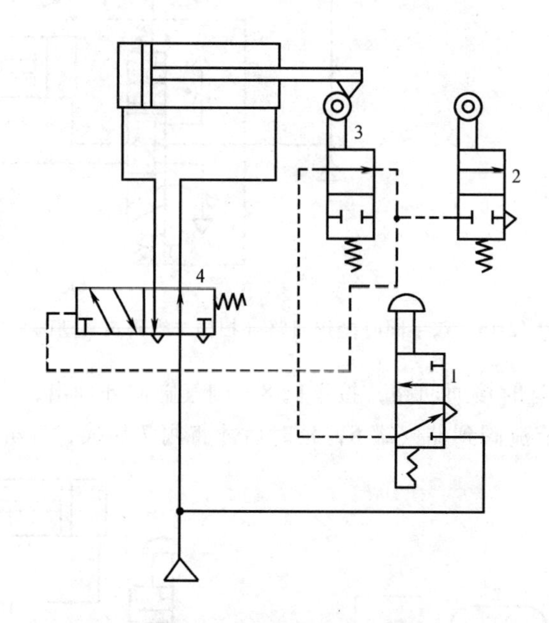

图 12-18 连续往复动作回路

1—阀 2、3—行程阀 4—换向阀

任务实施：

根据实验室安全操作规程，按照实验要求组装气压基本回路；起动系统，观察实验情况。

任务 12.2 气压传动系统应用实例分析

任务目标：

掌握气压传动系统应用实例，分析其工作原理和特点。

任务描述：

通过实训，根据气压系统图对气压传动系统进行组装调试，掌握气压传动基本回路在气压系统中的应用。

知识与技能：

12.2.1 气液动力滑台气压传动系统

气液动力滑台是采用气-液阻尼缸作为执行元件。由于在它的上面可以安装单轴头、动力箱或工件，因而在机床上常用来作为实现进给运动的部件。

图 12-19 所示为气液动力滑台的回路原理。图 12-19 中阀 1、2、3 和 4、5、6 实际上分别被组合在一起，成为两个组合阀。

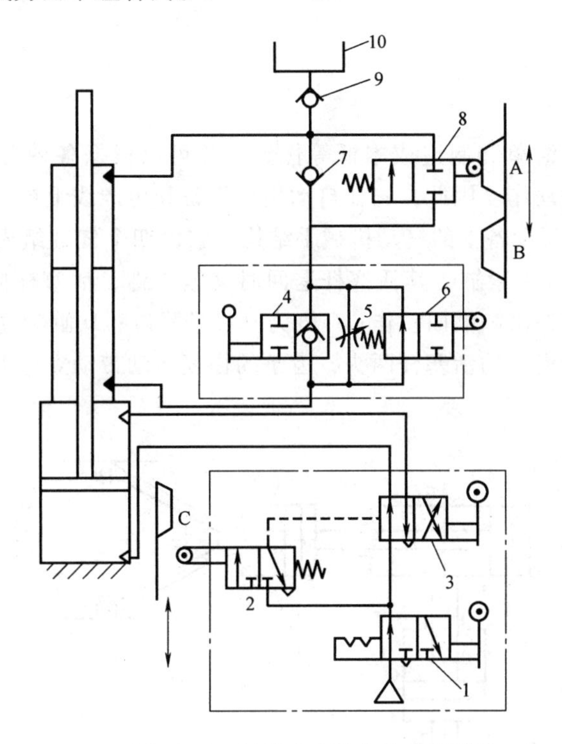

图 12-19 气液动力滑台的回路原理

1—换向阀 2、6、8—机控阀 3、4—手动阀 5—节流阀 7、9—单向阀 10—油箱

该种气液滑台能完成下面的两种工作循环：

1. 快进—慢进—快退—停止

当图 12-19 中阀 4 处于图示状态时，就可实现上述循环的进给程序。其动作原理为：当手动阀 3 切换至右位时，实际上就是给予进刀信号，在气压作用下，气缸中活塞开始向下运动，液压缸中活塞下腔油液经机控阀 6 的左位和单向阀 7 进入液压缸活塞的上腔，实现了快进；当快进到活塞杆上的挡铁 B 切换机控阀 6（使它处于右位）后，油液只能经节流阀 5 进入活塞上腔，调节节流阀的开度，即可调节气-液阻尼缸运动速度。所以，这时开始慢进（工作进给）。当慢进到挡铁 C 使机控阀 2 切换至左位时，输出气信号使阀 3 切换至左位，这时气缸活塞开始向上运动。液压缸活塞上腔的油液经阀 8 至图示位置而使油液通道被切断，活塞就停止运动。所以改变挡铁 A 的位置，就能改变“停”的位置。

2. 快进—慢进—慢退—快退—停止

把手动阀 4 关闭（处于左位）时就可实现双向进给程序，其动作原理为：其动作循环中的快进—慢进的动作原理与上述相同。当慢进至挡铁 C 切换机控阀 2 至左位时，输出气信号使阀 3 切换至左位，气缸活塞开始向上运动，这时液压缸上腔的油液经机控阀 8 的左位和节流阀 5 进入液压活塞缸下腔，即实现了慢退（反向进给）；当慢退到挡铁 B 离开阀 6 的顶杆而使其复位（处于左位）后，液压缸活塞上腔的油液就经阀 8 的左位、再经阀 6 的左位进入液压活塞缸下腔，开始快退；快退到挡铁 A 切换阀 8 至图示位置时，油液通路被切断，活塞就停止运动。

图 12-19 中补油箱 10 和单向阀 9 仅仅是为了补偿系统中的漏油而设置的，因而一般可用油杯来代替。

12.2.2 气动机械手

气动机械手具有结构简单和制造成本低等优点，并可以根据各种自动化设备的工作需要，按照设定的控制程序动作。因此，它在自动生产设备和生产线上被广泛采用。

图 12-20 所示为某专用设备上的气动机械手结构，它由四个气缸组成，可在三个坐标内工作。图 12-20 中，A 缸为夹紧缸，其活塞杆退回时夹紧工件，活塞杆伸出时松开工件；B 缸为长臂伸缩缸，可实现伸出和缩回动作；C 缸为立柱升降缸；D 缸为立柱回转缸，该气缸有两个活塞，分别装在带齿条的活塞杆两头，齿条的往复运动带动立柱上的齿轮旋转，从而实现立柱的回转。

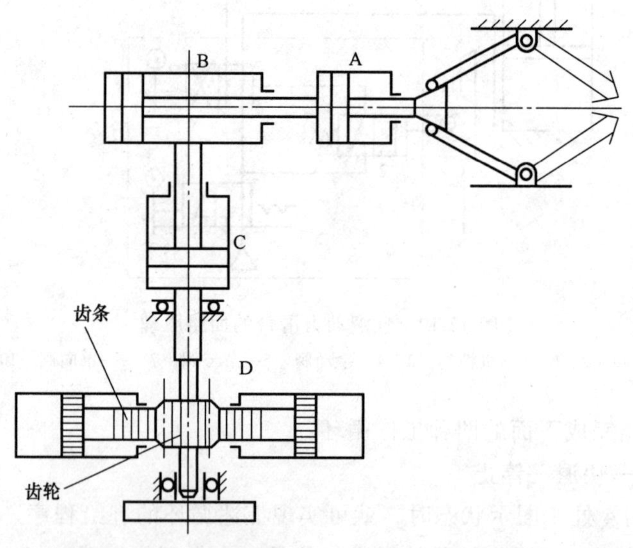

图 12-20 某专用设备上的气动机械手结构

图 12-21 所示为气动机械手的回路原理，若要求该机械手的动作顺序为：立柱下降 C_0—伸臂 B_1—夹紧工件 A_0—缩臂 B_0—立柱顺时针转 D_1—立柱上升 C_1—放开工件 A_1—立柱逆时针转 D_0，则该传动系统的工作循环分析如下：

1）按下起动阀 q，主控阀 C 将处于 C_0位，活塞杆退回，即得到 C_0。

2）当 C 缸活塞杆上的挡铁碰到 c_0时，则控制气将使主控阀 B 处于 B_1位，使 B 缸活塞

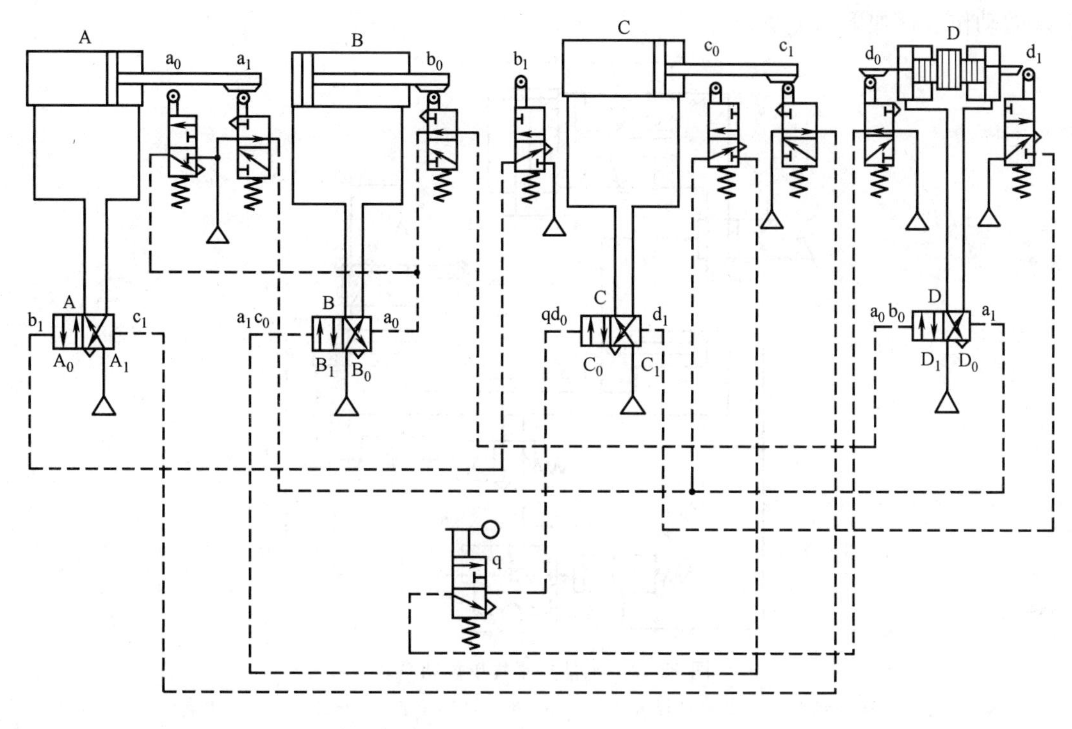

图 12-21 气动机械手的回路原理

杆伸出，即得到 B_1。

3）当 B 缸活塞杆上的挡铁碰到 b_1时，则控制气将使主动阀 A 处于 A_0位，A 缸活塞杆退回，即得到 A_0。

4）当 A 缸活塞杆上的挡铁碰到 a_0时，则控制气将使主动阀 B 处于位 B_0位，B 缸活塞杆退回，即得到 B_0。

5）当 B 缸活塞杆上的挡铁碰到 b_0时，则控制气使主动阀 D 处于 D_1位，D 缸活塞杆往右，即得到 D_1。

6）当 D 缸活塞杆上的挡铁碰到 d_1时，则控制气使主控阀 C 处于 C_1位，使 C 缸活塞杆伸出，得到 C_1。

7）当 C 缸活塞杆上的挡铁碰到 c_1时，则控制气使主控阀 A 处于 A_1位，使 A 缸活塞杆伸出，得到 A_1。

8）当 A 缸活塞杆上的挡铁碰到 a_1时，则控制气使主控阀 D 处于 D_0位，使 D 缸活塞杆往左，即得到 D_0。

9）当 D 缸活塞杆上的挡铁碰到 d_0时，则控制气经起动阀 q 又使主控阀 C 处于 C_0位，于是又开始新的一轮工作循环。

12.2.3 工件夹紧气压传动系统

图 12-22 所示为机械加工自动线、组合机床中常用的工件夹紧的气压传动系统。其工作原理是：当工件运行到指定位置后，气缸 A 的活塞杆伸出，将工件定位锁紧后，两侧的气缸 B 和 C 的活塞杆同时伸出，从两侧面压紧工件，实现夹紧，而后进行机械加工，其气压

系统的动作过程如下。

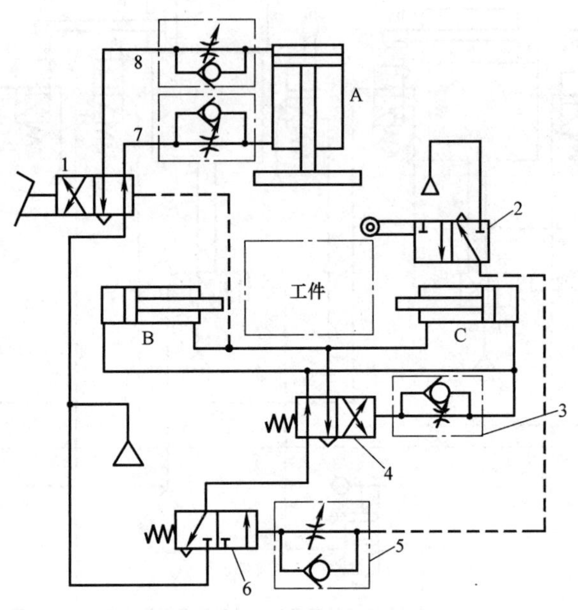

图 12-22　工件夹紧气压传动系统

1—脚踏换向阀　2—机动行程阀　3、5、7、8—单向节流阀　4—主控阀　6—中继阀

当用脚踏下脚踏换向阀 1（在自动线中往往采用其他形式的换向方式）后，压缩空气经单向节流阀进入气缸 A 的无杆腔，夹紧头下降至锁紧位置后使机动行程阀 2 换向，压缩空气经单向节流阀 5 进入中继阀 6 的右侧，使阀 6 换向，压缩空气经阀 6 通过主控阀 4 的左位进入气缸 B 和 C 的无杆腔，两气缸同时伸出。与此同时，压缩空气的一部分经单向节流阀 3 调定延时后使主控阀换向到右侧，则两气缸 B 和 C 返回。在两气缸返回的过程中有杆腔的压缩空气使脚踏换向阀 1 复位，则气缸 A 返回。此时由于行程阀 2 复位（右位），所以中继阀 6 也复位，由于阀 6 复位，气缸 B 和 C 的无杆腔通大气，主控阀 4 自动复位，由此完成了一个缸 A 压下（A_1）—夹紧缸 B 和 C 伸出夹紧（B_1、C_1）—夹紧缸 B 和 C 返回（B_0、C_0）—缸 A 返回（A_0）的动作循环。

12.2.4　数控加工中心气动换刀系统

图 12-23 所示为数控加工中心气动换刀系统原理图，该系统在换刀过程中实现主轴定位、主轴松刀、拔刀、向主轴锥孔吹气和插刀动作。

动作过程如下：当数控系统发出换刀指令时，主轴停止旋转，同时 4YA 通电，压缩空气经气动三联件 1、换向阀 4、单向节流阀 5 进入主轴定位缸 A 的右腔，缸 A 的活塞左移，使主轴自动定位。定位后压下无触点开关，使 6YA 通电，压缩空气经换向阀 6、快速排气阀 8 进入气液增压缸 B 的上腔，增压腔的高压油使活塞伸出，实现主轴松刀，同时使 8YA 通电，压缩空气经换向阀 9、单向节流阀 11 进入缸 C 的上腔，缸 C 下腔排气，活塞下移实现拔刀。由回转刀库交换刀具，同时 1YA 通电，压缩空气经换向阀 2、单向节流阀 3 向主轴锥孔吹气。稍后 1YA 断电、2YA 通电，停止吹气，8YA 断电、7YA 通电，压缩空气经换向阀 9、单向节流阀 10 进入缸 C 的下腔，活塞上移，实现插刀动作。6YA 断电、5YA 通电，压缩空气经换向阀6、快速排气阀7进入气液增压缸B的下腔，使活塞退回，主轴的机械机构使刀具夹紧。4YA断电、3YA通电，缸A的活塞靠弹簧力作用复位，回复到开始状态，换刀结束。

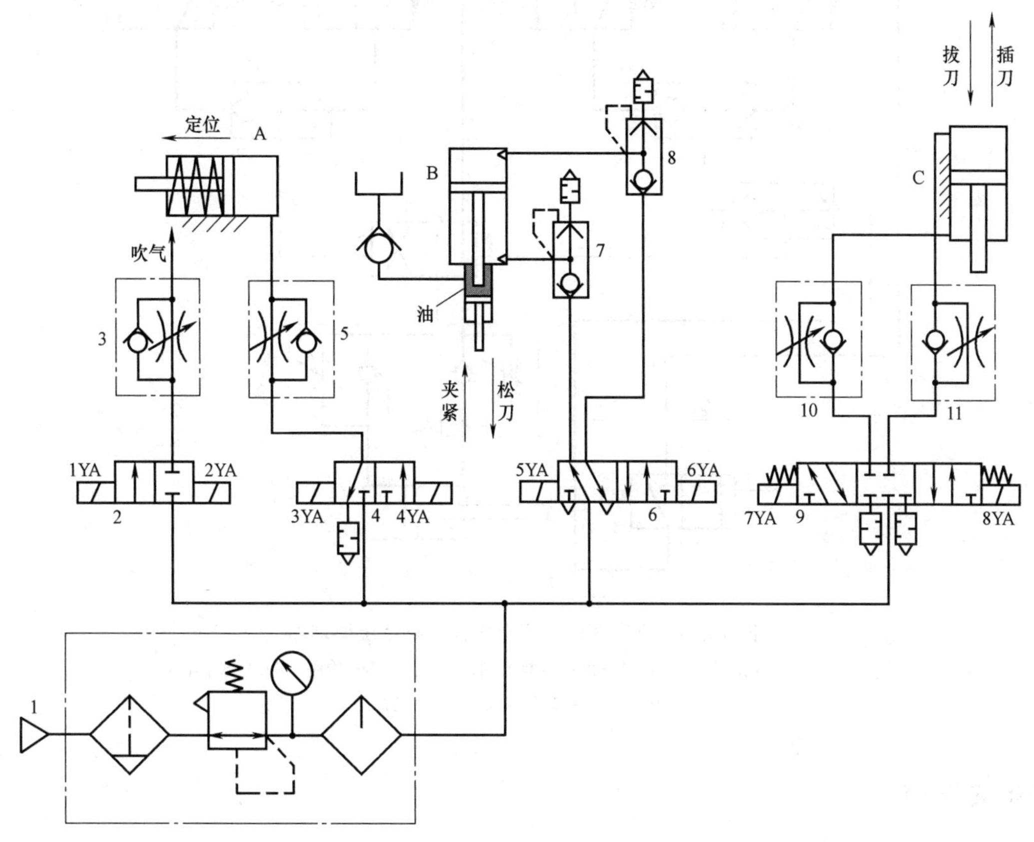

图12-23　数控加工中心气动换刀系统原理图

1—气动三联件　2、4、6、9—换向阀　3、5、10、11—单向节流阀　7、8—快速排气阀

12.2.5　汽车车门的安全操作系统

图12-24所示为汽车车门的安全操作回路系统原理图。它用来控制汽车车门开关，且当车门在关闭中遇到障碍时，能使车门再自动开启，起安全保护作用。车门的开关靠气缸12来实现，气缸由气控换向阀9来控制。而气控换向阀又由1、2、3、4四个按钮式换向阀操纵，气缸运动速度的快慢由单向节流阀10和11来调节。通过阀1或阀3使车门开启。通过阀2或阀4使车门关闭。起安全保护的机动控制换向阀5安装在车门上。

当操纵手动换向阀1或3时，压缩空气便经阀1或阀3到梭阀7和8，把控制信号送到阀9的a侧，使阀9向车门开启方向切换。压缩空气便经阀9左位和阀10中的单向阀到气缸有杆腔，推动活塞而使车门开启。当操纵阀2或阀4时，压缩则经阀6到阀9的b侧，使阀9向车门关闭方向切换，压缩空气则经阀9右位和阀11中的单向阀到气缸的无杆腔，使车门关闭。车门在关闭过程中若碰到障碍物，便推动机动控制换向阀5，使压缩空气经阀5把控制信号经阀8送到阀9的a端，使车门重新开启。但是，若阀2或阀4仍然保持按下状态，则阀5起不到自动开启车门的安全作用。

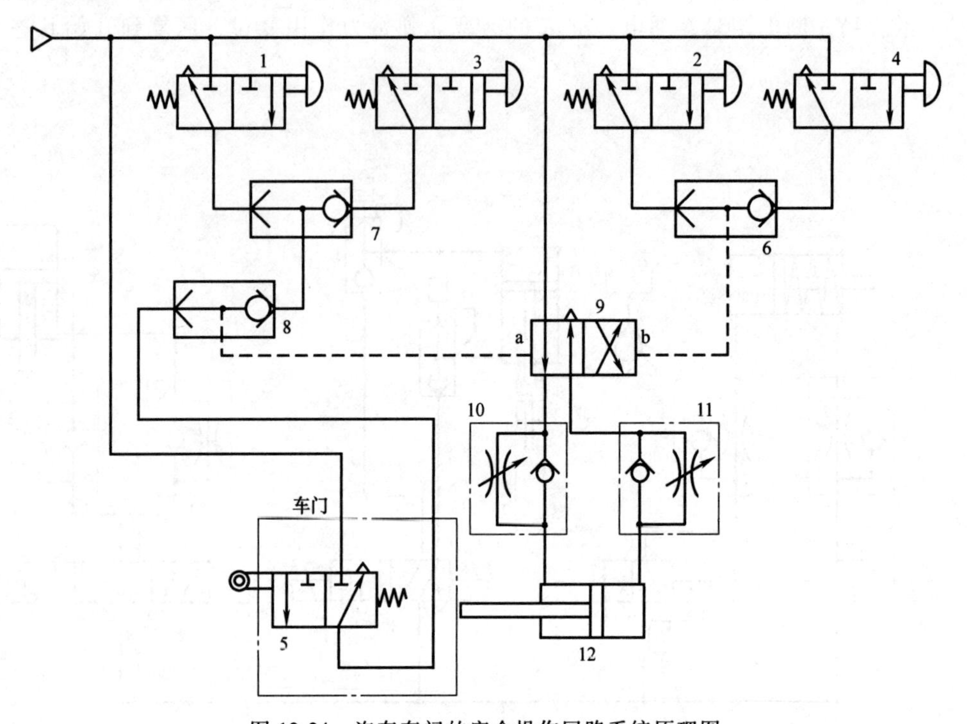

图 12-24 汽车车门的安全操作回路系统原理图

1、2、3、4—按钮式换向阀 5—机动控制换向阀 6、7、8—梭阀 9—气控换向阀

10、11—单向节流阀 12—气缸

任务实施：

通过对回路的组装调试，进一步熟悉各种基本回路的组成，加深对回路性能的理解。对各种气动元件的工作原理、基本结构、使用方法和在回路中的作用加深认识。培养安装、连接和调试气动回路的实践能力。

12.2.6 实训——调速回路的安装与调试

1. 实训准备

气压实验台、电气控制柜、泵站、各种元件及辅助装置和各种工具（内六角扳手一套、活扳手、螺钉旋具、尖嘴钳、剥线钳等）。

调速回路的原理如图 12-25 所示，其电气控制原理如图 12-26 所示。

2. 实训步骤

1）参照回路的原理图，找出所需的元件，逐个安装到实验台上。

2）参照回路的原理图，将安装好的元件用气管进行正确的连接，并与泵站相连。

3）根据回路动作要求画出电磁铁动作顺序表，并画出电气控制原理图（图 12-26）。根据电气控制原理图（图 12-26）连接好电路。

4）全部连接完毕由老师检查无误后，接通电源，对回路进行调试。

5）调试完毕，把所有元件拆除并放回原处。

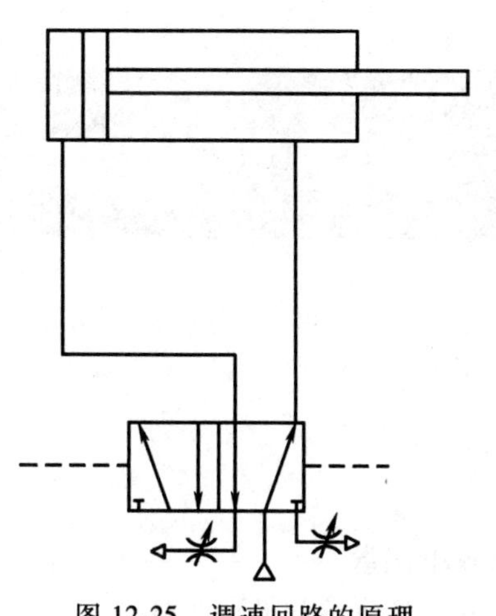

图 12-25　调速回路的原理

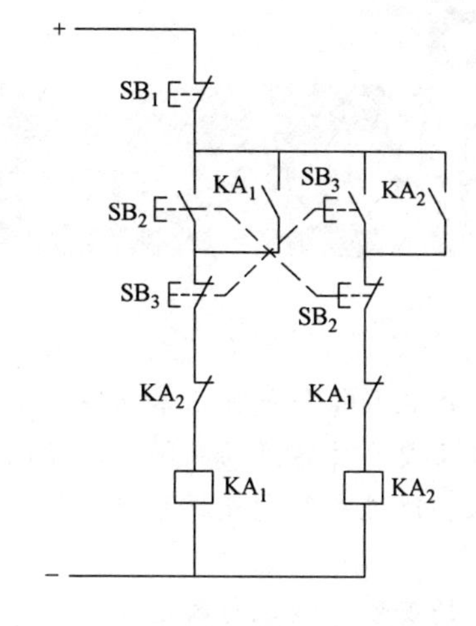

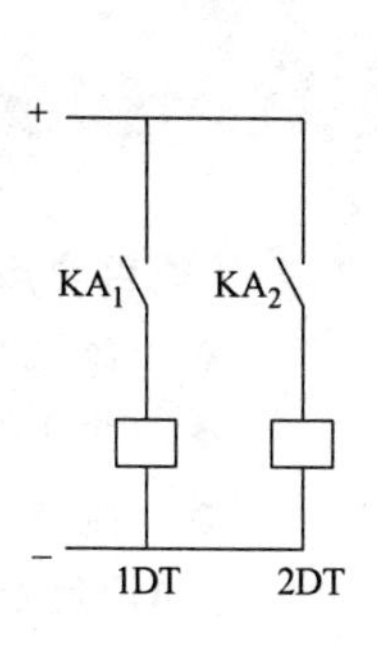

图 12-26　电气控制原理图

思考与练习

12-1　常用气动回路有哪些？分析其原理和特点。

12-2　试设计一个能完成快进—工进—快退的自动工作循环回路。

12-3　分析如图 12-27 所示回路的工作过程，并指出元件的名称。

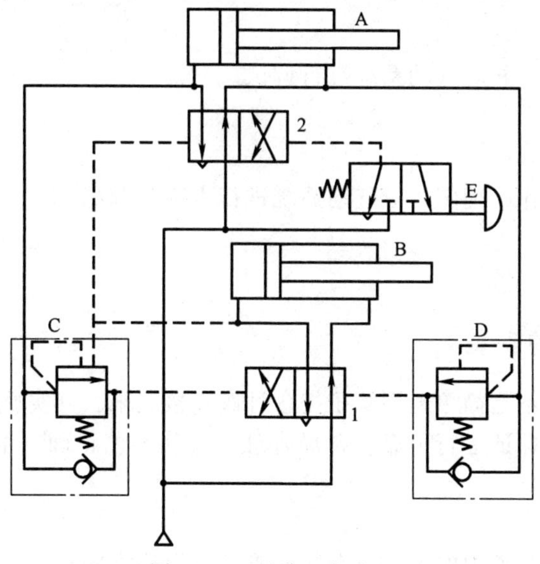

图 12-27　回路工作过程

项目13
气动系统的安装与调试、使用及维护

【项目要点】

◆ 能正确组装、调试和维护气压基本回路。

◆ 掌握气动系统主要元件常见的故障及其排除方法。

◆ 能够正确组装、改进和维护气压系统。

【知识目标】

◆ 掌握气压系统的安装、调试与改进。

◆ 掌握气压系统常见的故障及排除方法。

【素质目标】

◆ 培养学生树立正确的价值观和职业态度。

◆ 培养学生爱国、爱党、爱人民的情怀。

思政小课堂

一线阵地练就大国工匠

任务13.1 气动系统的安装与调试

任务目标：

能够组装气动系统，并对气动系统进行调试。

任务描述：

根据气动系统的工作原理图，对气动系统进行安装与调试。

知识与技能：

13.1.1 气动系统的安装

气动系统的安装并不是简单地用管子把各种阀连接起来，其实质是设计的延续。作为一种生产设备，它首先应保证运行可靠、布局合理、安装工艺正确、维修及检测方便。此外，还应注意以下事项：

1. 管道的安装

安装前要彻底清理管道内的粉尘及杂物；管子支架要牢固，工作时不得产生振动；接管时要充分注意密封性，防止出现漏气，尤其注意接头处及焊接处；管路尽量平行布置，减少交叉，力求最短，转弯最少，并考虑到能自由拆装。安装软管要有一定的转弯半径，不允许有拧扭现象，且应远离热源或安装隔热板。

2. 元件的安装

元件应严格按照阀的推荐安装位置和标明的安装方向进行安装施工；逻辑元件应按照控制回路的需要，将其成组地装在底板上，并在底板上开出气路，用软管接出；可移动缸的中心线应与负载作用力的中心线重合，否则易产生侧向力，使密封件加速磨损、活塞杆弯曲；对于各种控制仪表、自动控制器、压力继电器等，在安装前要先进行校验。

13.1.2 气动系统的调试

1. 调试前的准备

调试前，要熟悉说明书等有关技术资料，力求全面了解系统的原理、结构、性能和操作方法；了解元件在设备上的实际位置、元件调节的操作方法及调节旋钮的旋向；还要准备好相应的调试工具等。

2. 空载运行

空载运行时间一般不少于2h，且注意观察压力、流量、温度的变化，如发现异常应立即停车检查，待故障排除后才能继续运转。

3. 负载试运转

负载试运转应分段加载，运转时间一般不少于4h，分别测出有关数据，记入试运转记录。

任务实施：

合理选择气动元件，使用合适的拆装工具；根据气压系统图，对气压系统进行安装调试。

任务13.2 气动系统的使用与维护

任务目标：

能够对气动系统进行维护。

任务描述：

根据气动系统的工作原理，对气动系统主要部位进行检查和维护。

知识与技能：

13.2.1 气动系统使用时的注意事项

1）开车前后要放掉系统中的冷凝水。

2）定期给油雾器注油。

3）开车前要检查各调节手柄是否在正确的位置，机控阀、行程开关、挡块的位置是否正确、牢固。

4）对导轨、活塞杆等外露部分的配合表面进行擦拭。

5）随时注意压缩空气的清洁度，对空气过滤器的滤芯要定期清洗。

6）设备长期不用时，应将各手柄放松，防止因弹簧发生永久变形而影响各元件的调节性能。

13.2.2 压缩空气的污染及防止方法

压缩空气的质量对气动系统的性能影响极大，如被污染将使管路和元件锈蚀、密封件变形、堵塞喷嘴，使系统不能正常工作。压缩空气的污染主要来自水分、油分和粉尘三个方面。其污染原因及防止方法如下：

1. 水分

压缩空气吸入的是含有水分的湿空气，经压缩后提高了压力，当再度冷却时就要析出冷凝水，侵入到压缩空气中致使管道和元件锈蚀，影响其性能。

防止冷凝水侵入压缩空气的方法是：及时排除系统各排水阀中积存的冷凝水；注意经常检查自动排水器、干燥器的工作是否正常，定期清洗空气过滤器、自动排水器的内部元件等。

2. 油分

这里是指使用过的因受热而变质的润滑油。空气压缩机使用的一部分润滑油呈雾状混入压缩空气中，受热后汽化，随压缩空气一起进入系统，将使密封件变形，造成空气泄漏、摩擦阻力增大、阀和执行元件动作不良，而且还会污染环境。

清除压缩空气中的油分的方法有：对于较大的油分颗粒，通过除油器和空气过滤器的分离作用可将其与空气分开，并经设备底部的排污阀排除；较小的油分颗粒，则可通过活性炭的吸附作用加以清除。

3. 灰尘

大气中含有的粉尘、管道内的锈粉及密封材料的碎屑等进入到压缩空气中，将引起元件中的运动件卡死、动作失灵、堵塞喷嘴、加速元件磨损、降低使用寿命，导致故障发生，严重影响系统性能。

防止粉尘侵入压缩机的主要方法是：经常清洗空气压缩机前的预过滤器，定期清洗空气过滤器的滤芯，及时更换滤清元件等。

13.2.3 气动系统的日常维护

气动系统的日常维护主要是指对冷凝水的管理和系统润滑的管理。对冷凝水管理的方法在前面已讲述，这里仅介绍对系统润滑的管理。

气动系统中从控制元件到执行元件，凡有相对运动的表面都需要进行润滑。如润滑不当，将会使摩擦阻力增大而导致元件动作不良，因密封面磨损会引起系统泄漏等危害。

润滑油黏度的高低直接影响润滑的效果。通常，高温环境下用高黏度的润滑油，低温环境下用低黏度的润滑油。如果温度特别低，为克服雾化困难可在油杯内装加热器。供油是随润滑部位的形状、运动状态及负载大小而变化，而且供油量总是大于实际需要量。一般以每 $10m^3$ 自由空气供给 1mL 的油量为基准。

平时要注意油雾器的工作是否正常，如果发现油量没有减少，需及时检修或更换油雾器。

13.2.4 气动系统的定期检修

气动系统定期检修的时间通常为三个月。检修的主要内容有：

1）查明系统各泄漏处，并设法予以解决。

2）通过对方向控制阀排气口的检查，判断润滑油是否适度，空气中是否有冷凝水。如果润滑不良，考虑油雾器规格是否合适，安装位置是否恰当，滴油量是否正常等。如果有大量冷凝水排出，考虑过滤器的安装位置是否恰当，排除冷凝水的装置是否合适，冷凝水的排除是否彻底。如果方向控制阀排气口关闭时，仍有少量泄漏，往往是元件损伤的初期阶段，检查后，可更换受磨损元件以防止发生动作不良。

3）检查安全阀、紧急安全开关动作是否可靠。定期检修时，必须确认它们动作的可靠性，以确保设备和人身安全。

4）观察换向阀的动作是否可靠。根据换向时的声音是否异常，判断铁心和衔铁配合处是否夹有杂质。检查铁心是否有磨损，密封件是否老化。

5）反复开关换向阀，观察气缸动作，判断活塞上的密封是否良好。检查活塞外露部分，判断前盖的配合处是否有泄漏。

上述各项检查和修复的结果应记录下来，以作为设备出现故障时查找原因和设备大修时的参考。

气动系统的大修间隔期为一年或几年。大修的主要内容是检查系统各元件和部件，判定其性能和寿命，并对平时产生故障的部位进行检修或更换元件，排除修理间隔期内一切可能产生故障的因素。

任务实施：

根据气动系统的工作状况，对气动系统重点部位逐一检查。

任务 13.3　气动系统主要元件常见的故障及其排除方法

任务目标：

能够对气动系统常见的故障进行排除。

任务描述：

根据气动系统常见故障的排除方法对气动系统进行分析，对气动系统故障进行排除。

知识与技能：

气动系统主要元件常见的故障及其排除方法见表 13-1～表 13-6。

表 13-1　减压阀常见的故障及其排除方法

故障现象	产生原因	排除方法
二次压力升高	①阀弹簧损坏 ②阀座有伤痕或阀座橡胶(密封圈)剥落 ③阀体中夹入灰尘,阀芯导向部分粘附异物 ④阀芯导向部分和阀体 O 形密封圈收缩、膨胀	①更换阀弹簧 ②更换阀体 ③清洗、检查过滤器 ④更换 O 形密封圈

（续）

故障现象	产生原因	排除方法
压力降过大（流量不足）	①阀口通径小 ②阀下部积存冷凝水；阀内混有异物	①使用大通径的减压阀 ②清洗、检查过滤器
溢流口总是漏气	①溢流阀座有伤痕（溢流式） ②膜片破裂 ③二次压力升高 ④二次侧背压增高	①更换溢流阀座 ②更换膜片 ③参看“二次压力升高”栏 ④检查二次侧的装置、回路
阀体漏气	①密封件损伤 ②弹簧松弛	①更换密封件 ②张紧弹簧或更换弹簧
异常振动	①弹簧的弹力减弱、弹簧错位 ②阀体的中心、阀杆的中心错位 ③因空气消耗量周期变化使阀不断开启、关闭，与减压阀引起共振	①把弹簧调整到正常位置，更换弹力减弱的弹簧 ②检查并调整位置偏差 ③改变阀的固有频率

表 13-2　溢流阀常见的故障及其排除方法

故障现象	产生原因	排除方法
压力虽上升，但不溢流	①阀内的孔堵塞 ②阀芯导向部分进入异物	①清洗阀孔 ②清洗阀芯
压力虽没有超过设定值，但在二次侧却溢出空气	①阀内进入异物 ②阀座损伤 ③调压弹簧损伤	①清洗溢流阀 ②更换阀座 ③更换调压弹簧
溢流时发生振动（主要发生在膜片式阀中，启闭压力差减小）	①压力上升速度很慢，溢流阀放出流量多，引起阀振动 ②因从压力上升源到溢流阀之间被节流，阀前部压力上升慢而引起振动	①二次侧安装针阀微调溢流量，使其与压力上升量匹配 ②增大压力上升源到溢流阀的管路通径
从阀体和阀盖向外漏气	①膜片破裂（膜片式） ②密封件损伤	①更换膜片 ②更换密封件

表 13-3　换向阀常见的故障及其排除方法

故障现象	产生原因	排除方法
不能换向	①阀的滑动阻力大，润滑不良 ②O 形密封圈变形 ③粉尘卡住滑动部分 ④弹簧损坏 ⑤阀操纵力小 ⑥活塞密封圈磨损	①进行润滑 ②更换密封圈 ③消除粉尘 ④更换弹簧 ⑤检查阀操纵部分 ⑥更换密封圈
阀产生振动	①空气压力低（先导阀） ②电源电压低（电磁阀）	①提高操作压力，或采用直动型换向阀 ②提高电源电压，或使用低电线圈

（续）

故障现象	产生原因	排除方法
交流电磁铁有蜂鸣声	①H型活动铁心密封不良 ②粉尘进入T形铁心的滑动部分，使活动铁心不能密切接触 ③短路环损坏 ④电源电压低 ⑤外部导线拉得太紧	①检查铁心接触和密封性，必要时更换铁心组件 ②清除粉尘 ③更换活动铁心 ④提高电源电压 ⑤引线应宽裕
电磁铁动作时间偏差大，或有时不能动作	①活动铁心锈蚀，不能移动；在湿度高的环境中使用气动元件时，由于密封不完善而向磁铁部分泄漏空气 ②电源电压低 ③粉尘进入活动铁心的滑动部分，使运动恶化	①铁心除锈，修理好对外部的密封，更换坏的密封件 ②提高电源电压或使用符合电压的线圈 ③清除粉尘
线圈烧毁	①环境温度高 ②快速循环使用时 ③因为吸引时电流大，单位时间耗电多，温度升高，使绝缘损坏而短路 ④粉尘夹在阀和铁心之间，不能吸引活动铁心 ⑤线圈上有残余电压	①按产品规定温度范围使用 ②使用高级电磁阀 ③使用气动逻辑回路 ④清除粉尘 ⑤使用正常电源电压，使用符合电压的线圈
切断电源，活动铁心不能退回	粉尘夹入活动铁心滑动部分	清除粉尘

表13-4　气缸常见的故障及其排除方法

故障现象	产生原因	排除方法
外泄漏（主要有：活塞杆与密封衬套间漏气；气缸体与端盖间漏气；从缓冲装置的调节螺钉处漏气）	①衬套密封圈磨损 ②活塞杆偏心 ③活塞杆有伤痕 ④活塞杆与密封衬套的配合面内有杂质 ⑤密封圈损坏	①更换密封圈 ②重新安装，使活塞杆不受偏心负荷 ③更换活塞杆 ④除去杂质 ⑤更换密封圈
内泄漏（活塞两端串气）	①活塞密封圈损坏 ②润滑不良 ③活塞被卡住 ④活塞配合面有缺陷，杂质挤入密封面	①更换活塞密封圈 ②改善润滑 ③重新安装，使活塞杆不受偏心负荷 ④缺陷严重者更换零件，除去杂质
输出力不足，动作不平稳	①润滑不良 ②活塞或活塞杆卡住 ③气缸体内表面有锈蚀或缺陷 ④进入了冷凝水、杂质	①调节或更换油雾器 ②检查安装情况，消除偏心 ③视缺陷大小再决定排除故障的办法 ④加强对空气过滤器和除油器的管理，定期排放污水

（续）

故障现象	产生原因	排除方法
损伤（主要有：活塞杆折断；端盖损坏）	①有偏心负荷 ②摆动气缸安装轴销的摆动面与负荷摆动面不一致；摆动轴销的摆动角过大，负荷很大，摆动速度又快，有冲击装置的冲击加到活塞杆上；活塞杆承受负荷的冲击；气缸的速度太快 ③缓冲机构不起作用	①调整安装位置，消除偏心 ②使轴销摆角一致；确定合理的摆动速度；冲击不得加在活塞杆上，设置缓冲装置 ③在外部回路中设置缓冲机构
缓冲效果不好	①缓冲部分的密封性能差 ②调节螺钉损坏 ③气缸速度太快	①更换密封圈 ②更换调节螺钉 ③研究缓冲机构的结构是否合适

表 13-5　空气过滤器常见的故障及其排除方法

故障现象	产生原因	排除方法
压力过大	①使用过细的滤芯 ②过滤器的流量范围太小 ③流量超过过滤器的流量 ④过滤器滤芯网眼堵塞	①更换适当的滤芯 ②更换流量范围大的过滤器 ③更换大流量的过滤器 ④用净化液清洗（必要时更换）滤芯
从输出端溢流出冷凝水	①未及时排出冷凝水 ②自动排水器发生故障 ③超过过滤器的流量范围	①养成定期排水的习惯或安装自动排水器 ②修理（必要时更换）自动排水器 ③在适当流量范围内使用或者更换大流量的过滤器
输出端出现异物	①过滤器滤芯破损 ②滤芯密封不严 ③用有机溶剂清洗塑料件	①更换滤芯 ②更换滤芯的密封，紧固滤芯 ③用清洁的热水或煤油清洗
塑料水杯破损	①在有机溶剂的环境中使用 ②空气压缩机输出某种焦油 ③压缩机从空气中吸入对塑料有害的物质	①使用不受有机溶剂侵蚀的材料（如使用金属杯） ②更换空气压缩机的润滑油，使用无油压缩机 ③使用金属杯
漏气	①密封不良 ②因物理（冲击）、化学原因使塑料杯产生裂痕 ③泄水阀、自动排水器失灵	①更换密封件 ②采用金属杯 ③修理（必要时更换）

表 13-6　油雾器常见的故障及其排除方法

故障现象	产生原因	排除方法
油杯未加压	①通往油杯的空气通道堵塞 ②油杯大，油雾器使用频繁	①拆卸修理空气通道 ②加大通往油杯的空气通孔，使用快速循环式油雾器
油不能滴下	①没有产生油滴下所需的压力差 ②油雾器反向安装 ③油道堵塞 ④油杯未加压	①加上文丘里管或换成小的油雾器 ②改变安装方向 ③拆卸、检查、修理 ④因通往油杯的空气通道堵塞，需拆卸修理

（续）

故障现象	产生原因	排除方法
油滴数不能减少	油量调整螺栓失效	检修油量调整螺栓
空气向外泄漏	①油杯破坏 ②密封不良 ③观察玻璃破损	①更换油杯 ②检修密封 ③更换观察玻璃
油杯破损	①用有机溶剂清洗 ②周围存在有机溶剂	①更换油杯，使用金属杯或耐有机溶剂油杯 ②与有机溶剂隔离

任务实施：

根据气压系统的故障情况，针对故障现象进行分析，采取正确的处理方法，对故障进行排除。

思考与练习

13-1 气动系统日常维护的主要内容有哪些？

13-2 气动系统定期检修的主要内容有哪些？

13-3 简述油雾器常见的故障及其排除方法。

附　录

流体传动系统及元件图形符号和回路图用于常规用途和数据处理的图形符号（GB/T 786.1—2009）见下文。

附录 A　液压与气动附件

附表 A.1　连接和管接头

名称	符　号	名称	符　号
软管总成		三通旋转接头	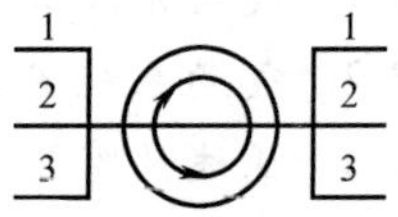 1 2 3 1 2 3
不带单向阀的快换接头，断开状态		带单向阀的快换接头，断开状态	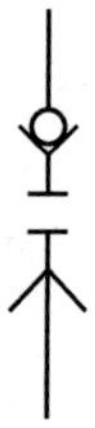
带两个单向阀的快换接头，断开状态	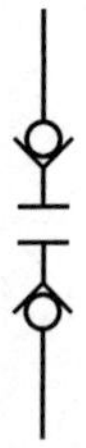	不带单向阀的快换接头，连接状态	
带一个单向阀的快插管接头，连接状态		带两个单向阀的快插管接头，连接状态	

附表 A.2 电气装置

名称	符号	名称	符号
可调节的机械电子压力继电器		输出开关信号、可电子调节的压力转换器	P
模拟信号输出压力传感器	P	压电控制机构	

附表 A.3 测量仪和指示器

名称	符号	名称	符号
光学指示器		数字式指示器	#
声音指示器		压力测量单元(压力表)	
压差计		带选择功能的压力表	1 2 3 4 5
温度计		可调电气常闭触点温度计(接点温度计)	
液位指示器(液位计)		四常闭触点液位开关	4
模拟量输出数字式电气液位监控器	L #	流量指示器	
流量计		数字式流量计	#
转速仪		转矩仪	
开关式定时器		计数器	
直通式颗粒计数器			

附表 A.4 过滤器与分离器

名称	符号	名称	符号
过滤器	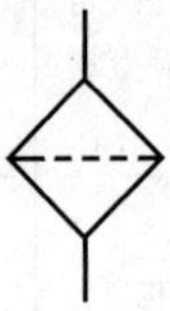	油箱通气过滤器	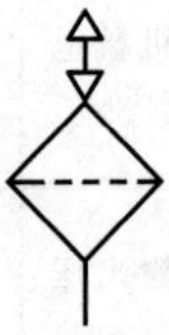
带附属磁性滤芯的过滤器		带光学阻塞指示器的过滤器	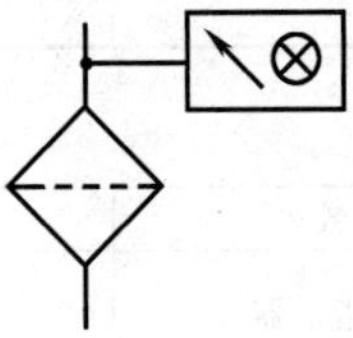
带压力表的过滤器	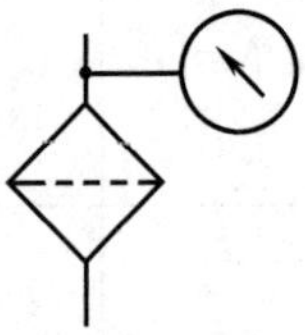	带旁路节流的过滤器	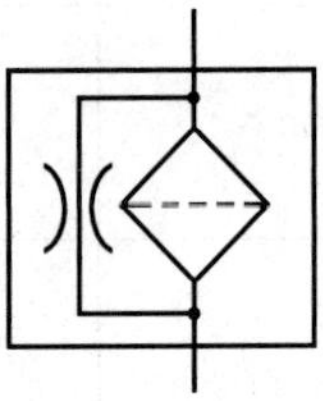
带旁路单向阀的过滤器	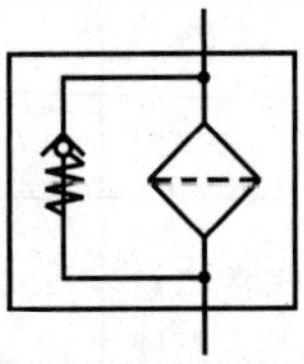	带旁路单向阀和数字显示器的过滤器	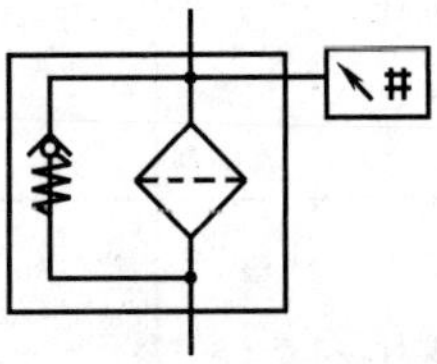
带旁路单向阀、光学阻塞指示器与电气触点的过滤器	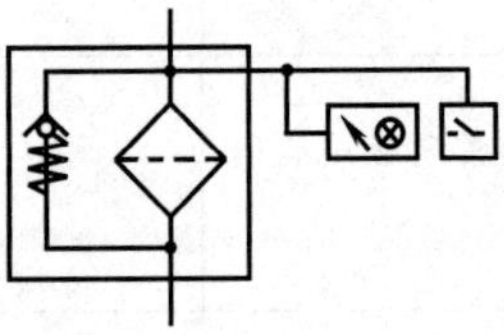	带光学压差指示器的过滤器	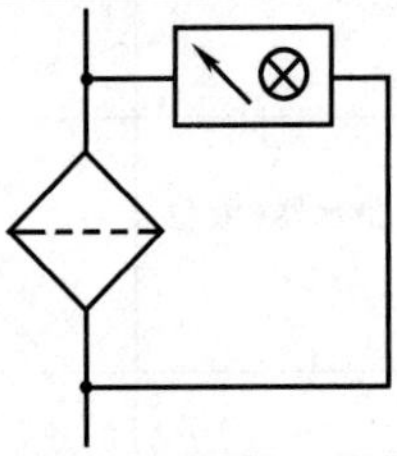
带压差指示器与电气触点的过滤器	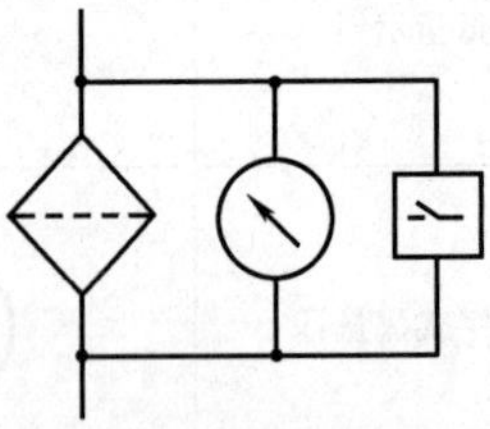	离心式分离器	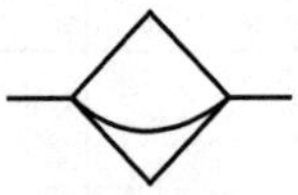
带手动切换功能的双过滤器	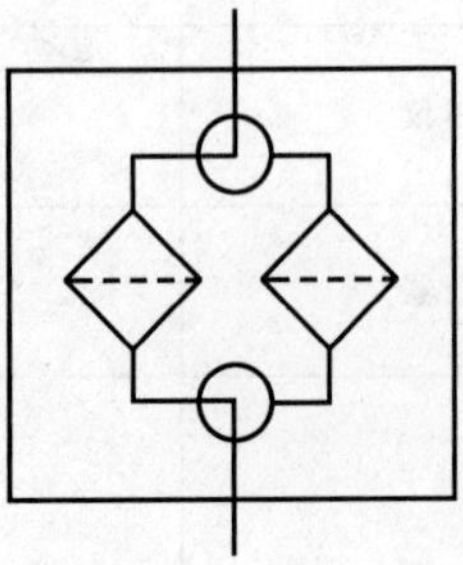	自动排水聚结式过滤器	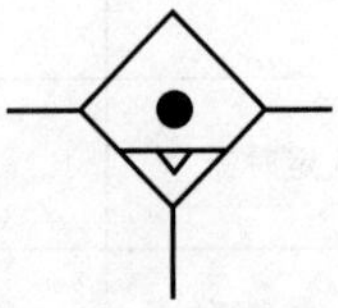

（续）

名称	符　　号	名称	符　　号
双相分离器	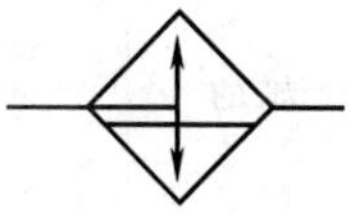	带手动排水阻塞指示器的聚结式过滤器	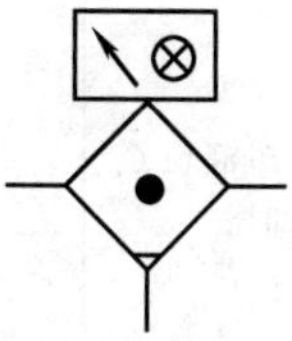
静电分离器	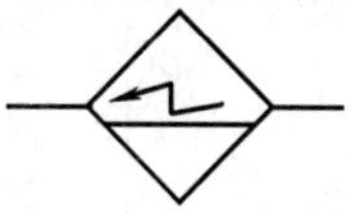	真空分离器	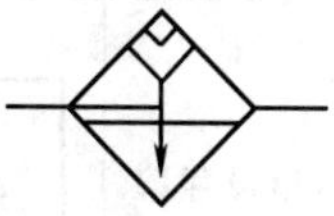
气源处理装置，包括手动排水过滤器、手动调节式溢流调压阀、压力表和油雾器 上图是详细示意图 下图为简化图	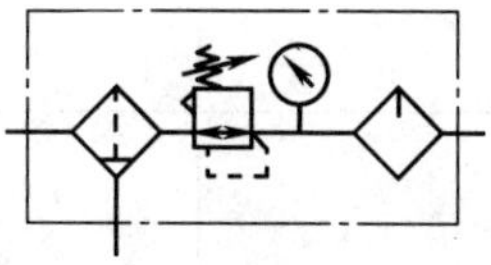 	不带压力表的手动排水过滤器，手动调节，无溢流	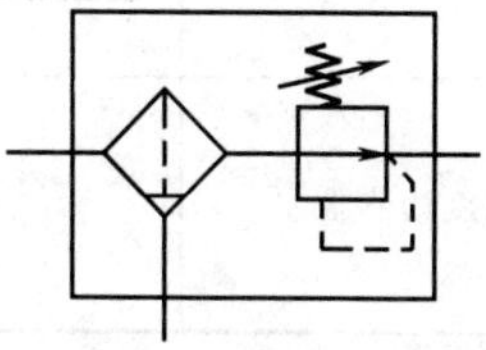
手动排水流体分离器	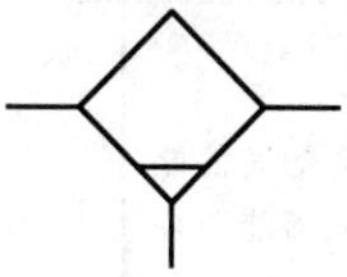	带手动切换功能的双过滤器	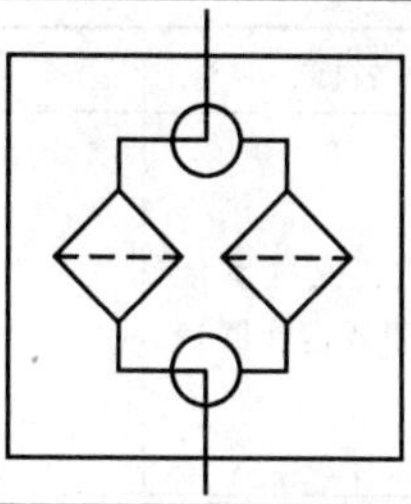
自动排水流体分离器	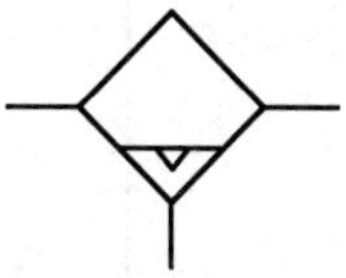	带手动排水分离器的过滤器	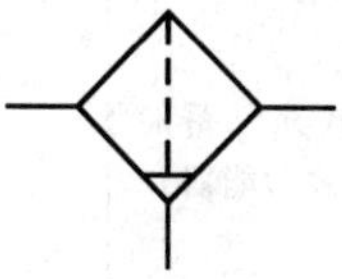
油雾分离器	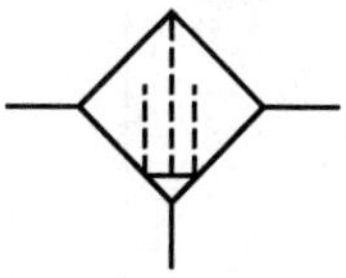	吸附式过滤器	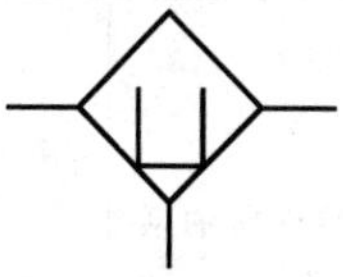
油雾器	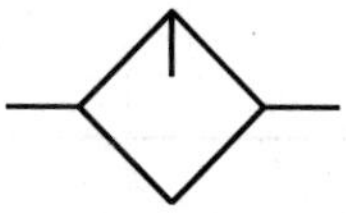	空气干燥器	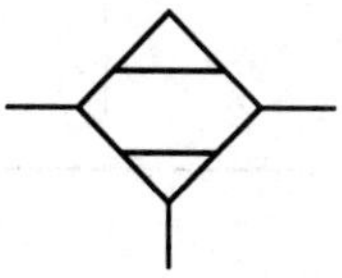
手动排水式重新分离器	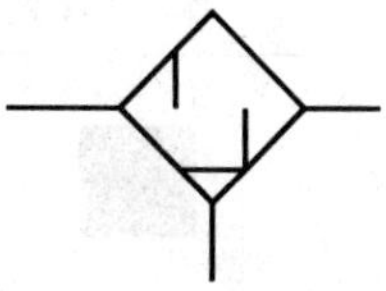	手动排水式油雾器	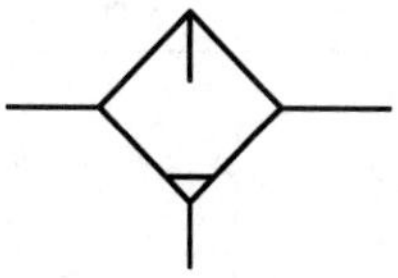

附表 A.5 热交换器

名称	符 号	名称	符 号
不带冷却液流道指示的冷却器		液体冷却的冷却器	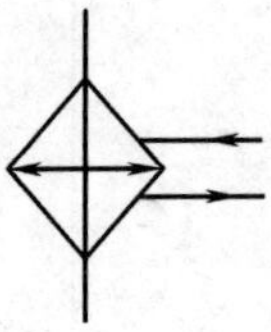
电动风扇冷却的冷却器	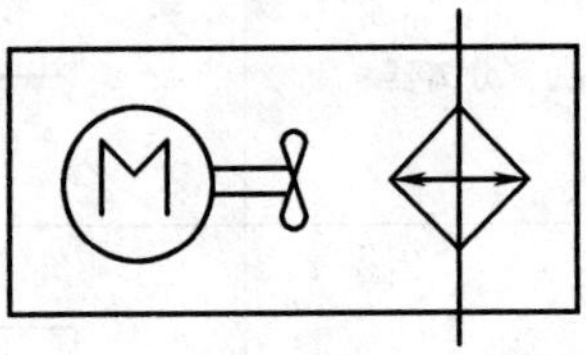	加热器	
温度调节器	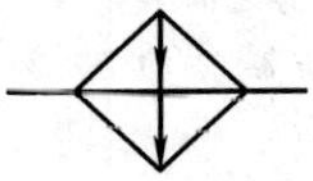		

附表 A.6 蓄能器（压力容器，气瓶）

名称	符 号	名称	符 号
隔膜式充气蓄能器(隔膜式蓄能器)	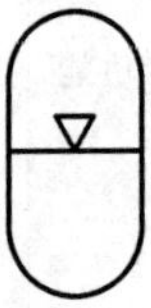	囊隔式充气蓄能器(囊隔式蓄能器)	
活塞式充气蓄能器(活塞式蓄能器)	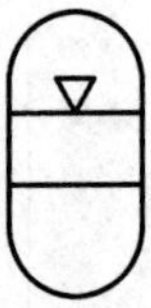	气瓶	
带下游气瓶的活塞式蓄能器	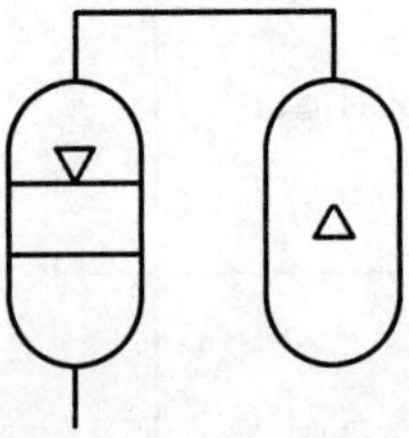	气罐	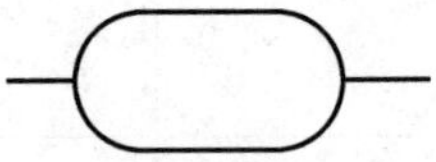

附表 A.7 润滑点

名称	符 号
润滑点	

附表 A.8 真空发生器

名称	符号	名称	符号
真空发生器	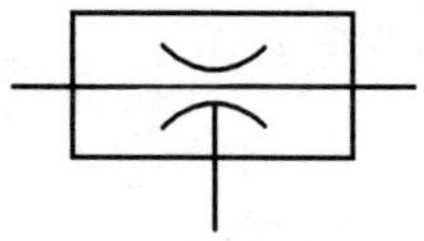	带集成单向阀的单级真空发生器	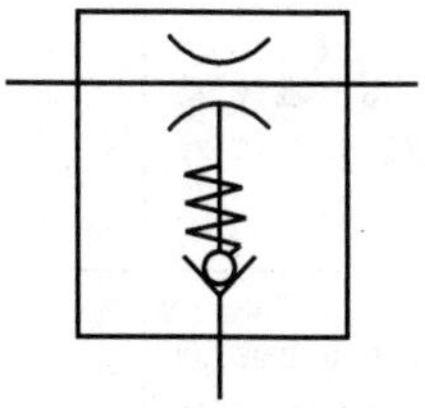
带集成单向阀的三级真空发生器	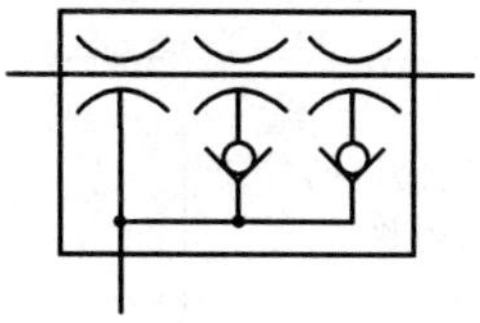	带放气阀的单级真空发生器	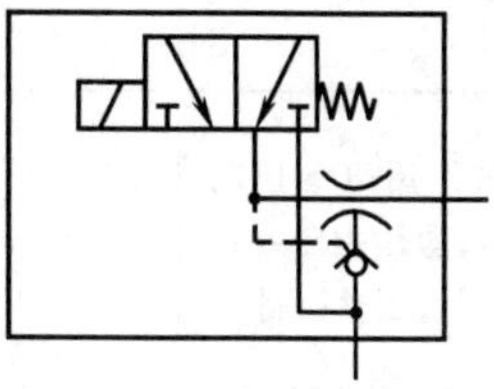

附表 A.9 吸盘

名称	符号	名称	符号
吸盘	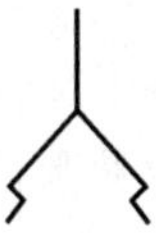	带弹簧压紧式推杆和单向阀的吸盘	

附录B 液压与气动阀的控制机构和液压（气动）阀

附表 B.1 液压与气动阀的控制机构

名称	符号	名称	符号
带有分离把手和定位销的控制机构	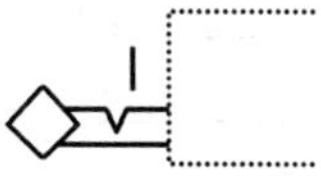	具有可调行程限制装置的柱塞	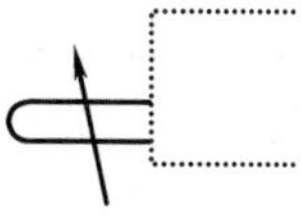
带有定位装置的推或拉控制机构	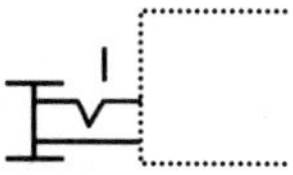	手动锁定控制机构	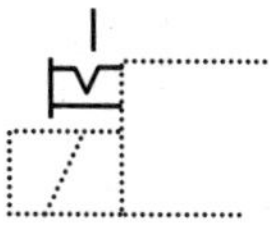
具有5个锁定位置的调节控制机构	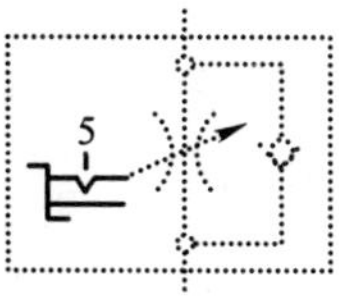 5	单方向行程操纵的滚轮手柄	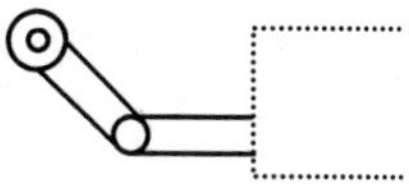
用步进电动机的控制机构	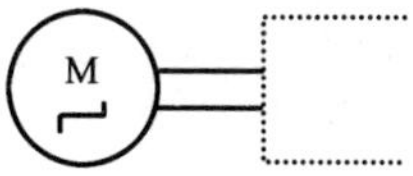 M	单作用电磁铁，动作指向阀芯	

（续）

名称	符　　号	名称	符　　号
单作用电磁铁，动作背离阀芯	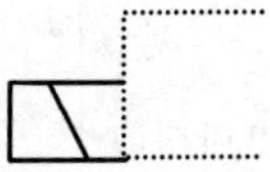	双作用电气控制机构，动作指向或背离阀芯	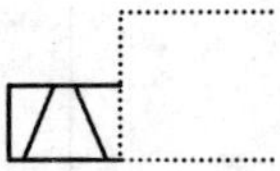
单作用电磁铁，动作指向阀芯，连续控制	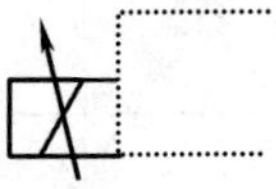	单作用电磁铁，动作背离阀芯，连续控制	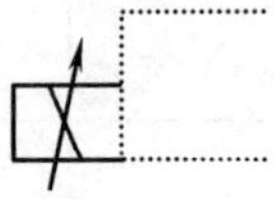
双作用电气控制机构，动作指向或背离阀芯，连续控制	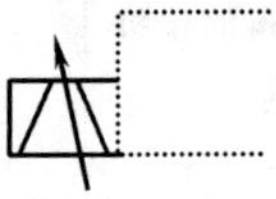	电气操纵的气动先导控制机构	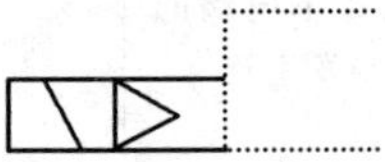
电气操纵的带有外部供油的液压先导控制机构	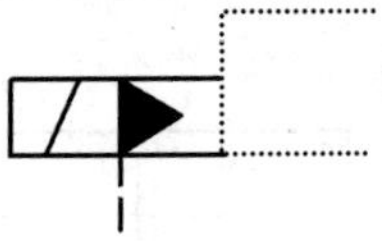	机械反馈	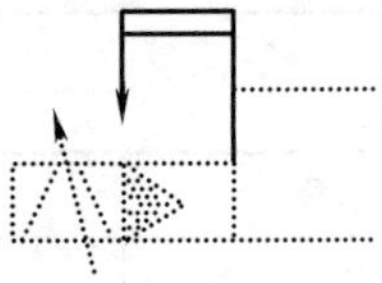
具有外部先导供油，双比例电磁阀，双向操作，集成在同一组件，连续工作的双先导装置的液压控制机构	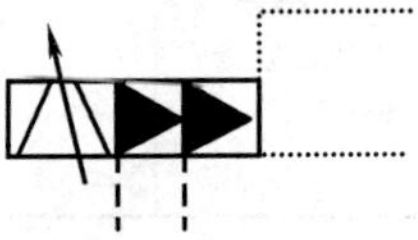	气压复位，从阀进气口提供内部压力	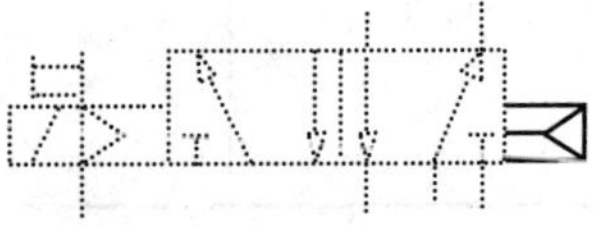
气压复位，从先导口提供内部压力		气压复位，外部压力源	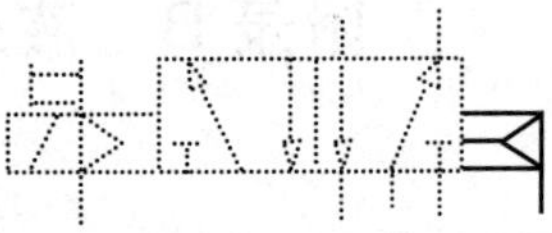

附表 B.2　方向控制阀

名称	符　　号	名称	符　　号
二位二通方向控制阀，两位，两通，推压控制机构，弹簧复位，常闭	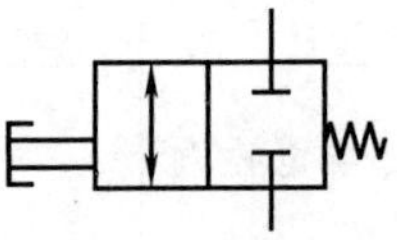	二位二通方向控制阀，两位，两通，电磁铁操纵，弹簧复位，常开	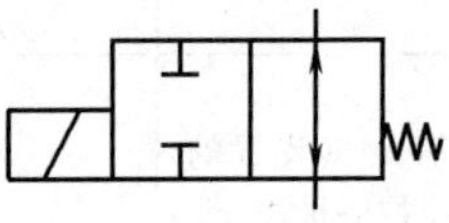
二位四通方向控制阀，电磁铁操纵，弹簧复位	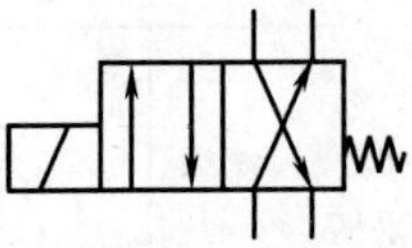	二位三通锁定阀	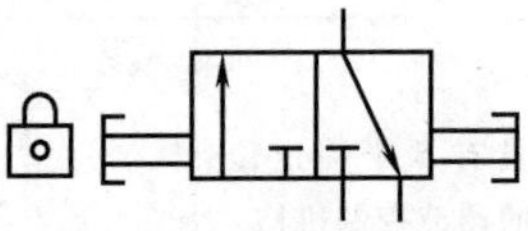
二位三通方向控制阀，滚轮杠杆控制，弹簧复位	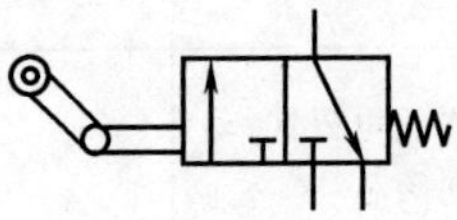	二位三通方向控制阀，电磁铁操纵，弹簧复位，常闭	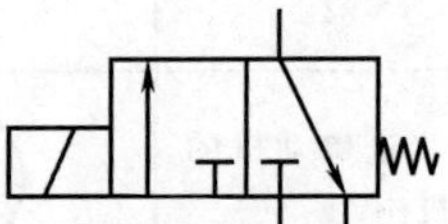

（续）

名称	符　　号	名称	符　　号
二位三通方向控制阀，单电磁铁操纵，弹簧复位，定位销式手动定位	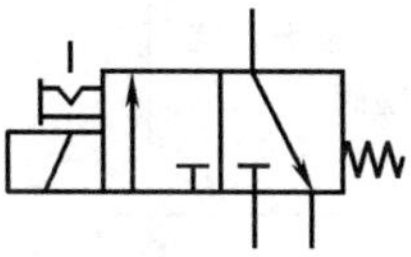	二位四通方向控制阀，单电磁铁操纵，弹簧复位，定位销式手动定位	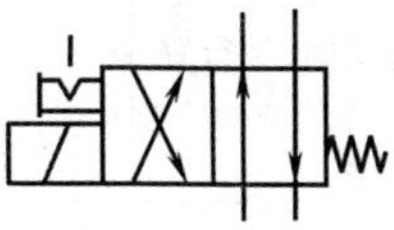
二位四通方向控制阀，双电磁铁操纵，定位销式（脉冲阀）	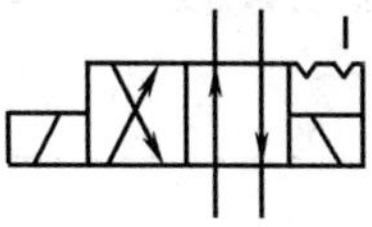	二位四通方向控制阀，电磁铁操纵液压先导控制，弹簧复位	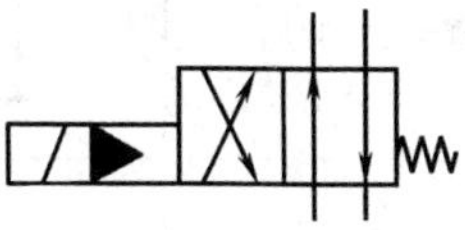
三位四通方向控制阀，电磁铁操纵先导级和液压操纵主阀，主阀及先导级弹簧对中，外部先导供油和先导回油	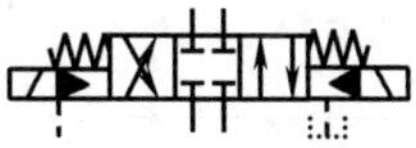	三位四通方向控制阀，弹簧对中，双作用电磁铁直接操纵，不同中位机能的类别	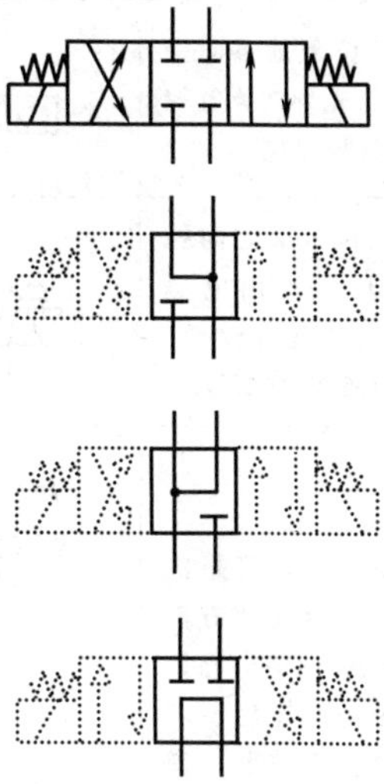
二位四通方向控制阀，液压控制，弹簧复位	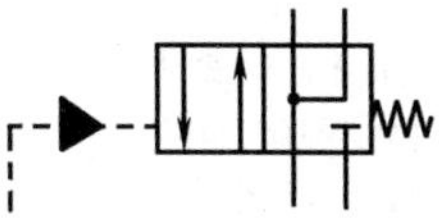	三位四通方向控制阀，液压控制，弹簧对中	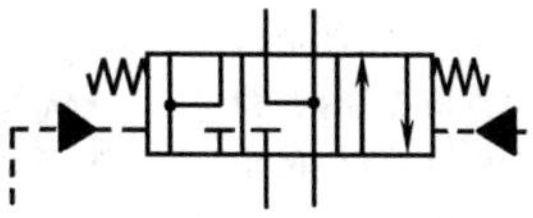
二位五通方向控制阀，踏板控制	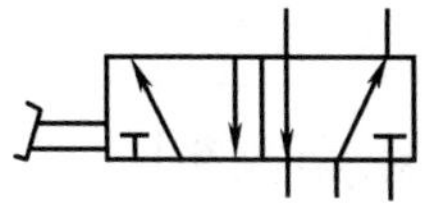	三位五通方向控制阀，定位销式各位置杠杆控制	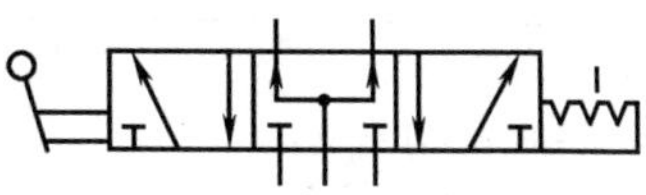

（续）

名称	符　号	名称	符　号
二位三通液压电磁换向座阀，带行程开关	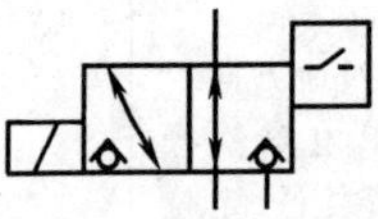	二位三通液压电磁换向座阀	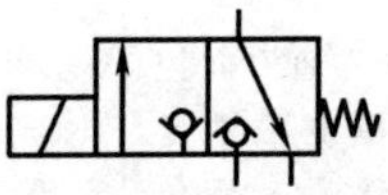
延时控制气动阀，其入口接入一个系统，使得气体低速流入，直至达到预设压力才使阀口全开	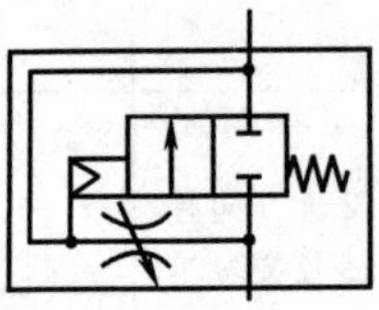	二位二通方向控制阀，二位，二通，电磁铁操纵阀，弹簧复位，常开	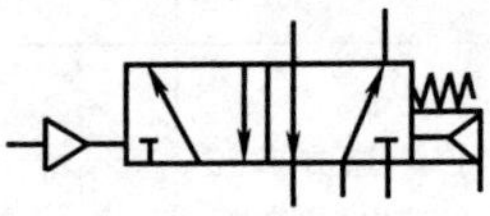
二位三通方向控制阀，差动先导控制	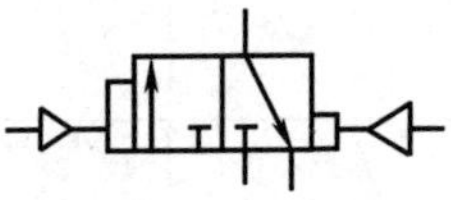	气动软启动阀，电磁铁操纵内部先导控制	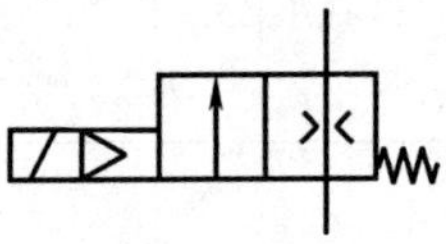
二位五通方向控制阀，先导式压电控制，气压复位	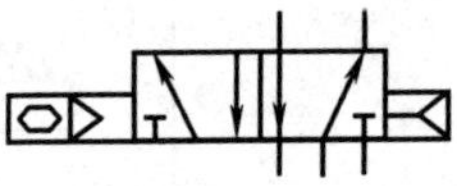	带气动输出信号的脉动计数器	
二位五通方向控制阀，单作用电磁铁，外部先导供气，手动操作，弹簧复位	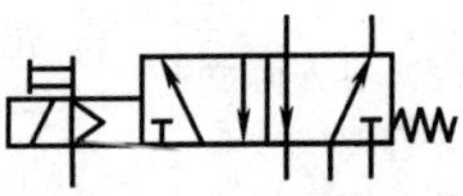	二位五通方向控制阀，手动拉杆控制，位置锁定	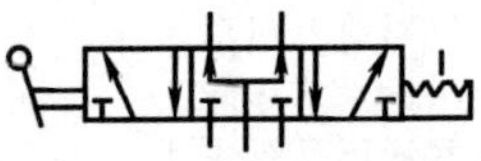
不同中位流路的三位五通气动方向控制阀，两侧电磁铁与内部先导控制和手动操纵控制。弹簧复位至中位	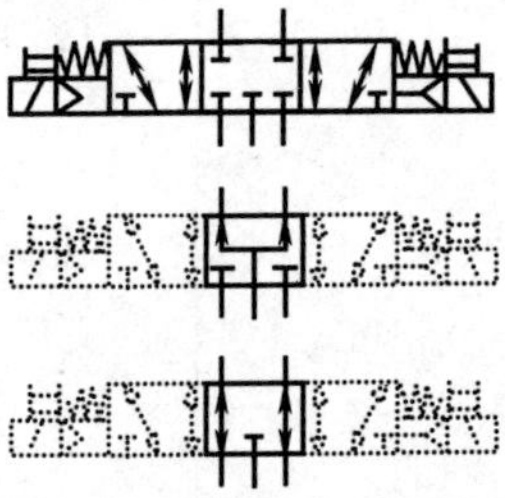	二位五通气动方向控制阀，电磁铁先导控制，外部先导供气，气压复位，手动辅助控制 气压复位供压具有如下可能：从阀进气口提供内部压力；从先导口提供内部压力；外部压力源	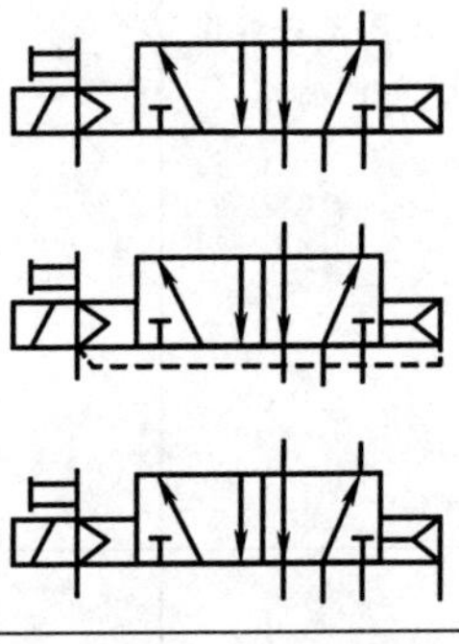
三位五通直动式气动方向控制阀，弹簧对中，中位时两出气口都排气	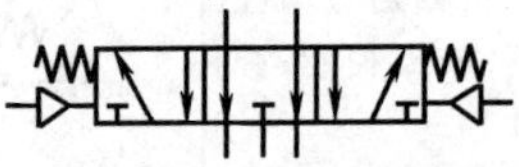	二位五通直动式气动方向控制阀，机械弹簧与气压复位	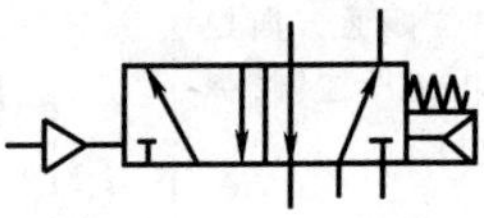

附表 B.3　压力控制阀

名称	符　号	名称	符　号
溢流阀，直动式，开启压力由弹簧调节	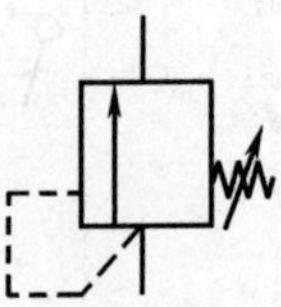	顺序阀，手动调节设定值	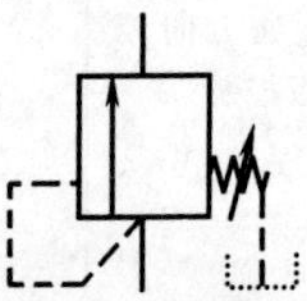

名称	符　　号	名称	符　　号
顺序阀，带有旁通阀	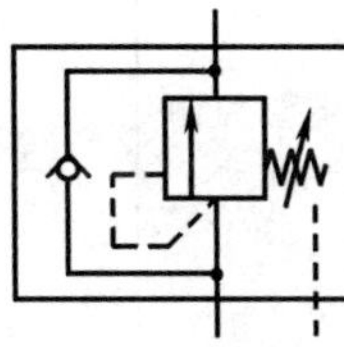	两通减压阀，直动式，外泄型	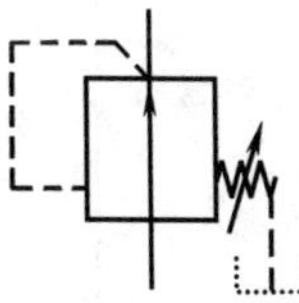
两通减压阀，先导式，外泄型	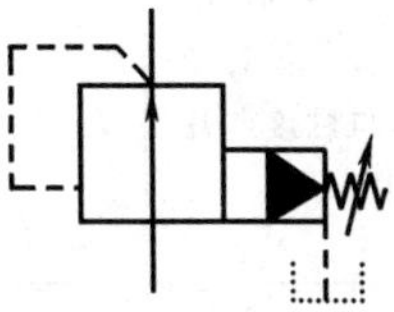	防气蚀溢流阀，用来保护两条供给管道	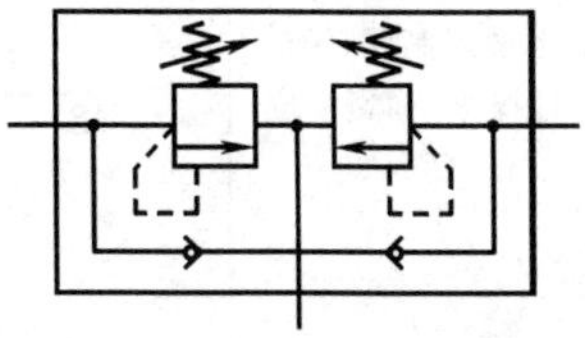
蓄能器充液阀，带有固定开关压差	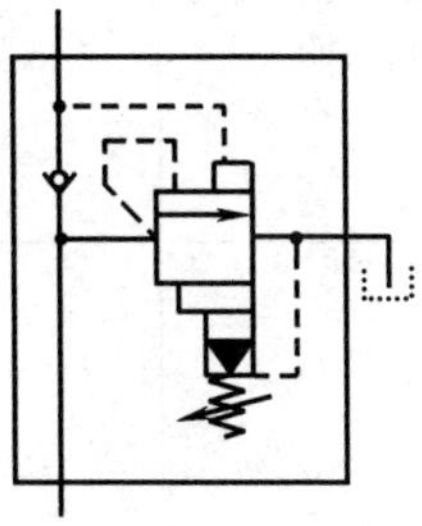	电磁溢流阀，先导式，电气操纵预设定压力	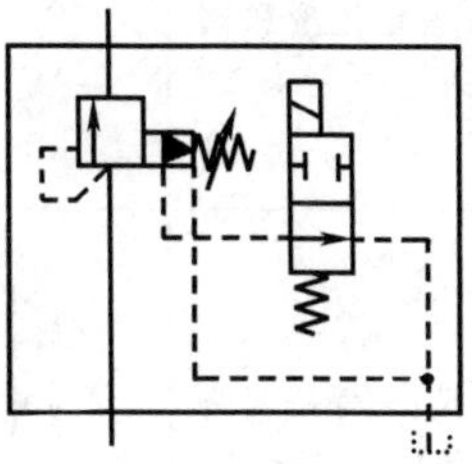
三通减压阀（液压）	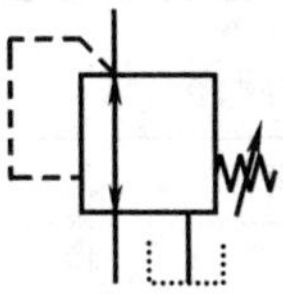	调压阀，远程先导可调溢流，只能向前流动	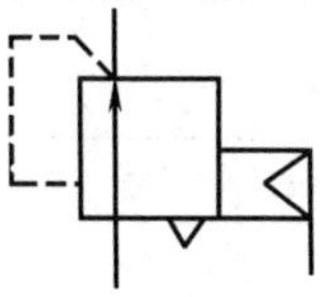
内部流向可逆调压阀	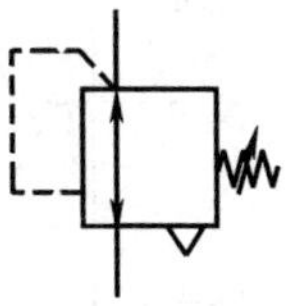	双压阀（"与"逻辑），并且仅当两进气口有压力时才会有信号输出，较弱的信号从出口输出	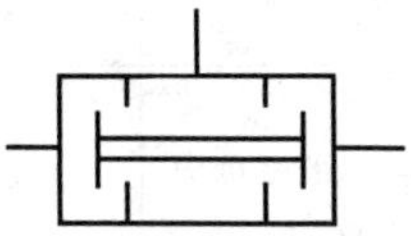
外部控制的顺序阀	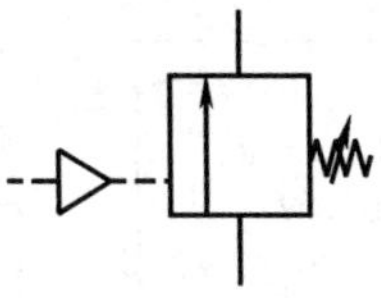		

附表 B.4 流量控制阀

名称	符号	名称	符号
可调节流量控制阀		可调节流量控制阀，单向自由流动	
流量控制阀，滚轮杠杆操纵，弹簧复位	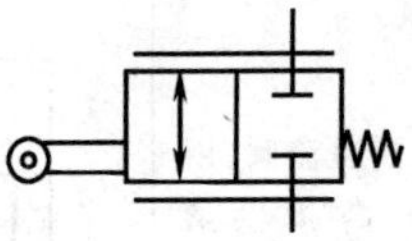	二通流量控制阀，可调节，带旁通阀，固定设置，单向流动，基本与黏度与压力差无关	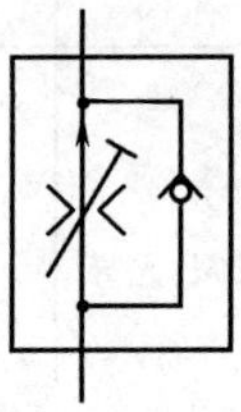
三通流量控制阀，可调节，将输入流量分成固定流量和剩余流量	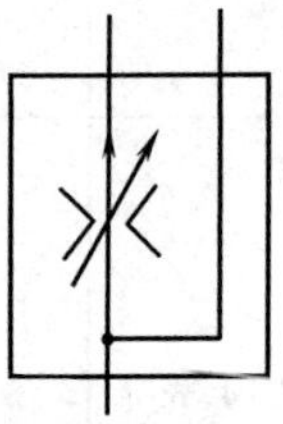	分流器，将输入流量分成两路输出	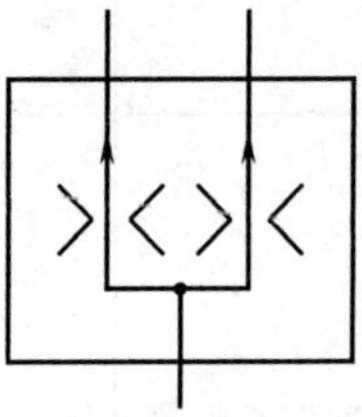
集流阀，保持两路输入流量相对稳定	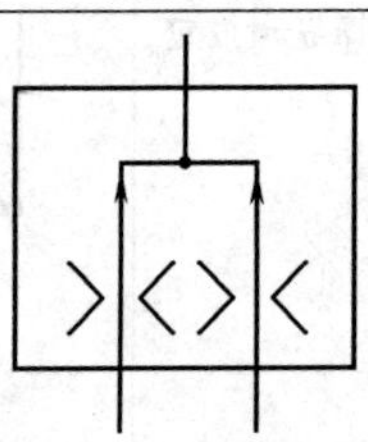		

附表 B.5 单向阀和梭阀

名称	符号	名称	符号
单向阀，只能在一个方向自由流动		单向阀，带有弹簧复位，只能在一个方向自由流动，常闭	
先导式液控单向阀，带有弹簧复位，先导压力允许在两个方向自由流动	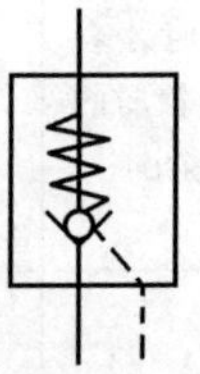	双单向阀，先导式	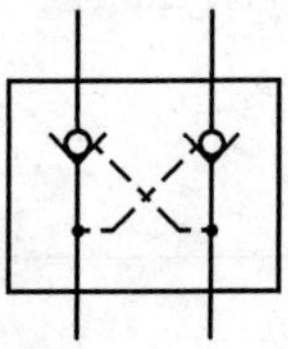
梭阀（“或”逻辑），压力高的入口自动与出口接通	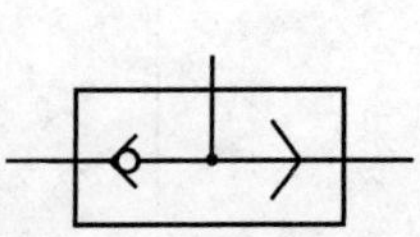	快速排气阀	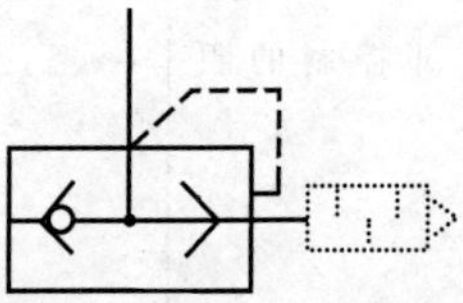

附表 B.6　比例方向控制阀

名称	符　　号	名称	符　　号
直动式比例方向控制阀	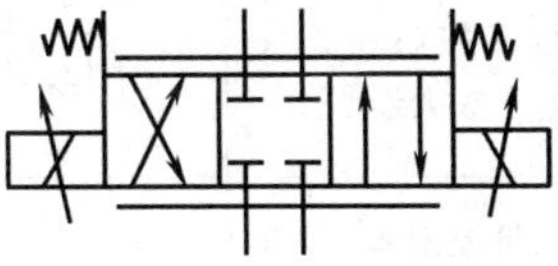	比例方向控制阀，直动控制	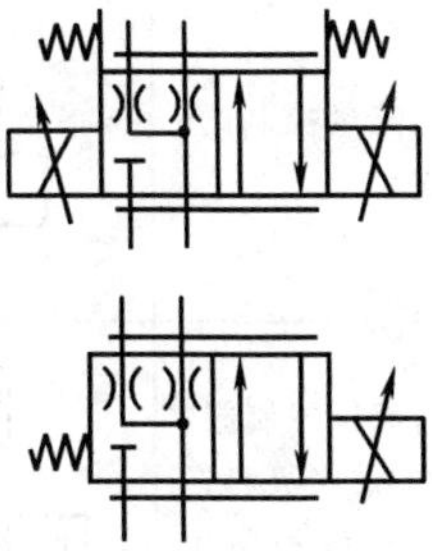
先导式比例方向控制阀，带主级和先导级的闭环位置控制，集成电子器件	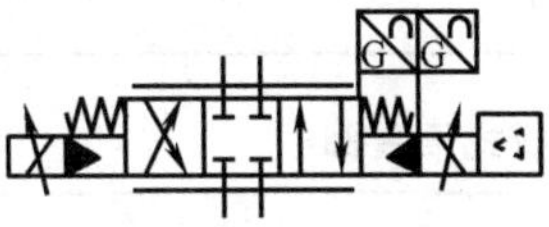	先导式伺服阀，带主级和先导级的闭环位置控制，集成电子器件，外部先导供油和回油	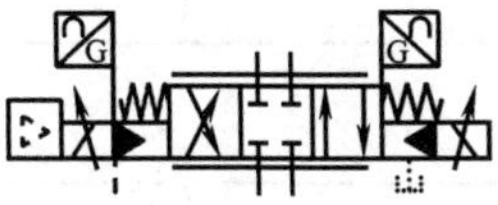
先导式伺服阀，先导级带双线圈电气控制机构，双向连续控制，阀芯位置机械反馈到先导装置，集成电子器件	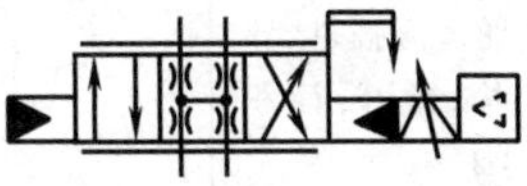	电液线性控制器，带由步进电动机驱动的伺服阀和液压缸位置机械反馈	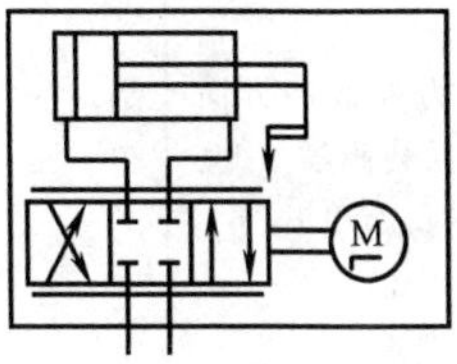
伺服阀，内置电反馈和集成电子器件，带预设动力故障装置	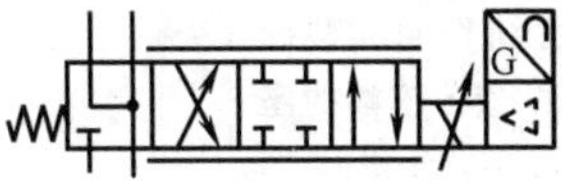		

附表 B.7　比例压力控制阀

名称	符　　号	名称	符　　号
比例溢流阀，直控式，通过电磁铁控制弹簧工作长度来控制液压电磁换向座阀	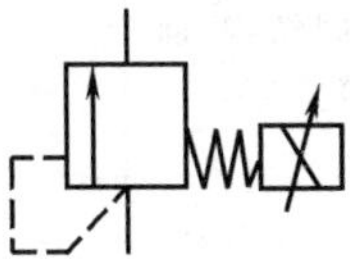	比例溢流阀，直控式，电磁力直接作用在阀芯上，集成电子器件	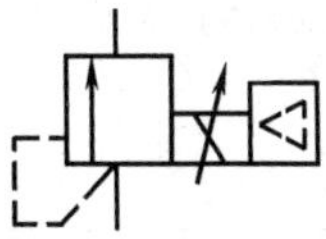
比例溢流阀，直控式，带电磁铁位置闭环控制，集成电子器件	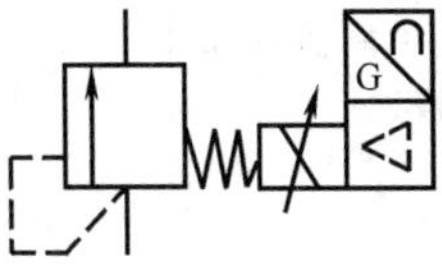	比例溢流阀，先导控式，带电磁铁位置反馈	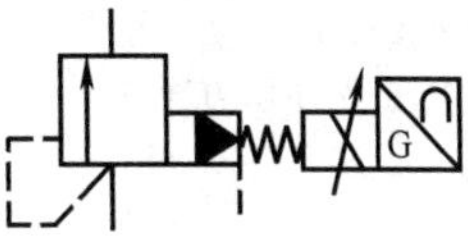
三通比例减压阀，带电磁铁闭环位置控制和集成式电子放大器	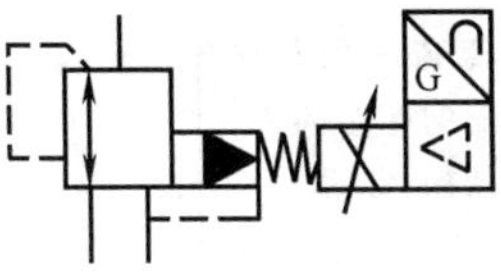	比例溢流阀，先导式，带电子放大器和附加先导级，以实现手动压力调节或最高压力溢流功能	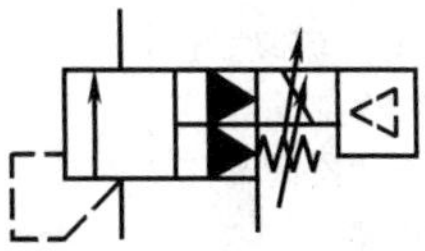

附表 B.8 比例流量控制阀

名称	符　号	名称	符　号
比例流量控制阀，直控式	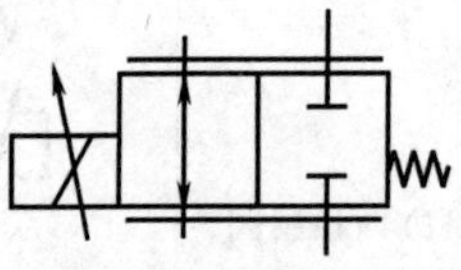	比例流量控制阀，直控式，带电磁铁闭环位置控制和集成式电子放大器	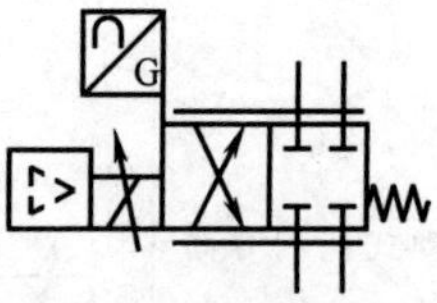
比例流量控制阀，先导式，带主级和先导级的位置控制和电子放大器	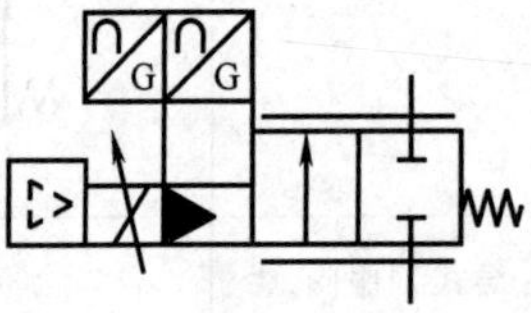	流量控制阀，用双线圈比例电磁铁控制，节流孔可变，特性不受黏度变化的影响	

附表 B.9 二通盖板式插装阀

名称	符　号	名称	符　号
压力控制和方向控制插装阀插件，座阀结构，面积 1∶1	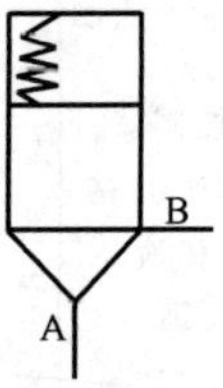	压力控制和方向控制插装阀插件，座阀结构，常开，面积比 1∶1	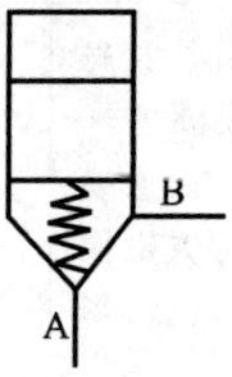
方向控制插装阀插件，带节流端的座阀结构，面积比例≤0.7	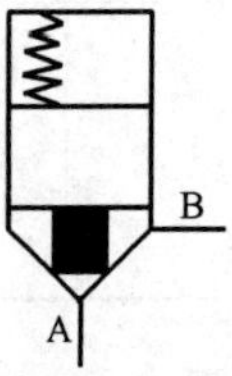	方向控制插装阀插件，带节流端的座阀结构，面积比例>0.7	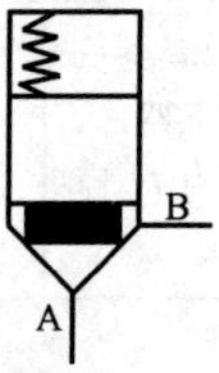
方向控制插装阀插件，座阀结构，面积比例≤0.7	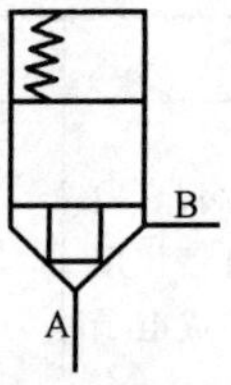	方向控制插装阀插件，座阀结构，面积比例>0.7	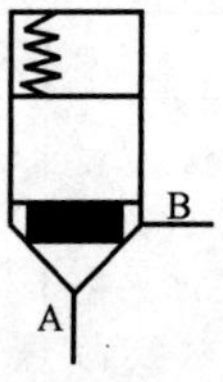
主动控制的方向控制插装阀插件，座阀结构，由先导压力打开	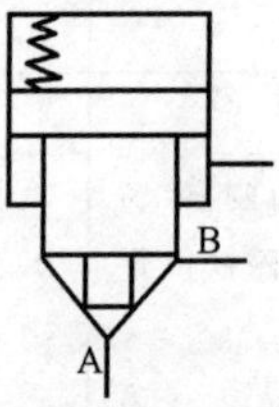	主动控制插件，B端无面积差	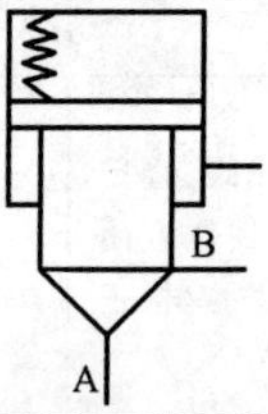
方向控制插装阀插件，单向流动，座阀结构，内部先导供油，带可替换的节流孔（节流器）	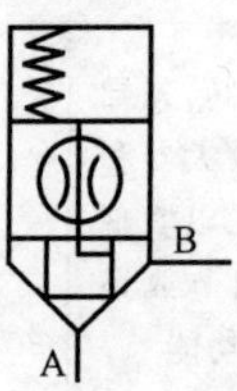	带溢流和限制保护功能的阀芯插件，滑阀结构，常闭	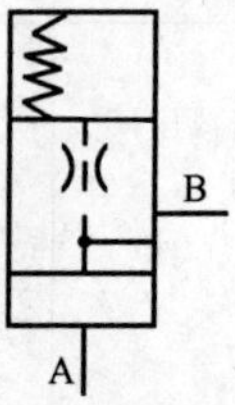

（续）

名称	符　　号	名称	符　　号
减压插装阀插件，滑阀结构，常闭，带集成的单向阀	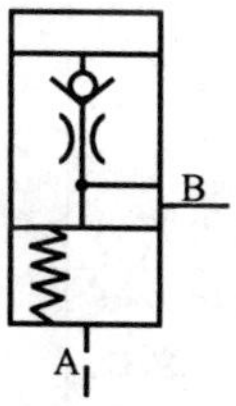	减压插装阀插件，滑阀结构，常开，带集成的单向阀	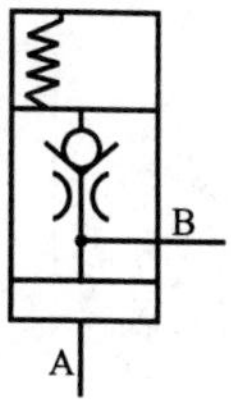
无端口控制盖	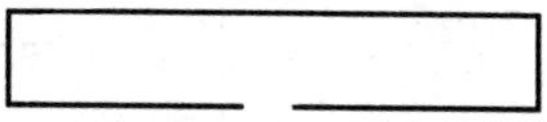	带先导端口的控制盖	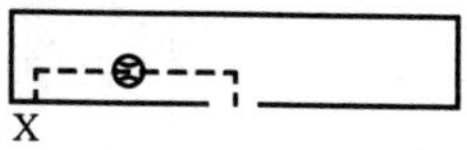
带先导端口的控制盖，带可调行程限位器和遥控端口	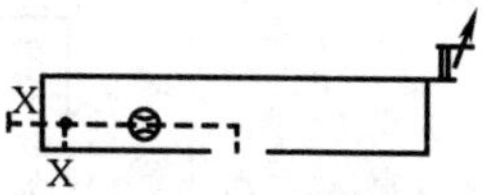	可安装附加元件的控制盖	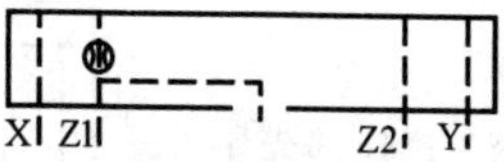
带液压控制梭阀的控制板	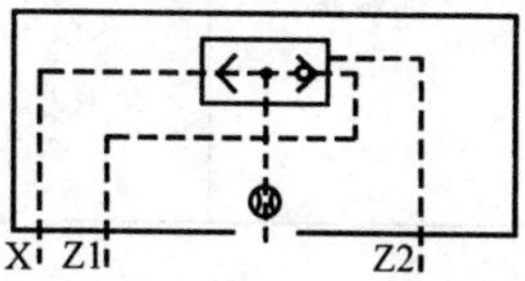	带梭阀的控制板	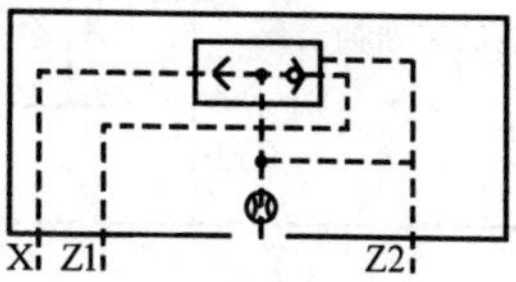
可安装附加元件，带梭阀的控制板	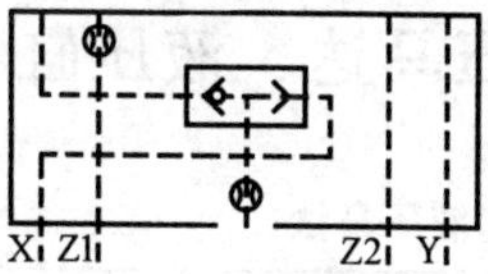	带溢流功能的控制盖	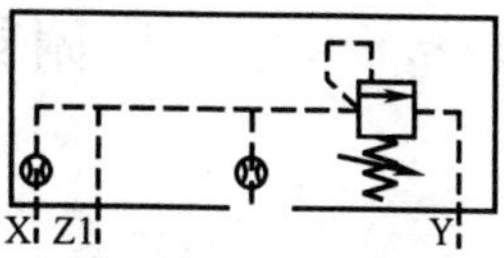
带溢流功能和液压卸载的控制盖	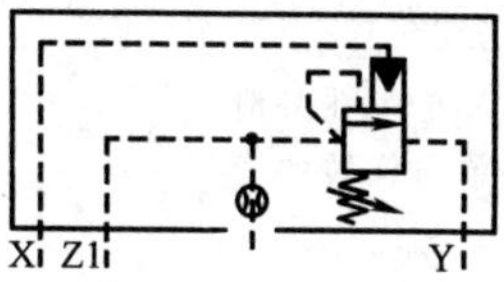	带溢流功能的控制盖，用流量控制阀来限制先导级流量	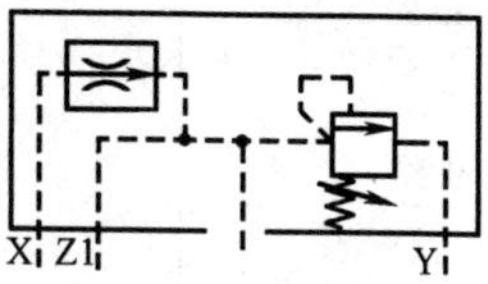
带行程限制器的二通插装阀	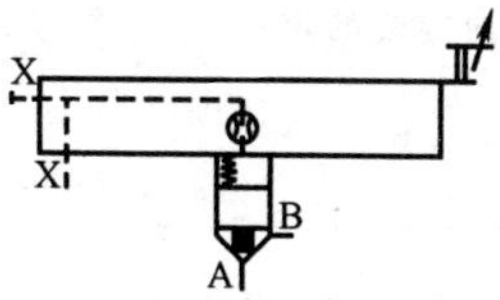	带方向控制阀的二通插装阀	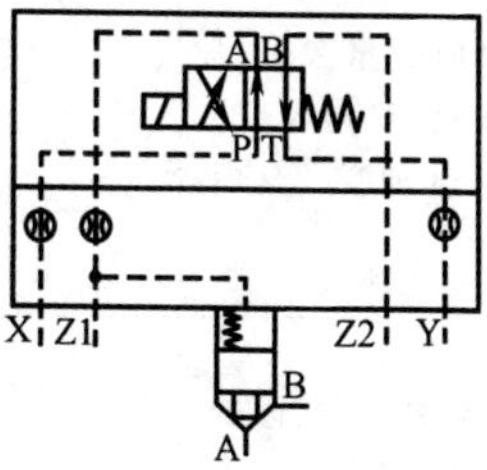
主动控制，带方向控制阀的二通插装阀	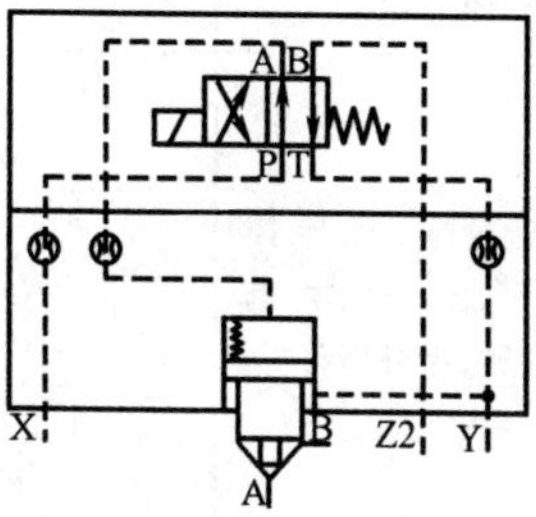	带溢流功能的二通插装阀	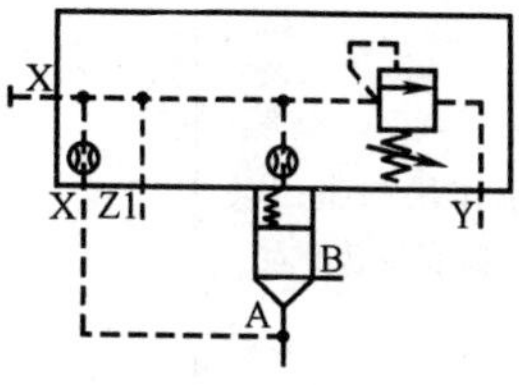

（续）

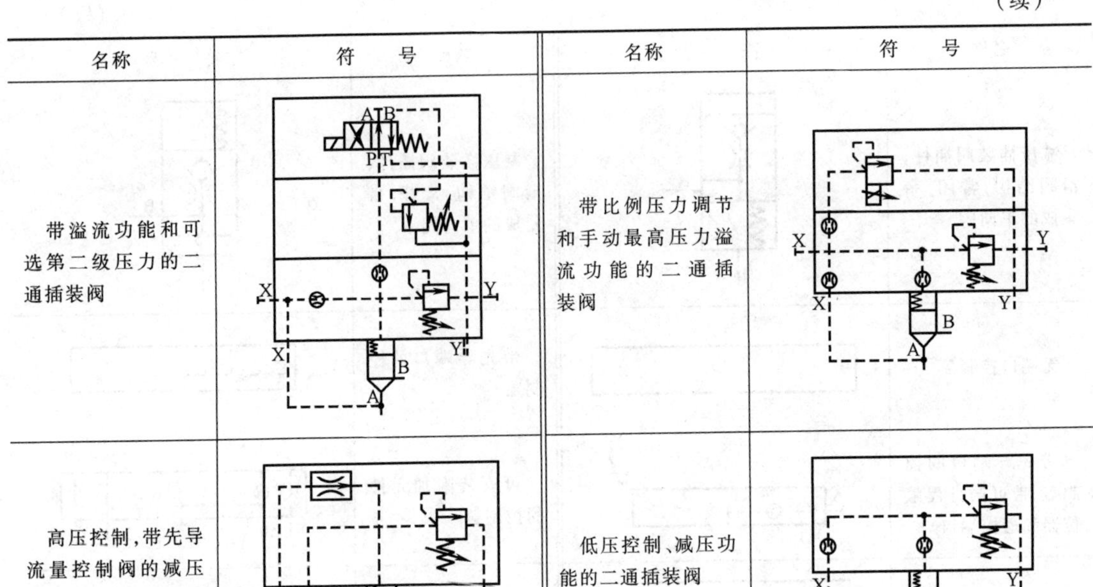

名称	符　　号	名称	符　　号
带溢流功能和可选第二级压力的二通插装阀		带比例压力调节和手动最高压力溢流功能的二通插装阀	
高压控制，带先导流量控制阀的减压功能的二通插装阀		低压控制、减压功能的二通插装阀	

附录 C　液压泵、液压马达、液压缸

附表 C.1　液压泵和液压马达

名称	符　　号	名称	符　　号
变量泵		双向流动，带外泄油路单向旋转的变量泵	
双向变量泵或马达单元，双向流动，带外泄油路，双向旋转		单向旋转的定量泵或马达	
操纵杆控制，限制转盘角度的泵		限制摆动角度，双向流动的摆动执行器或旋转驱动	
单作用的半摆动执行器或旋转驱动		变量泵，先导控制，带压力补偿，单向旋转，带外泄油路	

（续）

名称	符　　号	名称	符　　号
带复合压力或流量控制（负载敏感器）变量泵，单向驱动，带外泄油路	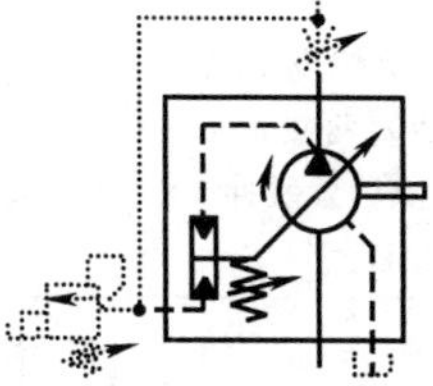	机械或液压伺服控制的变量泵	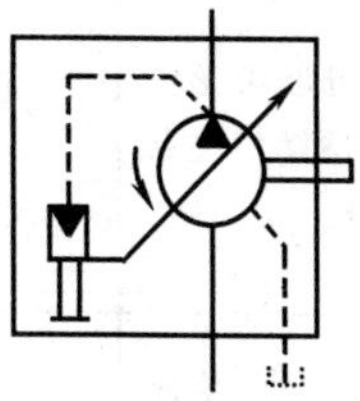
电液伺服控制的变量液压泵	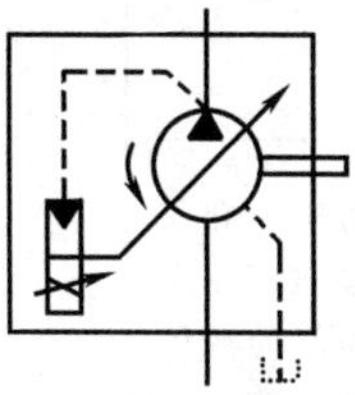	恒功率控制的变量泵	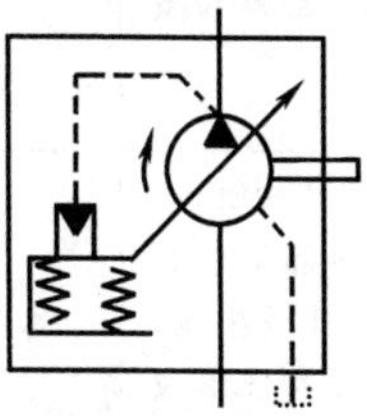
带两级压力或流量控制的变量泵，内部先导操纵	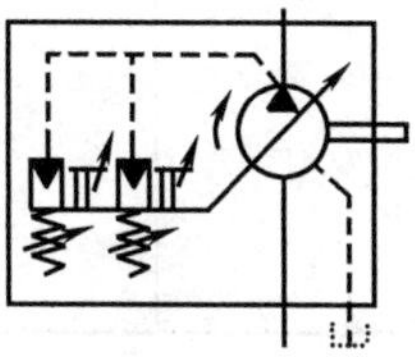	带两级压力控制元件的变量泵，电气转换	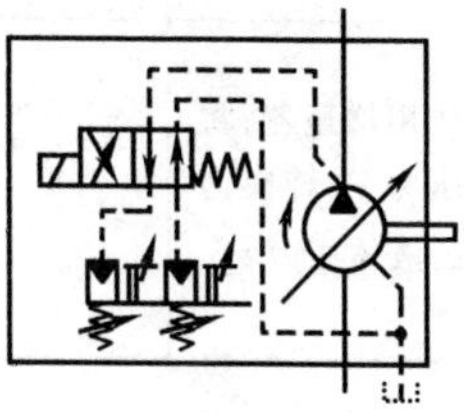
静液传动（简化表达）驱动单元，由一个能反转、带单元输入旋转方向的变量泵和一个带双输出旋转方向的定量马达组成	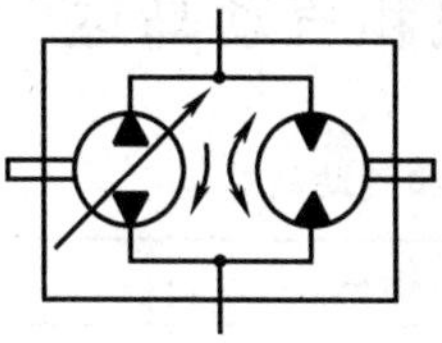	表现出控制和调节单元的变量泵，箭头表示调节能力可扩展，控制机构和单元可以在箭头一边连接	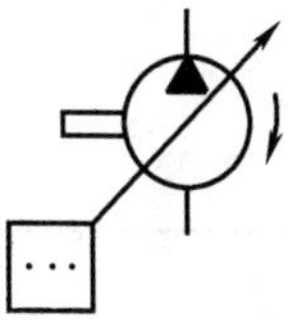 ···

附表 C.2　液压缸

名称	符　　号	名称	符　　号
单作用单杆缸，靠弹簧力返回行程，弹簧腔连接油口	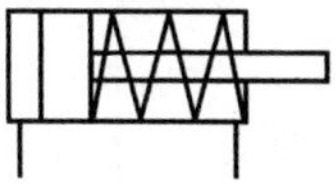	双作用单杆缸	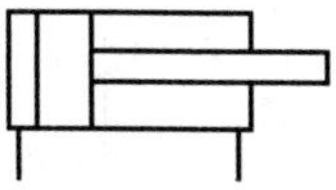
双作用双杆缸，活塞杆直径不同，双侧缓冲，右侧带调节	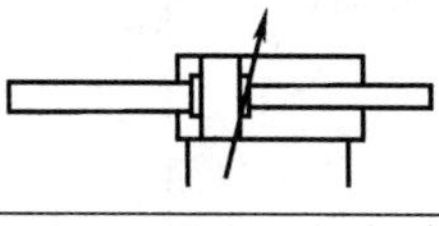	带行程限制器的双作用膜片缸	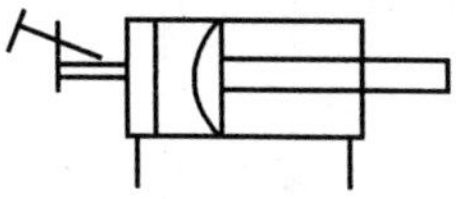
活塞杆终端带缓冲的单作用膜片缸，排气口不连接	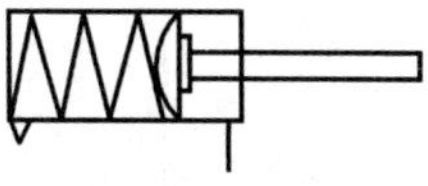	单作用缸，柱塞缸	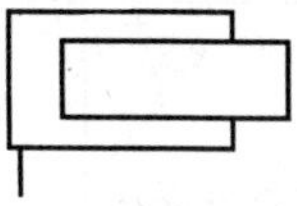
单作用伸缩缸	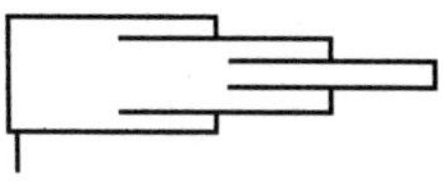	双作用伸缩缸	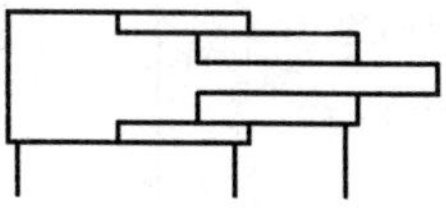

（续）

名称	符　　号	名称	符　　号
双作用带状无杆缸，活塞两端带终点位置缓冲	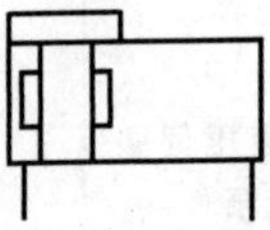	双作用缆绳式无杆缸，活塞两端带可调节终点位置缓冲	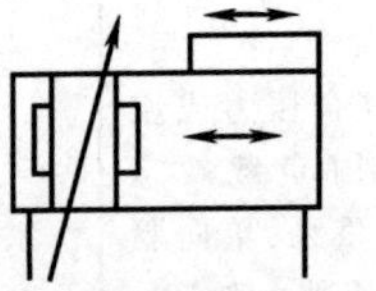
双作用磁性无杆缸，仅右边终端位置切换	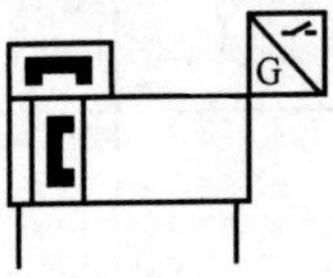	行程两端定位的双作用缸	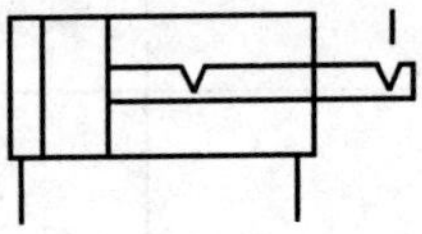
双杆双作用缸，左终点带内部限位开关，内部机械控制，右终点有外部限位开关，由活塞杆触发	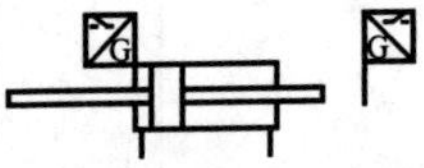	单作用压力介质转换器，将气体压力换转为等值的液体压力，反之亦然	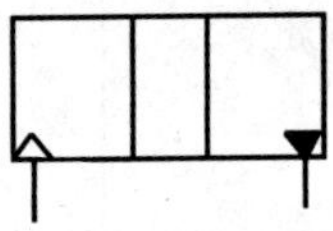
单作用增压器，将气体压力 p_1 转换为更高的液体压力 p_2	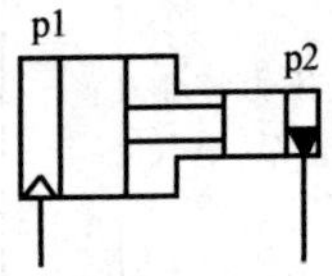		

附录 D　空气压缩机和气动马达

附表 D.1　空气压缩机和气动马达

名称	符　　号	名称	符　　号
摆动气缸或摆动马达，限制摆动角度，双向摆动	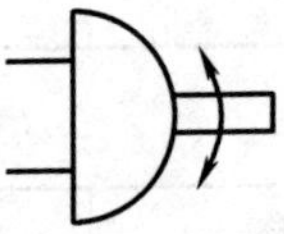	单作用的半摆动气缸或摆动马达	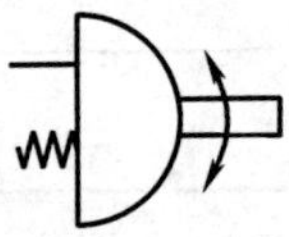
气动马达	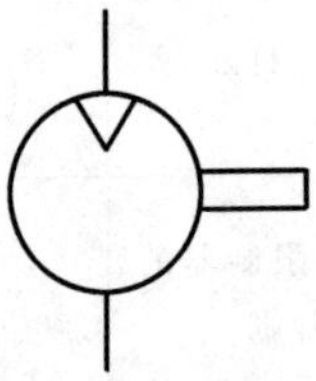	空气压缩机	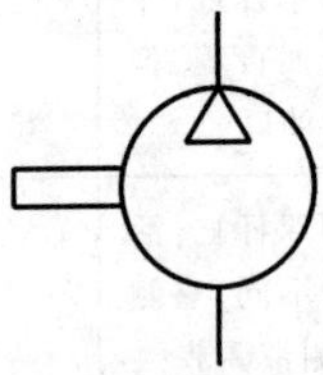
变方向定流量双向摆动马达	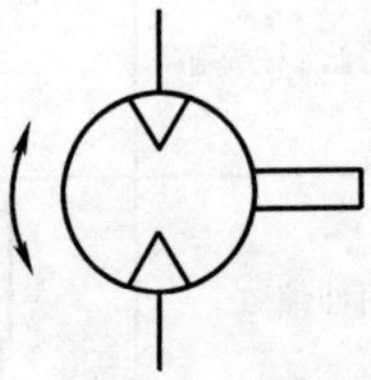	真空泵	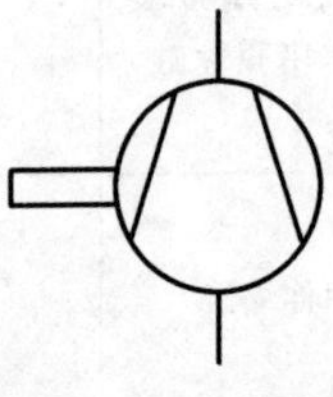

（续）

名称	符　　号	名称	符　　号
连续增压器，将气体压力 p_1 转换为较高的液体压力 p_2	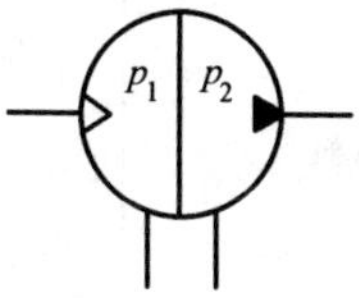		

附录 E　气缸

附表 E.1　气缸

名称	符　　号	名称	符　　号
单作用单杆缸，靠弹簧力返回行程，弹簧腔室有连接口	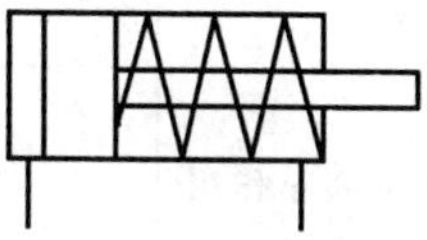	双作用单杆缸	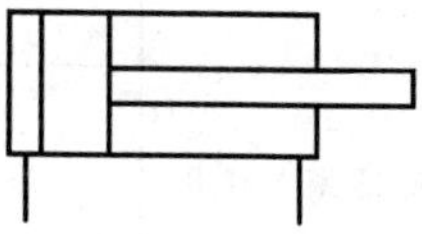
双作用双杆缸，活塞杆直径不同，双侧缓冲，右侧带调节	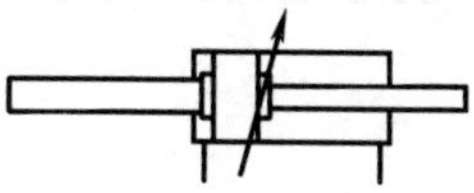	带行程限制器的双作用膜片缸	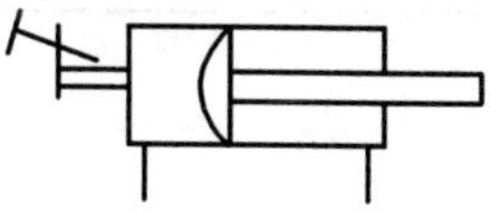
活塞杆终端带缓冲的膜片缸，不能连接的通气孔	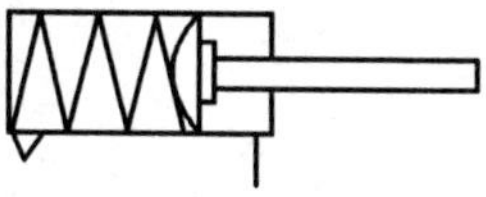	双作用带状无杆缸，活塞两端带终点位置缓冲	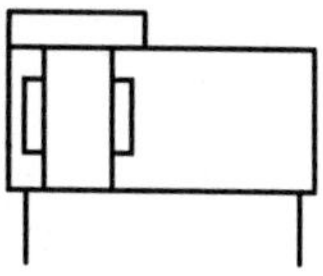
双作用缆索式无杆缸，活塞两端带可调节终点位置缓冲	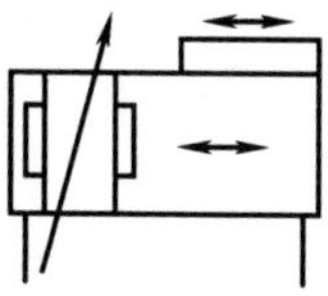	双作用磁性无杆缸，仅右手终端位置切换	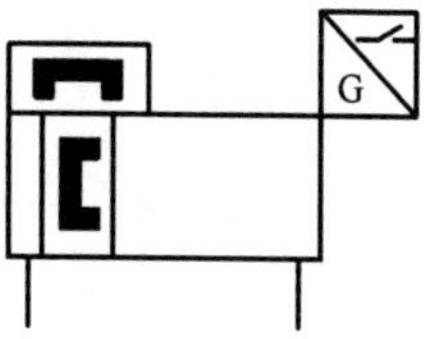
行程两端定位的双作用缸	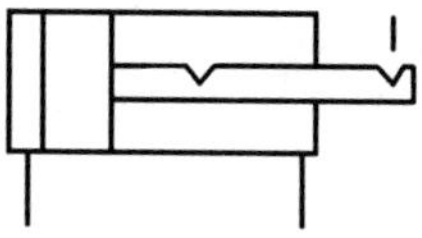	双杆双作用缸，左终点带内部限位开关，内部机械控制，右终点有外部限位开关，由活塞杆触发	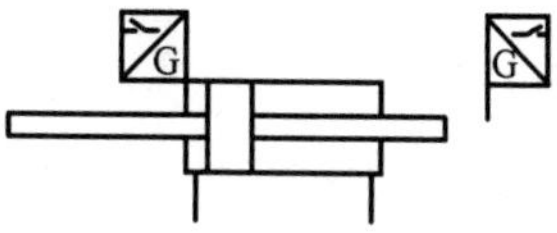
双作用缸，加压锁定与解锁活塞杆机构	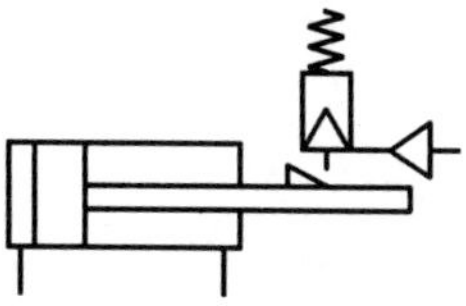	单作用压力介质转换器，将气体压力转换为等值的液体压力，反之亦然	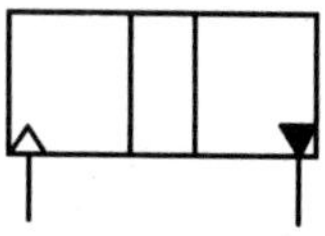

（续）

名称	符　　号	名称	符　　号
单作用增压器，将气体压力 p_1 转换为更高的液体压力 p_2	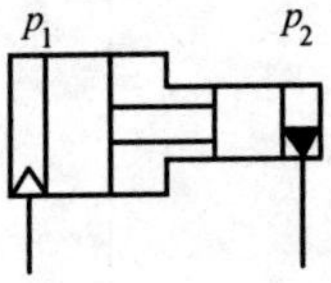 p_1　p_2	波纹管缸	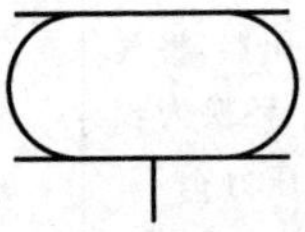
软管缸	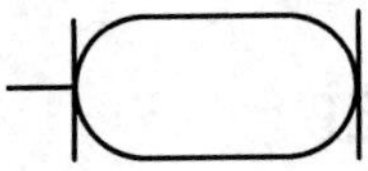	半回转线性驱动，永磁活塞双作用缸	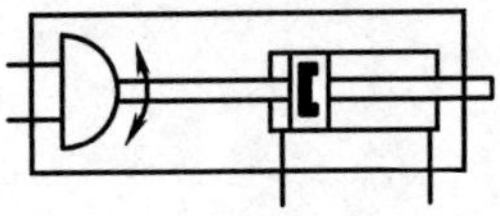
永磁活塞双作用夹具	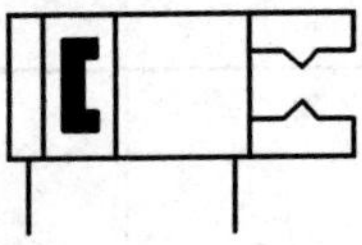	永磁活塞双作用夹具	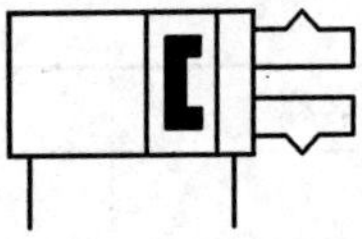
永磁活塞单作用夹具		永磁活塞单作用夹具	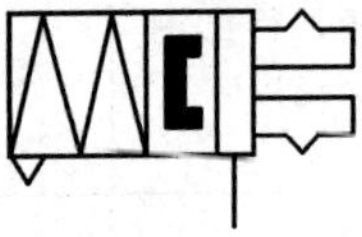

参考文献

[1] 李新德. 液压传动实用技术 [M]. 北京：中国电力出版社，2015.

[2] 李新德. 气动元件与系统（原理　使用　维护）[M]. 北京：中国电力出版社，2015.

[3] 孙兵. 气液动控制技术 [M]. 北京：科学出版社，2008.

[4] 李新德. 液压与气压技术 [M]. 北京：清华大学出版社，2015.

[5] 李新德. 液压与气压传动 [M]. 北京：中国商业出版社，2006.

[6] 李新德. 液压系统故障诊断与维修技术手册 [M]. 北京：中国电力出版社，2009.

[7] 徐国强，李新德. 液压传动与气压传动 [M]. 郑州：河南科学技术出版社，2010.

[8] 李新德. 液压与气压技术 [M]. 北京：清华大学出版社，2009.

[9] 李新德. 液压与气压传动 [M]. 北京：北京航空航天大学出版社，2013.

[10] 李新德. 气泡对液压系统的危害及预防措施 [J]. 液压气动与密封，2003（6）：26-27.

[11] 雷天觉. 新编液压工程手册 [M]. 北京：北京理工大学出版社，1998.

[12] 李新德. 液压与气动维修工必读 [M]. 北京：中国电力出版社，2016.

[13] 李新德. 液压系统故障诊断与维修技术手册 [M]. 2 版. 北京：中国电力出版社，2013.

[14] 李新德. 工程机械液压缸漏油原因分析及对策 [J]. 液压气动与密封，2005（3）：44-46.

[15] 赵波，王宏元. 液压与气压技术 [M]. 北京：机械工业出版社，2005.

[16] 马振福. 液压与气压传动 [M]. 北京：机械工业出版社，2004.

[17] 张宏民. 液压与气压技术 [M]. 大连：大连理工大学出版社，2004.

[18] 李芝. 液压传动 [M]. 北京：机械工业出版社，2002.

[19] 马春峰，李新德. 液压与气压技术 [M]. 北京：人民邮电出版社，2007.

[20] 李新德. 工程机械液力传动系统油温过高的原因及对策 [J]. 工程机械，2007（2）：39-41.

[21] 李新德. 工程机械液压系统漏油预防措施 [J]. 液压气动与密封，2005（2）：45-46.